本书受教育部人文社会科学重点研究基地山西大学科学技术哲学研究中心基金资助

只有把科学史作为整体考虑，我们才能评价一个国家一定时期的科学水平。……简言之，按照我的理解，科学史的目的是考虑到精神的全部变化和我们进步所产生的全部影响，说明科学事实和科学思想的发生和发展。从最高的意义上说，它实际上是人类文明的历史。其中，科学的进步是注意的中心，而一般历史经常作为背景而存在。（萨顿语）

科学技术哲学文库
丛书主编／郭贵春

科学思想史
一种基于语境论编史学的探讨

魏屹东 ⊙ 编著

科学出版社
北京

图书在版编目(CIP)数据

科学思想史：一种基于语境论编史学的探讨/魏屹东编著. —北京：科学出版社，2015
（科学技术哲学文库）
ISBN 978-7-03-044638-1

Ⅰ.①科… Ⅱ.①魏… Ⅲ.①科学技术-思想史-中国 Ⅳ.①N092

中国版本图书馆 CIP 数据核字（2015）第 124548 号

丛书策划：孔国平
责任编辑：侯俊琳　霍羽升　郝　悦／责任校对：张怡君
责任印制：徐晓晨／封面设计：黄华斌
编辑部电话：010-64035853
E-mail：houjunlin@mail.sciencep.com

科　学　出　版　社 出版
北京东黄城根北街 16 号
邮政编码：100717
http://www.sciencep.com

北京凌奇印刷有限责任公司 印刷
科学出版社发行　各地新华书店经销

*

2015 年 7 月第　一　版　　开本：720×1000 B5
2020 年 1 月第四次印刷　　印张：25 3/4
字数：493 000
定价：128.00 元
（如有印装质量问题，我社负责调换）

"科学技术哲学文库"

编 委 会

主　编　郭贵春

副主编　殷　杰

编　委（按姓氏拼音排序）

陈　凡　　费多益　　高　策　　桂起权　　韩东晖
江　怡　　李　红　　刘大椿　　刘晓力　　卢　风
乔瑞金　　任定成　　魏屹东　　吴　彤　　肖显静
薛勇民　　张培富　　赵万里

总　　序

怎样认识、理解和分析当代科学哲学的现状，是我们把握当代科学哲学面临的主要矛盾和问题、推进它在可能发展趋势上获得进步的重大课题，有必要将其澄清。

如何理解当代科学哲学的现状，仁者见仁，智者见智。明尼苏达科学哲学研究中心于2000年出了一部书 Minnesota Studies in the Philosophy of Science，书中有作者明确地讲："科学哲学不是当代学术界的领导领域，甚至不是一个在成长的领域。在整体的文化范围内，科学哲学现时甚至不是最宽广地反映科学的令人尊敬的领域。其他科学研究的分支，诸如科学社会学、科学社会史及科学文化的研究等，成了作为人类实践的科学研究中更为有意义的问题、更为广泛地被人们阅读和争论的对象。那么，也许这导源于那种不景气的前景，即某些科学哲学家正在向外探求新的论题、方法、工具和技巧，并且探求那些在哲学中关爱科学的历史人物。"[①]从这里，我们可以感觉到科学哲学在某种程度上或某种视角上地位的衰落。而且关键的是，科学哲学家们无论是研究历史人物，还是探求现实的科学哲学的出路，都被看做是一种不景气的、无奈的表现。尽管这是一种极端的看法。

那么，为什么会造成这种现象呢？主要的原因就在于，科学哲学在近30年的发展中，失去了能够影响自己同时也能够影响相关研究领域发展的研究范式。因为，一个学科一旦缺少了范式，就缺少了纲领；而没有了范式和纲领，当然也就失去了凝聚自身学科，同时能够带动相关学科发展的能力，所以它的示范作用和地位就必然地要降低。因而，努力地构建一种新的范式去发展科学哲学，在这个范式的基底上去重建科学哲学的大厦，去总结历史和重塑它的未来，就是相当重要的了。

换句话说，当今科学哲学是在总体上处于一种"非突破"的时期，即没有重大的突破性的理论出现。目前我们看到最多的是，欧洲大陆哲学与大西洋哲学之间的相互渗透与融合；自然科学哲学与社会科学哲学之间的彼此借鉴与交融；常规科学的进展与一般哲学解释之间的碰撞与分析。这是科学哲学发展过程中历史地、必然地要出现的一种现象，其原因就在于：第一，从20世纪的后历史主义出现以来，科学哲学在元理论的研究方面没有重大的突破，缺乏创造性的新视角和新方法。第二，对自然科学哲学问题的研究越来越困难，无论是什么样的知识背景出身的科学哲学家，对新的科学发现和科学理论的解释都存在着把握本质

[①] Minnesota Studies in the Philosophy of Science. Volume XVIII. Logical Empiricism in North America. University of Minnesota Press, 2000. 6.

的困难，它所要求的背景训练和知识储备都愈加严苛。第三，纯分析哲学的研究方法确实有它局限的一面，需要从不同的研究领域中汲取和借鉴更多的方法论的视角；但同时也存在着对分析哲学研究方法的忽略的一面，轻视了它所具有的本质的内在功能，需要对分析哲学研究方法在新的层面上进行发扬光大。第四，试图从知识论的角度综合各种流派、各种传统去进行科学哲学的研究，或许是一个有意义的发展趋势，在某种程度上可以避免任一种单纯思维趋势的片面性，但是这确是一条极易走向"泛文化主义"的路子，从而易于将科学哲学引向歧途。第五，由于科学哲学研究范式的淡化及研究纲领的游移，导致了科学哲学主题的边缘化倾向；更为重要的是，人们试图用从各种视角对科学哲学的解读来取代科学哲学自身的研究，或者说把这种解读误认为是对科学哲学的主题研究，从而造成了对科学哲学主题的消解。

然而，无论科学哲学如何发展，它的科学方法论的内核不能变。这就是：第一，科学理性不能被消解，科学哲学应永远高举科学理性的旗帜；第二，自然科学的哲学问题不能被消解，它从来就是科学哲学赖以存在的基础；第三，语言哲学的分析方法及其语境论的基础不能被消解，因为它是统一科学哲学各种流派及其传统方法论的基底；第四，科学的主题不能被消解，不能用社会的、知识论的、心理的东西取代科学的提问方式，否则科学哲学就失去了它自身存在的前提。

在这里，我们必须强调指出的是，不弘扬科学理性就不叫"科学哲学"，既然是"科学哲学"就必须弘扬科学理性。当然，这并不排斥理性与非理性、形式与非形式、规范与非规范研究方法之间的相互渗透、相互融合和统一。我们所要避免的只是"泛文化主义"的暗流，而且无论是相对的还是绝对的"泛文化主义"，都不可能指向科学哲学的"正途"。这就是说，科学哲学的发展不是要不要科学理性的问题，而是如何弘扬科学理性的问题，以什么样的方式加以弘扬的问题。中国当下人文主义的盛行与泛扬，并不证明科学理性的不重要，而是在科学发展的水平上，由社会发展的现实矛盾激发了人们更期望从现实的矛盾中，通过人文主义的解读，去探求新的解释。但反过来讲，越是如此，科学理性的核心价值地位就越显得重要。人文主义的发展，如果没有科学理性作基础，那就会走向它关怀的反面。这种教训在中国的社会发展中是很多的，比如有人在批评马寅初的人口论时，曾以"人是第一可宝贵的"为理由。在这个问题上，人本主义肯定是没错的，但缺乏科学理性的人本主义，就必然地走向它的反面。在这里，我们需要明确的是，科学理性与人文理性是统一的、一致的，是人类认识世界的两个不同的视角，并不存在矛盾。在某种意义上讲，正是人文理性拓展和延伸了科学理性的边界。但是人文理性不等同于人文主义，这正像科学理性不等同于科学主义一样。坚持科学理性反对科学主义，坚持人文理性反对人文主义，应当是当代科学哲学所要坚守的目标。

我们还需要特别注意的是，当前存在的某种科学哲学研究的多元论与20世纪后半叶历史主义的多元论有着根本的区别。历史主义是站在科学理性的立场上，去诉求科学理论进步纲领的多元性；而现今的多元论，是站在文化分析的立场上，去诉求对科学发展的文化解释。这种解释虽然在一定层面上扩张了科学哲学研究的视角和范围，但它却存在着文化主义的倾向，存在着消解科学理性的倾向性。在这里，我们千万不要把科学哲学与技术哲学混为一谈。这二者之间有着重要的区别。因为技术哲学自身本质地赋有着更多的文化特质，这些文化特质决定了它不是以单纯科学理性的要求为基底的。

在世纪之交的后历史主义的环境中，人们在不断地反思20世纪科学哲学的历史和历程。一方面，人们重新解读过去的各种流派和观点，以适应现实的要求；另一方面，试图通过这种重新解读，找出今后科学哲学发展的新的进路，尤其是科学哲学研究的方法论的走向。有的科学哲学家在反思20世纪的逻辑哲学、数学哲学及科学哲学的发展即"广义科学哲学"的发展中提出了存在着五个"引导性难题"（leading problems）：

第一，什么是逻辑的本质和逻辑真理的本质？

第二，什么是数学的本质？这包括：什么是数学命题的本质、数学猜想的本质和数学证明的本质？

第三，什么是形式体系的本质？什么是形式体系与希尔伯特称之为"理解活动"（the activity of understanding）的东西之间的关联？

第四，什么是语言的本质？这包括：什么是意义、指称和真理的本质？

第五，什么是理解的本质？这包括：什么是感觉、心理状态及心理过程的本质？[①]

这五个"引导性难题"概括了整个20世纪科学哲学探索所要求解的对象及21世纪自然要面对的问题，有着十分重要的意义。从另一个更具体的角度来讲，在20世纪科学哲学的发展中，理论模型与实验测量、模型解释与案例说明、科学证明与语言分析等，它们结合在一起作为科学方法论的整体，或者说整体性的科学方法论，整体地推动了科学哲学的发展。所以，从广义的科学哲学来讲，在20世纪的科学哲学发展中，逻辑哲学、数学哲学、语言哲学与科学哲学是联结在一起的。同样，在21世纪的科学哲学进程中，这几个方面也必然会内在地联结在一起，只是各自的研究层面和角度会不同而已。所以，逻辑的方法、数学的方法、语言学的方法都是整个科学哲学研究方法中不可或缺的部分，它们在求解科学哲学的难题中是统一的和一致的。这种统一和一致恰恰是科学理性的统一和一致。必须看到，认知科学的发展正是对这种科学理性的一致性的捍卫，而不是相反。我们可以这样讲，20世纪对这些问题的认识、理解和探索，是一个从自然到必然的过程；它们之间的融合与相互渗透是一个由不自觉到自觉的过程。而

[①] S. G. Shauker. Philosophy of Science, Logic and Mathematics in 20th Century. London: Routledge, 1996. 7.

21世纪,则是一个"自主"的过程,一个统一的动力学的发展过程。

那么,通过对20世纪科学哲学的发展历程的反思,当代科学哲学面向21世纪的发展,近期的主要目标是什么?最大的"引导性难题"又是什么?

第一,重铸科学哲学发展的新的逻辑起点。这个起点要超越逻辑经验主义、历史主义、后历史主义的范式。我们可以肯定地说,一个没有明确逻辑起点的学科肯定是不完备的。

第二,构建科学实在论与反实在论各个流派之间相互对话、交流、渗透与融合的新平台。在这个平台上,彼此可以真正地相互交流和共同促进,从而使它成为科学哲学生长的舞台。

第三,探索各种科学方法论相互借鉴、相互补充、相互交叉的新基底。在这个基底上,获得科学哲学方法论的有效统一,从而锻造出富有生命力的创新理论与发展方向。

第四,坚持科学理性的本质,面对前所未有的消解科学理性的围剿,要持续地弘扬科学理性的精神。这一点,应当是当代科学哲学发展的一个极关键的东西。同时只有在这个基础上,才能去谈科学理性与非理性的统一,去谈科学哲学与科学社会学、科学知识论、科学史学及科学文化哲学等流派或学科之间的关联。否则的话,一个被消解了科学理性的科学哲学还有什么资格去谈论与其他学派或学科之间的关联?

总之,这四个从宏观上提出的"引导性难题"既包容了20世纪的五个"引导性难题",同时也表明了当代科学哲学的发展特征就在于:一方面,科学哲学的进步越来越多元化。现在的科学哲学比之过去任何时候,都有着更多的立场、观点和方法;另一方面,这些多元的立场、观点和方法又在一个新的层面上展开,愈加本质地相互渗透、吸收与融合。所以,多元化和整体性是当代科学哲学发展中一个问题的两个方面。它将在这两个方面的交错和叠加中,寻找自己全新的出路。这就是为什么当代科学哲学拥有它强大生命力的根源。正是在这个意义上,经历了语言学转向、解释学转向和修辞学转向这"三大转向"的科学哲学,而今走向语境论的研究趋向就是一种逻辑的必然,成为了科学哲学研究的必然取向之一。

我们山西大学的科学哲学学科,这些年来就是围绕着这四个面向21世纪的"引导性难题",试图在语境的基底上从科学哲学的元理论、数学哲学、物理哲学、社会科学哲学等各个方面,探索科学哲学发展的路径。我希望我们的研究能对中国科学哲学事业的发展有所贡献!

郭贵春
2007年6月1日

前　言

一、科学思想史研究的必要性

科学思想是科学史最核心和最重要的组成部分。20世纪上半叶，当科学史作为一门独立性学科还在创建之时，该学科创始人之一、著名科学史学家萨顿（G. Sarton）[①] 就把科学史看作"人类文明史的核心和最主要组成部分"，他反复强调科学史研究相对于科学发展的滞后性，积极倡导应大力开展科学史研究，发挥科学史的教育与人文功能。萨顿把科学史视为弥合科学文化与人文文化鸿沟的桥梁，视为科学人性化的唯一有效的途径，极力主张科学人文主义，倡导科学与人文的协调发展。

然而，他的主张没有引起人们足够的重视。人们更多关注的是科学与文化的互动关系，把科学作为一种文化现象，从历史学、文化学、人类学、民俗学等角度解释科学的发展，形成了科学的文化主义传统。譬如，李克特的《科学是一种文化过程》、怀特的《文化的科学》、拉图尔的《实验室生活》等，这些都是科学文化主义的杰作。不过，这些研究并没有注意到科学史与先进文化的关系。虽然后来科学史的外史研究、科学哲学的历史主义和科学社会学的科学群体认知研究都涉及文化问题，但它们关注的是科学与其社会诸因素的互动关系，忽视了科学思想所起作用的深远意义。

20世纪80年代，美国著名科学史家弗曼（P. Ferman）等积极倡导科学史的道德判断、教育启蒙的功能，主张科学史的实际应用，但仍然没有引起学界的足够重视。20世纪90年代的"科学之战"（science war）进一步反映了科学主义与人文主义及后现代主义的争论。其后出现的"科学论"（science studies）则表现出人文主义对科学的反思。"科学论"从不同学科探讨了科学发展规律或科学知识产生的规律，却没有从先进文化的视角透视科学。而反科学主义、后现代主义则极端地将科学看成人文的对立面，忽视或者没有注意到科学本身及其历史所包

[①] 乔治·萨顿于1884年8月31日生于比利时佛兰德省的根特。在根特大学，他学习了化学、结晶学和数学，并曾获得根特大学等4所高等学校的化学金质奖章，1911年5月完成"牛顿力学原理"的论文，获得博士学位。1912年，他创办科学史杂志《爱西斯》（Isis），1913年正式出版。1924年，美国历史协会鼓励和支持萨顿而成立了科学史协会，《爱西斯》成为该学会的机关刊物，萨顿担任《爱西斯》主编40年。1936年，萨顿又主持出版了《爱西斯》的姊妹刊物，即专门刊登长篇研究论文的专刊《奥西里斯》（Osiris）。萨顿一生出版15部专著，发表300余篇论文，其中最具代表性是《科学史导论》和《科学史》。为了表彰和纪念萨顿对科学史学科所做的巨大贡献，1952年在他退休之时，美国科学史学会决定以他的名字设立科学史奖——萨顿奖，该奖是目前国际科学史界的最高奖。

含的人文功能。在国内，20世纪80年代以来，关于科学与人文、科学主义与人文主义、科学精神与人文精神、科学文化与人文文化的讨论很多。关于科学史与科学思想史及其教育功能的讨论也不少，但探讨科学史与思想史的先进文化功能，以及通过普及教育发展先进文化的研究却不多。学者们更热衷讨论的是科学的人文文化和科学的伦理问题，偏爱在本学科范围内探讨科学的性质与功能等，重科学内容而轻科学历史，重史料整理而轻思想挖掘，重科学宣传而轻科学教育，忽视了科学史的思想性和先进文化性。

譬如，20世纪初著名的"科玄之战"就是科学主义与人文主义之间的一场较量，目前的讨论基本没有超越这个范围。特别是在20世纪90年代的反对伪科学的浪潮中，仍限于以科学反对伪科学，以科学普及抵制伪科学的泛滥，较少从科学思想史角度反对和抵制伪科学产生的思想根源，忽视了科学思想的根源性和先进文化性对抑制伪科学的功能和作用，以至于在科学昌明的今天，伪科学仍很盛行。形成这种局面的部分原因是科学思想研究在中国的历史不长，文化积淀薄弱，部分原因是对科学思想的先进文化功能认识不足。我们应该将科学思想作为反对伪科学、发展先进文化的有力武器，因为科学思想比科学知识更具有根源性和深刻性。正本清源才是根本。

概言之，科学思想史不是科学的颂扬史，科学史家也不是科学的卫道士。正如弗曼主张的那样，科学思想史不仅是一部"成功"史和"真理"史，也是一部"失败"史和"错误"史；科学史家不仅是科学主义者，也是人文主义者。科学思想史是科学思想与人文精神的统一，科学主义与人文主义的融合。

二、科学思想史的先进文化性及其功能

萨顿讲得好："科学（思想）史是贯穿整个文明史的主要线索，能为知识的综合提供思路，能成为科学和哲学之间的桥梁，并能成为名副其实的教育工作的基本依据。科学史不仅是广大人类文明的历史和缩小黑暗的历史，而且更为重要的是客观真理的发现史，人的心智逐渐征服物质的历史，描述漫长而无终结的、为思想自由并为其免于被暴力、专横、错误和迷信所压制而斗争的历史。"因此，科学思想史不仅是一部人类知识和思想史，更是一部先进文化史，是进行全人类科学素质教育、弘扬和培育民族精神的好教材。

如果说科学是人类摆脱愚昧落后，走向文明进步的重要手段，是现代社会的首要生产力，那么，科学思想就是人类发现与发明的集中描述，先进思想的精华，科学文化的集中体现，是第一精神生产力。科学文化从本质上讲是先进、健康、有益的文化。如果按照科学→科学史→科学思想→科学文化→先进文化→普及教育→提高公众科学素质→发展生产力的思路来看，科学思想在其中起到一种桥梁作用，它从理论层面辐射到实践层面，从对科学思想的先进文化功能的研究

到利用它发展先进文化,从而起到支持健康有益文化,改造落后文化,抵制腐朽文化的重要作用。这就是科学思想研究的重大意义所在。这要求我们运用历史分析对科学思想史中的成功与失败、先进与落后、真理与谬误、辩证与教条、真与假、善与恶、美与丑的史实进行挖掘性研究,提炼先进思想,发展健康文化;要求我们运用案例分析研究典型科学思想与人文思想的相互影响机制,如基督教文化圈的科学思想、伊斯兰文化圈的科学思想和儒家文化圈的科学思想及其文化的互动关系,为发展先进文化提供案例支持。

科学的发展与科学实践已经表明:科学思想史体现了科学的"实事求是"精神。因为科学注重事实观察,反对纯粹主观臆造;科学要求理论和客观事实的一致,反对脱离事实的理论建构和抛弃理论的纯粹经验观察;科学追求真理,反对一切形式的谬误和弄虚作假。科学思想史描述的科学的这些特点,正是科学特征的集中反映和具体化。因此,我们应该把科学思想看作第一精神生产力,把科学思想史作为建设先进文化的重要手段,这不仅为科学史开辟了一个新的研究领域,而且为发展先进文化提供了一个十分有效的途径,这在实践上具有解放思想、更新观念、矫正行为作用。一方面,把科学史纳入发展先进文化建设的内容,使科学思想史的先进文化研究与普及教育并举,克服以往重视科学史料整理、轻视其普及教育的倾向,为发展先进文化服务;另一方面,推广科学思想史普及教育,让公众了解、掌握科学思想,把科学思想史这种被认为是"无用的学问"变成有用的先进文化,把潜在的知识和思想变成现实的精神食粮,把潜在的科学资源变成显在的文化资源,为弘扬和培育民族精神服务,推动先进文化产业的形成和发展。

总之,科学思想史是科学知识、科学思想、科学精神、科学方法、科学道德统一的历史,它描述了科学中的成功与失败、先进与落后、真理与谬误、辩证与教条、真与假、善与恶、美与丑。它是先进、健康、有益的文化,不仅能够促使文与理结合,也能够促使科学与人文结合,还能使科学知识和科学精神得到传播与普及。通过科学思想史的普及教育,可以做到以科学知识武装人,以科学精神塑造人,以科学思想启迪人,以科学道德教育人,以真善美熏陶人,从而起到改造落后文化,抵制腐朽文化,发展先进文化的作用。

归纳起来,科学思想史的功能表现为以下七个方面。

第一,科学思想史有利于人们树立正确的世界观、人生观和价值观。科学思想是人类思想史中最主要和最重要的部分。它能够使人类摆脱野蛮、愚昧和落后,使认识得到提高与深化,从而有利于人们思想的启蒙与解放。对人们进行科学思想史普及教育,能够使人们对科技发展过程中的思想与方法、对与错、是与非、得与失、正面与反面影响有所了解,引起人们思考,使人们的思想常新,不断矫正自己的行为,使人们明智、睿智,弃恶从善,思想得到升华,心灵得到净化。

第二，科学思想有利于弥合科学文化与人文文化、东西方文化之间的分裂。科学思想史普及教育的主要任务是在每个国家之间，在生活和技术之间，在科学和人文学科之间建造起桥梁。建造这座桥梁是我们时代的主要文化需要。一个缺乏科学知识、缺乏科学精神的国度，是很难实现现代化的。

第三，科学思想史有利于提高人们的科学素质。科学史是科学知识综合的枢纽，是进行科学知识普及的好教材。对于专业人员来说，科学思想史不仅能弥补学科专业化所带来的片面性的不足，还能够学到更丰富的科学方法，拓宽知识面，启发思维。大科学家都通晓他本学科的历史，不了解历史的人是不可能有所发现的，因为了解学科发展史是研究人员进行研究的起点。难怪恩格斯讲人类的知识只有一门，那就是历史。对于一般大众来说，理解科学的最好方法是学习科学史（包括思想史），因为科学史不仅通俗易懂，避免了缺乏专业知识而带来的理解困难，而且它把科学各门的知识融会贯通，能够增强大众的科学素养，激发批判精神，提高判断是非的能力。不可想象，一个普遍缺乏科学素养的民族，能够在经济和文化发展上有所作为。

第四，科学思想史有利于对"科教兴国"战略和"可持续发展"战略的理解与实施。"科教兴国"战略是我国跨世纪的国家发展战略，是关系国家兴衰和民族存亡的战略。科学史告诉我们，英国、法国、德国、美国和日本的兴起，都同发展教育与科学技术有着密切的关系。在科学技术飞速发展的今天，人类一方面享受着科学技术带来的福祉，另一方面又不得不忍受它带来的恶果——环境的污染。人类居住的地球环境已经严重恶化。这是因为人类还不能善用科学技术，还不能有效地控制科学技术的非正常发展。科学思想的普及教育，可以使人们懂得科学技术的功能，了解科学技术的特性，充分利用科学技术为人类社会造福，为大自然的环境美化服务，为人类走向社会进步和文明服务。因此，科学思想能使人们明智，能使人们保持理性，增进人文关怀。科学知识的人性化的缺失，造成了科学知识的滥用，甚至危害到人类自身。在科学思想中，人文的因素和社会的因素则更为强大，学习其中的内容既可以满足使科学知识人性化的需要，又可启发人们的人文思考。还有，科学思想有利于我们对"科学技术是第一生产力"观点的理解。因为科学思想史可以帮助人们有效地理解科学技术的生产力功能。一个国家或地区的发展是与其科技发展相适应的。科技水平的高低，反映了其经济、文化水平的高低，而科技发展水平的高低又是由人的因素决定的。因此，通过科学思想史的普及教育提高广大人民群众的科技素质，从而有助于依靠科技进步发展经济，把潜在的知识和思想变成现实的生产力。

第五，科学思想史有利于激发人们的爱国主义热情。中华民族对世界文明的贡献是巨大的，古代中国领先于西方的科学技术成就是值得中国人骄傲的历史。中国科学史的普及教育，可以使曾饱受西方列强欺凌的中国人民增强自信心，激发爱国主义热情,树立自尊、进取的精神。然而,中国近代科学技术和经济落后也是不争的事实。因此,科学思想史可以使人们明白中国与发达国家相比还有一定差距,我们必须奋起直追,依靠科学技术立于世界强国之林。

第六,科学思想史有利于激发科研人员的创新潜力。通过学习科学思想史,研究人员可以及时总结经验教训,学习成功的科学经验,吸纳好的科学认识论和方法论,以便在科学研究中少走弯路。我们知道,任何学科都有自己的历史,只有充分了解和掌握本学科的发展史,才能更好地理解学科的发展和走向,才能不断地进行创新。只有眼界开阔了,思维才能活跃,才能有创造性。

第七,科学思想史有利于培养文理交叉的通识人才。科学思想史本身就是自然科学与历史学这种人文科学的结合,通晓科学思想史的人必然是通晓自然科学和人文科学的人。比如,科学大师牛顿和爱因斯坦,科学史大师萨顿、柯瓦雷(A. Koyre)、库恩(T. Kuhn)等,他们不仅在自然科学方面是专家,在人文科学方面也有很高的造诣。他们的成功与他们通晓自然科学和人文科学有密切的关系。在科学技术主导的时代,不懂科学是"科盲",不懂人文科学是"文盲"(不是不识字意义上)。只有文理交叉的通识教育才能培养出大师级人才,才能回答"钱学森之问"。

三、科学思想史研究的发展阶段[①]

20世纪是科学史(包括思想史)的"英雄年代",它如雨后春笋迅猛发展,这对人类认识自然和人在自然中的地位产生了异乎寻常的影响。回顾科学思想史所走过的路程,我们可以看到,在其他同样规模的学科中,还不曾有别的学科像科学史那样有着如此广泛的发现和如此多的真知灼见,其发展的基本进程大致经历了三个阶段。

第一,从学科史到通史。从古希腊的希波克拉底写出第一部医学史到19世纪惠威尔写出第一部"科学通史"的漫长年代里,科学史几乎是"清一色"的学科史,写学科史的几乎全是科学家而非历史学家,这样写出的科学史自然是重视人物和事件而缺乏思想与历史分析。惠威尔的《归纳科学的历史》将各学科史加以综合,不过这种综合说到底是各学科史的汇集,各学科间缺之内在联系及必要的社会背景分析。孔德从实证主义哲学出发,主张统一的和综合的科学史,但实际上,他的科学史是"哲学式"的而非"历史式"的。科学史学家坦纳里受孔德的影响,主张科学史不仅是诸学科史的集合,更要研究科学的社会环境、科学交流和科学教育等。受坦纳里的影响,萨顿担负起建立统一科学史的重任,用毕生心血写成巨著《科学史导论》并创办了第一份综合性科学史刊物 *ISIS*

[①] 这一部分的详细内容参见:魏屹东:《爱西斯与科学史》,北京:科学技术出版社,1997年,第112~126页。

（1912年）。他的目标是建立社会的、历史的、哲学的和科学的观点及方法相融合的新人文主义。新人文主义的出现，实现了科学史从单一的学科史到综合的通史的转向。

第二，从内史到外史或从思想史到社会史。从学科史到通史并没有改变科学史的内史研究传统，即使萨顿的新人文主义，虽然强调了科学史的人文性，但仍然以内史为主。与萨顿同时代的科学史大师柯瓦雷更以内史研究而著称，他的"观念论"（思想史）的内史风格影响科学史至今。然而，在1931年第二次国际科学史大会上，"一统天下"的内史传统受到了挑战，当时苏联的科学史家黑森（B. Hessen）的《牛顿力学的社会经济根源》一文，"一石激起千层浪"，在科学史界引起强烈反响。此后，苏联的凯德洛夫、米库林斯基和祖勃夫等也从社会经济角度审视科学，外史研究逐渐兴起。美国科学史与科学社会学家默顿（R. K. Merton）1938年在 *Osiris* 上发表的长篇博士论文《17世纪英国的科学技术与社会》对外史的兴起起到了很大作用，被推崇为外史研究的经典之作。英国科学史家贝尔纳（J. D. Berna）1939年出版的《科学的社会功能》和1954年出版的《历史上的科学》标志着外史传统的成熟。1962年科学史家库恩《科学革命的结构》的问世，以"历史主义"的观念有力地促进了外史研究。面对如火如荼的外史研究，不少恪守内史传统的科学史家认为科学史"失去了科学味"；也有不少科学史家认为外史顺应了科学的发展，应大力加强。*ISIS* 第四任主编马尔特霍夫在1978年卸任时，颇有感触地说"对我影响最深刻的事件莫过于科学史由内史转向了外史"。

第三，从外史到（语境论的）综合史。内史论和外史论的长期论争，使不少科学史家认识到内史和外史的互补性，二者的有机结合才是真正的科学史，主张内史和外史统一的综合史。1981年召开的第16次国际科学史大会上，安吉拉·博载斯等明确提出科学史的系统观，主张用系统方法分析社会这个大系统中的科学。这时的科学史家多是"多面手"，他们不仅研究科学本身的发展史，也重视研究科学与社会的互动关系，既立足于科学反思科学，又立足于社会、经济、历史和哲学审视科学。美国当代著名科学史家和社会学家弗曼极力主张科学史超越单一的内史和单一的外史，主张二者有机结合的综合史，并认为综合科学史是科学史发展的方向。可以预见，科学的综合化、科学的社会化和社会的科学化必将引起科学史的综合化，21世纪必将是综合科学史的时代。这种综合就是语境论的综合。

不过，无论科学史如何发展，科学思想或观念始终是科学史的最核心和最重要部分，因为如果离开了思想或观念，科学史就等于失去了灵魂。而没有灵魂的科学史，就只能是史料的堆积。那么，科学思想史与相关学科是什么关系呢？笔者认为在相关学科中，科学思想与科学哲学和科学社会学的关系最为密切。它们之间的关系及演变关系如图0-1所示：

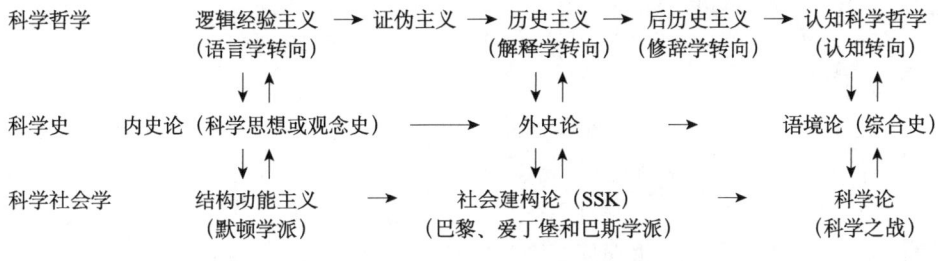

图 0-1　科学思想史与科学哲学和科学社会学的关系

四、本书的写作思路

综上可知，语境论的科学（思想）史是科学史研究的一种必然趋势，其必要性和重要性自无需多言。那么如何编写一般语境论的科学思想史呢？在笔者看来，需要做如下几项工作。

首先，需要弄清什么是语境论的科学思想史，这就是科学编史的理论问题，因此，必须阐明"语境论的科学编史学"究竟是什么，这就是本书第一篇的任务。在这一篇，重点论述了科学编史学走向语境论的必然性，科学史大师科恩（I. B. Cohen）的语境论科学编史思想，科学的维度与科学史分期问题，语境论的编史学纲领和编史学方法，力图说明如何运用语境论的观点与方法去写科学思想史。

其次，运用语境论科学编史学方法，挖掘历史上（包括哲学史与科学史上）蕴含思想的假设、假说、核心概念、定律、原理、思想实验等，具体包括古代科学中的水原说、火原说、土原说、气原说、四根说、阴阳说、五行说、原子论、分子论、夸克假说，宇宙论思想如浑天说、盖天说、宣液说、地心说、日心说；近代科学中的光的本质、燃烧的本质、发酵的本质、热的本质，以及各种假说与理论，如公理化思想、血液循环、细胞说、能量动量物质守恒说、场思想、电磁转化思想、量子说、相对论、大陆漂移说、板块构造说、达尔文进化论、基因说等；现代科学中的量子思想、大爆炸理论、信息论、控制论、一般系统论、相变论、博弈论、耗散结构论、协同学、超循环论、混沌学、复杂性、非线性、分形、可逆与不可逆等思想。这是科学思想的通论部分。

这一篇是基于重要问题展开的。这些问题包括：①世界的本原是什么？②宇宙如何产生，其机制是什么？③世界由什么构成，其结构是什么？④自然现象，如光、热、燃烧、电磁的本质是什么？⑤生命是如何产生的，其本质是什么？⑥生物是如何进化的，其基本单位是什么？⑦系统（包括自然系统、生命系统和社会系统）是如何演化的，其机制是什么？⑧系统的演化是连续的还是非连续的，是可逆的还是不可逆的，是简单的还是复杂的，是统一的还是独立的，是整体的还是部分的，是协同的还是单一的，是线性的还是非线性的？

再次，为了弥补和完善第二篇的不足，笔者按照历史顺序，在充分考虑主题、国别和人物的基础上，梳理、选择和整理了数学、物理学、化学、天文学、地学、生物学、农学和医学 8 个学科的简要思想。这是科学思想史的各论。这一篇的工作量是非常巨大和艰巨的，作为教育部人文社会科学重点研究基地重大研究项目（11JJD720011），在该项目获准前，笔者和笔者的研究生们已花费十多年的时间搜集和整理资料，力图使史料尽可能充分和完整，当然由于学科多和研究人员的知识局限，遗漏是在所难免的。

最后，也就是本书的第四篇，重点论述了法国科学家巴斯德和中国科学家李四光的科学思想。之所以选择这两个科学家：一是出于学科和国别分布的考虑；二是出于他们所持语境论的立场考虑。这两种考虑并不意味着其他学科的科学家没有语境论立场，也不意味着这两个科学家一定就是语境论者，只是通过研究和分析，发现他们所持语境论的立场比较突出和明显。事实上，从历史的视角看，可以说，凡是重视历史分析、关联分析和意义分析的科学家，或多或少都具有语境论特征。限于篇幅、精力和时间，本书仅选择了两位科学家。理论上，可以对每一位科学家及其思想做语境论的考察和分析，因为语境论是一种世界观和方法论。运用这种具有普遍性的世界观去审视任何事物和评价任何科学家是理所当然的事情。

需要指出的是：科学史的书很多，科学思想史的书也不少，但将语境论与科学思想史结合起来进行研究，则无论是书还是论文都很少，我们对语境论科学编史学的探讨才刚刚开始，运用它研究科学思想也还是一种尝试，我们的工作是否能令人满意，还有待学界同仁批评指正。

目　录

"科学技术哲学文库"编委会
总序 ··· 郭贵春 i
前言 ··· v

第一篇　语境论的科学编史学

第一章　科学编史学语境论必然趋向 ··· 3
第二章　科恩的语境论科学编史思想 ··· 11
第三章　科学的维度与科学史的分期 ··· 20
第四章　语境论的编史学纲领 ·· 33
第五章　语境论的编史学方法 ·· 48

第二篇　科学思想史通论

第六章　古代科学思想 ··· 59
第七章　近代科学思想 ··· 86
第八章　现代科学思想 ·· 141

第三篇　科学思想史各论

第九章　数学思想简史 ··· 215
第十章　物理学思想简史 ··· 238
第十一章　化学思想简史 ··· 261
第十二章　天文学思想简史 ·· 277
第十三章　地学思想简史 ··· 291
第十四章　生物学思想简史 ·· 311
第十五章　农学思想简史 ··· 324
第十六章　医学思想简史 ··· 334

第四篇 语境论科学思想典型案例

第十七章 巴斯德的微生物学思想 …………………………………… 353
第十八章 李四光的地质力学思想 …………………………………… 367

参考文献 ……………………………………………………………… 386

第一篇 语境论的科学编史学

如何写科学史，准确地讲，如何合理地写科学史，是科学史的理论问题，也就是科学编史学问题。将语境论引入科学史研究是20世纪80年代以来的一个重要趋向。这一篇将探讨语境论科学编史学的必要性，它的研究纲领及其方法论，科学的维度和分期，科恩的语境论编史思想等，以期能够为科学史研究提供科学的、合理的理论依据。

第一章 科学编史学语境论必然趋向

科学编史学作为科学史的理论,是科学史家和科学哲学家反思的对象,如拉卡托斯和库恩就是这方面的代表。他们主张对科学史进行"合理重建",所谓"合理重建"就是对科学史做历史语境分析。我们知道,始于20世纪初的科学史学科已经走过百年的历程。它在与其他科学学科的对话和沟通中,形成了自己的学术规范和精神传统。近数十年兴起的真正意义的科学编史学,将科学史研究提升到史学的、理论的、全局的和整体的更高层次的探究阶段。从萨顿最初的实证主义编史原则,到柯瓦雷的概念论编史纲领,他们共同建构的科学史内史传统在20世纪60年代受到外史的挑战。此后,内外史的长期争论,使科学史学家、科学哲学家及科学社会学者几乎一致地认为,科学史研究应该走向内外史的互补和综合。

20世纪90年代以来,科学史新的综合特征更加明显[①]。科学史研究的"综合"趋势已经形成。但如何实现这一综合、如何找到新的科学编史方法仍在探索之中。鉴于科学史本身是自然科学和历史学交叉结合的产物,它与其他科学学科有着密切的关联,我们通过探讨自然科学、科学史、科学哲学与科学知识社会学(sociology of scientific knowledge,SSK)及女性主义、史学理论等研究的语境化,来阐明科学编史学语境化走向的必然性,提出科学史研究将走向"语境论的科学编史学综合"。

一、自然科学研究的语境化

科学史作为一门独立学科,有着自己独特的研究对象——自然科学。自然科学作为科学史的本体,是科学史研究的前提和基础。换言之,科学史作为自然科学的知识积淀和记录,有赖于自然科学的进步和发展。自然科学经过厚重的累积,已经在深刻地改变着人们对自然科学自身的认识。接下来我们将要证明,自然科学研究在本体论、认识论、方法论及价值观上的语境化趋向,决定了科学史研究的语境化走向。

从本体论看,随着自然科学研究由宏观进入宇观和微观领域,特别是从量子力学对微观实体的认识中,人们超越了直观的科学观和理想化、简单化的认知模式,对客观实在、测量仪器、研究主体的理解发生了根本的改变,从而直接导致对科学整体研究活动的质疑。"因为现实世界展示给我们的是一个不确定的和概然性的状态,科学理论对世界进行的描述是对象和仪器之间的相互作用的结果,

---

① 魏屹东:《爱西斯与科学史》,北京:中国科学技术出版社,1997年,第124页。

取决于我们探索事件和过程时所采取的方式。这种情况使得语境范式成为当代科学认识的必然结果"[①]。尽管自然科学研究的对象是客观实在,但它的显现是通过观测仪器的作用,对它的认知是依赖人的控制方式和人的理论表征才能实现的。因此,客观实在不仅是由它自身的性质决定的,更是由仪器的性质、人的活动及三者之间相互作用的综合化的"语境实在"决定的。

从认识论和方法论看,自然科学的认识开始关注研究主体"人",提出了科学认识和人的关系,以及人的非理性因素在认识中的作用。科学认识主体性因素的介入,强调了科学认识的关系整体性,使科学认识的对象内在于人的活动和人的理论框架之中。人的感性活动和内在主观性使得想象、直觉、体验等非理性方式进入了科学认识之中。而人的复杂的社会属性,使社会因素通过人渗透到科学认识的过程中,甚至在微观的知识探索中也有了人的干扰和社会的影响。这样,具有了抽象性和理论构建性特征的"语境实在",要求使用更加宽广的、综合性的、整体性的、关系性的、多因素的、动态性的语境思维和语境化表述。再者,自然科学的研究客体呈现出认识的多样性和复杂性,增强了学科彼此间的交叉和相互渗透,以及研究方法上的相互借鉴。自然科学与人文、社会科学的相互渗透、协调发展是大科学时代的必然发展趋势。自然科学理论的日益抽象化和实践的日趋复杂化使自然科学研究在认识论和方法论上趋于语境化。

从价值论看,科学家把追求真理作为其活动的价值基础。但传统的真理观也随着自然科学的发展而受到了质疑。因为科学活动不再是对真实世界的描述,而只能是建立一种与真实世界同构或同态的模型来谈论世界。在科学探索的理论性描述中,只能无限地使模型与世界趋向一致,力图提高模型的解释力,而永远不可能达到与现实世界的绝对一致性。传统的真理也就成为模型和真实世界之间一致性的极限。这样,科学研究活动中的解释与真实世界的关系是建立在一种特定语境中的内在的、整体性的相似,科学真理以一致性为基础而成为语境中的真理,变成了动态的、可变的语境化的概念。"语境实在""语境真理"具有了更宽广的解释力,从根本上改变了自然科学活动的价值取向。

总之,自然科学的"语境实在"、科学认识和方法的语境范式、"语境真理"的价值取向,从根本上要求以自然科学为研究对象的科学史活动必须适应这种变化,通过语境分析不断扩大研究域面,以达到对自然科学历史发展的规律性认识。这就是科学史研究在本体意义上的语境化选择。

二、科学史研究的语境化

科学史是人们在对自然科学的研究中逐步分化和独立出来,经过近百年的艰

---

① 殷杰:语境主义世界观的特征,《哲学研究》,2006 年,第 5 期,第 94~99 页。

难历程，已经随着科学史学科的建制化走上了自主性发展的道路。起初科学史研究只关注科学本身发展的历史进程和科学概念的演化，形成了内史研究传统。20世纪80年代出现的内史向外史的转向，将科学置于社会大背景下，考察与之有关的社会、政治、经济和文化因素对科学的影响。20世纪90年代出现了内史和外史争论与交融的新的综合特征，这是科学史研究自身深入发展、科学史研究人员认知能力的提高和研究领域拓展的结果。

虽然科学史研究的深度和广度在不断拓展，但科学史的学科性质一直存在争议。科学史是对科学本身历史的研究是毋庸置疑的。科学史的向度分析深刻表明，虽然科学史研究有哲学的、历史的、科学的和社会学的向度乃至其他向度，但这些只是说明对科学史研究的多层面展开，并不代表科学史的性质发生了变化[1]。本书认为，科学史仍将继续保持"科学"和"历史"的双重特质，以科学的"内史"研究为主，因为"内史是科学史的基础和出发点，是科学史最根本、最本质的东西，是科学史的灵魂与核心，科学史研究必须围绕着它进行。外史是在内史的基础上成长起来的，是内史发展到一定阶段必然的产物，是内史必不可少的补充"[2]。综合史的出现也是基于内史的。对科学史权威期刊的内容计量研究结果表明，近十几年来内史仍然是科学史的主流，外史研究并没有超过内史，虽然科学与社会、科学与文化的论文增多，综合性增强[3]。

值得注意的是：近十多年来，有关科学史研究的方法论、科学观、科学史观及其现状分析的基础理论研究受到更多的关注，科学编史学的兴起使科学史的研究对象更加全面，研究领域更加广阔，研究内容更加丰富，体系结构更加完整，功能更加完善。例如，在《科学史》（*History of Science*）期刊的研究论文内容中，大量的科学编史学的研究显示了这一趋势，深化了科学史学科性质等元理论研究，是科学史研究更深层次上的综合。

科学史研究由内外史叙事方式的对立逐步消除了各自的极端性而走向融合。特别是科学建构主义的案例研究揭示了自然科学对象认识的微观机制，显示了打破内外史的界限之后对科学史进行新诠释产生的巨大威力。科学史的内外史似乎被彻底地消解而完全丧失了自主特征，没有了内史和外史的科学史研究模式，对科学进行怎样的历史书写成为难题。科学史的研究在迷失中紧紧抓住了它的原始载体——人物与事件，将传统内史研究注重的科学事实（知识）转移到人物和事件，被认为是新的基于内史的综合研究的起点。事实上，人物与事件是科学史研究的载体，科学思想的建立、交流、传承都是由人来实现的，科学发展历

---

[1] 袁江洋：科学史的向度，《自然科学史研究》，1999年，第2期，第97~114页。
[2] 魏屹东：《爱西斯与科学史》，北京：中国科学技术出版社，1997年，第144页。
[3] 魏屹东，王保红：英美科学史研究的新趋向——三份国际科学史权威综合期刊1993—2005年内容计量分析，《自然科学史研究》，2007年，第2期，第202~221页。

史的推演必然汇集于人物和事物才被融合和吸收。人物（科学家群体）是有着先存观念、先存知识、先存方法的影响，是处于一定的社会、文化环境和历史阶段的"现实的人"，他们的具体科学活动也是在特定的自然、社会、语言和认识的语境中进行的，因而他们本身作为科学史实已经受到语境的制约与影响；事件本身具有的历史过程性和现实开放性说明它们已天然地融入广泛的历史语境和社会语境之中。对人物和事件微观点上的综合研究就只能是语境论的综合。

另外，科学史研究的主体是科学史学家，他们的主体认知心理和其认知结果的表征，都受到哲学的、历史的、社会的、文化的多重制约。他们坚持的科学史不同的编史原则，内史、外史的不同倾向，都会对科学的发展史的描述产生不同的演绎形式，即科学史学家也被附着在特定语境基底上，而且形成的理论也是一定语境下的产物，并可能在更高层次的语境中被修正甚至被抛弃，即实现科学史认识的再语境化。在内史和外史、"辉格"[①]和"反辉格"之间的长期争论，以及系统方法和多元主义方法的影响下，科学史研究方法走向了语境化的综合史方法，如内外史统一方法、"辉格"和"反辉格"统一方法、亚文化分析方法、历时共时分析方法、科学思想史和科学社会史的统一方法，以及科学史和科学哲学的统一方法[②]。因此，科学史研究在其研究对象、研究的主体和研究方法的语境化整合下，必然秉承内史传统，以基本载体人物和事件为基点实现编史学的语境化综合。

三、科学哲学研究的语境化

从哲学发展史看，每一门自然科学都是不断从哲学中分离出来而成为独立学科的，但也留给哲学一些自然科学本身永远解决不了的问题，这使得哲学必须永久接受和面对只有依靠哲学论证才可能解决的问题。这就是科学哲学。

随着自然科学本身的发展，许多复杂而抽象的自然科学问题本身就具有了哲学特征，自然成为科学哲学的问题，如现代天文学中的宇宙起源问题、现代物理

---

① 源于辉格党（Whig）。在英国历史上曾有两个对立的政党：辉格党和托利党（Tory）。辉格党是自由党的前身，提倡以君主立宪制代替神权统治，站在资产阶级和新贵族的立场上拥护国会，反对国王和天主教。1931年，英国历史学家巴特菲尔德（Butterfield H）出版了《历史的辉格解释》一书，在这部史学名著中，他将"辉格式的历史"或"历史的辉格解释"作了扩充。巴特菲尔德指出，辉格式的历史学家站在20世纪的制高点用今日的观点来编织历史。这种直接参照今日观点和标准来进行选择和编织历史的方法，对于历史的理解是一种障碍。在科学史领域这种解释还是有意义的，因此，辉格式的历史主要是指辉格式科学史，如科学史奠基人萨顿的科学观和科学史就是辉格式的。因为在科学史发展的初期，实证主义的科学史观占据了统治地位，因而在科学史研究中辉格式的方法普遍存在就不奇怪了。

② 魏屹东：《广义语境中的科学》，北京：科学出版社，2004年，第39~45页。

学中的质能转换问题、比夸克更小的基本粒子的问题、现代生物学中的从原子水平和分子层面对生命的认识问题等。这些科学问题的解答将自然科学与科学哲学紧紧地连在一起。许多卓越的科学家（如爱因斯坦）就是在对自然科学的探索中开始哲学思考的，他们的哲学研究天然地与自然科学密切相连，并把科学方法与哲学方法融为一体，其哲学思维的拓展往往能产生自然科学和哲学的双重跃进。自然科学与科学哲学的紧密结合也使科学史和科学哲学内在地结合在一起。科学哲学家和科学史学家拉卡托斯最精辟地概括了这两个学科的共融与依存："没有科学哲学的科学史是盲目的，没有科学史的科学哲学是空洞的。"

科学史与科学哲学这种密切的联系使科学史的发展受到科学哲学各流派更替的深刻影响。逻辑实证主义的科学观奠定了科学史研究的内史传统，到库恩的历史主义科学观的科学史外史研究，再到费耶阿本德"怎么都行"的多元主义及邦格的系统主义方法论诱导下的科学史内外史的综合研究，使科学史研究一致指向某种综合。20世纪后半叶，特别是库恩的《科学革命的结构》一书问世后，科学史研究领域发生了显著变化，传统的实证主义科学观受到质疑，科学的客观性受到人们的重新审视，传统进步主义科学史被斥责为"辉格史"而日渐衰落。这直接诱导了20世纪70年代的科学知识社会学的兴起，库恩也被认为是社会建构主义的先驱。关注了科学与社会的复杂纠葛之余，科学知识内部也在随着自身的发展而受到严重侵蚀，科学不能再用认知真理或逻辑一致性来使自己合法化，SSK破坏了知识的绝对确定性和真理性，揭露了科学深层次的非理性因素，直接触及自然科学研究的基本信念而深刻影响科学史的研究。

社会建构主义认为"科学知识是人类的创造，是用可以得到的材料和文化资源制造的，而不仅仅是对预先给定的、独立于人类活动的自然秩序的揭示"[①]。当科学知识被界定为"科学家在实验室里制造出来的局部知识，负载着科学家的认识和社会利益，受特定社会因素塑造"[②]时，科学研究的客体被社会构建，科学研究的主体也因其受理性框架、价值标准、选择依据和认识趋向等背景因素的"污染"被负载了社会属性，"在某种意义上讲，对于科学史研究来说，SSK对'内外史'界限的消除也可以被看作是打通了'内史'与'外史'之间的壁垒，形成一种统一的科学史"[③]。这更像一种方法论取向，这种立足于科学知识本身的微观科学史叙事方式值得传统科学史研究借鉴，也是我们回应其引起的问题所必须采用的方法。把社会建构主义的微观科学史研究整合入一种新的宏观叙事，

---

① 杜严勇：SSK与科学史，《南京社会科学》，2004年，第12期，第12~14页。
② 赵万里：科学的社会建构——科学知识社会学的理论与实践，天津：天津人民出版社，2001年，第2页。
③ 刘兵，章梅芳：科学史中"内史"与"外史"划分的消解——从科学知识社会学的立场看，《清华大学学报》（哲学社会科学版），2006年，第1期，第132~138页。

是社会建构主义的科学史研究给我们提出的一大难题。社会建构主义在追踪知识生产的过程中既研究了社会因素对科学的影响，又涉及了科学思想的发展变化，从另一个角度看也可以认为这是内外史的融合。而不论是内外史的消解与融合，还是转换，都无法摒弃科学知识生产和科学思想传承的载体——人物与事件，这必然要求科学史研究始终以人物与科学专题（案例）研究为统一点，将二者置于广义的知识和社会语境下，进行微观点上的研究，是一种实在的综合。

20世纪80年代以来，科学史的研究中引入了女性主义的视角，其实质与后现代主义潮流相一致。女性主义"致力建立一种新的科学知识体系和话语方式。这种新的科学知识体系，就是要彻底颠覆现有的男性化的科学模式和话语样式，打破孤立的、自立的、中性的科学表象，赋予科学以活生生的、情境化的社会性"①。女性主义试图通过对科学整体结构的性别解析，使许多科学研究中的潜在问题显露出来，为科学史的研究开辟了新的理论视野。这一批判性的见解和工作在某种程度上改变了人们对科学及科学史的看法，为科学史研究提供了可供选择的视角和方法的转换。

另外，女性主义科学史学者提倡用一种特殊的女性视角重新审视科学史，力图通过改变男性中心支配一切的局面，树立女性视角的地位，揭示科学与社会、经济、政治、性别的关系，给科学以更加包容、更加宽广的意义②。在此意义之下，所有知识形式都应以同一方式来对待，人们能够对以前不受欢迎的话题进行探索。不同地域的科学知识、平民口述史甚至民间信仰、迷信等研究也取得了合法地位，科学史研究更多地融入了历史情境，有了更加宽广的研究维度。这就构成了科学史研究更加多样协调发展的新境界，意味着科学史研究发展到新的语境化综合的高度。

四、史学理论研究的语境化

自文艺复兴以来，有关历史知识地位的问题即历史学的认识论，就一直是史学家、哲学家激烈争论的问题。这个问题始终影响着历史学的发展。在对原始资料考证的基础上，历史学家对自身学科知识的局限性进行了深刻反思，逐步形成了两种对立的观点：一种是实证主义观点，认为历史学运用与其他自然科学同样的研究程序，所有的科学知识的基础都是客观公正的、被动观察者做出的细致和精确的观察，然后得出一般法则和规律。史学家不带有任何成见和价值判断地

---

① 覃明兴，刘锦春：女性主义视野中的科学史，《山西师范大学学报》，2006年，第1期，第109~113页。
② 章梅芳，刘兵：后殖民主义、女性主义与中国科学史研究——科学编史学意义上的理论可能性，《自然辩证法通讯》，2006年，第2期，第65~70页。

从事史学研究。这样，历史学被确定为一门科学，其中史学家从过硬的证据中收集事实并得出有效结论。19世纪孔德的实证主义认为，历史学家通过积累有关过去的事实性知识描述历史，而且这些知识可以通过应用原始资料的考据方法得以确证。历史学家的价值观和信念是不相关的。

另一种是唯心主义观点。它认为人类事件必须和自然现象区分开来，人类事件有着基本的"内在"因素，包括行动者的意图、情感和心态。过去事件的真实状况必须通过一种在想象中与过去人们的认同来加以解释，这种认同依赖直觉（想象力）和移情，即历史知识具有内在主观性，揭示的真理更接近于艺术家意义的真理。代表人物是柯林武德，他在《历史的观念》中认为，全部历史学本质上都是思想的历史，历史学家的任务就是在他的思想中重演过去个体的思想和意图。因此，艰苦考证与想象的结合才是史学的出路。

对于第一种实证主义观点，科学共同体内部基本认为不再具有说服力，对科学性质的新认识促使史学家认识到在历史研究中，研究者除了具有逻辑和批判技能外，必须具备移情、直觉和想象力的素养。历史事实的理解和解释必然永远处在无休止的纷争之中。历史变迁的复杂结构，使进行一种综合历史因果理论建构的基础是不存在的，达成一致意见是不可能的。这是历史学客观性所面临的关键性制约。

后现代主义者对上述两种历史观提出挑战，指出具有高度主观性的价值判断和假设不仅存在于历史资料中，也存在于史学家用于表达他们思想的语言中。后现代主义试图替代历史解释，认为历史学仅能提供文本互见，它研究的是文本间的论证关系，而不是事件间的因果关系；历史解释被作为一种幻想遭到摒弃；后现代主义拒斥历史学家的"宏大叙事"或"元叙事"，提出历史编纂是一种形式的文学作品，是在某些修辞规则下操作的；历史编纂不可能价值中立，历史学家会打上意识形态的烙印。后现代主义向相对主义迈出了一大步，接受同时存在的多元解释，且所有解释都是有效的。

面对各种理论的异议，今日的史学家们坚守学科信念，认为尽管资料的不可靠性、已确证的事实和赋予事实以意义的解释之间的不一致性、历史学家带有的个人色彩，长期威胁着历史学的发展，使其在理论上很容易受到攻击，但历史学既非实在论的一种样本，也不是相对主义的牺牲品。历史学研究程序的坚持，必然使研究更接近于"实在"，同时尽可能远离"相对主义"。历史研究不管多么具有专业化，也会有多元解释，但这应视为一种优势而不是缺陷，它恰是历史学走向成熟的基本标志。

通过理论纷争，历史研究的视野被大大拓宽，历史学家需要将叙事和分析技巧结合起来，既需要移情，也需要保持客观。它们的学科既是重建，也是解释，既是艺术也是科学。历史研究包括整体社会结构、集体心态学、社会和自然环境间的演化等,已经扩展到全球每个角落,没有哪种文化被认为"太原始"或"太渺小"而不值得关注。越来越多的研究是在各专业领域的边界上进行的。历史学研究变成了在最广泛的多层语境下的复合体。科学史的史学特质迫使其研究遵从史学理论发展的走向,成为宽广语境下的复合体,即实现科学编史学的语境化综合。

五、结　　论

　　自然科学研究的综合化,科学史研究的语境化,科学哲学、SSK 及女性主义对科学史研究的影响,史学理论上的要求,已经充分说明:科学编史学的语境化走向是必然的,"语境论的编史学综合"将成为科学史研究的重要的方法论原则。对历史记录或"事实"背后的故事的建构和再建构,并随着语境的变化而做出新的阐释,这就是语境叙述本身的特性。科学史归根结底是一种描述和解释,是一种描述的语境论。语境论的科学编史学正是语境分析的综合和分散特征在描述的方法论中得到的理解[①]。尽管语境论有不精确的缺陷,但语境本身就是要打破终极实在,构建层次解释,对科学史微观起点人物和事件的语境分析也不是对科学史的最终解释,也不是对科学发展的客观历史的一种无限逼近,但却是现实可行的科学史研究语境化综合的可能起点。

[①] 魏屹东:作为世界假设的语境论,《自然辩证法通讯》,2006 年第 3 期,第 43~45 页。

第二章 科恩的语境论科学编史思想

自20世纪以来，科学史研究主要经历了内史、外史和综合史三个阶段。内史是指"科学知识自身发展的历史，包括各门自然科学学科发展史"[①]。它不考虑社会因素对科学的影响。也就是说，内史是在历史语境中对科学语境本身的研究。"外史关注科学的社会背景和历史文化背景以及社会因素对它的影响"[②]。或者说，外史对历史语境中科学发展涉及的社会语境进行研究。综合史在坚持科学内史的同时，也主张社会对科学的影响。显然综合史是将科学放入更广阔的历史、科学和社会语境中进行研究的。

综合史研究通过语境方法消解内史和外史的分离，实现二者的统一，体现为一种语境论编史思想。科恩作为美国著名的科学史学家，其科学观体现在他的论文、著作和书评中。通过对他的论著、书评的分析我们发现，科恩的科学观是一种语境论科学观，他在历史语境、科学语境和社会语境中研究了科学本体、科学发展模式和科学价值问题。在他看来，科学本体来源于历史语境，科学发展是历史和科学语境中传统与进步的更替，科学的认知价值在历史和科学语境中体现对相关学科的多元功能，科学的社会价值在历史和社会语境中体现对社会和民众的变革功能。这些观点构成了柯恩的语境论科学观，我们将对这些观点做详细的讨论。

一、科学本体源于历史语境

科学作为科学哲学和科学史的研究对象，首先需要解决科学本体问题。科学哲学家主要从逻辑角度确定科学的本体。近代逻辑实证主义者认为科学应以"证实"为标准。只要是能被经验事实所证实的就是科学的。波普尔（S. K. Popper）反对逻辑实证主义的科学思想，认为"衡量一种理论的科学性在于它的可证伪性或可反驳性、可检验性"[③]。科学理论根本不可能被经验证实，而只能被经验证伪。逻辑经验主义者和波普尔从逻辑语境分析了科学的本体。虽然他们的理论确实在一定程度上回答了科学是什么的问题，但是存在两个明显的不足：一是没有考证科学概念而直接解决科学本体，使科学处于混乱状态。逻辑经验主义的理论也许更适合于古代科学，波普尔的理论也许更适合于近代科学。同一种理论解释

---

① 魏屹东：《爱西斯与科学史》，北京：中国科学技术出版社，1997年，第126页。
② 魏屹东：《广义语境中的科学》，北京：科学出版社，2004年，第40页。
③ 波普尔：《猜想与反驳》，北京：中国美术出版社，2003年，第338页。

不同时代的科学显然是站不住脚的。二是由于对历史分析的不足，出现的反例很多，质疑声不断。

作为科学史学家，科恩特别关注科学的本体问题。一方面，在历史语境中科恩考证了科学概念的时代性、区域性特征；另一方面，在历史语境中他确定科学的划分问题。

从历史语境看，在古代农业社会，哲学作为知识总汇的形态，包涵了自然界、社会和人类思维的最一般规律。中世纪时期，神学占据了统治地位，哲学成为神学的附庸。近代科技革命使物理学、数学、天文学、技术科学逐步从哲学中分化出来。19世纪自然科学进一步分化，形成数、理、化、天、地、生等学科体系。技术科学也在该时期进一步分化形成化工技术、机械技术和采煤技术等。而哲学、文学、艺术等则形成了人文科学。这样一来，在19世纪中期科学划分为三大阵营：自然科学、社会科学和人文科学。显然科学是一个历史概念，科恩认为对科学的研究必须是"科学"概念出现之后的事情，否则就是一种辉格式的解释。由于"科学"产生于16～17世纪，所以，科恩主要对16世纪以后的科学进行了研究。

由于历史语境的差异，"科学"在不同国家指称不同。在使用英语语言的国家里，"science"专指自然科学。法语的"science"也专指自然科学，而德文中的"wissenschaft"包括自然科学、社会科学和人文科学。显然，对科学的研究还应考虑区域性特征。也就是应根据不同时期、不同区域"科学"的概念进行研究。

历史语境的变化也决定自然科学的划分问题是处于动态之中的。科学产生的早期，一些科学哲学家认为与自然科学相对应的是非科学，应关注科学与非科学的划界，逻辑实证主义者和波普尔等主要研究了两者的划界问题。19世纪中期，随着自然科学对社会科学影响的加剧，一些科学哲学家认为与自然科学相对应的是社会科学，应研究自然科学与社会科学的关系问题。在科恩看来，与自然科学相对应的是非自然科学，包括社会科学和人文科学。科恩在《相互作用：自然科学与社会科学的关系》一书中主要研究了自然科学与社会科学的关系。他的一些论文和书评研究了自然科学与人文科学的关系问题。

显然，科恩在历史语境中研究科学本体，发展了科学的划界问题，为进一步探讨科学的本体问题提供了新的思路。

二、科学发展在历史和科学语境中更替

科学的发展问题受到科学哲学家和科学史家的共同关注。19世纪初，科学曾被认为是以"科学—真理"的模式进步，科学进步就是科学理论不断地转化为真理的过程。波普尔认为科学是通过不断否证，排除错误，提高理论的逼真度

而不断进步的。他的科学发展模式体现了"逻辑重建"特征,但远离了科学史。库恩将"范式"作为科学进步的主要工具,科学进步就是范式不断更替的过程。他强化了科学的革命性而弱化了科学的继承性;强化了科学家价值观念和社会心理因素,弱化了真理的客观性,从而滑向相对主义。劳丹(L. Laudan)认为"科学本质上是一种解题活动"①。科学进步体现为现存理论比前理论能够解决更多的问题,这是一种实用主义进步观,能够"解决问题"的理论也未必是进步的理论。"燃素说""热质说"都能解释一些燃烧和热的现象,实际上它们是错误的,与客观真理相违背。显然,关于科学发展的问题这些科学哲学理论都存在一定的局限性。在科恩看来,科学发展是历史和科学语境中的更替,表现为科学观、传统与进步的更替。

首先,从历史语境看,科学发展经历了观念的更替。科恩研究了17~20世纪科学观的更替过程。在科恩看来,17世纪科学是黑暗艺术。科学是与巫术紧密联系在一起的,科学实验被认为是威胁自然的不正常活动。科学家被认为是人类的威胁。"科学家满足他们关于自然和人类的好奇心的报偿是便宜的,他们需承担的是永恒的道德损失。"② 18世纪科学逐步与进步联系在一起。"18世纪末,科学作品使人们对科学及其用途的信任成为至高无上的。"这都是由于科学给人类带来的进步而获得的信任。19世纪科学被认为是万能的。"科学不但在科学领域引起有益的变化,而且在人类其他事务中也引起有益的变化。"20世纪科学被认为存在潜在的危机。"所有科学带来的罪恶来源于擅自改变自然,而不是来源于保留自然本来面目。"③ 因此,科学发展首先表现为历史与科学语境中观念的更替过程。

其次,从科学语境看,科学发展是传统与进步的更替。一方面,传统是进步的基础。传统代表已经形成的认识或观念,进步代表科学渐进性或革命性发展的特征。由于传统的稳固性,科学家发现新的思想和接受新的观念都很困难。所以,人们普遍认为传统阻碍了科学的进步。科恩认为传统对科学进步具有基础性作用。新的科学理论应展示它优于传统理论的重要证据。从结果看分两种情况:一是传统被新的发现所代替,如日心说的发现证实了传统地心说的错误,从而代替了地心说;二是传统被新的发现所修正,如水的分子式是 H_2O,它是修正 HO 的结果。另一方面,科学发展是传统与进步的更替。科学发展是不断修正或突破传统的过程。新理论能否被接受或转化成新的传统靠"新的思想比旧的思想更好

---

① 劳丹:《进步及其意义》,刘新民译,北京:华夏出版社,1990年,第11页。
② I. B. Cohen. The fear and distrust of science in historical perspective. Science, Technology &Human Values, 1981, 6 (6): 21.
③ I. B. Cohen. The fear and distrust of science in historical perspective. Science, Technology &Human Values, 1981, 6 (6): 22.

地解释或说明更广泛领域的知识，解释新的现象，或者应用越来越少的简单的基本概念"①。在《科学中的革命》一书中，科恩在历史语境和科学语境研究基础上分析了传统与革命式进步更替的历程。在科恩看来，科学革命的发生经过四个阶段，需要四个判据来证实。这四个阶段分别是思想革命、信仰革命、论著中的革命、科学中的革命。四个判据分别是目击者的证明、对据说发生过革命的那个学科以后的一些文献进行考察、有相当水平的历史学家的判断、今天这个领域从事研究的科学家们的总的看法。科学革命发生过程是革命式进步对历史语境和科学语境中传统思想、信仰、论著、科学方面的变革。没有传统，革命失去变革的基础。当革命被四个判据证实已发生时革命转化成新的传统，"科学家开始相信论著中的理论或发现并且开始以新的革命的方式从事他们自己的科学事业"②。从科恩的科学革命观可以看出，科学发展的确体现了历史与科学语境中传统与进步的更替。

概言之，科恩的科学发展模式建立在历史语境和科学语境分析基础上，体现了历史与逻辑的统一性，科学观及传统与进步的更替性。科恩的科学发展模式明显优于"科学—真理"模式、证伪理论、"范式"理论等。根本原因在于科恩在历史语境和科学语境中研究科学发展模式，而后者多是逻辑的重建。因此，我们可以说离开历史语境和科学语境，科学发展模式将是不可靠的。

三、科学认知价值在历史和科学语境中影响相关科学

20世纪60~70年代，科恩参与了科学与公共政治的研讨班，这导致他对自然科学提供给社会科学和其他科学的模式和概念产生了兴趣。他曾在《科学中的革命》《相互作用：自然科学与社会科学的关系》《自然科学与社会科学：批判与历史的观点》《科学与开国元勋：科学在杰弗逊、富兰克林、亚当斯、麦迪逊政治思想中的应用》中研究了自然科学与其他学科的关系问题。科恩发现，"过去三个世纪很少有著作说明社会科学家已尝试在很大程度上使用自然科学的概念、原理、理论和方法"③。社会科学对自然科学的影响也被忽视掉了，社会科学家和他们时代科学之间的相互关系也被忽视掉了。基于这些现象，科恩在历史和科学语境中研究了17~20世纪自然科学对相关科学的多元功能。

第一，从历史和科学语境看，自然科学对人文科学具有启示功能。科恩认为自然科学对人文科学具有启示功能，这体现在他的书评中。科恩在评价一本关于

---

① I. B. Cohen. Orthodoxy and scientific progress. Proceedings of the American Philosophical Society, 1952, 96 (5): 505-512.
② ［美］科恩：《科学中的革命》，鲁旭东等译，北京：商务印书馆，1999年，第40页。
③ I. B. Cohen. Interactions: Some Contacts Between the Natural Sciences and the Social Sciences, ISIS, 1994, 85 (318): 6.

牛顿光学对18世纪诗歌的影响时指出：这本书对理解科学思想、18世纪文学标准都很重要，"启蒙思想家依靠牛顿光学或原理或两者的程度需要将来进一步的确定"①。科恩希望将自然科学对人文科学的启示作用建立在历史证据基础上。1947年科恩评价了一本关于庆祝耶鲁大学建立250年的书时指出："科学史是文化史和智力史的一部分。"②科恩在评价另一本关于美国文学史著作时也指出，科学史可以给任何历史一个新的方面，当然包括文学史。

第二，自然科学对社会科学具有示范功能。关于自然科学与社会科学的关系问题，许多科学史学者主要采用辉格式研究传统，比较和对照社会科学与今天物理与生物学研究方法的异同，而忽视社会科学家与他们时代科学之间的关系。科恩反对辉格式研究传统，他采用了"反辉格"研究风格，分析了17~20世纪自然科学对当时社会科学的示范功能。从主体看，自然科学对社会科学的示范功能主要通过两个群体来实现。一个群体是具有自然科学知识从事社会科学的学者通过隐喻、类比和同源关系，将自然科学原理、概念、方法引入社会科学领域，代表人物是费舍尔（Fisher）、佩利（Pelly）、凯特莱（Quetelet）、瓦尔拉（Walras）、凯利（Carey）、格劳修斯（Grotius）、霍布斯（Hobbes）、哈灵顿、杰斐逊、富兰克林（Franklin）、亚当斯、麦迪逊等；另一个群体是自然科学家将自然科学原理、概念、方法应用于社会科学领域。代表人物是哈维（Harey）、莱布尼茨和配第。哈维在他的《心血运动论》中将生物的心脏类比于王子。国王就像动物的心脏，是国家的核心。莱布尼茨的目标是提供一个普遍科学，包括数学、物理学和社会科学，使数学应用于所有学科。配第精通数学和航海，获得医学学位，他通过类比解剖学与政治学，建立了以数学为基础的政治学和治国之道。科恩通过案例还研究了牛顿原理对美国建国之父杰斐逊、富兰克林、亚当斯、麦迪逊政治思想产生的示范作用。

自然科学对社会科学的示范功能直接来源于当时人们的认识水平。17世纪以来，社会科学合法化的程度需要从自然科学寻求特征、概念、法则和一些理论。因为政治原因，在仿效自然科学基础上，社会科学会得到公众更多的支持。但"20世纪，社会科学家尽管还羡慕他们的主题像'科学'，但已不是具体科学的方法"。这充分说明17世纪以来，社会科学越来越走向自组织化发展，本身的自主性、独立性越来越强。"社会科学概念、原理、法则和理论的合法性超越了自然科学相对应内容的有效性"③。我们不可忽视自然科学曾经对社会科学的示范作用，科学史学家的任务就是要发现存在这样的历程。

---

① I. B. Cohen. Identifiers, ISIS, 1947, 38: 115~116.
② I. B. Cohen. Review. ISIS, 1947, 38 (1/2): 119.
③ R. S. Cohen. The Natural Sciences and the Social Sciences: Some Critical and Historical Perspectives. Kluwer Academic Publishers, 1994: 72.

那么，自然科学与社会科学作用的机制如何呢？在科恩看来，17世纪以来自然科学与社会科学作用机制表现在隐喻、类比和同源的大量使用。隐喻体现价值的传递，清晰地表明了社会科学模仿自然科学是价值系统的转换。类比反映功能或关系和属性的相似。对于17世纪美国政治学的发展，霍布斯采用使其类比于物理学和生理学。类比并不是概念和方法的简单和明显的转换，而是从一个领域向另一个领域转换的过程中，这些概念和方法在被认可的科学中充当支柱和灵魂。同源来源于生物学，"指部分结构的一致性或具有共同祖先产生不同有机体器官结构的一致性"[①]。同源体现结构的同一性。但是，在科恩看来，"自然科学对社会科学的影响并不能保证任何一门社会科学的合法性或有用性"[②]。关键看社会科学是否具有像物理学或生物学这样学科问题的独立性、完整性、内在逻辑性和结论的可检验性。

第三，科恩通过历史事实说明自然科学对技术科学具有先导功能。富兰克林是18世纪美国的实业家、科学家、社会活动家、思想家和外交家。他在电学上成就显著，创造了许多如正电、负电、导电体、充电、放电等世界通用的词汇。牛顿多次尝试产生一个数学的光学科学，终究失败。但他的《光学》的实验风格对18世纪技术科学起到了先导作用，即体现"猜测、物理学洞察力、推导和非数学推断的特征"[③]。科恩在研究富兰克林电学的过程中，发现"富兰克林的科学研究包括了对牛顿思想、原理的仔细和深刻的研究"[④]。可以说，牛顿的光学使他成为巨人，正是牛顿的实验光学使富兰克林在实验基础上取得了一系列发明，促进了电学的产生。

第四，科恩还研究了社会科学对自然科学的借鉴功能。在科恩看来，马尔萨斯的人口增长论、韦伯（S. Weber）的农学思想、亚当·斯密的劳动分配理论都对19世纪达尔文的进化论产生了重要影响。比利时近代统计学之父凯特勒（A. Queteiet）的社会统计理论对麦克斯韦和玻尔兹曼的物理学产生了重要影响。科恩在对科学革命研究的过程中发现政治革命对科学革命的影响。"革命"概念来源于18世纪的政治革命，表示巨大的变革。19世纪后期，由于受达尔文生物进化论思想和政治革命消极方面的影响，人们反感或厌恶"革命"，更多地愿意使用进化而不是革命。这也表明政治科学对自然科学有一定的影响。

---

① I. B. Cohen. Interactions: Some Contacts Between the Natural Sciences and the Social Sciences. ISIS, 1994, 85 (318): 16.

② I. B. Cohen. Interactions: Some Contacts Between the Natural Sciences and the Social Sciences. ISIS, 1994, 85 (318): 6.

③ I. B. Cohen. Benjamin Franklin's Science. Cambridge: Harvard University Press, 1990: 18.

④ I. B. Cohen. Benjamin Franklin's Science. Cambridge: Harvard University Press, 1990: 14.

四、科学社会价值在历史和社会语境中变革社会

20世纪以来,科学与社会的关系越来越密切,科学研究的经费需要国家或社会的支持,社会问题的复杂化使科学与社会进一步走向一体化。科学如何实现社会化成为科学史研究的重要领域。1931年黑森《牛顿原理的社会经济根源》一文开创了科学史的社会语境研究,其后贝尔纳和默顿进一步从社会语境中研究了科学的社会功能、科学技术与社会的关系问题。科恩作为萨顿的学生,与萨顿有很大的区别。"萨顿从来没有科学史专论"[①]。科恩关于科学与社会方面的专论还是比较多的,涉及科学与社会组织、科学革命与工业革命、科学与战争、科学与民众等方面的专题。

首先,从历史语境和社会语境看,科学对社会具有变革功能。科恩在对科学革命进行研究时,发现"与之相伴而来的,还有一场组织机构中的革命"[②]。科恩认为自17世纪以来,发生过四次机构中的革命,分别是科学共同体的出现、科学专业和机构的剧增、大学的出现、政府的巨额支出和有组织的研究。但是,科恩反对武断地认为四次机构革命和四次观念革命的同时性,这需要通过考证才能确定。科恩还研究了科学革命与工业革命的关系问题。科恩发现,科学革命与产业革命或工业革命并不存在完全的因果关系。"在英国,工业革命所依靠的与其说是科学的应用,不如说是技术和机械的独创性"[③]。比如,19世纪的法国,应用科学和专门技术知识在工业革命中具有决定性作用。

其次,从历史语境和社会语境看,科学影响战争。科恩1937年攻读博士学位,由于战争的原因在1947年才取得博士学位。他目睹了科学在战争中被应用的现实。所以,科学与战争究竟是如何作用在一起的,不同群体应承担什么责任,显然是一个很重要的问题。一方面,科恩曾研究了美国革命、美国内战和第一次世界大战期间,美国物理学家通过从事管理职务和政府事务或政府顾问,呈现科学对战争的影响;另一方面,战争影响科学。战争期间,个人努力与国家命运联系在一起,美国科学家承担服务于战争的职责,科学家与政府的联系很紧密。

最后,从历史语境和社会语境看,科学对民众具有变革功能。18世纪已出现将科学解释给民众的努力,人们对科学的信任成为至高无上的。随着大科学时代的到来,科学研究越来越成为国家和社会的事情。这样一来,需要让民众理解科学。所以,科恩进一步研究了自然科学对民众的变革功能。科恩的《人

---

① I. B. Cohen. George Sarton. ISIS, 1957, 48 (3): 286-300.
② I. B. Cohen. Benjamin Franklin's Science. Cambridge: Harvard University Press, 1990: 116.
③ [美] 科恩:《科学中的革命》,北京:商务印书馆,1999年,第324页。

类的科学仆人,科学时代门外汉的入门书》一书,通过案例让民众了解科学研究环境的重要性,科学研究的实际应用。1952年科恩和弗莱彻(Fletcher)出版了《一般的科学教育》一书,目的是培养非自然科学专业大学生的科学兴趣,使他们理解科学,呈现科学活动的人类价值。所以,在科恩看来,科学的社会化进程的加速,自然科学与人文、社会科学的融合,客观上需要通过科学史教育变革民众和非自然科学专业的大学生的传统观念,使他们了解科学,认识科学。

五、科恩语境论科学史观的特征

科恩的语境论科学史观的形成不是偶然的,必然受他的科学观的影响。在科恩看来,"科学史学家的工作是追踪科学家思想的发展与传播,而不是表扬或批评,因为他们生活在我们一个世纪或更多世纪以前"[①]。科恩在一篇书评中指出:"科学史学家必须记住他工作的主要价值在于发掘自然科学对相关学科如历史、思想史、哲学等的影响。"[②] 正是在这种科学史观指导下,科恩将自然科学放入广义的历史、科学、社会语境中研究。总的来说,科恩的语境论科学史观体现五个特征。

一是逻辑与历史的统一性。科恩的语境论科学史观体现了他在历史、科学和社会语境研究基础上对科学本体、科学发展和科学价值最基本问题的看法,实现了逻辑与历史的统一。

二是科学史与科学哲学的融合性。"没有科学史的科学哲学是空洞的,没有科学哲学的科学史是盲目的"[③]。科恩在科学史研究基础上形成了他的科学观,使他的科学观不空洞,科学史观不盲目,是实现科学哲学与科学史有机融合的典范。

三是科学发展的广义语境性。莱欣巴哈指出:实体的存在是在相互关联中表达的。相互关联性体现为实体与相关要素的语境特征。科恩不仅被认为是多产的美国科学史学家,而且被认为是综合性的,原因在于他将科学放入广义的语境中研究自然科学、自然科学与社会科学和人文科学、自然科学与社会的相互关系。

四是科学史研究的实证性。科恩的科学观建立在历史证据基础上。历史证据包括科学家笔记、科学著作、访谈录、实验数据、著名科学史家的看法等。只有对历史事实进行梳理,才可能得出客观的科学观。

五是研究方法的多元性。科恩在研究过程中采用了概念分析法、证据法、编

---

① I. B. Cohen. Comments. ISIS, 1948, 138 (3/4): 149~150.
② I. B. Cohen. Identifiers. ISIS, 1949, 139: 197~198.
③ 拉卡托斯:《科学研究纲领方法论》,兰征译. 上海:上海译文出版社,1986年,第141页.

目法等。科恩通过概念分析法考证了科学、社会科学在不同语言、文化背景下含义变化的历程,考证了"革命"概念的演变历程等。通过四个方面的证据研究科学革命的发生历程。例如,对牛顿、富兰克林等人物科学思想的研究,科恩采用了大量的编目法,尽量保障原始材料的全面性、可靠性和完整性。

第三章 科学的维度与科学史的分期

科学分类古而有之。从古希腊到现代出现过诸多分类方式，每种分类方式有着各自的优劣、依据及基准，形成的各种分类不断丰富着人们对科学的认识。从不同角度对科学进行必要的分类和鉴别，考察各类别之间的区别与联系，明确各类别在科学研究中的地位与价值，是我们面对现时代宏大科学图景的必然选择，也是我们把握科学研究的范围，揭示科学的内在规律，一定程度上成为预测科学发展趋势的有效合理的方式，并成为科学史分期的重要依据。

一、科学的一维分类

从"什么是科学"出发，有效合理地回答这个问题就是给科学一个一维界定。这是科学发展过程中人们一直在探寻和努力的基点。但毋庸置疑的是，"科学"仍然是迄今最难界定的一个概念。从词源上探寻科学的本意，从历史沿革考察科学的意义，从实证的、社会的、认知的角度描述科学，从科学论视角界定科学，分别形成了科学的属种定义、要素定义、发生定义、关系定义、描述定义、工具定义、文化定义、纲领定义等300多种不同形式。一方面，科学的飞速发展需要不断完善对科学的解释和描述，越来越丰富的科学界定必然加深人们对科学整体的认识和理解；另一方面，面对飞速发展的科学及不断提升的人类认知能力，人们普遍认识到，对"科学"概念的探索并试图为其构建一个一劳永逸的定义是不可能的，也是不现实的。

事实上，"科学"概念本身就是一个不断发展、不断丰富的过程，它是语境相关的对象。科学作为人类的一种认知实践，其构成成分是复杂的。一般来说，科学是由实践的主体及其形成的共同体、实践的客体对象、主体所持的信念背景、所使用的方法、所形成的理论成果、具体的运行机制等要素组成的复杂系统。这就要求我们从社会的、历史的、文化的、语言的、认知的不同语境加以分析，以便形成对科学多维的、结构的、语境的、多元评价的界定。尽管永远没有"科学"唯一的定义，但是获得了语境释义的科学也就获得了永恒的发展。

当然，不再寻找对科学清晰的唯一界定，不等于不需要澄清科学与非科学的分界。这本身就给科学一个一维的解读，因为在知识的维度上，科学、非科学都是人类的知识。非科学是与科学相对应的科学以外的知识集合，具体包括从各种技艺到形而上学的庞大的知识要素。如果非科学集合的某个元素伪装成科学的形式，且其内容是违背科学的，那就是伪科学。历史地看，科学与宗教，科学与伪科学，科学与哲学，科学与神学等都是家族相似的，有着同源关系，甚至在科学的奇迹和宗教的神秘之间似乎只有一步之遥。这就使得科学与非科学之间的区分变得复杂而模糊。加之科学的权威态势、科学技术产生的负面影响，以及人们科学素养的不足、大众传媒的误导等因素，都给伪科学留下了发展的空间。因此，利用合理有效的标准加以区分科学与非科学、伪科学是十分必需的。

可检验性无疑是科学一维区分的标准。科学是在经验中检验的、有逻辑蕴含的知识体系，而非科学虽也有逻辑性和系统性，但往往不需要严格检验。伪科学则违背经验事实和自然规律，经不住历史和实践的检验。继承性和批判性也是区分科学与伪科学的重要标准。科学强调知识内容的历史继承性，是继承中的批判和创新，且也是不完备的，是需要发展改进的体系。伪科学过分强调自己创新的"新"和"高"，否认创新的历史性，否认发展的可能性，是绝对完备和不可批判的[①]。在具体的实践中，只要依照这些标准衡量知识集合的科学性，正确评价科学的价值，弘扬科学精神，宣扬科学思想，传播科学方法，普及科学知识，提高大众科学素养，我们就能在科学与伪科学之间做出敏锐而清晰的区分，为科学的健康发展扫清障碍。

二、科学的二维分类

从规模、硬度和纯度的视角看，人们常常把科学分为大科学与小科学、软科学与硬科学、纯科学与应用科学，接下来我们分别进行讨论。

1. 大科学与小科学

从科学的组织形式和社会建制的规模上，人们通常将科学笼统分为"大科学"与"小科学"。在科学发展的早期，科学研究以增长人类知识为主要目的，以个人的自由研究或规模较小的方式进行；以追求科学真理为导向，科学家们通常聚焦在某个单个学科，设定问题并努力探索，经常会产生出人意料的结果。这种形式即小科学。从16世纪伽利略时代的个体研究、17世纪牛顿皇家学会的松散团体，到19世纪末20世纪初的爱迪生时代集体研究的科学体制，都属于小科学。这种方式保证了科学的自主性、良好的科学激励机制和科学成果的涌现。20世纪40年代后，科学被真正确立为一种重要的社会建制，因而得到了迅猛的发展，逐步进入了大科学时代。大科学以确定的目标为导向，涉及众多的学科，耗费资金巨大，成果的获得时间较长，通常由大规模集体方式，甚至以国家形式乃至国际合作的跨国方式进行。这种研究更多地受到其目标的影响、大仪器和社会需求的制约，甚至科学家在生产知识时就要考虑如何被应用，科学作为一种社会

---

① 陈其荣，曹志平：《科学基础方法论——自然科学与人文、社会科学方法论比较研究》，上海：复旦大学出版社，2004年，第10，21，55页。

建制的性质越来越明显。

最先提出现代科学从小变大的是美国物理学家温伯格（Weinberg S）。他在1961年针对火箭和高能加速器等大型装置时提出高能物理学是一种大科学。1963年，美国科学史学家普赖斯（Price D J de S）出版《大科学，小科学》一书，首次明确了科学的二维分类。他指出，大科学是现代科学研究的一种重要方式，具有科研项目规模庞大、结构复杂和多学科协作等特点，如研制原子弹的曼哈顿工程、探索登月飞行的阿波罗工程等。普赖斯完善和发展了大科学和小科学的概念，从此，科学的"大小"二维分法广为人知。

对于大小科学的界定，普赖斯侧重于科学研究总的社会规模，温伯格着重强调科学研究的项目尺度。有人从决策方式上区分大小科学，认为"小科学"项目是研究者个人自下而上提出来，经过同行评议和相互竞争得到的，而大科学项目则是由政府官员或科学界领导自上而下提出来，有组织、有计划地给予落实。因此，前者好像"市场经济"，后者如同"计划经济"①。有人从目标视野上区分大小科学，认为注重全局性整体性的大目标，关注大应用高通量的技术手段的科学研究谓之大科学，而且，小科学是假设驱动的科学，大科学是发现的科学。还有人从具体科学研究的经费、目的范围、运行方式、研究比例等方面来区分大科学与小科学。

由于没有一个确定的标准可以实际检测科研的大小，大小科学的区分其实是相对的和模糊的。如果从科研申报和具体的社会运行上区分大小科学和意义的话，如果考虑到整体科学研究和国家科学发展的话，这种区分就失去了价值。事实上，虽然现在处于科技快速发展的大科学时代，但大科学的形成和发展是建立在小科学基础之上的，大科学研究也必须要有小科学做支撑，小科学研究的成果必然促进大科学的发展，大科学的目标和协作会更加促进小科学的具体研究，二者是相辅相成，互助互利的关系。只有把二者有机地整合起来，并充分发挥二者的优势，既有大科学的硬核，又有小科学软组织的科研弹性机构，才能在小科学机制成熟后，建立大科学体制下健全的现代科研体制。

2. 软科学与硬科学

从科学的发展和社会功能上，科学可分为"软科学"与"硬科学"。人们普遍认为软科学是一门综合性学科，它由现代管理学、科学学、决策科学、预测学、系统分析、科学技术论等学科组成。软科学综合运用自然科学、社会科学、数学和哲学的理论和方法，研究现代各种复杂的社会现象和问题，探讨经济、科学、技术、管理、教育等社会环节之间的内在联系及其发展规律，从而为它们的

---

① 蒲慕明：大科学与小科学，《世界科学》，2005年，第1期，第4~5页。

发展提供最优化的方案和决策。硬科学是以自然和工程系统为对象的科学，是自然科学、技术科学、工程科学的总称，它的研究对象是不以人的意志为转移的现实世界中的实际存在。

最早使用软硬对知识进行分类的是罗素（Russell）。他在1914年的一次讲座上，第一次将人类对外部世界的一切知识分为"软"和"硬"两大类，使软硬成对出现并用以描述科学知识。后来，随着计算机的出现，软件和硬件构成计算机的两大组成部分，硬件是具有实体形态的结构装置，软件是用计算机语言编制的程序指令，用来控制硬件以完成和提高整机的功能。因此，"软"是从计算机软件的含义中引申出来的，并用来对科学功能进行分类，进而形成"软科学"概念。软科学术语最早出现于1971年日本《昭和四十六年版科学技术白皮书》中，"软科学如计算机中软件的重要性不断增加，它是在科学技术发生质的变化，以及社会经济对科学技术提出新的要求等背景下诞生的一门新的综合性科学技术，它以阐明现代社会复杂的政策课题为目的，应用信息科学、行为科学、系统工程、社会工程、经营工程等正在急速发展的和决策科学化有关的各个领域的理论和方法，靠自然科学的方法对包括人和社会现象在内的广泛的对象进行跨学科的研究工作"[①]。

对于如何区分软科学和硬科学，学界有不同看法。有人根据科学的发展水平、成熟程度和可检验程度的特征来理解软硬。有人以某个学科该领域内所有学者对某一特定理论体系或研究范式的认同程度来描述学科的软硬，认为认同度高则硬度高，软度低。还有人用一定的指标试图定量研究科学的软硬度。例如，普赖斯把文献"即时索引"指数高于43%作为硬科学的衡量标准，认为这些科学论文过时速度较快，即比软科学更快过时。法国科学知识社会学家拉图尔（G. Latour）提出科学图形主义（graphism）的FGA（fractional grapharea）方法来定量描述科学的软硬，认为FGA值大于0.03的学科为硬科学，小于该值的谓之软科学[②]。其实，这些软硬科学的评判方法大致是相同的，即认为物理学、化学、天文学、地理学、生物科学、医学及技术工程等发展比较成熟，可受实验检验，认同度高，即时索引指数高，FGA值大的自然科学为硬科学，而心理学、经济学、社会学、管理科学、控制工程等发展水平相对较低，可检验程度差，认同度低，即索引指数低，FGA值小的人文社会科学为软科学。这也恰好符合大众对软硬科学的理解。

但是，我国现今更多的是将软科学理解为一门跨学科、交叉性的综合性学

[①] 石磊，崔晓天：《哲学新概念词典》，哈尔滨：黑龙江人民出版社，1988年，第196页。

[②] 潜伟：关于"软科学"与"硬科学"界定的思考，《中国软科学》，2003年，第3期，第149~150页。

科,更多的是以研究的目的、对象、方法及其功能的不同来区分软硬科学。软科学是现代自然科学、工程技术、社会科学等诸多学科相互渗透和交叉的产物,它利用现代科学技术的理论和方法,采用计算机等先进手段,通过抽样调查、梳理分析、模型推导等,把定性研究同定量研究结合起来,提出可供选择的优化方案,从而把决策工作建立在精确的科学论证基础上。软科学的研究对象复杂,研究方法综合,研究成果为政府决策管理服务。硬科学直接面对各种物质运动,揭示其规律和原理,需要软科学来对硬科学进行综合性的组织、管理、指挥和控制,使各种硬因素各就其位,各司其职。

当然,科学的软硬是一个相对概念,会随着时间的推移和理论的发展、社会变迁而发生变化。如果把科学作为一个大系统与计算机系统相类比,有些学科起"硬件"作用,有些则起"软件"作用,而且随着人们对它的认识的不断深化,软部分的功能表现得更为突出,必然会成为通过思维和行为的内在过程表现出来的决定性因素。在高度分化又高度综合的现代高难度科学研究中,软科学依赖于硬科学,并为硬科学的研究提供论证和分析,即为硬科学提供可行性研究和预测性论证,确保硬科学研究成果的实际价值。再者,现代科学技术的研究路线是从实体对象逐渐向非实体对象扩展,许多硬科学开始软化。而且,由于软科学的研究手段和方法是精密的科学及其实验工具,其结论是确定的,应用上是可操作的,是软中有硬。在软科学具有更大的智力挑战的意义上,软科学比硬科学还要硬,它为硬科学提供保障,在当今社会有更重要的实践价值,又加上对软科学成果评定是更加模糊的,精确性和普及化都很难,这就要求软科学研究更要有硬工夫。所以,科学作为一个整体,应该是硬科学与软科学的统一,二者需要相互融合共同发展。

3. 纯科学与应用科学

英国的比彻(T. Becher)从认识论角度除把科学分为硬和软外,还把科学分为纯科学和应用科学。这是对斯诺两种文化的否定和超越,较好地诠释了学科的本质属性,同时又恰当地昭示了学科的根本特征,为我们进行学术评价提供了理论基础[①]。

纯科学和应用科学描述的是该学科领域的研究问题应用于实践的程度。纯度较高的学科体系的构建往往需要依赖前人的知识体系并吸收相关学科知识,按照线性逻辑的模式加以累计,遵循以理论为导向形成知识体系的。而应用较高的学科的概念和理论多源于实践,构建的体系倾向于以实际的需求为导向,由实践推

---

① T. Becher. The significance of disciplinary differences. Studies in Higher Education, 1994, 19 (2): 151~161.

动理论的方式而形成，即遵循由下至上的路线①。因此，纯科学和应用科学也可以说是理论科学和实践科学。前者多是探讨自然、社会和认知规律的学科，如物理学、化学、认知科学；后者多是理论在实践中的运用，如化学工程、生物工程、应用社会学等。有时我们也将理论科学称作基础科学，实践科学称作技术科学。

关于纯科学和应用科学哪个更重要的问题，1993年亨利·奥古斯特·罗兰曾在美国科学促进会年会上发表《为纯科学呼吁》的著名文章，影响了美国科学的发展。《科学》杂志现任主编唐纳德·肯尼迪在庆祝该刊创刊125周年时所发表的社论中指出，为了应用科学，科学本身必须存在，只满足于科学的应用，仅用正确的方法探索其特殊应用的原理，仅有寻根问底的精神是不够的。迄今应用科学很成功，它让世界更轻松地生活。对纯科学的培养，对自然的科学研究实在稀少。从事纯科学研究的人必须以更多的道德勇气来面对公众的舆论，必须接收每一位成功发明家所轻视的东西。理解科学理论进展的人屈指可数，特别是科学理论最抽象的部分②。纯科学之所以是基础科学，就是在于它能够为实际应用提供理论支持，其重要性是不言而喻的。应用科学之所以重要，就在于它能够为人类生活提供服务。因此，没有实际应用的纯科学是没有生命力的，没有理论指导的应用科学也是没有前途的，二者相辅相成，相得益彰。

三、科学的三维分类

从知识的客观性上考虑，科学通常可分为自然科学、社会科学和人文科学。格兰泽尔（W. Glanzel）和舒博特（A. Schubert）将科学分为自然科学、社会科学、艺术与人文，其中自然科学又分为农业与环境、生物学、生命科学、生物医学、生理学、临床医学、神经科学、化学、物理学、地球科学、工程、数学③。

自然科学是研究自然界各种物质形态、结构、性质及其运动规律的科学。人类生产实践和科学实验是它产生和发展的动力，其目的在于认识自然规律，为人类正确改造自然开辟道路。广义的自然科学包括物理、数学、化学、天文、气象海洋、地质、生物、生理等基础科学，以及材料、能源、空间、农业、医学等应用技术科学。狭义的自然科学仅指基础科学，其之外的其他学科包括工学、农学、医学等属于应用科学。自然科学本质在于求真求实，具有客观性、准确性、确定性、明晰性、系统性、可检验性、普遍性等客观实在的特征。

---

① 蒋洪池：托尼·比彻的学科分类观及其价值探析，《高等教育研究》，2008年，第29卷，第5期，第94页。

② Editorial: a new year and anniversary. Science, 2005, 307 (5706): 17.

③ W. Glanzel, A. Schubert. A new classification scheme of science fields and subfields designed for scientmetric evaluation purposes. Scientometics, 2003, 56: 357~367.

社会科学是研究社会现象的科学。19世纪下半叶以来，人们仿效自然科学模式，借鉴自然科学方法研究日趋发展的社会现象，从多侧面、多视角对人类社会进行分门别类的研究，力图通过人类社会的形态、结构、性质、变迁、动因，以及运行机制和发展趋向等层面的深入研究，把握社会本质和发展规律，更好地建设和管理社会。它主要涉及政治学、经济学、社会学、法学、教育学、法学、社会学、公共事务与公共政策、新闻与传播等现代意义上的社会科学。

人文科学既不属于自然科学又别于社会科学。它是有关人和人的价值及其精神表现的一种独特的知识体系，是以人的精神生活为研究对象的学科总称[①]，并是人的精神文化现象的本质、内在联系、社会功能、发展规律等方面认识成果的系统化和理论化。也就是说，人文科学是关于价值和意义的学问。价值是人们对于事物的有用性进行评价的规范系统，意义则是人们对价值规范及其指导下的日常生活实践所进行的总体反思，是对人之为人、人的目的、人的价值、人的道德、人的幸福等问题的寻根问底的考问。一般认为，人文科学主要由哲学、文学、历史学三个学科构成，同时也包含由文史哲三个基础学科衍生而成的其他学科，如美学、宗教学、文化学、语言学、音乐学、艺术学、心理学、教育学、伦理学、神学、人类学、艺术史、考古学等。

对于科学的自然、社会、人文三维分法，至今仍有争议。这集中体现在对人文科学的认同度上。19世纪后，德国的狄尔泰、文德尔班和李凯尔特等使人文社会科学获得了空前发展，但其中的政治学、经济学、社会学、法学、教育学等现代意义上的社会科学经过充足的发展之后获得了科学的地位，社会科学的称谓得到了确认，而人文科学的科学性至今仍然有着分歧，从人文学科到人文科学的距离究竟还有多远尚无定论。

对于是人文科学还是人文学科这个问题，有人认为虽然二者都是对人类思想文化价值和精神表现的探究，目的在于为人类构建一个意义世界和精神家园，使心灵和生命有所归依，但二者有着明显的区别。人文学科是指人类精神文化活动所形成的知识体系，如音乐、美术、戏剧、宗教、诗歌、神话、语言等作品，以及创作规范和技能等方面的知识。人文科学是关于人类生存意义和价值的体验与思考，是对人类精神文化现象的本质、内在联系、社会功能、发展规律等方面的认识成果的系统化和理论化，如音乐学、美术学、戏剧学、宗教学、文学、神话学、语言学等。人文学科在先，人文科学在后[②]。现今人们对人文学科的研究还不够成熟，还缺乏科学知识的基础特征。在与科学标准有一定差距的情况下，使

---

① 陈其荣，曹志平：《科学基础方法论——自然科学与人文、社会科学方法论比较研究》，上海：复旦大学出版社，2004年，第10，21，55页。

② 刘大椿：人文社会科学的学科定位与社会功能，《中国人民大学学报》，2003年，第3期，第29页。

用人文学科而非人文科学可能是明智之举。不过，人文科学不必向自然科学看齐，二者有很大的不同。

还有人直接将以人的精神文化为对象的研究称为人文学科，究其特殊性只能成为一种学科，并从研究对象、目的和方法上将人文学科与社会科学做了区分，同时确定以人为研究对象的只能是人文学科，而不是人文科学①。也有人明确指出，"以人类的信仰、情感、道德、美德等为研究对象的人文学科与社会科学不同，因为人文学学科形成的哲学、宗教、艺术、音乐、戏剧、文学等都包含很浓厚的主观成分，着重于评价性的叙述和特殊性的表现。所以，人文学科是一种评价性的学问，是不能归入科学的范畴的"②。

然而，也有学者认为，人文领域的知识体系是以人的精神世界及其积淀的精神文化为对象的知识集合体，具备了科学的品质，应该将人文学科提升到人文科学，体现了人文知识体系的发展。人类知识的客观化，从自然到社会，进而到人的精神文化领域的深层扩展，是人文知识形态的质变和飞跃。从自然科学与人文社会科学的历史嬗变看，人类社会初始阶段的同一形态经历了分化交叉的发展，取得了巨大进步，必然又出现新的融合，因为它们都是人的精神活动和理性创造的产物，无论是自然科学还是社会科学、人文科学，都是人作为主体进行的研究活动。无论是人对外界自然的认识，还是对人自身组成的社会的研究，还是对人内在精神情感的考察，"都是人的本质力量对象化的产物，都是人类的创造性获得，都有共同的创造基础、共同的创造规律和相同的创造本质"，而且"人文科学对人自身的精神、文化、价值的研究，的确离不开反思的、体验的、内省的方式，但不排斥理性思维，也使用统计的、实证的、模拟的、逻辑分析的方法，也离不开事实原因和规律的运用，也强调客观性、合理性和普遍性，强调对研究对象本质的认识"③，也一样经受人类历史和社会实践的检验。因此，人文学科应该被给予人文科学的称谓。

另外，学术界还将对人类社会各种现象和人类精神文化现象的研究统称为人文社会科学，在行政管理部门则称为哲学社会科学。后者是基于哲学抽象性、统摄性和基础性地位，把哲学从自然科学和社会科学中抽取出来。其实，哲学和社会科学都不能涵盖人文学科，因为人文社会科学外延宽泛，几乎包括除了自然科学之外的所有知识门类。然而，人文社会科学的称谓模糊了人文与社会之间的区别，更隐藏了人文科学的认同度，只适合在行政管理与科研统计中使用，在科学

---

① 李醒民：论科学的分类，《武汉理工大学学报》（社会科学版），2008 年，第 21 卷，第 1 期，第 156 页。

② 魏镛：《社会科学的性质及发展趋势》，哈尔滨：黑龙江教育出版社，1989 年，第 47~49 页。

③ 陈其荣，曹志平：《科学基础方法论——自然科学与人文、社会科学方法论比较研究》，上海：复旦大学出版社，2004 年，第 10, 21, 55 页。

类别中还应该明确区分人文科学与社会科学，并认可人文学科的科学地位。

还有人将科学分为形式科学、解释性科学和设计科学①。形式科学主要是数学和逻辑，解释性科学主要指自然科学和一部分社会科学（如经济学），设计科学包括工程学、医学、管理学、现代心理疗法等。或者说，解释性科学重在描述（description），设计科学重在施策（prescription）；解释性科学的成果（如宇宙起源）是人人关心的，设计科学所产生的知识（如预应力结构可靠度分析）则主要是业内人士更关注的。前者的典型研究成果是因果模型，后者的典型研究成果是一些技术规则②。对科学的这种三分法同样值得我们关注。

在我们看来，自然、社会、人文科学之间其实并没有严格的区分，它们是相互渗透、相互影响、相互补充的。在人类社会的初始阶段，人们对自然的探索、对自我的认识、对社会的理解都是共同的，所获得的知识形态都是统一的。随着人类探索的深入，才开始出现知识的分类，但到现今在分化之后又出现了高度互渗，高度融合的趋势。如果考虑到科学活动整体的思维方式、研究方法和实现机制，科学的三大类型基本上是一致的，在更高的层面上构成了统一的科学。

四、科学的四维分类

随着知识的不断增长与融合，在自然科学、社会科学和人文科学之外又增加了交叉科学。交叉科学出现在近代，如法国科学家莱莫瑞1670年提出"植物化学"，18世纪的罗蒙诺索夫提出物理化学，19世纪70年代形成化学动力学，这些学科构成了早期典型的交叉科学。20世纪随着科学的飞速发展，分支学科越来越密集，出现众多的边缘学科、横断学科、综合学科，交叉科学得到了迅猛的发展。据统计，近5500门学科类别中约有2581门交叉科学，约占学科总数的一半③。交叉科学的发展使各个学科内部、之间甚至是横跨自然、社会、人文科学几大领域的学科相互交织渗透融合，而且科学基础方法论在自然、社会、人文学科之间全面渗透、交互使用成为科学研究的必然。科学在分化与综合中构成了一个统一的整体。

比较典型的四维分法是依据自然界、人类社会、认识活动、大脑这四种研究对象，将科学分为自然科学、社会科学、认识科学、思维科学。这种分法认为，在自然科学和社会科学之间缺少一种中介，认识活动是在实践基础上将外界事物见之于主观的过程，对这个过程进行的研究就是认识科学。进一步将认识活动转化到高级阶段形成了概念，概念的运动形成了判断和推理等思维活动，可以归为

---

① 武夷山：学科之间：善与善的冲突与和谐，《学习时报》，2005-6-21.
② 司马贺：《人工科学》，武夷山译，上海：上海科技教育出版社，2004年，第15页。
③ 李喜先：论交叉科学，《科学学研究》，2001年，第19卷，第1期，第23页。

思维科学。这样，加上研究认识活动的认识科学，以及将认识提升的思维科学能消除科学分类结构中的断裂现象。可见，完整、全面的科学分类，应该是自然科学 社会科学、认识科学、思维科学四大类①。

还有学者基于20世纪70年代波普的"三个世界"理论，将其重新划分成"四个世界"，即自然、社会、思维和知识世界，并且将四个世界对应于自然科学、社会科学、思维科学和知识科学四类。自然科学主要研究物理、化学、生物等有机界、无机界、微观世界、宏观世界和宇观世界；社会科学主要研究社会有机体、文化和人的活动世界；思维科学主要研究人的思想、主观精神和心理世界；知识科学研究认识结果、知识产品、技术与专利、科学理论和定律、图书报刊和文学艺术作品等组成的客观知识世界。特别是当今，知识的作用越来越大，已成为推动社会发展的首要动力，因此，探讨知识本身及其发展与价值问题的知识科学就成为必然，它包括知识哲学、具体知识学科和知识运用三个基本层次，其中，知识哲学又包括从哲学层面上对知识的含义、本质、特征等进行形而上的研究，是知识世界的哲学问题；从具体学科层次上，知识科学包括一系列的知识学科，如图书情报学、教育学等，还有涉及知识内容传递、扩散和接受问题，即知识内容学；从知识科学的运用层面上，知识科学研究知识产权及其保护问题。知识科学是同自然科学、社会科学、思维科学属于同一序列的科学研究领域，是一大科学门类②。

在科学的四维分法中，交叉科学确实值得我们关注。现今的科学研究已经很难避免学科交叉，更不可能给交叉学科一个清晰的界定，但却不能因此而否定传统学科划分和界定对科学研究的意义。而且，交叉学科对学科规范和科学的实证研究来讲不能称作独立的一大门类，现今通用的各国学科分类体系中也都没有将其列为单独的门类，毕竟交叉的基础是各个学科的区分。对于认识科学，其实质就是研究人类认知规律的认知科学，是一门包含认知心理学、人工智能、语言学、人类学和神经科学的一种新兴交叉与综合学科。它和知识科学一样，虽然已经引起人们广泛的关注，但还有待更大的发展。思维科学更多的是针对人的思维的具体运行规律的认识，其目的在于对人的思维的认识后的模拟与技术开发。认识科学与思维科学的研究对象不是如自然、社会等的客观存在，都是以人的意念、思维、心理活动的形式和结构、规律为研究对象，与认知科学、脑科学、心理学、人工智能等均有紧密的联系，对于新型的智能计算机的研发，以及更深层次上对人自身的心智认识有着重要的意义，也因此会有更大、更广阔的前景。

---

① 袁之勤：科学的分化和分类，《科学学研究》，1995年，第13卷，第6期，第15页。
② 何云峰：关于建构知识科学的问题，《上海师范大学学报》（哲学社会科学版），2003年，第32卷，第1期，第11页。

五、科学的五维分类

从科学研究的对象和方法上，我们可将科学分为形式科学、自然科学、技术科学、社会科学、人文学科五大类。形式科学以符号概念为主要研究对象，多用分析、推理、论证的方法，其目的在于构造形式的、先验的思想体系或理论结构。自然科学以自然界为主要研究对象，多用实证、理性、臻美的方法，其目的在于揭示自然的奥妙，获取自然的真知。技术科学以人工实在为主要研究对象，多用设计、试错等方法，其目的在于创制出新的流程、工艺或制品，它在很大程度上是自然科学在技术上的实际应用或应用科学的技术化而形成的系统知识。社会科学是以社会领域为主要研究对象，多用调查、统计、归纳等方法，其目的在于把握社会规律，解决社会问题，促进社会进步。人文学科是以人作为研究对象，多用实地考察、诠释、内省、移情、启示等方法，其目的在于认识人、人的本性和人生的意义，提升人的精神素质和思想境界[①]。

还有人将科学分为自然科学、社会科学、思维科学、工程与技术科学、人文学科。工程与技术科学是以自然科学的发展为基础，将自然科学的原理应用于农业、工业生产部门，或者与各种工艺操作相结合，最初均隶属于自然科学。工程与技术科学虽然研究对象是物质的，但不是自然的，是增添了无数人工创造的对象，因此，随着工程与技术科学的突飞猛进，以及对它们独立的理论结构、形成机制等的系统研究，将工程与技术科学作为科学的一个重要维度，甚至独立于科学，与科学并行为另外的体系来研究是不可避免的事情。事实上，目前在对科学分类研究中，工程与技术科学已经独立于自然科学而作为科学的一个重要门类。

六、科学的六维分类

更加细致的分类法是将科学分为哲学、符号科学、自然科学、社会科学、精神科学、文化科学六大类。哲学类包括纯哲学、元科学与前科学；符号科学或形式科学类是介乎哲学与经验科学（或实证科学）之间，包括语言科学、逻辑科学、数学科学、系统科学等；自然科学类包括纯科学（物理学、化学）与真正的自然科学（天文学、地球科学、生物科学），其中包括体质人类学、人种学和人体科学；社会科学类包括经济学、政治科学、社会学、文化人类学等；精神科学或心理科学类主要是指波普的第二世界，是关于人的纯粹意识、记忆、智能、思维、创造等现象及活动的；文化科学类即以精神产品为对象，主要包括波普的

---

① 李醒民：论科学的分类，《武汉理工大学学报》（社会科学版），2008年，第21卷，第1期，第156页。

第三世界大部分，特别是艺术、宗教神学、价值科学、历史科学等①。

科学的六维分法将哲学独立出来，并将其作为其他科学的概括和总结，是最高层面上的科学反思和追问，具有普遍性和永恒性。符号科学如同上面分类中的形式科学一样，是对整个认识对象的概念符号化的演绎，是贯穿于各类学科研究之中的工具体系，具有启发性和先验性。精神科学实质上就是探讨逻辑、直觉、顿悟等的思维科学。这种更细致的六维分法是对科学分类理论和现实意义下的一种尝试，值得重视。当然还有更高维度的分类，如有人将科学分为医学、生物学、自然科学、工程学、农学、人文和其他七类②；有人则分为数学、物理与天文学、化学、生物与医学、地球科学、人文社会科学、高科技七类。因此，科学的分类也是开放的，是不断发展的③。我们相信，随着科学的发展和科学分类认识的提升，高维度的科学分类体系将会出现。

七、结论与启示

"缺乏完备的和精确的边界是所有自然事物的普遍特征，而科学是自然事物"④，因此，科学的界定是模糊的，科学的分类形式也是不确定的。科学的一维分类给科学以最基本的划界，将科学与非科学、伪科学区别开来，并赋予科学以永恒发展的语境意义。科学的二维分类从社会建制和社会功能上将科学有了大小、软硬、纯粹与应用之分，它们之间的互惠互利、相辅相成，为健全的现代科研体制提供了保障。科学的三维分类从知识的客观性上将科学分为自然科学、社会科学和人文科学，是当前国际公认的三大基础类别，同时三者在更高的思维方式、研究方法和实现机制上获得统一。科学的四维分类在三大基础科学领域外，凸显了交叉科学、认识科学、知识科学或思维科学在科学发展中不可或缺的地位，迫使我们重新审视传统的科学分类。科学的五维分类增加了对工程技术科学的认识，科学的实际应用已不容忽视。科学的六维分类给科学以逻辑上的划分，使具有普遍意义的哲学、形式科学获得了独立，是一种更细致全面的对科学的认识和分类。

从六个维度来认识科学分类，仍然没有穷尽人们对科学不同视角的关注，如还有人将科学分为纯科学与应用科学或基础科学、应用科学和技术科学等分类法。另外，我们通过对现今存在的国内外科学学科分类体系的实证研究得知，国

---

① 胡作玄：科学分类试论，《自然辩证法研究》，1991年，第7卷，第5期，第13~16页。

② K. Kantiwa, J. Adachi. A comparison between the journal nature and science. Scientometics, 1988, 13: 125~133.

③ D. B. Arkhipov. Scientomentric analysis of nature, the jourmnal. Scientometics, 1999, 46: 51-72.

④ 李醒民：论科学的分类，《武汉理工大学学报》（社会科学版），2008年，第21卷，第1期，第156页。

际上对科学的分类形式也不尽相同,而且是不断调整变化的。科学是不断发展的,任何科学分类都不可能是最终的封闭体系,它必然随着人类认识的深化,在实践中不断地得到丰富和拓展。因此,科学分类只有相对意义,无论对科学进行几维的划分和认识,都只是一种认识和研究科学的方式,都是对人类知识进行的一种细化。对科学分类进行维度分析,不仅没有将科学分崩离析,而是在一种整体理念指导下的多种模式的统一,是各类别组成一个有机联系的庞大的科学统一体,而且对整体上认清科学全貌,沟通学科交流,促进科学统一,预测科学未来趋势都是大有裨益的。

第四章 语境论的编史学纲领

将语境论与科学史联系起来是当代科学史研究的一个趋向。科学史，就其本意而言，是研究科学发展的历史，这包括两个方面：一方面是科学自身的发展史，也就是所谓的"内史"；另一方面是科学与社会的互动史，也就是所谓的"外史"或者社会史。内史也好，外史也罢，它们都离不开"历史事件"和其中展开它们的人物。也就是说，科学史就其本质来说，是探讨历史上"科学事件"是如何发生和发展的，以及由谁发生和推动的。因此，研究科学史，"历史事件"和人物（科学家）是两个核心因素。而"历史事件"是语境论的根隐喻，它是一种概念模型，因此，对"历史事件"及其中人物的行为进行分析也是一种基于概念的历史分析。这种分析必然是一种语境分析。这就是为什么我们将语境论与科学史相结合的根本原因所在。

一、"历史事件"与"行为分析"

科学"历史事件"的主角无疑是科学家。对科学家的行为进行分析有助于弄清科学思想发生的根源。"行为分析"作为一种基本研究纲领始于20世纪中叶，《行为的实验分析杂志》（1958年）的创立是其标志。十年后的1968年创立的《应用行为分析杂志》强化了这一研究纲领。期间，美国心理学会建立了第25分会（1964年）。20世纪70年代，这一研究纲领更加成熟，并创立了行为概念分析的杂志《行为主义》（1972年），现更名《行为与哲学》。1975年，随着"行为分析学会"的建立，其主办的杂志《行为分析》于1978年创立。行为分析的这三个分支——基础的、应用的和概念的，逐渐整合形成一个学科——当代行为主义。不过，经过近半个世纪的发展，虽然它们彼此独立，但是语境论倾向是其共同特点。

莫瑞斯（Morris E K）从行为的实验、应用和概念三个方面的分析对这种语境论倾向做了深入探讨[1]。

首先，在行为的实验分析方面，研究者主要探讨了四个问题：①检验强化与处罚的相对性，超越任何本质主义；②分析行为的摩尔克分子特性（相对于分子特性）[2]，即研究宏观行为而不是微观行为；③探讨行为的整合与关联（相对于

---

[1] E. K. Morris. Contextualism, historiography, and history of behavior analysis. In S. C. Hayes, L. J. Hayes, H. W. Reese, T. R. Sarbin. Varieties of Scientific Contextualism. Ockland: Context Press, 1993: 138~140.

[2] 1摩尔克分子 = 6.23×10^{23} 个分子。

接近);④研究行为的语境变量的效果,包括历史语境与当下语境。

关于行为的历史语境,莫瑞斯认为我们应该探讨三个方面:①研究作为独立变量的强化历史的影响;②研究在建立条件刺激控制过程中的识别反应的历史影响;③研究独立获得的全部内容的历史影响,这些内容综合为更复杂的摩尔行为,如相互连接与自动交合。

关于行为的当下语境,莫瑞斯主张,为了使行为结果作为强化者有效,同时使过去产生那些结果的行为更可能,研究者要探讨有条件和无条件的"定型操作"。相关研究一直围绕着有条件控制识别和相关反应进行。对行为进行语境分析的尝试也没有间断,这一倾向主要是把行为作为系列和等级关系的一种整合系统进行研究。

其次,在行为的应用分析方面,研究者也采取了语境论的立场和方法。比如,研究者开始系统地关注其研究工作的社会合法性,也就是说,他们开始细查其研究目的的社会意义、其研究纲领和程序的社会适当性,以及其研究成果对生活的重要性。或者说,他们更看重社会消费者的意见,而不是研究者自己的看法。这也是科学社会史侧重研究的内容。

不过,行为的应用分析有时会导致"技术缺陷",莫瑞斯称为"机械论的缺陷",如把前封装程序应用于根本不同的生物(一旦你有一把锤子,任何东西看上去都是钉子)。因此,应用行为分析在说明其纲领和程序改变行为的有效性与发现其面临的行为的功能或意义之间寻求一种平衡,而且这个行为的功能是作为知道如何改变它的一个基础。

由于这些原因,应用行为分析出现了三个转向[①]:一是"功能分析",即遇到的行为的功能或意义分析;二是"生态行为"的评估和干涉,这充分考虑了广阔的物理、时间和行为的语境;三是反常反应系统的结构或组织的探究。事实上,这些研究还不是自觉地运用语境论,不过有人开始主动把语境论用于行为的治疗上。在行为分析方面不断增长的语境论倾向并不一定意味着,这种分析一定是基于语境论作为世界观的。也就是说,行为分析所考虑的"语境"在世界观方面不必然是语境论的。这一点需要澄清。

最后,在行为的概念分析方面,研究者把概念分析作为一种探询方式,也是语境分析的一种,更是科学史的主要方法论。柯瓦雷最擅长这种方法,他的《牛顿研究》和《伽利略研究》充分展示了这种方法的威力,苏联科学史学家凯德洛夫的《元素概念的分析》就是运用概念分析的杰作。

行为的概念分析更倾向于进化的语境论,莫瑞斯从三方面做了充分论证[②]。

[①] E. K. Morris. Contextualism, historiography, and history of behavior analysis. In S. C. Hayes, L. J. Hayes, H. W. Reese, T. R. Sarbin. Varieties of Scientific Contextualism. Ockland: Context Press, 1993: 139.

[②] E. K. Morris. Contextualism, historiography, and history of behavior analysis. In S. C. Hayes, L. J. Hayes, H. W. Reese, T. R. Sarbin. Varieties of Scientific Contextualism. Ockland: Context Press, 1993: 140~143.

第一，趋同倾向。所谓趋同倾向是指行为分析倾向于从不同领域向一点或方向聚焦。这些趋同倾向与五个方面相关：①发展系统观的整合场取向；②后现代、后结构主义语言学和修辞学的非本质主义和反形式主义；③吉布森的直接直觉理论的生态取向；④嵌入平行分布处理、心的神经网理论的"历史科学"概念；⑤现代分析哲学，特别是后期维特根斯坦和赖尔的哲学。另外，系统分析也具有趋同取向，包括：①女性主义对社会科学和行为科学的批判；②近期对内在于心的信息加工理论的机械论世界观的批判；③认知的生态进路，特别是关于记忆的非中介方法。

知觉和认知的生态方法及信息加工理论的批判，都倾向于拒斥心的中介模型，这也是行为分析所反对的。比如，行为分析始终与行为的"刺激-有机体-反应"模型相对立，在该模型中有机体通过各种真实的或假设的生物、个性，以及认知结构和功能，调节刺激和反应之间的关系。其实，在行为分析中，没有什么东西能调节语境中的行为刺激和反应的关系，因为刺激和反应的关系语境从来没有被阐明过，这导致了一种错误的观点——行为分析是一种机械论的刺激反应心理学，本质上不适合说明行为的动力学和变化性。正是这种不适当才使得方法论的行为主义提出用一个有机体来调节刺激-反应关系。

然而，在行为分析中，假设用有机体说明的行为动力学和变化性是由语境来解释的。这个有机体不是在刺激和反应之间，而是在它们周围，更准确地说，是在它们的功能关系周围。换句话说，刺激和反应是直接的功能关系，它们的动力学和变化性是由历史和当下语境（生物的、行为的和环境的）说明的①。

在莫瑞斯看来，生物学、个性和认知不调节刺激和反应之间的关系。生物学参与行为过程中，而个性和认知是行为的内容。无论它们任何一个在刺激和反应功能关系之外起何种作用，那种作用是作为那些功能关系的语境，或者地方性的描述，而不是作为调节者或中介者的。正如布兰克（Blank）指出的："认知不是在某人的头脑或皮肤开始或结束的。它不比我们的关系高级，因为我们的思想就是我们的关系。属性、动机、感知和个性——成为一个人所需要的东西，都是关系，没有一个事物持续保留在其中任何一个方面，不论那个方面是图式或生物过程的一个稳定的'封装'，或者是一个主观的现象学实在。"② 因此，行为分析就是一个直接（非中介）行为的理论。

之所以将行为分析看作一种直接行为理论，是因为行为分析与吉布森的"直

---

① E. K. Morris. The aim, progress, and evolution of behavior analysis. The Behavior Analyst, 1992 (15): 28~29.

② T. O. Blank. Contextual and relational perspectives on adult psychology. In R. L. Rosnow and M. Geogoudi. Contextualism and Understanding in Behavioral Science: Implications for Research and Theory. New York: Prager, 1986: 121~122.

接感知"理论和沃金斯（Watkins）的"直接记忆"理论非常类同。同样，心的平行分布加工与神经网理论可以被看作是"直接适用"理论。莫瑞斯还倾向于认为，奥亚玛（Oyama）的发展系统观是一种"直接发展"理论，因为基因不调节环境的效果，基因是发展理论的众多的"相互作用"者之一。然而，这些倾向意味着，心理学家把不同的语境论作为其世界观，其中包括对所持文化、科学假设和真理的批判。

第二，编史学。行为的概念分析的语境论倾向性在学科史中不断增长。因为语境论的根隐喻（历史事件）中已经蕴含了这一倾向，即语境论与历史是相互关联的。这意味着，行为分析对于当代心理学通过理解其过去和历史是敏感的。然而，仅仅把历史看成事件的编年学，它作为一门学问就是肤浅的，也是非语境论的。正如没有无语境的裸体 DNA，斯金纳的三阶段突变中没有语境独立的元素一样，也没有无语境的历史事实。因此，行为分析中的这种语境论倾向不是倾向于历史，而是倾向于编史学。

但是，编史学不仅是如何写历史，它既是针对自身的学科，也是针对其他学术学科的一门学问。在这两个情形中，编史学需要三方面的过程与结果①：①出于权威性、可靠性、公正性和重要性收集和组织史料；②通常与其他编史学一起分析和整合这些史料；③在上述分析和整合的结果的基础上，对文本做批判性评价。因此，编史学所需要的也正是心理学史所缺乏的，至少是行为分析史所缺乏的。

第三，语境论。这是行为的概念分析的第三个发展趋向。激进的行为主义是典型代表，它将语境论作为世界观对自我意识进行检查。在科学史研究中，科学行为分析也是语境论取向的，因为语境论的编史学强调的是对"历史事件"的客观分析与公正评价，既不是"辉格式"的，也不是"反辉格式的"，而是"语境式的"，也就是追寻事件发生的历史之根源。换句话说，历史是进步的，不是终结的，是动态生成的，不是静态存在的，是综合的，不是单一的，是从过去延伸到现在的事件。这就是语境论编史学的观点。

二、内史与外史的语境整合

接下来，我们将通过对心理学史的语境分析，来阐明语境论编史学的观点。心理学作为一门独立学科是最后一个从哲学中分化出来的，其标志是 20 世纪初科学心理学或实证心理学的诞生。由于这个原因，心理学的编史学研究就是语境论科学编史学的典型代表。

---

① E. K. Morris. Contextualism, historiography, and history of behavior analysis. In S. C. Hayes, L. J. Hayes, H. W. Reese, T. R. Sarbin. Varieties of Scientific Contextualism . Ockland: Context Press, 1993: 142.

在阐明语境论编史学的观点前,我们有必要简单回顾一下心理学的发展史。这也恰恰是语境分析的应有之意,即对事件或主旨做历史分析。

在心理学史的标准解释中,行为分析的根源可以追溯到德谟克利特的原子论,然后经过笛卡儿的心身二元论、洛克的认识论"白板说",再通过哲学中的经验主义和联想主义传统,即从休谟和贝克莱到米勒父子。随着第一个心理学体的诞生,冯特和铁钦纳的结构主义成为与詹姆斯和安格勒的功能主义相对立的观点,由此形成了华生的传统行为主义。

在哲学传统包括还原主义、经验主义、联想主义、自然力崇拜、唯物主义和机械论的影响下,作为一个综合理论的传统行为主义,它通过混合运用孔德的实证主义、摩根的节俭性(parsimony)和罗伯的操作主义,寻求科学的可靠性。而后,新行为主义通过逻辑实证主义使得可靠性更加形式化。而作为行为分析的新行为主义开端的斯金纳的操作心理学,据说更加具有这些本质特点。此种行为主义已经有了语境论的端倪。一句话,行为分析的历史不长,但有悠久的过去。与行为分析相关的哲学或是史学观点既是语境论编史学的思想来源,也是其反思的对象,这些观点之间保持一种辩证的张力。

第一,自然主义与唯物主义之间的张力。虽然说行为分析的更具体的历史可追溯到古希腊哲学的自然主义,特别是原子论,但是古希腊哲学家的贡献在后来的主要基于神学的解释及文献的翻译中已失传或者已经改变。莫瑞斯认为,语境论可能扮演了意大利谚语所说的"翻译者是背叛者"的角色,因为语境论依据的"历史事件"被篡改了。不过,对于人类行为的自然主义态度在文艺复兴和科学革命时期被再度点燃,这一切强烈地受到笛卡儿自然主义和二元论心理学的影响。笛卡儿建立了心理学的两条相对立的进路:一条是非物质的灵魂(soul)(后来是心智,mind);另一条是物质身体。然而,在莫瑞斯看来,两条进路都不描述行为分析,因为它既不是心灵主义的,也不是物质的还原主义的,特别是当后者在刺激-反应心理学中被反身地和机械地理解时[①]。

第二,经验主义与联想主义之间的张力。在行为分析的历史中,英国经验主义和联想主义的角色也需要得到修正。至于经验主义,莫瑞斯认为,洛克的"白板说"从来没有否认个体之内或之间的有机结构和功能是个体差异之源。假设我们作为婴儿是带着已经对其行为的前因和后果敏感的方式来到这个世界的,那么我们天生就具有某种"知道的方式"。在行为分析中,生物学也参与了所有心理活动,它是作为一种必需的持续发展语境出现的,尽管对于行为发展还不充分。

莫瑞斯还认为洛克也没有否认我们称为情感、思维和意识的东西的私人的或

[①] E. K. Morris. Contextualism, historiography, and history of behavior analysis. In S. C. Hayes, L. J. Hayes, H. W. Reese, T. R. Sarbin. Varieties of Scientific Contextualism. Ockland:Context Press, 1993:144.

者不可及的方面。这些都不是行为分析。行为分析有意识地承认心理的私人性，承认心理活动是内在于皮肤的，并承认后者是一个适当而困难的分析领域。而且，所有活动，不论是生物的还是行为的，均被作为后继活动的历史语境。这个历史语境把组织和理性主义的某些意义带给了行为分析的说明，这种说明有时被看成是完全任意的经验主义努力。

同样，行为分析也不是哲学的或者心理学的联想主义做法。联想主义再现了一个还原主义的、分子的和机械论的观点，按照这种观点，心智的、基本的、普遍的原子元素被看成"事物"而存在，这就是后来的刺激和反应。刺激与刺激、刺激与反应的联想，通过及时扩展和继承的不断增加，并被用于解释复杂的行为。

相比而言，行为分析坚持一种摩尔方法，根据这种方法，基本的刺激和反应单元先天并不存在。相反，行为是根据刺激-反应的关系或者语境中的功能（如形成行为结构的相互关系）的持续进化、共限定类来刻画的。只有在这个层次，行为才有心理学的意义。行为分析并不限制在刺激种类和短暂接近的反应间的功能关系方面，而是根据种类间的共同关系来描述功能关系。行为结构在空间或者时间的延展与克分子性无关。也就是说，功能上限定的刺激和反应种类的数目的物理大小或空间延展，不是行为结构的一个限定特点，行为从分泌唾液延伸到总恢复。

第三，内史与外史之间的张力。关于行为分析的还原主义、机械论、唯物主义、经验主义、联想主义和自然力崇拜主义，促使我们对编史学进行反思。从语境论来看，编史学的方法论核心之一就是科学史的内史论与外史论之间的对立与统一。

所谓内史是一个学科的年代进步的主要自包含说明，即从内部写的历史。它描述一个学科的理论、方法和数据，并通过已接受的科学方法和逻辑方法，解决被认为是清晰可辨的问题，描述它是如何进步的。内史通常是由一个学科中知识渊博的但没有受过专门历史训练的高级人员写成的。比如，物理学史通常是由物理学家自己去写的，而非历史学家写的。因此，内史倾向独立于更广阔的智力和社会语境，也倾向为这个领域、它的实践和大人物辩护，使之合法化。它也因此被认为缺乏"历史味"。

相比而言，外史始于这样的假设，即科学不是独立于它的文化的、政治的、经济的、智力的和社会的语境而发展的。因此，外史通常是由一个学科之外的职业史学家写出的。有些人持中立立场，有些人则质疑基本的学科假设、实践和原则。事实上，许多史学家是从相反的概念方向写起的。的确，在当代的科学史研究中，一个明显的事实是，外史多是由非"科班"的学者写的。在这个意义上，难怪有人说外史缺乏"科学味"。

不过，外史编史学明显具有语境论的特征，较之纯粹的内史有优势。从语境论视角看，内史和外史的二元对立既明显又微妙，其中蕴含了三个问题①。

其一，内史和外史虽然在概念上不是完全冲突的，但是它们对于深刻理解任何科学学科是必要的。内史提供了一个学科发展的"人物"（科学家），而外史则提供了"基础"（社会和文化）。两个中没有一个对于理解格式塔是充分的。比如，内史学家可能过分强调理由、论证和证据这些内在因素，忽视那些促进或制约科学进步的外在因素。在莫瑞斯看来，如果历史太内史化，它就可能忽视那些看似外在的因素，因为那些外在因素作为历史血脉实际上不同于行为主义，行为主义仅仅是表面的家族相似。这样的表面性在它们共享的刺激-反应语言游戏的基础上，等同于不同类的行为主义，如华生和斯金纳的行为主义。有讽刺意味的是，出于不同的理由，外史学家做出了相同的误解。比如，他们可能过分强调外在因素的普遍性，缺乏本学科的科学和技术方面的专业知识，当把概念与相关因素放在一起时，忽视了重要的细节与详情。因此，内史和外史之间要保持一种平衡或张力，不能以一个排除另一个，二者是互补的。

其二，内史和外史既对立又相关。比如，行为分析的方法论行为主义说明就是外在于行为分析的，但是整体上内在于心理学。反之，在行为的实验分析中，一个具体论题的一般行为分析的说明，如刺激均等，可能是外在于那些文献的，但是整体上内在于学习理论。关键在于，内史和外史不是独立的、具有不变定义属性的客观主义之物，它们能够相互规定。

其三，所有编史学本质上是内在主义的。编史学不能脱离它写史的文化时代和地域。比如，欧洲史不能离开欧洲的文化时代和地域，中国史同样也离不开它的文化时代和地域。编史学家不能走出其行为的潮流去认识他们所写历史的真相，因为"知道历史真相"同样是语境中的行为。因此，编史学是社会建构或社会解释的，它产生于史学家与其史料之间的相互作用。撇开史料写历史如同撇开分子谈化学。

三、伟人与时代精神的语境整合

科学史无疑离不开伟大的科学家，也离不开这些科学家所处的时代精神，即所谓"时势造英雄"。在讨论伟人与时代精神的关系之前，我们需要对二者的相关已接受观点之间的张力做分析。

第一，结构主义与功能主义之间的张力。在行为分析方面，行为主义与功能主义是对立的，特别是在强调行为和意识的功用和适应性方面。但是，这不意味

---

① E. K. Morris. Contextualism, historiography, and history of behavior analysis. In S. C. Hayes, L. J. Hayes, H. W. Reese, T. R. Sarbin. Varieties of Scientific Contextualism. Ockland: Context Press, 1993: 145~146.

着行为分析与结构主义不相容。问题不是行为的结构说明（行为-行为关系）对功能说明（行为-环境关系）的修正，而是所探询问题的性质和所问问题的使用方法。心理结构的范围一般是在认知心理学的视域内，而功能的范围一般是在行为分析的视域内。这种观点导致了在结构和功能方面各自关联的对立，以及认知和行为的二元论。也就是说，结构分析和功能分析相互对立，以教条对教条。在生物学中，结构和功能分析并不是对立或冲突的，它是认知与行为的二元正交关系。语境论就是要消除行为分析中存在的结构与功能的对立。

根据语境论，结构和功能的区分实际上是一个观察者的时间视角和事件的期间问题，因为世界及其涉及它的行为不是静态的，它们处于永恒的流变之中。尽管如此，通过认知心理学和行为分析区分结构和功能，我们能够发现，认知心理学和行为心理学各自所关注的结构和功能还是有差别的，因为它们所关注的是它们没有定义的，所以它们仍然是从各自的角度进行分析的。

第二，行为生物学与实用主义之间的张力。在科学心理学史中，行为分析史占很小部分，而且当代行为分析得益于生物学史的发展，特别是达尔文进化论的发展。这一传统导致了今天的行为分析应该[1]：①在生物学和行为中坚持不同物种交叉的连续性，不否认人类特有原则的可能性；②在语境中的行为系统层次，坚持说明行为的节简性，避免依据名称做解释的倾向；③坚持来自伯纳德（C. Bernard）在实验医学工作方面的研究实践，而不是来自社会科学；④坚持以类似自然选择的方式，根据"依结构选择"而采取行为的适当性观点；⑤坚持哲学实用主义，特别是它的真理标准——"成功工作"，这也是语境论奉行的真理标准。

实用主义把知识看成为相对的，认为绝对真理不可达。简单地说，"认识"是认识者和被认识者之间的一个行为关系，行为关系是它们的历史和文化语境的一种功能。正是在这种意义上，我们说实用主义是语境论的根源之一[2]。与任何认识一样，对某些绝对主义的、客观主义的评价来说，"认识真理"不能超越自身，即超越行为的潮流，因为那些评价本身也是语境中的行为关系。

在哲学实用主义看来，知识的价值和真理的标准是"成功工作"。这反映了一种心理学的而非逻辑和语言学的认识论。在心理实用主义中，詹姆士和华生把成功工作操作当成行为的"预测和控制"，好像心理学是一门自然科学。出于社会工程利益，就行为能够被控制而言，行为主义也许是对的。这也是当代行为分析的目标被理解的原因。

---

[1] E. K. Morris. Contextualism, historiography, and history of behavior analysis. In S. C. Hayes, L. J. Hayes, H. W. Reese, T. R. Sarbin. Varieties of Scientific Contextualism . Ockland：Context Press, 1993：147~148.

[2] 语境论的来源之一是詹姆士、皮尔士、杜威和米德的实用主义，它是哲学实用主义的现代形式。

然而，我们能够控制行为不意味着我们也能够理解行为。行为分析与理解行为是两回事，至少在"理解"的普遍语言意义上，分析行为不是分析理解。在当代行为分析中，预测和控制的目的服务于认识论，服务于我们的知识论。莫瑞斯认为，当我们发现是什么控制行为时，而不是仅当我们展示我们能够控制行为时，我们说我们理解行为。也就是说，当我们的实验分析告诉我们行为是如何被控制的，更准确地说，行为的功能是什么的时候，我们理解行为。这是发现的控制对实验分析和任意强加的控制之间的区别①。没有这样的区分，我们就不能正确理解行为分析。

第三，伟人与时代精神之间的张力。上述关于结构主义与功能主义、行为生物学和实用主义对行为分析的讨论，涉及编史学的第二个方法论——伟人与时代精神之间的整合。

伟人史强调特殊人物（科学家）对一个学科发展的贡献。这种历史过分强调个人的作用，其实个人有时只起到表面的作用。比如，在心理学史中，以下逻辑是不成立的：华生是行为主义者，斯金纳也是行为主义者，华生的认识论是肤浅和狭窄的，斯金纳的认识论也是如此。因此，伟人史对于思想或观念史是不够的。

尽管伟人史可能是一种直接描述的行为，但是它假设的成分更多。比如，它通常假设科学发展的一个"人格主义的"理论或解释。这种理论假定，伟人对于科学进步是必然的，也是科学进步的自由的、独立的主体。这种历史的实质通常是内在主义的，强调个人的理性和创造性，强调个人在促进科学和提升个人职业方面主动的、有意图的成功。

相比而言，时代精神史强调文化的、政治的、经济的、智力的、社会的和个人的条件在科学发展中的作用。它更是语境中的思想史或者观念史，但是它也可能过分综合化。比如，所有形式的行为主义的社会控制目标被认为是同一个有凝聚力的实体和方向。事实并非如此，语境论编史学要寻求在刺激-反应心理学机械论与斯金纳的语境论之间做出区别。

与伟人史一样，时代精神史也假设一个解释性理论，即这些条件如何说明科学的发展，这被称为"自然主义理论"。根据这种观点，伟人对科学进步负责的表现是一种幻想，因为其他人或许对此也有贡献，时代精神也许起更大的作用。与外史一样，时代精神史也具有语境论的精神和气质，当然优于伟人史。正如内史和外史之间的二元对立一样，伟人史和时代精神史之间也存在几个问题。

首先，表面看，伟人史和时代精神史之间在解释层面可能不相容，但是在描

---

① E. K. Morris. Contextualism, historiography, and history of behavior analysis. In S. C. Hayes, L. J. Hayes, H. W. Reese, T. R. Sarbin. Varieties of Scientific Contextualism. Ockland: Context Press, 1993: 149.

述层面却是相容的。就像内史和外史共同丰富和发展了编史学一样，伟人史和时代精神史也是如此。

其次，时代精神史可能有过度综合的缺陷。如果科学史是科学家的行为史，那么分析的单元应该包括科学家的行为和进入他们行为的特殊偶然性。换句话说，当个体科学家的行为被具体的、有特性的偶然性诱发和选择时，他们并不完全受到时代精神的影响，他们既存在于时代精神内，也存在于其生活中。如果我们深入探讨那些细节和详情的话，会发现时代精神的概念平衡了科学家之间的那些偶然性的影响，留下了大量的未解释的问题。

最后，在对科学行为的分析过程中，伟人史和时代精神史不是分离的，而是互补的。之所以不是分离的，是因为人的个性和情景不是分离的。在行为分析中，伟人是各种变量汇集的中心，这些蕴含于个人生活中的变量，内在于伟人个人的科学之中，而外在于科学本身。这个伟人也是独一无二的焦点，因为同一个科学事件往往仅有一个科学家参与。科学史上的所谓"同时发现"是不同科学家在彼此独立的情形下做出的。他们不是语境中的同一个有机体，受科学主旨或者时代精神的影响也不相同。换句话说，他们与科学主旨相互作用的方式不同，也以自己独特的方式对科学做出贡献。即使当代的大型科学合作研究，也不是所有人都有相同的想法，思想或观念是不能同一的，而认识是可以同一的。也就是说，在合作研究中，核心思想是个人想出的，不是集体讨论出的，而对核心思想的认识和接受是能够统一的。

概言之，伟人史和时代精神史都对科学发展产生影响，但不是单一的，也不是独立的，而是相互的、共同的、辩证的。它们之间相辅相成，保持一种合理的张力。

四、现实主义与历史主义的语境整合

科学史既是现实的也是历史的，既是现在的也是过去的，如何在二者之间保持平衡是语境论编史学的又一任务。同样，我们首先要探讨已接受观点，在此基础上讨论语境论的编史学观点。

首先，讨论实证主义与操作主义之间的张力。在逻辑经验主义的影响下，实证主义与操作主义成为心理学的体制性特征。也就是说，如果心理学要想成为一门真正的科学，那么它必须为其主观术语做客观定义，排除那些非逻辑或非语言定义的概念。不过，方法论的行为主义由于过于坚持"事实就是事实"信条，将研究客观对象的方法用于心理对象而不加选择，这对于心理学的发展同样是有害的，毕竟心理对象不同于物理对象。

行为主义的缺陷表现在三方面：①尽管坚持了客观性，实证主义导向的行为主义不能解决心身问题，因为虽然心灵被置于科学心理学之外，但是心灵仍然存在。这严格限制了心理活动被解释的范围。②操作定义和实证主义哲学过于狭窄,以至于术语失去了其日常语言的意义,也因此进一步制约了要研究的行为的特点,限制于乏味的真理一致论,即机械论的融贯真理标准。③这场实证主义运动忽视了科学家的参与。实证主义哲学忽视了将科学说明作为语境中的科学家的行为及产品。因此,认识论的问题不能被客观主义所曲解。

正由于此,心理学继续行走在实证主义和操作主义的模式中。不过,也出现了许多反对声音,如来自现象学的、格式塔心理学的、心理分析的、人文主义的,现在来自后现代主义、后结构主义的。与已有的传统哲学观点相比,当代行为分析也是科学主义的标准,具体而言,行为分析坚持了心理的或者经验的,而不是逻辑的、认识论的。它的思想来源是培根的还原实证主义、马赫的描述实证主义和后期维特根斯坦的分析哲学。

由此看来,问题不在于如何使主观术语经过先天的逻辑定义和操作的、语言学的惯例客观化,因为主观-客观划分本来就是错误的。相反,问题在于如何发现和描述历史的和当下的语境。在这样的语境中,我们讲主观术语,因为语境规定了它们的意义。行为分析不排斥把主观的或者私人的术语作为主旨,相反,承认这样的活动作为语境中的行为。这种认识论具有现象学特性,它掩饰了认识者和被认识者之间的机械区别。

其次,讨论现实主义与历史主义之间的张力。如何将行为分析看成逻辑实证主义的形式,这引导我们探讨编史学的现实主义与历史主义之间的整合问题。

所谓现实主义历史,就是选择、解释和评价过去的发现、概念的发展、作为科学先知的伟人等,即好像本来就该如此那般的"胜利"传统。它在很大程度上是在当下接受的和流行的观点的语境中写出的令人安慰和感觉舒服的历史。它同时也承担建立传统和吸引拥护者的教育学功能。也就是说,现实主义历史是一部"英雄史"和"赞扬史"。这样一来,科学史对于它的现实意义、对于理性化与合法化实现是重要的,因为科学的进步是不断逼近真理的,直指今日的目的论的"正确"观点。

同样重要的是,现实主义历史不仅证明和赞扬"胜利"传统,而且它也中伤被认为是失去的传统。也就是说,选择性地解释过去的历史作为现实的确证,使它陷入一种特殊观点,这同样也是现实主义的。比如,20世纪70年代的认知革命被认为是正确的,而它之前的逻辑实证主义和行为主义则被认为是错误的。随着逻辑实证主义的衰落,行为主义也随之衰落,或者说,行为主义的终止被认为是逻辑实证主义方法衰落的证据。

相比之下,历史主义把科学发现、概念变化、历史人物看成是在它们自己时代和地域的语境中被理解的事件,而不是在当下语境中被理解的事件。这就是说,编史学关注的是过去发生事件在它们的时代和地域中的功能或意义,而不是它们在当下实现中解释的意义。这是一种令人瞩目的语境论视角。历史主义方法论在囊括材料和历史偶然性过程中有更多消耗且更缺乏选择。它不因与当下潮流不一致而不拒绝先前的工作。它也少有关于实现历史的相关或不相关的假设。

在这个意义上，历史主义历史与实现主义历史相对立，因为它与实现主义对一个学科的创立与特点的说明不一致。它认同和修正在学科史中某人物或事件被称为"原始神秘"①（origin myths）的东西，而人物和事件是现实主义通常涉及的。这个"原始神秘"可能大也可能小，如把行为分析与逻辑实证主义等同就是大，华生把对思维的说明仅作为一种在喉咙中的默读运动就是小。

根据语境论，现实主义与历史主义不是不相容的，它们在许多方面是一致的。科学编史学既需要现实主义，也需要历史主义，既要解释过去也要说明现在。因为说明过去总是立足于现在，而说明现在要从过去做起。因此，我们需要在现实主义与历史主义之间保持一种张力。也就是说，编史学不必仅仅拘泥于对历史事件的兴趣，它还担当纠正现实中仍持有的误解的责任。比如，历史主义历史可纠正行为分析中的误解。这种纠正应该是根据现在普遍接受的学科规范做出的，之所以需要修正是因为行为分析中存在"原始神秘"。正是存在"原始神秘"，斯金纳创造了"激进行为主义"一词，旨在强调行为是所有心理学的基础或根本。这些不同的历史观为语境论编史学的产生创造了条件。

五、自然科学与自然史的语境整合

上述的行为分析的语境论倾向的讨论表明，科学编史学的语境化具有必然性。当然，行为分析的语境论倾向并不能完全说明编史学已经完全语境化了，因为科学语境论有不同形式，它们在许多观点上并不一致。在这里，我们是把语境论作为一种世界观看待和运用的，力图在宏观和微观上一以贯之。接下来我们在语境论框架下讨论自然科学和自然史的关系。

莫瑞斯认为，行为分析和科学语境论的根本区别之一是行为分析的心理学将自己看成是一门自然科学，而其他心理学则认为这在范畴上不可能。语境论支持哪一种主张呢？或者都不支持？在莫瑞斯看来，差异在于是强调目的还是强调本质，并从心理学的主旨、过程与内容的区分两方面展开讨论②。

关于心理学主旨，莫瑞斯认为，科学语境论的目标是理解个体（人），将语境中的个体作为心理学的主旨（即分析单元）。这样一来，心理学就不是一种自

---

① F. Samelson. History, origin myth, and ideology:"discovery" of social psychology. Journal for the Theory of Social Behavior, 1974（4）: 217~231.

② E. K. Morris. Contextualism, historiography, and history of behavior analysis. In S. C. Hayes, L. J. Hayes, H. W. Reese, T. R. Sarbin. Varieties of Scientific Contextualism. Ockland: Context Press, 1993: 153~155.

然科学，因为自然科学是根据客体和事件抽象的、概括的、时空上没有限制的规律或原理定义的，而心理学不是这样的学科，因为它关于个体的主张是时空限制的，也就是说，个体是受时代和地域限制的，对时间和地点是敏感的。

我们说物理学是一门自然科学，因为它是一门关于客体和事件的时空无限制的规律的学科，具体说是关于质量、力、能量、光衍射等的科学。关于椅子和日落的主张不是自然科学，因为它们是时空限制的，对地点和时间敏感。或者说，椅子和日落是具体时空中的某种文化或者环境条件的产物。这样，我们能够对椅子、日落甚至个体做精确的、规范的定量研究，这种研究产生了事物和事件的自然史，而不是一般规律的自然科学。

相比而言，科学语境论的目标是理解个体，行为分析是理解行为。这产生了语境中的行为，不是语境中的个体，行为分析更像物理规律，而不像关于个体的主张，行为的规律是时空无限制的。因此，行为分析就成为一门心理学的自然科学，即心理学科学寻求建立行为的一般规律或原则。

对科学语境论来说，它们之间的一个差别在于它们选择什么作为其主旨——语境中的有机体的行为还是行为的有机体。行为分析选择"语境中的行为"，而其他语境论选择"语境中的个体"。因此，就行为分析而言，心理学是一门自然科学，而对于其他形式的语境论就是自然史。自然科学和自然史有不同的追求，它们有不同的目标。它们都是合理的，也是相容的。我们需要识别这些差别，以便能够不再纠缠于不同语境论的区分，能够获得和坚持一个共同的基础，每个都是互补的。

关于过程和内容，莫瑞斯认为，不同形式的语境论的区别还在于其过程与内容的不同。如上所述，基本行为分析的研究一般把建构一般的、抽象的行为原则或过程作为其目标，因此，行为分析就是把行为作为行为的自然科学。这是建构的语言，不是发现的语言。与机械论世界观相比，行为分析思想不是要发现行为的普遍规律，因为那些规律是独立于行为科学家而存在的。斯金纳指出："科学是有效行动的一组规则，在某种特殊的意义上，这些规则可能是真的，如果它们可能产生最有效的行动的话。"[1] 换句话说，行为科学的规律不是可发现的、不可改变的普遍性，相反，它们是有助于实现"成功工作"目标的手段。

然而，在抽象的意义上，行为过程和原则不是关于时空限制行为的主张，如关于社会的、情感的认知行为如烦恼。这些因素是行为的内容和自然史。这些是用自然语言术语以本族语描述的大量日常行为，也是个体心理学大量涉及的。与行为分析相比，心理学与其说是关于行为的科学，不如说是关于行为内容的科学。在这个意义上，心理学也是一门微型科学的学科，所谓微型科学就是关于行为内容的不同

---

[1] B. F. Skinner. About Behaviorism. New York: Knopf, 1974: 259.

领域，如社会或情感行为、认知和烦恼。如果要成为自然史，那么如此组织起来的心理学与行为分析不是不相容的。自然科学和自然史再次成为相容的研究纲领。

然而，行为分析不同于心理学的地方在于，心理学追求成为一门自然科学，其目标是发现它的内容范围的普遍规律或过程。一方面，行为的抽象、无时空限制的规律不太可能被本族语、行为内容的自然语言范畴所破碎。另一方面，关于行为内容的陈述是时空限制的，它们是地方性的，对时间和地域敏感。关于行为内容的微型科学与其说是"行为作为行为"的自然科学，不如说是个体的破碎的自然史。当然，行为内容可能被精确和定量描述，但是"科学"是一种对某些人在某些历史的语境和某些社会文化语境中的行为的精致说明。

另外，过程和内容的区分是完全平行的。在格茨（Geertz）的社会人类学中，这种区分是非常有意义的。格茨描述了"远经验"和"近经验"认识之间的一个连续统一体。"远经验"认识是抽象的和一般的、时空无限制的，如基本行为过程，这种认识处于"远近"连续统一体的远端[1]。相比而言，"近经验"认识是个人的和具体的、地方的和特殊的，同时也是时空限制的。它是行为的内容而非行为的过程。例如，"近经验"认识不是关于有判断力的刺激，而是关于恋人之间的深情一瞥；它不是关于操作的行为，而是关于同情、意识、烦恼和社会角色的；它不是关于感情的强化，而是关于社会和经济的条件。在物理学中，"近经验"认识不是关于光衍射的，而是关于日落的。

概言之，"远经验"和"近经验"认识都是经验认识，它们存在于连续统一体之中，其分布从时空无限制的抽象和过程到时空限制的详情和内容的陈述不等。它们是不同的认识方式，没有一个是绝对的对与错，其有用性依赖于目标和主旨，依赖于目的和语境。这就是语境论编史学对两种认识的整合。

六、结　论

通过梳理和探讨认知心理中对行为分析有影响的各种已接受的观点，特别是哲学观，语境论通过对那些观点的修正和整合，形成了自己的编史学。语境论编史学为人类探询的任何领域的演进的更深入探讨提供了指导。历史研究作为一项关于人的事业，由具有先前跨行为产品（史料）的史学家们的跨行为构成，这些都不能独立于它们在其中进化的文化基质（或语境）。"文化、社会、经济、政治和智力因素影响一个学科的生长……，而且，这些因素影响该学科的方法论、假设和价值，通常是以它的实践者不知道的方式发生的。"[2]

---

[1] C. Geertz. On the nature of anthropological understanding. American Scientist, 1975 (63): 47~53.
[2] E. K. Morris, J. T. Todd, B. D. Middgley, S. M. Schneider, L. M. Johnson. The history of behavior analysis: some historiography and a bibliography. The Behavior Analyst, 1990 (13): 133.

科学史作为一门严格的学术领域，引起了人们对历史方法论的发展和对心理学历史的审查的兴趣。编史学者应该审查：①预防先前错误的重复发生，那些错误严重影响了一个学科的进步；②检查一个学科过去和未来的发展轨迹；③使社会-文化基质（语境）成为聚焦点，在这个语境中，实践者进行操作；④促进当下困境的解决[①]。

需要指出的是，把"语境"引入解释或说明不是语境论者首先做到的，它之前的机械论、有机论、实用主义、历史主义等都这么做过，而且，"语境的"和"语境论的"之间是有差别的。前者是对"语境"意义的运用，后者是一种世界观运用；前者重视方法论，后者重视认识论。在这个意义上，语境化思维具有某种普遍性，它不是语境论者所独有的。

语境论编史学强调"语境中的行为"，这对于科学史学家分析科学家的行为有极大帮助，因为说到底，科学史是一代代众多科学家行为的积累产物，对他们的行为进行分析是科学史特别是思想史研究的关键。如果不做这样的分析，我们很难弄清科学思想、科学假设、科学原理和科学模型是如何形成的，也就很难避免把科学史仅写出"成功史"或"英雄史"。事实上，"成功史"背后有大量的"失败史"，这些都被忽视了。语境论编史学将弥补这些缺陷。

---

① D. W. Fredericks. The utility of a revised account. In S. C. Hayes, L. J. Hayes, H. W. Reese, T. R. Sarbin. Varieties of Scientific Contextualism . Ockland：Context Press, 1993：167.

第五章　语境论的编史学方法[①]

科学史作为一门独立性学科，它在一个多世纪的发展中，先后经历了内史研究、外史研究、综合史（语境论综合）研究三个阶段。相应于这三个发展阶段，其方法论经历并形成了内史方法、外史方法和语境分析方法。受内史与外史、"辉格"与"反辉格"、科学史与科学哲学、科学思想史和科学社会史的长期争论，以及系统论、语境论和多元主义方法的影响，20世纪80年代以来，科学史研究走向了语境化综合，语境分析方法逐渐成为科学史研究的主要方法论。所谓语境分析就是将科学理论的形成、科学事件的发生或科学研究放到与其社会、历史、文化相关联的因果联系中去研究，分析科学历史的前因后果。

一、内史方法

内史指科学本身的发展史。它不考虑社会因素对科学的影响。在科学史发展的很长的历史中，人们撰写的科学史基本上都是内史。内史方法主要有编年方法、实证方法和概念分析方法。

1. 编年方法

编年方法是以科学史事发生的年代先后顺序记叙和描述科学历史的方法。在科学史早期，学科史和通史基本是以这种方法撰写的，其特点是对科学事件和科学家业绩进行一般性描述和简单记叙，缺乏细致和系统的历史分析，更缺乏社会文化背景分析。譬如，希波克拉底的医学史、普洛克劳斯的几何学史、普列斯特利的电学史、蒙特克拉的数学史、惠威尔的综合科学史都是以编年方法写出的，这种研究方法传统至今仍未中断。

2. 实证方法

实证方法包括实证主义方法和考证方法。前者本质上是一种哲学方法，后者是科学史的"正统方法"，即对史料进行挖掘和整理，并进行真伪甄别。实证主义者孔德主张统一的科学和统一的科学史，强调科学史研究符合科学史实；坦纳里把科学史分为学科史和综合史，认为科学史不仅研究和考证科学史料，也不仅是学科史的集合，同时应研究科学的社会环境；科学史大师萨顿受实证主义影

[①] 这一部分内容也可见魏屹东：《广义语境中的科学》，北京：科学出版社，2004年，第三章，第一节"科学史语境方法的语境化"（第39~46页），这里做了部分修改和补充。

响，虽然主张科学的新人文主义，但其实际的研究方法是实证主义的编史学方法。

3. 概念分析方法

概念分析方法是逻辑经验主义的逻辑分析方法在科学史中的应用。科学史大师柯瓦雷把逻辑分析方法与考证方法相结合，对科学概念、理论的产生、演变进行逻辑和历史的分析，他的《伽利略研究》是充分运用概念分析方法的杰作。受柯瓦雷研究方法的影响，库恩的内部分析方法、拉卡托斯的内因分析方法和霍尔顿的基旨分析方法都是概念分析方法的发展和深化。

二、外史方法

外史是科学的社会发展史。它一般不考虑科学的具体内容，关注的是科学的社会背景和历史文化背景，以及社会因素对科学的影响。外史方法主要有社会历史分析方法、历史计量方法、历史主义方法。

1. 社会历史分析方法

这是运用马克思的历史唯物主义研究科学史的方法。其特点是侧重研究和分析科学理论产生的社会历史根源。德国有机化学家肖莱马是运用马克思主义历史观写出有机化学史的第一人。此后，苏联物理学家和科学史家黑森运用社会历史分析方法研究了牛顿力学产生的社会经济根源，对外史研究产生了很大影响。贝尔纳的《历史上的科学》是运用社会历史分析方法的典范，深入分析了科学和社会的相互关系。他们被西方科学史学家称为马克思主义科学史学家[①]。

2. 历史计量方法

历史计量方法是对大量史料进行统计计量分析，从中找出规律的方法。它是文献计量学方法在科学史研究中的应用。譬如，科尔（F. J. Cole）和埃姆斯（N. B. Eames）通过对 1543~1860 年欧洲各国动物解剖学论文的统计分析，说明了欧洲各国在此期间对解剖学的贡献，以及不同时期的各种研究论文和研究者对解剖学的影响。蕾伊诺夫（T. J. Rainoff）对 18~19 世纪的物理学研究成果进行了统计分析，发现了科学发现与社会经济涨落之间的关系。萨顿通过对科学家集体传记的统计分析，发现了科学在世界范围整体发展的情况。

---

① J. Ravets, R. S. Westfall. Marxism and the history of science. ISIS. 1981, (72): 393~405.

3. 历史主义方法

库恩1962年出版的《科学革命的结构》为科学史的外史研究注入了活力。库恩主张从科学史研究中自然而然地引出符合历史实际的科学观和科学史观，反对逻辑经验主义和约定主义对科学史的"合理重建"。他的历史主义方法分为内部历史分析和外部历史分析，前者对科学知识进行动态历史分析，后者对科学的社会环境进行动态历史分析。拉卡托斯把历史方法分为内因历史分析和外因历史分析，认为内因历史分析是主要的，而外因历史分析是次要的，因为外史由内史规定，但二者是互补的。历史主义是语境化方法的肇始。

三、语境分析方法

内史与外史、"辉格"与"反辉格"之间的长期争论，以及系统方法和多元主义方法的影响，科学史研究走向了语境化综合。

1. 内外史统一方法

内史论与外史论的争论是贯穿于西方科学史研究的一条主线。内史论与外史论的争论史，其实就代表了科学史的研究史。我们认为内史是科学史的内在根据，是科学史的起点，这与人们对科学的理解密切相关，在萨顿和柯瓦雷时代，科学普遍被认为是"系统化的实证知识体系"，有自己的发展规律，科学史自然就是对这种知识发展史或智力发展史的描述，即所谓的内史。这就决定了在科学史早期的研究中以内史为主就是必然的了，形成了科学史的内史传统。20世纪60年代前的科学史著作，基本都是内史传统下的产物，萨顿和柯瓦雷是这一传统的代表。在西方科学史研究中，二人的影响至今仍很强烈，就美国科学史学会的各种奖获得者的论著来看，内史风格仍占多数。

随着科学对社会和社会对科学影响的日益增强，人们开始从社会角度反思科学，科学史的外史研究和科学社会史研究逐渐兴起。苏联的黑森从历史唯物主义观点出发，解释牛顿力学产生的社会根源，对内史传统只关注科学本身的发展而忽视社会对科学的影响的观点提出了挑战，在西方科学史界引起不小的震动。美国的默顿从社会学角度研究科学史，他的《17世纪英国的科学、技术与社会》是这方面的代表，后来美国的普赖斯在《巴比伦以来的科学》《小科学和大科学》中也运用社会学方法研究了科学史，外史研究在美国蓬勃开展。英国的贝尔纳的《科学的社会功能》和《历史上的科学》，运用辩证唯物主义的观点和方法研究科学史，成为外史研究的经典之作。外史研究的兴起和外史风格的形成，与内史传统形成了鲜明的对照，两种研究风格分庭抗礼、相互对立，争论自然就是不可避免的了。

内史论与外史论的争论以库恩《科学革命结构》的出版达到高潮。内史论者和外史论者从各自的立场出发对库恩的"范式"（paradigm）概念进行了批评，内史论者认为范式的非理性成分太浓，外史论者则批评说范式转换狭隘地囿于科学思想的内在动力，割裂了科学与社会的联系。双方的争论导致了后库恩主义科学史研究的兴起，后库恩主义注重科学的智力内容（即科学思想）而排斥科学的社会史、机构史及政治史；追求科学史研究的内在完整性而排斥社会因素。显然后库恩主义是内史论的新形式，是更强的内史论。它是针对外史研究的日益强盛而出现的。

内史论和外史论的分歧和对立典型地表现在对"科学革命"的理解上。科学革命是科学史中频繁出现的一个概念，是西方科学史研究的一个热点，柯恩、霍尔、库恩等科学史学家都对此做过专门研究。内史论立足于世界观的转变，认为科学革命是一种智力革命，是由新的看待世界和进行思考的方式所产生的。外史论则立足于科学的外部因素，强调社会对科学革命的重要作用。这两种观点都是对科学革命不同侧面的描述。语境论认为，应将科学革命放到当时的社会历史大环境中去考察，既考察其内部动力，也考察其外部动力。这其实就是一种内外史综合论。

内史论和外史论的长期争论，使不少科学史家认识到极端的内史和极端的外史都是不足取的。极端的内史论会使科学失去其赖以生存的社会动力和基础，无法解释科学的发生和发展；极端的外史论会使科学失去科学味，而显得空洞。20世纪80年代以来，许多科学史家，如撒克利（A. Thachray）、吉利斯皮（C. C. Gillespie）、米库林斯基等都主张内外史的统一，即在研究科学内史的同时，也注重社会环境对它的影响，单纯的内史和单纯的外史都是片面的，都是只见树木不见森林，二者的统一才是科学史的未来。

2. "辉格"与"反辉格"统一方法

在史学中，对历史做"辉格"解释还是"反辉格"式解释是颇有争议的。科学史作为历史的一个分支也存在同样的问题，即是"将今论古"，还是"将古论古"。这的确是令历史学家们头痛的问题。历史（包括科学史）研究过去发生的事件，而发生的事件是不可还原的。这种"历史事件的不可还原性"是史学研究的一个最本质的特点，正是这一特点决定了史学研究的两难性，今日之史学家在研究已发生的事件时，特别是离现今较远的事件时，能否"身临其境"，完全摆脱当代各种观点的影响？我们认为，做到这一点不能说不可能，但也相当困难。对于历史研究，应尽量做到实事求是，尽量少受现时代的观点的左右，但完全不受现时代观点的影响是不可能的。科学哲学上有一种几乎公认的观点，"观察渗透理论"，在史学研究中，"历史研究渗透当今理论"，用拉卡托斯的话讲就是没有理论偏见的历史是不存在的。一方面要不受现有理论影响，另一方面又不能不受其影响。那怎么办呢？答案是在二者之间保持必要的张力。任何极端的观点或做法都是片面的。

不过，历史的批判还是必要的。在"辉格"与"反辉格"之间保持张力就意味着批判。相互批判的历史才是真正有意义的历史，如果历史少了反面的声音，那就成了专制的历史，那才是可悲的。我们认为历史的辉格式解释既有政治倾向，也有心理态度和价值取向，也就是巴特菲尔德所说的"心智习惯"。因为处于一定社会历史之中的史学家不可能不带有某种政治倾向性，也不可能没有其心理态度和价值取向。对于科学史，心理态度和价值取向是主要的，即这取决于科学史家对科学所持的心理态度和价值取向，如果他是一个科学主义者，他写的历史必然是"辉格"式的，即以今日之观点来编织科学史；如果他是一个反科学主义者，他写的历史肯定是"反辉格"式的，即以某种批判的眼光看待科学。事实上，"反辉格"式的科学史也是某种意义上的"辉格"式的科学史，也是参照今日对科学的看法写科学史的。巴特菲尔德就是一个典型的例子，他一方面强烈地抨击"辉格"式的历史，另一方面却不知不觉地写出了像《近代科学的起源》这本著名的"辉格"式的科学史。可见，完全避免"辉格"式的历史是不可能的。

"辉格"式的历史的确有不足之处，正像巴特菲尔德所批评的那样，它参照今日来研究过去，很容易把历史人物分成推进进步的人和试图阻碍进行的人，这是十分粗糙的方法，这对于历史的理解是一种障碍[①]。刘兵认为"这里的错误在于，如果研究过去的历史学家在心中念念不忘当代，那么，这种直接对今日的参照就会使他越过一切中间环节。而且这种把过去与今日直接并列的做法尽管能使所有问题都变得容易，并使某些推论显而易见（且带有风险），但它必定会导致过分简单地看待历史事件之间的联系，必定会导致对过去与今日之关系的彻底误解"[②]。在科学史研究中，"辉格"式的倾向更明显和普遍，原因是科学的进步带来的社会进步是无法否认的事实，因而写出的科学史多是"辉格"式的也无可厚非，萨顿风格即是典型的"辉格"式的，"反辉格"式的也是有的，柯瓦雷是这方面的代表，他根据过去时代所具有的术语去解释过去的事件和人物，在西方科学史界有很大影响。20世纪60年代以来，科学史研究中围绕"辉格"式与"反辉格"式的争论一直持续不衰。看来，二者的综合是不可避免的了。

"反辉格"式的历史同样不足。理由有三：一是过去的历史是极其丰富、复杂的，如何选择、如何节略倒成了令人头痛的问题；二是后人写前人的历史不可

---

① H. Butterfield. The Whig Interpretation of History. London: G·Bell and sons, 1931: 63.
② 刘兵：《触摸科学》，福州：福建教育出版社，2000年，第7页。

能不带有他那个时代的印记,历史学家不是生活在真空中,也更不能回到过去,他不可避免地,甚至是不自觉地会以今日之观点描写历史事件;三是史学家总有个人倾向性,即对历史事件与人物有自己的看法,没有任何个人倾向性的史学家是不存在的。基于这三点理由,我们认为,绝对的"反辉格"式的科学史是行不通的。美国生物史学家赫尔(D. L. Hull)认为,当代主义对科学史的研究不仅是必要的,而且是必不可少的,以当代的语言、逻辑和科学方法去研究历史事件和人物,这对于准确把握历史事件和人物是有益的,即史学家应当利用当代所能提供的一切手段包括物质的和精神的进行历史研究,这才是科学的史学态度。譬如,我国进行的"夏商周断代工程"即是以今日之手段对过去的史料进行科学的处理,得出了比较令人信服的结果。美国科学史家霍尔也指出,由于科学的进步性,"辉格"式的科学史很难受到怀疑,科学史家不可避免地会写出"辉格"式的科学史,但极端"辉格"式的科学史不应当大力提倡,否则科学史便成了对科学家的赞扬史,科学史家也便成了科学的卫道士[1]。

看来,在"辉格"式和"反辉格"式之间保持必要的张力是完全必要的。正如刘兵总结的那样,"在科学史中,既不能采取极端'辉格'式的研究方法,也不能因此而走向另一个极端,去采用极端'反辉格'式的研究方法,我们应在这两种倾向之间保持一种适度的平衡,或者说保持某种'必要的张力'。也许只有这样,才可能带来对科学史的真正理解与把握"[2]。

其实,没有极端就没有进步。对极端"辉格"历史和极端"反辉格"历史的反思,必然会使我们在二者之间保持一种适当的张力。西方科学史研究从"辉格"式转向"反辉格"式再走向二者的统一的历程充分证明了上述观点。

联系到中国的科学史研究,笔者赞成刘兵的看法,以今日之"爱国主义"倾向研究中国科学史,或参照西方科学来研究中国科学的做法均是一种"辉格"式的风格,"反辉格"式的科学史在国内少之又少,我们不仅应补上"反辉格"科学史研究方法这一课,而且更应辩证地看待二者,尽可能在二者之间保持应有的张力[3]。只有这样,中国的科学史研究才会有希望。

3. 亚文化分析方法

持语境论观点的科学史家主张用语境消解内史主义和外史主义的争论,他们认为科学是一种亚文化,是相对独立的,它既有自主发展的一面,也有受社会环境影响的一面。科学文化处于整个文化网络之中。亚文化分析方法其实就是语境

---

[1] A. R. Hall. On Whiggism. History of Science, 1983 (21): 45~59.
[2] 刘兵:《触摸科学》,福州:福建教育出版社,2000年,第23页。
[3] 刘兵:《触摸科学》,福州:福建教育出版社,2000年,第24页。

论方法，是系统方法的语境化，目前在西方的科学编史学中很有市场。

4. 历时共时分析方法

比较科学史把科学看作是历史中演化的东西，是当时社会文化共同作用形成的。历时的分析着重"语境"的变迁对科学的影响，即科学随时间的发展；共时的分析着重科学文本与同时代的其他社会文化语境间的关联及相互作用，即在文本的语境中研究文本。历时的分析可以比较的方式跨越时间，分析不同时代的同一社会中出现的社会文化语境、精神意识和文化的变化产生的不同的文本；共时的分析可以比较的方式跨越空间，分析同一时代存在的不同社会文化语境、精神意识和文化的差异，解释为什么不同的社会产生了不同的文本。

5. 科学思想史与科学社会史统一方法

科学思想史是科学概念、观念、理论的演变、发展史；科学社会史是科学的社会化发展史和科学本身的建制化史。凯德洛夫的《元素概念的演变》、洛夫佐伊的《巨大的存在链条》、科恩的《科学中的革命》与《牛顿革命》、柯瓦雷的《伽利略研究》等是科学思想史研究方面的杰作，其特点是以一个概念或观念为引线，运用概念分析的方法展开思想发展的脉络，这种撰写科学史的方式与编年史式的方式很不相同，为科学史研究注入了新的活力。科学思想史肯定是纯粹的内史，它不考虑社会环境对其产生的影响，这是由其本身的特点决定的，因为思想就是内在的东西。

20世纪60年代以来，随着外史研究的兴起，科学思想史研究也注入了社会的因素，不少科学史家的著述中将科学思想史与科学社会史很好地结合起来，如霍尔顿所著的《科学思想的基本起源：从开普勒到爱因斯坦》是将科学思想史与科学社会史结合起来的典范。纯科学社会史的研究自20世纪60年代以来主要表现为科学社会学、科学学、知识社会学和STS的研究，这种研究缺乏思想的深度，偏重了科学外部的社会性分析，如能注入科学思想的成分和哲理性的分析会更好一些。从近些年来的美国科学史学会的各种奖项的获奖论著以及《爱西斯》(*ISIS*)、《科学史》(*History of Science*)等杂志来看，科学思想史与科学社会史的结合越来越明显，互相渗透的趋势越来越强烈。因此，在二者之间保持张力是必然的。

6. 科学史与科学哲学的统一方法

在看待科学史和科学哲学的关系上，具有科学哲学家和科学史家双重身份的拉卡托斯道出了实质"没有科学史的科学哲学是空洞的；没有科学哲学的科学史是盲目的"。这一名言只是某些科学哲学家的"一种理想"，而科学史家则对此表现出冷漠,将二者的关系比喻为"权宜的婚姻",科学哲学家试图为科学史提供原则和模式,但科学史家并不买账,认为这些原则和模式只是哲学家们空想出来的,根本不符合科学史的实际。显然,在科学哲学家和科学史学家之间存在着严重分歧,这必然会导致在科学哲学和科学史之间人为地设置一道鸿沟①。偏见是人的偏见,不同学科之间不会有偏见,有的只是交叉、渗透和融合。

其实科学哲学和科学史的研究对象都是科学,不同之处在于研究的立足点不同,科学哲学立足于哲学反思科学,科学史立足于历史学反思科学,既然是同一个研究对象,就有可沟通之处,求同存异即可保持学科的独立性,又使不同学科交叉融合。科学哲学家和科学史学家应消除偏见,携手共建科学哲学和科学史之间的桥梁。20世纪90年代以来,在西方科学哲学界和科学史界具有史学头脑的科学哲学家和具有哲学头脑的科学史学家越来越多,他们的研究往往跨越多个领域,这是十分可喜的。

一般来说,科学史为科学哲学提供丰富的史料,科学哲学为科学史提供"理论建构",仅将科学史作为科学哲学的"例库"证明其理论的合理性是不适当的,这是科学史家反感科学哲学家,蔑视其理论的原因之一。而仅认为科学哲学是科学哲学家们缺乏历史事实的空想和臆造也是不足取的。科学哲学立足于科学史,对其进行哲学的分析和概括,建构出科学发展的原则和模式,再用科学史的案例来证明是正确的,然后用于解释科学的历史。应该说这是无可指责的。

我们认为,正确的途径应该是从对科学历史的广泛而深入的研究中自然而然地引出科学发展的规律和模式,而不是就史论史,也不是对历史进行缺乏根据的"合理重建"。这样写的科学史当然是具有哲理性的科学史。因此,在科学史和科学哲学的结合中,将逻辑与历史相统一、哲学建构与历史叙述相统一、历时与共时相统一是今后发展的趋向。正像萨顿在创办 ISIS 时所讲的那样,科学史应集哲学、历史、社会学、自然科学的观点和方法于一身,融自然科学、社会科学和人文科学于一炉,使科学史成为科学哲学家的科学史,科学史家的哲学史,只有聚集了所有学科的观点和方法,科学的历史研究才能获得其全部意义,科学哲学才能获得历史的意义,科学史才能充满哲学的洞见②。

科学哲学和科学史表现出的对立和差异在于:科学哲学追求的是一种理想的、普遍的、规范的、抽象的概括,科学史则强调历史丰富的复杂性和特殊性,强调要深入到具体的历史细节中去做出一贯的、可信的叙述,但这种在追求目的和工作方式上所表现出的差异和对立并不能成为二者结合的障碍。当然,科学哲

---

① 刘兵:《触摸科学》,福州:福建教育出版社,2000年,第50页。
② 魏屹东:《爱西斯与科学史》,北京:中国科学技术出版社,1997年,第1页。

学不是科学史，科学史也不必成为科学哲学，二者的独立性是显然的，但结合也是必然的。在我们看来，科学思想史是这两门学科的最佳切入点，历史的叙述没必要是哲学式的，但思想的分析却带有哲学的理性。因此，科学思想史既为科学哲学所包容，也为科学史所囊括，它是这两个学科的一个重要交汇点。在这个意义上，科学思想就是具有哲学蕴含的科学史。

第二篇 科学思想史通论

这一部分梳理和探讨古代、近代和现代科学中的主要思想。与通常的科学思想史不同之处在于，我们不是着重于情节的描述和背景的故事叙述，而是挖掘其中的核心概念、假设、原理和理论，如世界本原、物质结构、宇宙结构和中心、血液循环、光和热的本质、电磁转化和能量守恒、量子假设、宇宙大爆炸、大陆漂移、地层构造、基因、相对论和系统科学思想等，试图将科学中最核心的东西展现给读者。

第六章 古代科学思想

古代科学思想是现代科学思想的宝库,从语境论视角看,那些背景思想是现代科学的历史思想,它们延伸并影响到现在,成为现代科学思想不可分割的一部分。本章主要探讨和论述文艺复兴以前的科学思想。这些思想大多包含于自然哲学之中,而自然哲学在"自然科学"产生之前,本质上就相当于现代意义上的科学。在这个意义上,与其说是古代的"科学思想"不如说是"哲学思想"。因此,对古代科学思想的挖掘必然要回到自然哲学中去。

一、世界本原思想

好奇心和追问是人类的本性。人类仰望天空,俯视大地,自然会发问:世界是怎样来的?它由什么构成?如何运行?大地是什么形状?外事外物如何产生?古代无论是西方还是东方,自然哲学家不断提出这些问题,并给出自己的思考和解答。那时的思想与其说是科学的、理性的,不如说是哲学的和经验的。那时的科学还处于萌芽状态,孕育于自然哲学之中。因为"古代人没有我们的历史遗产,他们并不是通过理性的滤色镜观看世界的;相反,他们把每一个事件都看作一种既能引起情感反应,也能引起理智反应的独特经验。由于每一种现象都被看作具有一种它独有的特征,因而对于生活经验,古代人是按照别人告诉他们的对它们的反应来理解它们的。现代科学是非个人的和抽象的,而古代科学则是个人性的,是一种个体对自然的反应"[①]。

1. 世界本原的一元说

世界的本原是什么?古希腊的自然哲学家有不同的回答。约公元前 7 世纪,古希腊的泰勒斯提出关于世界生成的"水原说",认为大地和万物是经过一个自然过程从水这种不断变化(固态、液体和气态)的物质中衍生出来的,即"水是万物的起源"。这种观点用纯自然术语解释世界的变化,是一种朴素的唯物主义,也许就是理性科学的开端,因为它蕴含了这样的问题:宇宙或者自然的基本元素是什么?引起变化的原因是什么?为什么有的变化看起来有秩序而有的则杂乱无章?概括起来就是变化与永恒的问题。

公元前 6 世纪,古希腊的阿那克西曼德对这个问题作了深入思考,提出宇宙

---

① 安东尼·M. 阿里奥托:《西方科学史》(第 2 版),鲁旭东等译,北京:商务印书馆,2011 年,第 13~14 页。

的本原是无定形或者无限，即万物本原的"阿培隆"（apeiron），从这种本原中产生了最重要的"生长和消亡"。由这种观念出发他对水源说作了进一步引申，认为阿培隆是一种无限的混沌物，宇宙中所有的天体和所有的元素通过永恒的运动与无限相分离，而且将被重新吸收，于是整个过程重新开始。虽然万物都源于阿培隆，但是它们自身则包含着冷和湿等对立物，因而形态和性质各不相同。这是首次把"对立观念"或者"矛盾观念"引入对自然的解释中，对后世有深远影响。

同时代的阿那克西曼德的弟子阿拉克西米尼提出"气原说"，认为万物的本原是无形的气，气受到凝聚和稀散两个过程的制约；气稀释形成火，凝聚形成水，进而变成土和石头。空气对于生命是必不可少的，它塑造了生命世界，并使之结合为一体。在他看来，空气就是宇宙的灵魂，空气使之结合为一体并控制着它。天体是从大地上蒸发、升空最终燃烧的物质中产生的，它们是被浓缩的空气，世界就被囊括在一个水晶球中，而星辰被镶嵌在这个水晶球里。也就是说，行星自由地飘浮在空气中，而恒星则固定在天球上。因此，阿拉克西米尼可能是第一个将行星与恒星区分开来的人。他的观点也是一种朴素的唯物主义，是根据气的形态对自然现象作解释的，没有使用元素的观念。

几乎同一时期的毕达哥拉斯从事物之间的数量关系出发，提出世界本原的"数原说"。在他看来，世界是由数和数的关系构成的一个和谐系统，每一事物都是一种数的和谐，数才是万物的基始，所谓"万物皆数"。那么数又是如何构成万物的呢？他认为万物的基始是"一元"，"一元"产生"二元"，"二元"是从属于"一元"的不确定质料，"一元"是原因；初始的"一元"与不确定的"二元"产生各种数目，从数目产生点，从点产生线，从线产生面，从面产生体，再从体产生我们感觉到的一切物体，并产生四种元素——水、火、土、气；这四种元素以不同方式相互结合与转化，最终产生了有生命的、有精神的球形的世界，这个世界就是我们的宇宙。可以看出，"数原说"与中国古代的"道家"的"道生一，一生二，二生三，三生万物"的思想很是相似。

约公元前5世纪，古希腊的赫拉克利特反对神创说而提出"火原说"。他认为世界是一团永恒的活火，火才是原始物质。火既会合乎理性地燃烧，也会合乎理性地熄灭。一切由火产生，又最终回归于火。在他那里火其实代表的是一种永恒的流变，没有什么是一成不变的，不存在所谓数的和谐，有的只是斗争。我们不能同时踏入同一条河流，实在就是流变与运动，"万物皆流，无物常驻"。这是一种永恒的变化观，突出了斗争性，削弱了同一性，也道出了"世界统一于物质"这个深刻的哲学道理。

同一时期古希腊的阿拉克萨哥拉提出世界本原的"种子说"，向"原子论"迈出了实质性的一步。他认为万物可以分割为无限小的"种子"，每一事物都包含了每一事物中的一部分，不同的物质实际上是无数个种子的混合体。种子是无限的和无法察觉的。也就是说，宇宙是无限的，种子的数量也是无限的，而且种类繁多，有的事物由单一种子构成，更多的是由许多种子结合而成。这是原子论的雏形。按照阿拉克萨哥拉的看法，世界最初是一个由万物共同构成的漩涡，漩涡运动的力使其各组成部分分离，这就有了离心力的观念。那么是什么引起了运动呢？他认为是心灵，而心灵就是运动。看来，阿拉克萨哥拉的"种子说"既有唯物主义的成分也有唯心主义的成分。从此，他把心灵与物质分离，"原子论的问题就成了用纯物质的世界说明心灵问题了"[①]。

公元前5世纪，古希腊的留基伯和德谟克利特提出了"朴素原子论"，认为万物都由不可再分的原子构成，物质的变化是原子间分离或者重新组合的过程；原子和空虚是宇宙的真实存在；原子是永恒的，既不能创造也不能毁灭；无限多的原子在无限空虚中运动，由此构成万物。那么原子运动的原因是什么，原子论认为是没有原因的。运动对于物质而言是很自然的事情，或者说世界本来就是运动的，而且是永恒存在的，这是一种必然性，无需再寻求原因。原子论被看成现代科学的重要基石之一。稍晚的中国墨子也提出近于原子论的"端"说，他认为物质分割到不能再分为两半时，就不能再分了，此时的物质就是端。可见，中西方学者均有原始物质最小单位的观念。

古代中国的"元气说"也是一种关于宇宙起源的一元说。它最早见于春秋时代的医学论著《黄帝内经》，主张世界中的物体，大到日月星辰，小到灰尘、微生物，它们都是由元气组成。从战国时代到明朝末年，"元气说"一直是中国古代最重要的物质结构思想。公元前4世纪战国中期的宋钘、尹文则提出"精气"概念，认为"精气"是万物的本原，不同精气的结合生成万物，而它本身"化不易气"，即是不变的。东汉的王充把"元气说"发展为"元气自然论"，他认为天地间万物都是由元气自然而然地构成的，动物的繁殖就是由元气的运行而生出子孙后代。唐代的柳宗元、刘禹锡接受了王充的思想，主张元气的运动、静止、稳定、变化、涨落、衰落与神、鬼、人的意向没有任何关系，这是一种唯物主义的观点。11世纪宋朝的张载和17世纪的清朝王夫之对元气做出了发展，认为阴阳两种气充满了宇宙空间，除元气外，宇宙中再没有其他东西，元气间也没有间隙。那么元气是如何运行的呢？张载和王夫之都主张元气因有阴阳二性的推动而浮沉与升降，这是自身的矛盾运动，没有鬼神、上帝起作用；同时还认为元气是不生不灭的，如木柴烧完后并没有消失，只是变成了火焰、烟雾、灰烬；树木燃烧、水分挥发、尘土弥散，变成不可见的微小物质了。

[①] 安东尼·M.阿里奥托：《西方科学史》（第2版），鲁旭东等译，北京：商务印书馆，2011年，第60页。

老子所说的"道生一，一生二，二生三，三生万物"的思想在我看来就是一种一元论的"道元说"。"道"作为世界的本原，转化为一，一转化为二，二转化为三，三转化为万物。"道"在这一过程循环往复，"周行而不殆"，其运动周期是"大曰逝，逝曰远，远曰反"，它逐渐离开，离得越来越远，远到一定程度又返回来，直至万物又复归于"道"。在老子那里，"道"既是本原，也在终点；既是阴阳之气，也是一种生成过程；既是自然规律，也是道德法则。由于"道"的存在，才能"人法地，地法天，天法道，道法自然"。因此，"道"是中国古人对自然的一种客观认识方式和解释方式。"道"在后来的发展中延伸出新的含义，在老子那里，"道"是指宇宙的本原和规律，在孔子那里"道"是作为一方法的"中庸之道"，佛家那里"道"是"中道"，即最高真理。不论是哪种"道"，都将整个宇宙看作是一个生生不息的系统，认为宇宙是由"道"产生的，并处于永恒的"变化"中。如果进一步将"道"看成是阴阳二气，那么"道"自然就蕴含了二元论的"阴阳说"。

2. 世界本原的二元说——阴阳说

约公元前 11 世纪，中国从商代开始就逐步形成了阴阳学说，阳是指日、昼、火、男性等的共性，阴是指月、夜、水、女性等的共性，这两种属性形成两种力量，它们相互对立、相互制约、相互依存、相互作用，通过此消彼长、相互交替变化和交配，形成万事万物的繁衍与发展。这是一种中国人早期的朴素唯物主义和辩证法思想。

阴阳概念的最初意义是指日光的向背。《诗经·公刘》中指出"相其阴阳"，即是指向日光的地方为阳，背日光的地方为阴。随着人类对千变万化宇宙万物的观察，人们发现宇宙天地，星辰有日月，人类有男女，动物有雌雄，一天有昼夜，气候有寒热，等等。古代哲人根据日光特点的引申，进一步将天、日、男、雄、昼、热等象征光明、温暖、刚强、向上、活动的现象都归属于阳，而把地、月、女、雌、夜、寒等象征黑暗、寒冷、阴柔、向下、静止的现象都归属于阴。因此，阴与阳应是古人表征事物相互对立、相互联系的功能性范畴，它反映了事物生存变化的一般属性。

古代中国大多数哲学家都坚持运用阴阳阐释宇宙的起源、生存和演化。老子在《道德经》中说："道生一，一生二，二生三，三生万物。万物负阴而抱阳，冲气以为和。"在他看来，作为宇宙本原的"道"，因为其内部蕴含着阴阳两种不同的自然力及其相互激荡、涨落作用，才具有化育万物的功能。又如，《系辞》说，"刚柔相推而生变化"，"刚柔相推，变在其中矣"。阳的性质为刚，阴的性质为柔；刚柔相互作用而推动事物的变化，也就是阴阳推动事物的变化。故《系辞》进一步说："一阴一阳之谓道。"这便使阴阳学说具有了宇宙观和方法论的意义。

归纳起来，阴阳说的主要观点有三点。

首先，它强调阴阳是事物发生变异的内在动力。按照阴阳思维结构，宇宙万物作为一个整体，其生成运动变化既不是神的意志，也不是来自外力的推动，而是由阴阳两种力量相互作用产生的"自发性"的自我运动过程。这正如后来朱熹在《朱子语类》中所说："阴阳虽是两个字，然却是一字之消息，一进一退，一消一长，进处便是阳，退处便是阴，长处便是阳，消处便是阴；只是这一气之消长，做出古今天地间无限事来。"

其次，它注重对立面的平衡和谐。它虽不否认对立，但更强调"阴阳一体""阴阳平衡"。《乾·彖传》中指出："乾道变化，各正性命，保合太和，乃'利贞'。"所谓"乾道变化"，就是天道的变化，也就是阴阳对立统一规律的变化。由于这种变化，乃使万物各得其属性和生命。换言之，万物各得其所的生命和属性是阴阳对立面正而不偏之"太和"的结果，唯有保持住阴阳的正而不偏的这种合和，才会使这种生命和属性存在而不致夭折。后来，朱熹在《周易本义》中对此解释说："'务正'者，得于有生之初。'保合'者，全于已生之后。"由此看来，"阴阳一体""阴阳平衡"应是天地大化流行的根本，是矛盾运动的最佳状态和事物稳定发展的基本保证。

最后，它始终把阴阳作为一种系统结构来看待。在宇宙系统方面，正如《荀子·礼论》中所谓"天地合而万物生，阴阳接而变化起"，就是把整个世界视作内含阴阳矛盾的大系统。在社会系统方面，像董仲舒在《春秋繁露·天地阴阳》中所说的"是故明阴阳入出、实虚之处，所以观天之志"，"列官置吏，必以能行，若五行。好仁恶戾，任德远刑，若阴阳"等，这就是以阴阳为骨架把天人看作相对应的大系统。如果把这些内容同上面的两点联系起来看，阴阳思想无论把阴阳矛盾视作事物发展变化的动因，抑或注重阴阳对立面的平衡和谐，都始终将阴与阳放到两者互相联系、互相制约的关系中来加以把握。这样，阴阳系统不仅具有自组织的功能属性，同时也使阴阳和谐成了这个自组织功能系统的最优表现状态，而这种最优状态正是这个自组织功能系统得以维持自身生存的必要机制与其所求的最终目标。

概言之，阴阳观念是古代中国人通过对各种事物和现象的观察，把宇宙中的万物万象，分成阴阳两大类而建立起来的一种朴素哲学思想。阴阳说所主张的自然界一切事物的形成、变化和发展，全在于阴阳二气的运动，反映了阴阳变化的规律，不仅是一种既对立又统一的朴素哲学观，也是一种包含变化的朴素科学观。

3. 世界本原的多元说

在公元前 8 世纪的中国西周前期就开始萌生了"五行"概念，即金、木、水、火、土，较阴阳说晚些。西周后期把"五行"概念推演成宇宙构成的五种基本元素，这些元素相互结合生成万物。约 500 年后的秦汉时期，由"五行学说"发展出"五行相生"说。该观点认为五行相生，次序井然，终而复始，循环相依，相生的次序是：木生火、火生土、土生金、金生水、水生木。这种观念形成了中国朴素的哲学观，在中医和炼丹术中反应最为强烈。

到春秋战国时期，中国古代科学技术得到一定发展，也使得阴阳学说与五行说结合而得到进一步发展，形成"阴阳五行学说"。科学技术与这两种学说相互影响、相互促进，不但使阴阳五行说本身有了新的发展，如《孙子兵法》《墨经》中关于"五行无常时"的思想，进一步阐明了五行在一定条件下相互转化的关系，而且阴阳五行说被广泛应用到当时的自然科学中去，与自然科学紧密结合起来，发展成为中国古代科技哲学的基本原理或本体范畴，对中国古代科学技术的诞生和发展产生了巨大的影响。

阴阳五行学说对科学技术的影响突出表现在以下几个方面。

第一，阴阳五行说被直接当作一种自然规律应用于中医学中。中国古代医学家将阴阳五行说应用于医学领域，使之成为中医理论体系的一个重要组成部分"中医阴阳五行说"。最早把阴阳五行说与医学结合起来的当属春秋时期的秦医医和。他在为晋平公诊病时对病理的议论中，把阴阳二气扩大为六气——阴、阳、风、雨、晦、明；又提出"五味"——辛、酸、咸、苦、甘；"五色"——白、青、黑、赤、黄；"五声"——宫、商、角、徵、羽；"六疾"——寒、热、末、腹、惑、心。他还把这几个不同范畴组成一个错综复杂的结构，用以说明疾病发生的病理。战国晚期问世的《黄帝内经》更是一个时代的医学进展的总结性巨著，标志着中国传统医学（中医）的正式诞生。这部巨著应用阴阳五行学说，从理论上阐述了中医对生理、病理、疾病的发展，临床诊断和治疗等基本问题的看法，形成了自成体系的中医学说。它运用阴阳两个方面的对立统一及消长变化的相互的矛盾发展观，指出人体必须保持阴阳的相对平衡，即必须"和于阴阳，调于四时"才不至于生病；主张要积极地"提挈天地，把握阴阳"，以此作为处理医学中各种问题的总纲。

《黄帝内经》应用五行的生、克、乘、侮等思想，在一定程度上说明了肌体各脏腑之间的内在联系和相生相克的关系，把人体组织结构按五行予以归属；五脏——肝属木、心属火、脾属土、肺属金、肾水；五官——目属木、舌属火、口属土、鼻属金、耳属水；情志——怒属木、喜属火、思属土、悲属金、恐属水。他还指出五脏之间的生理关系，如肝木生心火、心火生脾土、脾土生肺金、肺金生肾水、肾水生肝木，并提出五脏病变的相互影响，如相生关系的传变——"母病及子"和"子病反母"；相克关系的传变——相乘（肝病导致脾病，为肝乘脾）和反侮（肝病导致肺病，为肝侮肺）。由此提出了一些治疗准则，如"虚则补其母，实则泻其子"等。这就形成了中医五行学说的完整而独特的理论。阴阳五行说在中医中的直接引用，使中医初具朴素唯物主义和辩证法特征，成为中国古代医学的思想基础。

第二，把阴阳五行说当作原始的哲学原理加以引用和运用。《墨经》是战国墨家的代表作，集中了墨家尤其是后期墨家对自然科学和认识理论的研究成果，在许多方面表现出突出的唯物主义和辩证法思想，这与墨家善于批判地吸取前人思想特别是阴阳五行说是分不开的。例如，《墨经》对事物变化的多样性、复杂性不仅有一定认识，而且批评当时"五行相胜"（水胜火、火胜金、金胜木、木胜水）的机械论，《经下》中提出"五行毋常胜"的见解。《经说下》诠释道，"五：金、水、土、火、木。然火烁金，火多也；金靡炭，金多也……"，即五行是相互依存的，五行相胜不是绝对固定的，正如火多可以融金，金多可以灭火一样，两物之间可以互胜，互胜的条件在于数量的对比与减增。这不仅发展了阴阳五行说，而且被墨家当作隐性原理运用到科学论证中去，如对杠杆平衡、浮力原理、空间时间及时空关系的论述，以及对"矩不方""火不热"等名家持论的反驳。

又如，《考工记》是对春秋末年齐国人手工技术总汇性巨著，其中的许多手工技术都充分反映出《考工记》对阴阳五行说基本原理的理解和运用，体现了辩证对立统一的思想。《吕氏春秋》以五行为基准，把自然变化（气候、天象、物候）和社会活动（政令、农事、祭礼等）统统容纳在一起，构成一个整体系统。《吕氏春秋》中的《上农》《任地》《辩土》《审时》四篇有关古代农学的文献，不论是讲农业理论和政策、农业行政管理和生产管理、土壤结构和墒情掌握、土地利用和技术安排，还是论述动植物生长规律、季节变化、天象运行、环境保护等，这些均被纳入了"五行相克"的模式，并以其为理论基础。尽管这种以一种模式来建构的农学体系有不少局限性，但也不能忽视古人把五行说作为建构中国最早农学体系的确有其合理的部分。《管子》中的《幼官》《幼管图》及《五行》三篇中都提到五行思想，不仅在《管子·地员》中运用五行辩证统一的原理论述一些农业知识和动植物知识，而且在《管子·水地》中把《洪范》中的水为五行之首的观点发展为水为"万物之本原"论，把古代朴素唯物主义提到一个新的高度。

第三，与阴阳五行说相关的学科最早得以诞生和发展。中国古代文明是以农业为基本特征的，中国古代农业文明的兴起和繁荣是阴阳五行说产生和发展的重要文化背景。阴阳五行说作为中国最早的自然哲学，规定了中国古代自然科学的思维空间与发展特点，也就是说，与阴阳五行说正相关的那些自然科学学科，与中国古代农业紧密相连的那些自然学科，如农学、地学、历法、算学、天文学、医学得到优先发展和最早出现。当然，阴阳五行说也是导致中国古代科技发展不平衡的原因之一。以阴阳五行学说为重要骨架的中国古代自然哲学，不仅使那些与农业攸关的学科得以最早诞生，而且使这些学科得到长期而持久的优先发展，而使那些与农业关系甚远的自然科学一直得不到充分而自由的发展，即使有一定的发展，往往也被打上某些农业应用和社会生产管理的烙印。这样就造成中国古代科学技术发展的不平衡：一些学科发展异常迅速而丰富，另一些学科却发展缓慢而单一。

第四，中国古代科学技术受阴阳五行说的影响宽广而深远。在中国古代哲学思想体系中，对中国古代科学技术影响最深、最广、最长远的理论当属阴阳五行说，它已然成为古代中国人的一种固定思维模式。一方面它使中国古代科学技术在以阴阳五行说为骨架的哲学观点指导下取得许多巨大成就；另一方面却使中国古代科学家囿于固有的思维方式和哲学观，习惯于进行经验性的比附，把一切都类比于阴阳五行及其变化关系，跳不出既有的思维定势或框架，不能做出科学的推理和大胆假设，在一定程度上制约了中国古代科学技术的发展。之所以说阴阳五行学说是一种思维框架，是因为它决定了中国古代科学技术的思维模式。有学者指出，阴阳五行说，在思维指向上，注重万物的相互联系而不注重万物的构成元素，注重事物的运动演化而不注重事物的静态结构，注重事物功能而不注重事物实体。在思维方式上，侧重于经验直观而不侧重于理性抽象，侧重于模式推理（类比）而不注意命题推理（演绎）①。这些思维特征优劣长短在很大程度上就决定了中国古代科学技术的思维框架。

第五，阴阳五行说对于二分法产生的对立范畴有重要影响。由于阴阳本身是一对既对立又统一的范畴，它对于主观与客观、过去与未来、远与近、冷与暖、干与湿、上与下、左与右、是与非、正与负、爱与憎、动与静等的二元对立范畴有一定影响。比如，中国古代经典《易经》所蕴含的"阴"和"阳"已经暗示了色彩可以归纳为冷色和暖色两大系统。阴阳观念后来发展成为中国传统美学的阴柔之美和阳刚之美两大审美范畴。我们知道，五行说主张自然界和人皆由水、火、木、金、土五种物质元素构成，与阴阳说结合形成了阴阳五行说，并且推演到自然界与人类的一切现象中。依照五行与色彩、音乐、人体，以及人在环境中的感触、情绪、思维和性格特征等亲疏关系来排列，以现代色彩学的观点看，阴阳五行说表明：同一种色彩，既可以是冷色又可以是暖色。像其他各种现象一样，每一种色彩均可以带来二元性乃至多元性的意味，甚至产生对立的审美的情绪反应。

在西方约公元前5世纪，古希腊的恩培多克勒一反前人单一性的本原思维，

---

① 田辉玉：论阴阳五行学说对中国古代科技思维的影响，《湖北电大学刊》（武汉），1995年第9期，第5~8页。

从多元性出发提出物质构成的"四元素说"或者四根说。该学说认为万物是由火、水、土、气四种元素构成的，所有物体中均含有这四种元素，只是份额比例不同；他还假定万物的起因是爱和憎两种作用力，物质在爱的作用下结合，在憎的作用下分离。这是首次用一组客观力来解释物质相互作用的原因。同时期的中国春秋时代后期提出物质相互作用的"五行相克"说，相克即相胜、相灭的意思，如水能灭火，故而水能克火，火能融金，所以火能胜金。

公元前4世纪，古希腊的亚里士多德发展了恩培多克勒提出的"四元素说"，以此说明物质的构成。他区分了月亮以上的世界和月亮以下的世界，认为月亮以下的世界由水、火、土、气四种元素构成，这些元素只能通过我们的感觉加以区分和解释；人的基本感觉是热和冷、干和湿，这是两组相互对立的特性，它们的结合构成四种元素——热和湿结合成气，冷和湿结合成水，热和干结合成火，冷和干结合成土，而且元素的性质发生变化，元素也随之改变，如水中的冷为热所取代，水就转化为气。也就是说，月亮以下的世界就是这四种元素的混合。月亮以上的世界则完全由"以太"构成，而以太是一种神秘的东西，它不包括任何对立，也不会有任何变化。

亚里士多德的四元素说虽然承认世界的物质性，但是认为物质是第二性的，性质才是第一性的，这背离了唯物主义的初衷，误导人们认为只要变化物质中四种元素的比例，就能够使普遍金属变为金子，助长了炼金术的盛行。几乎是在同一时期，古印度孔雀王朝时代也提出类似的四元素说或原子论，当时流行的"顺世论"观点主张，世界上一切生物和非生物都是由地、水、风、火四种元素构成，这些元素的组成部分是"极微"即原子。极微是同质的，但有"粘的"和"干的"之分，两种极微的结合是复合物，复合物又可以结合成为更复杂的复合物，即极微可以形成元素，形成万物。

关于世界本原的一元和多元说对后世科学特别是化学的发展有很大影响。"四元素说"是实质是要说明火、气、水、土这四种元素或四根为万物之本原，它们的变化及其彼此结合构成世界的万事万物。恩培多克勒认为一切事物都有四根，它们的结合就生成万物，它们的分解就使个别事物消亡。世界上一切具体事物都处于不断生灭变动之中，四根本身是永恒不变的，只是处在彼此轮番的结合和分离之中。它体现着双重的过程，在某一时候从"多"生成为"一"，另一个时候从"一"分解为"多"。恩培多克勒还进一步认为，火、气、水、土本身是不能自动运动的，必须另有其他物使之运动。这些物质或者力他称为爱和憎，爱憎具有物质性。爱能够使四根结合，憎能够使四根分离，由此生成万物。而人的身体则由四根构成，人的心理特性依赖身体的构造，如演说家是舌头的四根配合最好的人，艺术家是手的四根配合最好的人。可以看出，恩培多克勒将世界变与不变的两种思想结合起来，多样变化的万物是由四种不变的物质土、水、火、气四根组成。万物之所以不同，是因为所含四根的相对数量和排列的不同。人体由四根构成，固体的部分是土，液体的部分是水，维持生命的呼吸是空气，血液主要是火。人的思维是血液的作用。人的心理特性依赖身体的构造，而每个人心理的不同是因为四根的配合比例的不同。

而恩培多克勒以前的哲学家或把本原归为一元的主要是物质性的水或气或火等，或归于精神性的数、存在等。恩培多克勒继承了前人注重感官的唯物主义倾向，改一元论为多元论，用火、气、水、土四根来表述本原。他还接受了巴门尼德关于存在不生不灭的观点，认为四根不生不灭，而其构成物却生灭不已。这种主张在哲学上确立了本体不变现象变的观念，在科学上为质量守恒定律奠定了最初的概念基础。在化学思想史上，四根说可以看成是元素概念的最初来源，因而也为亲合观奠定了本体论基础。

恩培多克勒为了解决不变的本体与变动的现象之间的关联问题，提出了爱憎说："爱"使四根相吸而结合，"憎"使四根相斥而分离。于是，通过爱和憎的力量，不变的四根的分合聚散构成了变动不居的万千世界。关于爱和憎，哲学界有两派对立的主张：一派认为爱和憎是物质实体；另一派则认为爱和憎是精神力量。无论是哪种主张，爱和憎都是作为一种原动力，通过这种原动力，不同的元素才有了结合力和分离力，或者吸引力和排斥力。这一观点的确给予后世思想家特别是化学家以极大启迪。

当然，现在看来，把爱和憎看成纯粹的物质或精神是不合理的，因为在恩培多克勒的时代，物质与精神的划分尚未明朗化，不可能有纯粹物质或精神性的概念。爱和憎既有物质性又有精神性，但爱和憎的物质性并不表现为它们是物质实体，而表现为它们是物质的固有属性。据此，恩培多克勒还提出了后来对化学亲合观产生了重大影响的观点：性质相似者相吸，性质相异者相斥。这异于"同性相互排斥，异性相互吸引"的观点。原子论创始人德谟克利特也持类似观点，认为原子因特定大小和形状而勾连起来。

恩培多克勒虽有四根由微粒构成的思想，但未将宇宙本原归结为微粒，而且否认虚空存在。原子论创始人留基伯和德谟克利特吸取了恩培多克勒关于四根由微粒（原子）构成的思想，而且认为原子和虚空同为宇宙的本原。他们分别把微小性和坚固性看作原子本性（不可分）的根据。现在，生灭不已的原子构成物（包括火、气、水、土）被归结为在虚空中运动着的不生不灭、不可分割的原子。这既否定了恩培多克勒四根不生不灭的思想，又继承了他的本体不变和物质不灭的思想。原子有大小、形状、重量等特征。德谟克利特常用原子的形状来说明事物的性质及原子间的结合和分离，并用钩、环、尖等表示原子形状的多样性，将自然界的千变万化归因于原子在虚空中的排列组合、机械位移等纯粹机械运动。正如罗素所说，在原子论创始人看来，宇宙之中并没有目的，只有被机械的法则所统驭着的原子。

亚里士多德的四元素说是"一个以性质为本的宇宙",在他看来,"本体上不可毁灭的初始元素,并不是物体,而是性质"。因为在亚里士多德的学说中,火、气、水、土失去了它们在四根说中的本原地位,变成了冷、热、干、湿四种原始性质的复合物:热+干=火,热+湿=气,冷+湿=水,冷+干=土。这就形成了他的"四原性"学说。表面上他有时把四原性和四元素并列为本原,实际上却认为四原性才是真正的本原。他的"形式"范畴是对除质料因以外其余三因(形式因、动力因、目的因)的概括,其中,形式因含本性观念,动力因是对爱憎说的扬弃,目的因包含善的观念。他还把爱憎同善恶联系起来:爱是善的原因,憎是恶的原因。这就赋予爱憎以更明显性的伦理意义,制约着人们尊爱贬憎。在相当长时期,人们对亲合概念的理解基本上是重吸引而轻排斥,这与原性说的影响直接相关。

另外,四原性说还赋予四元素以强烈的伦理特性。亚里士多德认为宇宙中有两种截然不同的物体:由以太构成的高贵的天体和以四元素构成的地上物体。在四元素中,轻的火和气接近天体,比较重的水和土高贵。亚里士多德的整个哲学都具有这种机体论的特征。作为机体论的概念框架,他的原性说不仅为炼金术奠定了概念基础,而且构成了古代化学的主要思想背景。

二、物质结构思想

古代关于物质结构[①]思想的主要体现是"原子论"。自然哲学从其产生之日起,在本原问题上便出现了两种对立的倾向:一方面,在小亚细亚沿海的伊奥尼亚地区产生了具有唯物主义倾向的米利都学派和爱菲索学派;另一方面,在南意大利出现了具有唯心主义倾向的毕达哥拉斯学派和爱利亚学派[②]。德谟克里特在总结前人成果,特别是米利都学派和爱利亚学派的合理成分的基础上提出了关于物质组成结构的"原子论","建立了自身完整的、无所不包的、用以说明世界的科学体系"[③]。原子论综合了前人的成果,并成为后来哲学及现代科学发展的源泉和基础,代表了古希腊哲学的最高成就。

[①] 物质结构是指物理实在是有哪些基本实体构成的,如原子,以及比原子更小的电子、质子和中子等基本粒子。从现代科学来看,物质的形态有固态、液态、气态、非晶态(特殊的固态)、液晶态(结晶态和液态之间的一种形态)、超高温下的等离子态、超高压下的超固态、超高压下的中子态、超导态、超流态及玻色-爱因斯坦凝聚态等。
[②] 冒从虎:《欧洲哲学通史》,天津:南开大学出版社,1985年,第26页。
[③] 转引自叶秀山:《前苏格拉底哲学研究》,北京:人民出版社,1998年,第99~100页。

1. 原子论的思想渊源

原子论哲学是早期希腊哲学的一次综合。它继承了伊奥尼亚哲学的唯物主义传统，放弃了他们把世界的本原归结为某种感性物质形态的各种具体主张；吸取了南意大利哲学，特别是爱利亚学派力图通过思想的抽象概括来寻求非感性的、统一的、稳定的本原的思想，否定了他们把存在与非存在、一与多、静与动、本质与现象等绝对对立的倾向，是早期自然哲学发展的重要成果。

原子论的直接理论准备是恩培多克勒和阿那克萨哥拉的哲学和科学思想。恩培多克勒在哲学上的贡献主要是提出了"四根说"和"爱恨说"，同时在科学上也提出了一些有价值的思想。例如，他曾做过的一个滴漏实验来证明这样一个观点：空气并不像他的前人所认为的那样，与虚空没有区别，空气是一种物质，占有空间，虽不为视觉、触觉所感知，但实验证明它是一种看不见的物质存在，并且具有一定的力量。恩培多克勒的这个实验所表现出的思想，成为原子论哲学的一个基本思想。

在本原问题上，恩培多克勒认为，火、气、土、水四种基本元素或物质是万物的本原，即构成万物的四根。正是"从这些元素中生出过去、现在、未来的一切事情，生出树木和男人女人、飞禽走兽和水里的鱼，以至长生不死的尊神"[①]。四根是永恒的，既"不是产生出来的，也不消灭"。四根各自独立，既不相互产生，也不相互转化。但是四根可以结合，也可以分离，"这四种元素，它们互相穿插，变成了形形色色的事物"[②]。这些思想都可以在原子论中找到影子。

值得注意的是，恩培多克勒的这些思想同伊奥尼亚的哲学又有所不同。他开始对事物的变化进行量的考察。在他看来，具体事物之间的差别，是由构成事物的四种元素的不同比例造成的。同样，人们通常所说的事物的产生和消灭，并不是事物质上的变化，而仅仅是由于构成事物的元素按一定比例的结合和分离。他说："任何变灭的东西都没有真正的产生，在毁灭性的死亡中也并没有终止。有的只是混合和混合物的交换；产生只是人们给这些现象所起的一般名称。"[③] 恩培多克勒这种从量上来考察事物的物质结构和运动变化的观点，较之伊奥尼亚的哲学家们单纯从质上考察事物的观点是一个进步，这对原子论的形成产生了重大影响。

几乎同时代的阿那克萨哥拉在本原问题上提出了"种子说"，该学说认为种

---

① 北京大学哲学系外国哲学史教研室：《西方哲学原著选读》（上卷），北京：商务印书馆，1981年，第44页。
② 北京大学哲学系外国哲学史教研室：《西方哲学原著选读》（上卷），北京：商务印书馆，1981年，第44页。
③ 转引自罗素：《西方哲学史》，北京：商务印书馆，1981年，第81页。

子是万物的本原。他说:"结合物中包含着很多各式各样的东西,即万物的种子。"① 阿那克萨哥拉所说的种子,是指与它所组成事物性质相同的微小的物质颗粒。他指出:"首先,所有种子都是永恒存在的,没有产生,也不会消灭。各类种子各自独立,不能相互产生和转化。其次,种子不仅在数量上无限,而且在种类上也是无限的。世界上有多少种事物就有多少种种子。还有,种子是'微小而不被察觉到的'。"②

也就是说,"种子"有各种不同性质、数目无限多、体积无限小,是构成万物的最初元素;种子具有不同形式、颜色和气味,它们的结合构成了宇宙中千差万别的事物。比如,毛发是由毛发的种子、血液是由血的种子、金是由金的种子构成的。根据"种子"说,他提出一个宇宙漩涡模型,认为这个巨大的混沌物通过旋转产生离心力,将万物甩出,从此万物也就开始分化了,构成了今天看到的万事万物,这与现代星系诞生理论非常接近。

很显然,阿那克萨哥拉"种子说"的显著特点是把万物的本原归结为人们的感官所不能直接把握的无限多样的物质的种子。这表明阿那克萨哥拉在继承伊奥尼亚哲学所开创的唯物主义传统的同时,纠正了他们把万物的本原归结为某种感性事物的缺陷。这在克服南意大利哲学唯心主义倾向的同时,吸收了他们把本原理解为具有非感性的和稳定的性质的合理思想。阿那克萨哥拉的"种子说"是关于物质结构理论的萌芽,他的思想在原子论中得到进一步贯彻。

阿那克萨戈拉进一步认为种子本身是不动的,推动种子的结合和分离的力量在于种子之外的一种东西,他称之为"奴斯"(nous)(一种心灵或理性或精神)。奴斯不同于任何个别事物,有也不和别的事物相混,是独立存在的;奴斯是事物中最稀最纯的,它能认知一切事物;奴斯是运动的源泉,宇宙各种天体都是由奴斯推动的,过去、现在和将来的一切都是由奴斯安排的;宇宙是无数无穷小的种子的混合体,由于奴斯的作用,原始的混合体发生漩涡运动,该运动首先从一小点开始,然后逐步扩大,于是产生星辰、日月、大地、山脉、大气等。这种漩涡运动使稀与浓、热与冷、暗与明、干与湿分开,于是浓的、冷的、湿的和暗的结合为大地,而稀的、热的、干的和明的结合为高空,从而构成了有秩序的宇宙。

应当看到,阿那克萨戈拉的"种子说"虽然克服了恩培多克勒"四根说"的局限性,为原子唯物主义的产生作了准备,但"奴斯"说解释万物的动因时,也陷入了"外因论"。不过,"种子"说已经具备了德谟克利特的"原子"的一

---

① 北京大学哲学系外国哲学史教研室:《西方哲学原著选读》(上卷),北京:商务印书馆,1981年,第38页。

② 转引自黑格尔:《哲学史讲演录》(第一卷),北京:商务印书馆,1941年,第360页。

些基本特征，但它本质上仍是"多"而非"一"，并没有解决巴门尼德以来在物质本原问题上的"一"和"多"的尖锐对立。这一问题到德谟克利特才得到解决。

总之，阿那克萨戈拉是一个典型的理性主义者，主张地球是一个圆柱体，相信天体和地球的性质大体上是同样的，否认天体是神圣的和主张"奴斯"是生命世界的变化及动力来源。他把一切运动都归之于心灵或灵魂的作用。他认为太阳是一块烧得又红又热的石头，比希腊大不了多少。他很仔细地观测过天象，认为月亮和行星也和地球一样，月亮上面也有山和居民。他是第一个提出月光是日光的反射的人，也是第一个用月影盖着地球和地影盖着月亮的见解来说明日食和月食的人。

2. 原子论的创立

最初的原子论哲学首先是由德谟克利特的老师留基伯创立的。他提出了原子论思想的基本框架，但原子论的系统理论则是由德谟克里特完成的。然而，由于留基伯的著作没有流传下来，无法见出他与其弟子思想的不同，所以历史上很难将这两个人区别开来。因此，当人们以德谟克里特之名谈及原子论的时候，实际指的是两人的共同思想。这就好比一提及进化论，人们自然就会想到达尔文，其实还应该有其他人如华莱士的贡献。

亚里士多德在《形而上学》中记载了德谟克里特关于原子论的基本主张："留基伯和他的伙伴德谟克里特说，充满和空虚是根本元素。"这里所说的充满和空虚就是指的原子和虚空。德谟克里特认为，原子是构成万物的不可再分的物质实体。原子之间存在着虚空；原子在质上是同一的，在量上是无限的，在时间上是永恒的；原子间只有"形状、次序、位置"的区别。原子体积极小，因而是看不见的，不能为感官所直接把握。原子处于永恒的运动之中，静止对于原子来说是不存在的。

德谟克里特用原子论说明了许多现象。他坚持一切事物，无论是物质的还是精神的，都是由虚空中运动的原子构成的。在宇宙生成上，他认为，宇宙之初，无数的原子在无限的虚空中作无规则的运动。在运动中，一部分原子会发生相互碰撞，形成漩涡运动，有的则结合在一起，形成轻重不同的联合体。由于不断的冲撞和结合，原子会像滚雪球一样越滚越大，那个最先成为最大也最重的球形结合物就在漩涡运动中成了中心，成为后来人们生活其上的地球。而那些处在漩涡运动中心以外的小的、轻的结合物便成了日月星辰。

在人的生成上，他认为人和宇宙是由同样的物质生成的，遵循着同样的规律，生命是从湿润的泥土里产生的。而人与其他生命的不同在于人具有精神和灵魂。灵魂是由原子构成的集合体，感觉是原子碰撞身体而产生的，灵魂原子同其他原子有所区别,它是像火一样活跃、精致和能动的物质粒子。当人的躯体形成时,灵魂也就产生了,两者一结合就形成了生命,而死是灵魂原子的分离。人只不过是宇宙的一个缩影,即小宇宙。感觉和思想只是原子的物理属性,没有什么超物质的灵魂。在这里他把灵魂说成是一种特殊的原子,彻底坚持了唯物主义。

在认识论上,他提出了"影像论",认为感觉的本质是外物对身体作用后刺激了低等灵魂原子的结果。例如,人的眼睛和被眼睛注视的物体都会发出一种"流射",这两种流射相遇会形成一种影像。这种影像与事物是相似的,它进入了注视者眼内就产生了视觉。不过,不同感官的发生机制是不同的,但无论何种感官都能得到关于客观物体的印象。这种思想可以看作是唯物主义反映论的最初表达形式。

概言之,原子论第一次给作为一切现象的最基础的质料以相当清楚的概念;彻底坚持了用自然解释自然的精神,将神排除在自然界之外,是西方第一个比较系统的唯物主义派别,对后世哲学及科学的发展都产生了极其深远的影响,成为现代科学的基石之一。

3. 原子论的发展

德谟克利特以后的古希腊哲学减少了对自然界的关注而转为强调人的重要性。自泰勒斯而始的自然哲学被对伦理道德的研究所取代。他的原子论哲学也就后继无人了,直至古希腊晚期才在伊壁鸠鲁的继承下重获发展。

伊壁鸠鲁提出宇宙是由原子和真空①构成的,原子在真空中运动,原子中完全没有真空,并具有三种属性——大小、形状和重量。根据这种真空中运动的思想,他修正了德谟克利特关于原子体积和形状有无限多差别的观点,认为原子体积和形状的差别虽然很多,其数目也数不清,但不是无限的,他在体积和形状两个特性外,为原子增加了与原子运动有关的重量特性,并提出了原子运动的三种形式:因重量而垂直下落的运动,稍微偏离直线的偏斜运动,以及由此而产生的碰撞运动。在他看来,所有原子无论轻重,都会以同样的速度下降,因为真空对它们的速度没有任何阻力,这使得它们的重量差异与它们的速度没有什么关系了。这一思想比伽利略的真空思想早了1000多年。

原子自动偏斜运动的学说,包含着物质运动的内在源泉的思想,它打破了机

---

① 公元前286年,亚历山大时代或者希腊化时代的斯特拉托对亚里士多德的物理学产生怀疑,他通过做空气吹成球的实验和对空气的可压缩性观察,认为没有必要假设来证明在空气分子之间的确存在真空,但他没有阐明物体在真空中的运动的可能的;他还认为没有必要假设火与空气有向上运动的倾向,它们的向上运动可以解释为是向下运动的重物导致的位移,而且在此过程中当物体接近它们的自然位置时,它们的运动会越来越快,认为可能有加速度存在。如果确实如此,那么真空的概念就要比伽利略的早近1800多年,加速度的概念比牛顿的早近2000年。

械因果性的思想锁链，防止了德谟克利特主张的"必然性"可能导致的宿命论，反对了天命观，为人的自由意志和行为的自主性提供了原则说明。伊壁鸠鲁还进一步认为，物体的颜色等可以感觉到的性质是客观的，人的感觉是可靠的，概念来源于感觉，克服了德谟克利特及古代哲学家对感觉不信任的倾向，反对了怀疑论和柏拉图的先验论。

  进入罗马时代后，唯物主义哲学家卢克莱修继承和发展了古希腊的唯物主义传统，进一步丰富和系统化了原子论，为后人保留了一部《物性论》的哲学著作，阐述了伊壁鸠鲁的原子论思想，并涉及认识论和伦理学。在这部著作中，卢克莱修对原子的实在性作了朴素但有力的证明。罗马帝国时期，在意识形态领域发生了一件大事，那就是基督教的诞生。随后，西方社会就进入了神学一统天下的格局。原子论等各种唯物主义思想只能在神学的名义下缓慢前行。文艺复兴运动打破了死气沉沉的欧洲经院哲学的统治，使欧洲学术思想得以重见天日。

  随着近代科学的兴起，19世纪初英国化学家道尔顿在吸取古希腊思辨的原子论思想和近代实验成果的基础上，提出了定量的科学原子论，使原本模糊的带有猜测性的思想变成了清晰的科学理论，为近代粒子物理学发展奠定了基础。通过汤姆逊、卢瑟福（E. Rutherford）、玻耳、薛定谔等一大批科学家的工作，现在已经知道原子并不是坚实不可分的，它还有其内部结构，是由更小的基本粒子（质子、中子、电子）构成的。现在科学表明基本粒子还有更小的结构，如夸克。

  道尔顿发现，两个氢原子和一个氧原子反应生成两个"水原子"（即水分子）。这样一来，一个"水原子"中就只能含有半个氧原子了。这显然是矛盾的。1811年意大利科学家阿伏伽德罗在原子论中首先引进了"分子"概念，他认为构成任何气体的粒子不是原子而是分子。单质的分子是由同种原子构成的；化合物的分子是由几种不同的原子构成的。在水气体中，氢的分子是由两个氢原子构成的，氧的分子是由两个氧原子构成的，而水的分子是由两个氢原子和一个氧原子构成的。

  1803年道尔顿第一次阐述了他的原子论及第一张包含21个数据的原子量表。在这份报告中道尔顿将科学原子论概括为三个要点。

  第一，元素（单质）的最终粒子称为原子，它们极其微小，是不可见的，既不能创造，也不能毁灭和分割。它们在一切化学反应中保持其本性不变。

  第二，同一种元素的原子，其形状、质量和性质是相同的；不同元素的原子在形状、质量和性质上则各不相同。每一种元素以其原子的质量为最基本特征。

  第三，不同元素的原子以简单整数比相结合，形成化学中的化合现象。化合物原子称为复杂原子。复杂原子的质量为所含各种元素原子质量的总和。同一化合物的复杂原子，其组成、形状、质量和性质相同。

4. 原子-分子论的建立

在 1860 年以前的近半个世纪里，由于不承认分子是单质或化合物在游离状态下独立存在的最小质点，不承认分子是由原子组成的这一正确假说，世界各国化学家们对原子和分子的认识相当混乱。当时化学家们由于不承认氧或氢是双原子分子，采用蒸汽密度法测定原子量数值就难免产生偏差。原子量不能准确地测定，分子组成自然就无法测定了。直到 1860 年首次召开的国际化学会议后，分子假说才被各国化学家接受，并提升为分子学说。

分子论的建立要归功于意大利化学家康尼查罗。他发现不承认阿伏伽德罗分子假说所造成的混乱。他首先研究了道尔顿的原子论、阿伏伽德罗的分子假说及其实验数据。他强调阿伏伽德罗的分子假说是盖·吕萨克气体化合定律的自然结论，从而说明了分子假说是有根据的，还指出化学家不接受阿伏伽德罗分子假说的一个重要原因是过分信赖贝采里乌斯的电化二元论，有机化学中的卤素取代氢的实验事实证明电化二元论是不全面的。他运用蒸汽密度法来求分子量，测定了氢、氧、硫、氯、砷、汞、溴等单质和水、氯化氢、醋酸等化合物的分子量。在测定分子量的基础上，提出一个确定原子量的合理方法。他还论证了阿伏伽德罗假说与杜隆-珀替定律的关系①。

可以说，正是康尼查罗的工作，化学家才澄清了许多模糊乃至错误的认识，为原子-分子论的确定扫除了障碍。康尼查罗把原子论和分子假说整理成一个协调的系统，原子-分子论因此才为广大化学家们接受。原子-分子论的确立，直接导致化学元素周期律的发现和有机化学系统的建立。

总之，经过许多科学家的努力，原子-分子论逐步建立起来。该学说主张：物质是由分子组成的，分子是保留原物质化学性质的最小粒子；分子是由原子组成，原子则是用化学方法不能再分割的最小粒子。比如，一方面，食盐（氯化钠）分子是由钠原子和氯原子组成的，氯是有毒的，显然食盐的性质与氯和钠的性质截然不同；另一方面，完全无害的元素碳和氮，组成的化合物却可以是剧毒的气体氰化物。这说明，分子的性质与构成它的原子的性质完全不同。原子分子论比原子论又有了很大进步，更加科学。

概言之，原子论的发展经历了古希腊的朴素原子论、道尔顿的科学原子论和原子-分子论。这表明了人类对微观世界的认识越来越深入，也从最初的哲学思辨阶段进入到科学实验阶段，使得原子论成为真正意义上的科学理论。

---

① 这一定律是法国物理学家杜隆和珀替在 1818 年由实验推导出来，关于固态单质的物质热容量与原子量的关系定律。

三、宇宙结构思想

我们宇宙的结构①是怎样的这个问题，自古以来一直是人们不断探索的问题。古代中西方的学者们提出了各种各样的学说，以此表达他们对宇宙结构的理解。譬如，在古代的美索不达米亚人看来，人类似乎要听命于大自然的摆布，同时又是它的受益者。因为"宇宙也许展现着一种内在的秩序，就像我们在天体有规律的运动中所看到的那样，不过，它也包含着令人畏惧的毁灭性的力量，如一片混沌的洪水和汹涌的沙漠风暴——在这一切面前，个人是微不足道的"②。这表明，古人对于宇宙已经有一种朦胧的认识，它可能既有秩序（规律），也有破坏力。

（一）中国古代的宇宙观

1. 盖天说

约公元前11世纪的商末周初，中国初现"盖天说"，主张"天圆如张盖，地方如棋局"，认为天地的结构是由一个半球形的天，临于方形的大地之上，日、月附于天上，随天自东向西运行，而日、月自身又自西向东运行；太阳的升落和四季寒暑、昼夜长短的变化，是由阴阳的消长引起的。

盖天说是我国古人最早的对于天地关系的认识。古时候人们对宇宙的认识是模糊的，它认为上是天，下是地。但究竟什么叫天，什么叫地，并不清楚。通过长期的观察，到春秋时期，有人提出地像棋盘一样是方的，天像圆盖一样盖在上面，天和地形成一个半球壳状态。因为人们不管走到哪里，所看到的天空总是圆圆的，笼罩在大地上，而大地总是平平的，被分割成一块块的田地，这就是所谓的"天圆地方"的说法。

"天圆地方"说虽然符合当时人们粗浅的观察常识，但实际上却很难自圆其说。比如，方形的地和圆形的天是怎样连接起来的？于是天圆地方说又被人们修改为天并不与地相交，而是像一把伞高悬在大地上空，中间有根绳子缚住它的枢纽，四周还有八根柱子支撑着。但是，这八根柱子撑在什么地方呢？天盖的伞柄

---

① 从现代天体物理学来看，宇宙由星系的巨大超星系团构成，每个星系又包含了数以十亿计的恒星，而构成这些恒星的物质是不可见的质子、中子和电子等基本粒子，它们通常以原子的形式结合在一起。质子和中子由更小的粒子夸克构成。这些基本粒子由四种力，即引力、电磁力、强核力和弱相互作用力作用而结合。科学家试图证明这四种力或许是源自一种单一的更基本力。宏观地看，宇宙表现出极高的层次性——行星、恒星和星云、银河系及河外星系、星系团、大尺度结构，即超星系团。

② 安东尼·M. 阿里奥托：《西方科学史》（第2版），鲁旭东等译，北京：商务印书馆，2011年，第31页。

插在哪里？扎着大帐篷的绳子又拴在哪里？这些也都是天圆地方说无法回答的。

约公元前140年，中国出现关于天地生成与演化的思想，随后不久，中国《周髀算经》对盖天说加以改进，提出"天似盖笠，地法复槃"，并运用勾股定理和复杂的算术运算推算天文现象。于是，新的盖天说诞生了。新盖天说认为，天像覆盖着的斗笠，地像覆盖着的盘子，天和地并不相交，天地之间相距8万里，盘子的最高点便是北极。太阳围绕北极旋转，太阳落下并不是落到地面，而是到了我们看不见的地方，就像一个人举着火把跑远了，我们就看不到一样。

盖天说是一种原始的宇宙认识论。虽然天圆地方说符合当时人们粗浅的观察常识，实际上却很难自圆其说，它对许多宇宙现象如日月星辰的运转不能做出正确的解释，没有进一步关于天地结构的定量化描述，同时本身又存在许多漏洞。新盖天说不仅在认识上比天圆地方说前进了一大步，而且对古代数学和天文学的发展产生了重要的影响。它以《周髀算经》为其纲领，提出了自成体系的定量化天体结构。新盖天说提出了一套很有趣的天高地远的数据和一张说明太阳运行规律的示意图——七衡六间图。由于它是以天地平行、其间相距8万里这个错误假定为前提的，到了唐代，天文学家一行等通过精确的测量，彻底否定了盖天说中"日影千里差一寸"的说法后，盖天说从此便破产了。

不过，盖天说无疑是我国古代关于宇宙结构的主要学说之一，尽管该学说现在看来是错误的，但它们却构成了我国古代天文学的基本思想，其错误的产生作是受到时代的限制，具有认识上的局限性。因为远古时代，由于生产力水平十分低下，科学技术落后，人们对自然界的认识只能以直觉观察为主。天是圆的，与我们的观察所见相同，抬头所见的天的范围只能是一个可见的圆形，而太阳和月亮运行的弧形轨迹，更能帮助人们理解天的圆形。"天圆地方"的天文观念是错的，但却是现实所见。"旭日东升"和"夕阳西下"是中国人对太阳和月亮的这两个天体运动的根深蒂固的体会。太阳和月亮这两个看起来十分相似地经过天空的天体，一个确实围绕地球运动，另一个却是不动的，反过来，是地球围绕着它运动，仅从感性认识的角度来看，这确实不可思议。人的感觉确实有错误的时候，有不可信的时候，常识和经验有时候非常有害，不仅阻碍了人们解决问题，而且把人们引向歧途，甚至使我们世世代代都生活在谬误的黑暗中。但是，在当时，我们认识世界只能根据我们的感觉，否则，一无所有。因此，对于感觉我们要正确地对待，既要依赖感觉去积累经验材料，也要不能过分依赖感觉，而是要依赖理性进行思考，在感性与理性之间保持一种辩证的张力。

2. 宣夜说

约公元75年，中国郗萌提出"宣夜说"，认为浑圆的蓝天是人的视觉局限造成的，天本不存在圆形固定的天壳，而是高远无极的无限空间，其间漂浮着日月星辰，它们均依靠气的作用自然而然地各按固有的规律运动着。这一思想较盖天说和浑天说有所进步，是极其可贵的思想。

战国时期的庄子在《庄子·逍遥游》中指出："天之苍苍，其正色耶？其远而无所有至极耶？"其用提问的方式表达了自己对宇宙无限的猜测。它认为"天"并没有一个固定的天穹，只不过是无边无际的气体，日月星辰就在气体中漂浮游动。"宣夜说"是天文学家们观测星辰常常喧闹到半夜还不睡觉而得名的。清代邹伯奇说："宣劳午夜，斯为谈天家之宣夜乎？"据此推想，宣夜说是天文学家们在对星辰日月的辛勤观察中得出的。

宣夜说是我国历史上有卓见的宇宙无限论思想，它打破了固体天球的观念，这在古代众多的宇宙学中是非常难得的。宣夜说创造了天体漂浮于气体中的理论，并且在它的进一步发展中认为连天体自身包括遥远的恒星和银河都是由气体组成的。这种十分令人惊异的思想，竟和现代天文学的许多结构一致。宣夜说不仅认为宇宙在空间上是无边无际，而且还进一步提出宇宙在时间上也是无始无终、无限的思想。可惜的是，宣夜说的卓越思想在中国古代并没有受到重视，几经失传。

据《列子·天瑞》篇记载，有位杞国人听说日月星辰是在天空飘浮的，便"忧天地崩坠，身无所寄，废寝食者"。这便是成语故事"杞人忧天"的由来。就其宇宙结构理论来说，宣夜说提出了一个朴素的无限宇宙观。但从观测天文学的角度，宣夜说却不如浑天说的实用价值大。因为浑天说能够近似地说明太阳和月亮的运行，宣夜说没有探讨其运行的规律性，它毕竟只是一种猜测。

3. 浑天说

盖天说不能回答日月星辰的东升西落问题，它们从哪里升起，又落到什么地方去等问题。为了回答这些问题，约126年的东汉时，著名的天文学家张衡提出了完整的"浑天说"思想，才使人们对这个问题的认识前进了一大步。

张衡在《浑天仪注》中提出"浑天说"，主张"浑天如鸡子，天体圆如弹丸，地如鸡中黄，孤居于内，天大而地小"，"天之包地，犹壳之裹黄"。根据浑天说，天和地的关系就像鸡蛋中蛋白和蛋黄的关系一样，天把地包围在当中。浑天说中天的形状，不像盖天说所说的那样是半球形的，而是一个南北短、东西长的椭圆形。大地也是一个球，它浮在水面，回旋飘荡；后来又有人认为地球是浮于气上的。汉代天文学家在《浑天仪图注》中说："浑天如鸡子，天体圆如弹丸，地如鸡子中黄，孤居于内，天大而地小，天表里有水，天之包地，犹壳之裹黄。天地各乘气而立，载水而浮。……天转如车毂之运也，周旋无端。其形浑浑，故曰浑天。"用浑天说来说明日月星辰的运行出没是相当简洁而自然的。浑天说认为，日月星辰都附着在天球上，白天，太阳升到我们对面的这边来，星星落到地球的背面去；到了夜晚，太阳落到地球背面去，星星升起来，如此周而复始，便有了星辰日月的出没。

浑天说远比盖天说更接近宇宙结构的真实。浑天说把地球当作宇宙的中心，与盛行于欧洲古代的"地心说"不谋而合，包含着朴素的"地动说"的萌芽。浑天说与球面天文学的基本出发点是完全一致的，对于观测天文学来说，也能充分满足要求。浑天说虽然认为日月星辰都附在一个坚固的天球上，但并不认为天球之外就一无所有了，而是说那里是未知的世界，这是浑天说比地心说高明的地方。另外，浑天说手中有两大法宝：一是当时最先进的观天仪——浑仪，借助于它，浑天家可以用精确的观测来论证浑天说。在中国古代，依据这些观测事实而制定的历法具有相当的精度，这是盖天说所无法比拟的。另一大法宝就是浑象，利用它可以形象地演示天体的运行，使人们不得不折服于浑天说的卓越思想。因此，浑天说逐渐取得了优势地位。

但是，浑天说也有明显的不足之处。比如，它把地球看作是天地的中心，显然是有其局限性的。另外，浑天说的一些说法也解释不通。就拿"天地各乘气而立，载水而浮"这句话来说，那附着在天体内壁，随天体旋转的日月星辰，当它们运转到地平线以下之后，又怎样从水里通过呢？

4. 无限说

公元前 4 世纪，中国人尸佼提出"四方上下曰宇，往古来今曰宙"，将具有广延性的空间和时间分别称为宇和宙，给出了关于宇宙的定义。中国人惠施指出，空间"至大无外，谓之大一；至小无内，谓之小一"，即认为空间大可大到无限大，小可小到无限小。稍后不久，后期墨家著作《墨经》中指出，"宇，弥异所也"，"久（宙），弥异时也"，主张宇宙包括一切空间和时间，二者都是没有止境的。《墨经》还认为事物的运动必定经过一定的空间和时间，时间的流逝和空间的变化是紧密地联系在一起的，已经简单地认识到了时间、空间和物质运动之间的统一性。

公元 800 年唐代的柳宗元提出宇宙无限与物质运动机制的思想，他认为宇宙是无中心、无边界的，在无限的宇宙充满了无穷的阴阳二气，它们无休止地运动着，"或合或离，或吸或收，如轮如机"，即聚集与扩散、排斥与吸收是物质运动的基本形式和动因。这是中国古代关于宇宙无限性、空间、时间、物质、运动统一性及物质运动机制的精辟论述。

1077 年，张载提出气聚散生成万物的无限宇宙说，他认为"太虚不能无气，气不能不聚而为万物，万物不能不散入太虚，循是出入，是皆不得已而然也"。也就是说，宇宙空间充满了气，气不断运动着；运动是气的自然属性，聚集于扩散是其主要形式；气是生成万物的原始物质，它的聚集起来就是有形的万物；万物一旦扩散，又逐渐复归于气。这一思想将物质、时间、运动、空间有机地结合起来，描述了一幅千变万化的无限宇宙图景。

1302年，邓牧在《伯牙琴·超然观记》中也提出"天地大也，其在虚空中，不过一粟耳"，"虚空木也，天地犹果也；虚空国也，天地犹人也。一木所生必非一果，一国所生必非一人，谓天地之外复无天地耶，岂通论耶"。他认为人目所能及天地系统是宇宙众多系统中的一个，如同一粟、一果、一人那样是有限的物质，而宇宙则是由众多天地组成的无限系统，其中的各个系统均有其生成与毁灭的过程，如同花木之开谢，反复无穷，这相当于提出了天地系统无穷的思想。

5. 气旋说

约公元前4世纪，中国人宋钘和尹文曾经提出宇宙的一种气原说，他们认为一种人的感官不能察觉的物质性"气"是万物的本原；"气"不是任何一种具体的物体，但它无所不在，无所不是，构成万物万物。这种关于"气"的观念后来逐渐发展成为"气元说"，成为中国古代最主要的关于宇宙起源、生成、演化和发展的理论基础。

约1193年，朱熹在《朱子·语类》中提出"天地初间只是阴阳之气，这个气运行，磨来磨去……，里面无出处，便结成个地在中央。气之清者便为天，为日月、为星辰，只在外常周环运动。地便只在中央不动，不是在下"。也就是说，天地的形成是一种演化的过程，最初是阴阳二气混沌一片，并不停地做圆周运动，由于二气相互碰撞、摩擦，不断产生一些重浊的物质向中心聚集，逐渐形成处于整个气团中央的、静止不动的大地，而其清轻的物质便形成围绕大地不断做圆周运动的天和日月星辰。这显然是一种类似于水漩涡的天地表成的旋涡说。

（二）西方古代的宇宙观

1. 双半球宇宙图景

公元前7~公元前6世纪，迦勒底人测出五大行星的会合周期，发现沙罗周期，确定了朔望月和近点月的长度，提出半球形天穹笼罩半球形大地的宇宙图像。他们认为大地是半球形的，中间是高山，天空则是一个在大地之上更大的半球，大地的四周是海洋，它载着大地。大洋之外和天上住着神灵。在天的东西两侧各有一扇门，太阳每天从东门升到天上，而从西门落下，次日早上再从东门升起，后在从西门落下，如此往复下去。尽管这个宇宙观掺杂了神灵的成分，但是认识到地球的半圆性则是可贵的。

2. 地圆盘浮水宇宙图景

公元前6世纪，古希腊泰勒斯提出水是宇宙的本原及圆盘形大地漂浮在水之上的宇宙图像。他认为水是宇宙本原，万物由水形成，消失后又复归于水；大地犹如一个巨大的圆盘，漂浮于宇宙的本原水之上，大地被水稀化形态"气"所包围，太阳和星星是由白炽化形态的水构成的，它们都围绕大地运动。据说他根据他的这一理论准确地预测了公元前585年的一次日全食，当时在小亚细亚地区，吕底亚人与波斯人正在进行一场战争，由于日食的出现双方感到十分恐惧，以为这是惹怒了上帝，结果双方停止了战争。

3. 无限本原的多重天绕柱形大地宇宙图景

古希腊阿那克西曼德认为宇宙的本原是"无限"。"无限"是一种无固定形态和性质，但又无处不在的特殊物质，它是万物的源头和归宿，万物都从它产生又复归于它；宇宙中每时每刻都有无数世界从"无限"中分离出来，又要许多世界毁灭复归于"无限"。我们的地球和周围的天体是"无限"在太空中作漩涡运动形成的。由于漩涡运动，重的物质逐渐聚集到中心形成地球，轻的物质逐渐趋向漩涡的周围，最后形成诸天体。这是一种朴素的世界生成说。约1个世纪后，阿那克萨哥拉进一步指出：最初所有物质只聚集在一个均匀的、静止的混合物中，后来在其"心灵"处开始形成漩涡，使密度较大的、湿的、冷的和黑色的物质位于中心而形成地球，而稀薄的、热的和干燥的物质则位于边缘，形成了天空，日月星辰是由地球分裂出去的，围绕在地球周围，因摩擦而燃烧。

阿那克西曼德认为没有什么支撑地球，它是悬浮在宇宙中心的；大地是圆柱形的，其高是宽的1/3，人类居于圆柱体的上表面，大地的外层被透明的多重天层所包围，最底层充满空气和云，由此向外依次是恒星层、月亮层和太阳层，最明亮的外层是火焰层。这些天体并不终止在地平面上，而是略向下延伸，成为太阳、月亮和星星升落时的通道。当这个通道被堵塞时，就会出现日食或者月食。诸天体沿着轨道并在天球作用下围绕地球运作。这就是多重天层围绕圆柱形大地的宇宙图像。

4. 多元素凝聚分离宇宙观

公元前6世纪下半叶，古希腊的阿那克西美尼提出宇宙的本原是气的，气是不断变化且无限的，一切由其生成，最终又复归于气。当气均匀分布时，它是看不见的，当气凝聚时，就变为云，然后变为水，继续凝聚变为土，最后变化为石头；当气受热时，它就变得稀薄，最后变为火。他用气的稀薄化和凝聚化来说明宇宙万物的形成。稍后的赫拉克利德提出宇宙中的万物产生于火又复归于火。

当火熄灭时，宇宙中的万物就形成了。最初火的最浓密部分凝聚起来成为土，当土为火所融化时，便产生出水；当水蒸发时，便产生出空气；整个宇宙和万物在后来的一场总的焚烧中重新变为水。约1个世纪后的古希腊阿那克萨哥拉提出太阳是一团燃烧的物质，认为月亮自身并不发光，它的光来自太阳；在望月时，若太阳、月亮、地球处于同一直线上，照射到月球时的光被地球所遮挡，于是产生了月食。这是对月食的正确解释。遗憾的是，这与当时将太阳崇拜为太阳神是背离的，因而受到惩罚，这一正确的思想也因此受到冷落。

几乎同时代的古希腊恩培多克勒综合了前人的观点，提出宇宙本原是火、气、水、土四种元素的观点。他认为万物当时有着四种元素按照一定的比例混合而成，这就好像所有颜色都是画家用四种不同颜料按照一定比例调和而成的一样。爱和憎是造成万物变化和运动的两种力量，爱使不同元素结合，憎使不同元素分离。宇宙最初是爱占绝对优势，它使得构造元素混合在一起，构成混沌状的球体；当憎的力量占优势时，混沌状的球体便分解。整个宇宙就是由爱和憎这两种力量的交互发生作用，使各个元素处于不断结合和不断分离的循环往复的过程中。

5. 和谐宇宙观

公元前6世纪下半叶～公元前5世纪上半叶，古希腊毕达哥拉斯提出天体和地球都是球形的观点，认为宇宙是一个有序的完美的存在物，是一个和谐的整体。他还认为球形的地球处于宇宙的中心，它周围的区域是乌拉诺斯（ouranos），即天空，那里充满了空气和云；在此之外的区域是科斯摩斯（cosmos）。太阳、月亮和行星在此区域内围绕地球作匀速圆周运动。再向外的区域是奥林波斯（olympos），它是纯元素的聚集之地，也是恒星所在之地。最外层是永不消灭的天火。在他看来，宇宙是对立物的平衡的统一体，如雄性和雌性、有限与无限、善良与邪恶等。毕达哥拉斯可能是第一个将大地看成和宇宙一样是球形的人。

毕达哥拉斯在研究了音乐的和声后，发现多根长度为简单整数比的弦受振动时能够发出优美的和声，据此他推断，整个宇宙也是和谐的，天体运动应该遵循简单的规律。在他看来，太阳、月亮和诸行星离地球的距离也可以用简单的整数比表示，它们在太空中围绕地球作匀速圆周运动，且演奏着普通人听不见的天球和声。由此逐渐形成了和谐宇宙的观念：宇宙是和谐的整体，其中各个天体的运动具有简单的规律性。这一观念对后世天文学有深远的影响。

毕达哥拉斯之后不久，希腊的色诺芬尼提出宇宙是一个球体，它是有生命有意识的，它是它自己变化的原因；万物都来自土和水，洪水会周期性地出现，在泛滥期间将会被泥浆覆盖，化石就是被泥浆覆盖的证据。巴门尼德（也译为帕门尼兹）修正了毕达哥拉斯的宇宙体系，提出了一个类似的宇宙图景，认为宇宙是球形的，是有限的和连续的；球形的地球位于宇宙的中心，宇宙分为奥林波斯、以太、天空三层，太阳、月亮和金星漂浮在以太之中，沿着各自的圆形轨道围绕地球运动。最外层的天火层被它摒弃了。

在亚里士多德之后的斯多亚学派（Stoics）主张一种他们称为"元气"的物质，认为宇宙中渗透着一种无孔不入的基质（元气），它是宇宙的所有部分凝聚在一起的动力。在他们的物理学中这种元气等同于火和气。元气是永恒运动的，没有终止。元气的张力、其渗透过程和凝聚过程导致身体的、器官的甚至精神的存在状态，当然包括宇宙的存在状态。斯多亚学派的元气思想最终导致了宇宙和谐统一的观念。他们主张宇宙是一个完整的、充满活力的和统一的结构，在其中，所有天体都是靠凝聚力结合在一起的。因此，宇宙是一个封闭的结构，其中的每个天体都有自己的重心。这是一种天体多中心论，也暗示了一种决定论。比如，几何图形就是在元气作用下形成的，具体说直线是张力的一种功能，弯曲是这种功能的一种变化，所有物质变化与结构变化都是元气传递的结果。这一观念导致了随后的欧几里得几何原本的诞生。

6. 无限宇宙生成观

古希腊对宇宙结构的各种猜测形成的传统，深深影响了后来的希腊学者。公元前5世纪下半叶，古希腊德谟克利特提出银河由大量恒星聚集而成的推测，认为我们所见的乳白色银河带是许多遥远的恒星的聚集而形成的。他和他的老师留基伯根据他们提出的原子论提出，宇宙的本原是不可分割的原子和空虚，宇宙是无限的，原子的数量也是无限的，无数的原子在无限的空虚中永恒地运动着，其结果出现了许多世界，有的刚刚形成，有的则在消失，有的世界没有太阳和月亮，有的世界则有几个太阳和月亮，所有世界都有生有灭。我们的宇宙是这样生成的：在无限宇宙的某一部分，有无数的原子在广阔的无垠的空虚中作漩涡运动，其中较大较重的原子被赶到漩涡的中心，在那里逐渐形成了地球。而较小水、气、火等原子则继续作漩涡运动，它们逐渐凝聚在一起形成一些湿块，后来在漩涡运动中又逐渐干燥而且燃烧起来，最终形成了天体。这就是德谟克利特的宇宙无限观念和世界生成论。

同时代的菲洛劳斯提出地球围绕中央火在运动的假设。他认为宇宙的中心是永不熄灭的"中央火"，地球围绕它每天转一周，而且始终以同一面面对它，人类居住在背离它是那一面，故而永远看不到它；太阳、月亮和诸行星也以不同的速度围绕中央火运行，这可以说明昼夜交替现象，以及太阳、月亮和诸行星的视运动和视位置。这是人类对地球运动的最早猜测。同时，希腊的希色达斯（Hicetas）和埃克方杜斯（Echantus）进一步推测地球在自转。由于人们看不到地球围绕中央火在运转产生的恒星视差位移现象，进而否定了菲洛劳斯的猜测，而认为地球位于宇宙的中心，恒星天静止不动，地球每日围绕轴转一周，从而导致天体的周日视运动。这是关于地壳自转的最早猜测，认为地球是宇宙的中心这一观点，与地球围绕中央火运动的观点相比，显然是一种倒退。

直到 16 世纪的意大利哲学家布鲁诺才提出一种无中心的"无限宇宙论"（区别于有中心的无限宇宙论）。他认为宇宙是无限大的，其中的世界也是无数的，整个宇宙是完全没有中心的，如果说有中心，那处处都是中心；宇宙不仅在空间上是无限的，在时间上也是无限的；虽然无限宇宙中的无数世界不断产生并消亡，但宇宙本身却是永恒的，它不生不灭，只增不减，既无开始也无终结。

7. 有限球体宇宙观

公元前 5 世纪下半叶，希腊的欧克泰蒙对太阳周年视运动不均匀性作定量的描述。他将一年从夏至开始分为四个部分：夏至至秋分、秋分至冬至、冬至至春分、春分至夏至，各个部分相距 90 度，太阳视运动分别历时 90 天、90 天、92 天和 93 天。这一描述总体上与实际情况不符。

公元前 4 世纪上半叶，古希腊欧多克斯提出日、月和诸行星的运动均可用同心球体系来描述。在该体系中，里层球的旋转轴置于外层球的表面上，而各球的旋转轴取向各异，旋转速度各不相同，但都作匀速圆周运动，行星则位于最内层的球面上。通过适当选择诸球的旋转轴倾角和旋转速度，就可以模拟行星等天体在天球上的复杂视运动。这一体系的实质是把任一曲线运动用许多匀速圆周运动的叠加来表示的几何结构，而非物质性的实体。欧多克斯的这一同心球模型是根据柏拉图"天体运行轨道是由某些基本圆形轨道复合而成"的思想提出的，认为诸行星运动是一种类似于同心球的数学模型。他在数学和天文学均有重要贡献，提出了许多几何证明法，被其后的欧几里得几何学所吸收。欧多克斯证明一年不是 365 天整，而是 365 天又 6 小时的第一个希腊人。不过，这并不是他的发现，他只是将埃及人已了解的天文知识传到了希腊。他虽然接受柏拉图关于行星在正圆轨道上匀速运行的观点，然而当他观察了行星运动之后发现，行星的实际运动并不是正圆轨道上的匀速运动，于是对柏拉图理论作了修正。在他看来，行星同其所围绕转动的中心球体组成的系统，同时也围绕第三球体转动，以此类推。比如，月球围绕地球运动，地球围绕月球系统绕太阳运动（当时人们普遍认为太阳围绕地球、其他星体围绕太阳运动）。每个天体的转动是匀速的，但各球体的转速及第一球体的轨道球面两极，与其相邻球体轨道球面两极的倾斜度总和，构成了行星的全部运动，这些球体的各个运动就是实际观察到的不规则运动。这样，欧多克斯用球体多级依次公转，以完美的规则性得出观察到的不规则的不完美性。这样，欧多克斯开创了用几何模型解释和重现天体运动的先河，为后来将几何学用于天文学奠定了基础。不过，这种几何模型仅仅是一种虚构，其缺陷是明显的，与观测数据不完全吻合。比如，这个模型对日、月、土星、木星和水星的运动有效，而对金星和火星则完全无效。因为它将任何天体置于以地球为中心的球面上，因而它们距离地球的距离是相同的，这显然与观测事实相冲突。人们已经认识到这一点，发现金星与火星的亮度随时间而变化，月亮的视角大小也在变化，因此它们离地球的距离肯定不是固定的。

公元前4世纪中叶，赫拉克利特提出水星和金星围绕太阳运动，太阳又带着它们围绕地球运动的宇宙体系，以说明水星和金星时而为晨星，时而为昏星的现象。这一思想对两千年后的第谷体系有重大影响。同时代的亚里士多德对这些思想进行了综合，提出有限球体的地心体系，认为宇宙是有限的、球形的，地球也是球形的，位于宇宙的中心，它之外依次是月亮、水星、金星、太阳、火星、木星、土星和恒星天。他对地球是球形给出两个理由：①球形是对称的、完美的；②地球的各个部分都有自然地向中心降落的趋势，其结果必然将地球压成球形。他给出的观测理由是：①月食时，地球的阴影是圆的，月偏食时，地影在月亮上造成的明暗界限是圆弧形的；②向南行进或向北行进，所见到的星空会逐渐变化；③航海时，远方来的船只总是先见到桅杆，然后才逐渐见到它的船体。这些理由是相当充分的，颇有说服力。事实也证明他在这个问题上是对的。

亚里士多德沿用了欧多克斯的同心球体系，认为太阳、月球和诸行星的运动可以用3~4个同心球的组合来描述，但他的同心球体系已经不同于欧多克斯的用以解释天体运动的几何结构，而是实际存在的天层。在各组同心球之间，他还插入一些新天体，它们正好与上面那些天球一一对应地作相同速度的反向运动，以抵消外层那个天体所特有的一切运动。只把恒星天的周日运动传给里面的天体。

亚里士多德还假设，这些一层层的天体像水晶球一样都是透明的，所以我们能够透过它们看到位于外层的恒星天上的恒星。恒星天以每天一周的速度围绕地球作周日运动。在恒星体之外是一个由神推动的宗动天，所有天体的运动都是由宗动天运动的传递而引起的。宗动天是亚里士多德神学观念在天文学上的反映。他的宇宙体系基本上是错误的。他的这种错误观念——一个有限的宇宙，一个封闭的有差异的世界，一个位于宇宙中心不动的地球，一个永恒和圆周运动的天国，在哥白尼的日心说诞生之前，一直影响着西方的物理学和天文学，甚至整个自然科学。

第七章 近代科学思想

近代科学思想部分继承了古代科学思想，是现代科学思想的直接来源。按照语境论的观点，历史思想具有传承性，近代科学思想通过继承古代的思想并发展出现代科学思想。这一部分内容在时间上从文艺复兴至19世纪末，学科上包括物理学、化学、生物学、天文学等的主要学说和思想。

一、宇宙中心思想

宇宙的中心是什么？其结构如何？大小如何？这是许多思想家常常思考的问题。在古代科学思想中已经蕴含了宇宙中心（地球或者太阳）的思想，在近代科学史上，地心说和日心说是最主要的两个观点，它们是从古代宇宙思想发展而来的。因此，本节主要讨论这两个学说。

（一）地心说

地心说的思想在古代许多地区学者的著作中都可以见到，如张衡的《灵宪》，只是张衡的这种思想还仅仅停留在定性阶段，而且以后也未得到发展。地心说作为一种完整的理论形态则出现在古希腊，如亚里士多德就奉行地心说。

古代希腊是西方科学发展的摇篮，西方古典天文学体系的形成主要是在希腊完成的。公元前7世纪～公元4世纪，是古代希腊文化空前繁荣的时期，先后出现过许多著名的天文学家和天文学派。在不断的探索、观测、争鸣、综合的过程中，大约经过了10个世纪的发展，形成了一种较为严密而系统的天文学体系，这种体系一旦成立后，便成为一种传统观念，它统治了西方长达一千多年。

地心说是一种以地球为中心的宇宙模型思想，这种思想的最早萌芽出现在古希腊神话中。在古希腊人的眼中，天是地母盖娅所生。地母盖娅生出了天神乌拉诺斯，于是才有了天。乌拉诺斯是一位暴君，于是地母生出了克洛诺斯，把乌拉斯扔进了地狱，克洛诺斯从而取代了天神的地位。少壮的克洛诺斯比乌拉诺斯更疯狂、更残暴。于是地母便生出了宙斯，并亲自帮助他登上了天神的宝座。一旦宙斯昏庸淫乱，不恤人类，地母就命令自己的儿子堤丰把宙斯撕了个粉碎。幸而山林之神潘、神使赫耳墨斯怜而相救，宙斯承认了自己的过失，在地母的同意下，他才重登天神之位。此后的天空，也完全居于地（奥林匹斯山）的大神们控制之下，天是被主宰、被规定的，天地彼此构成地主天仆的关系，又称作地-天结构。这说明：在古希腊人的宇宙意识中，宇宙的中枢是地上的奥林匹斯山。神话是人类借助想象来征服自然力、支配自然力，把自然力形象化，是对自然现象的原始解释。

在人类早期文明时期，对于原始人类来说，绝大多数的现象是人们感觉得到但说明不了的。因此，在这个时期，神话、宗教观念在人们头脑中占据主导地位，科学知识只能在充斥着这类神秘的、荒诞的观念之中逐渐积累、成长。但是，神话仍然可以说是曲折地反映着人类对自然认识的成果。正如科学史学家丹皮尔曾经指出的：科学并不是在一片广阔而有益的草原上发芽成长的，而是在一片有害的"巫术和迷信的丛林"中发芽成长的。

古希腊天文学主要有四个活动中心，形成了四个学派。第一个学派是公元前7～公元前5世纪，活动于小亚细亚沿岸的爱奥尼亚学派；第二个学派是公元前6～公元前4世纪在意大利南部的毕达哥拉斯学派；第三个学派是公元前4～公元前3世纪在希腊雅典的柏拉图学派；第四个学派的中心在埃及的亚历山大，由该城和若干地中海岛屿上的互相有联系的天文学家们形成了亚历山大学派，这个学派持续时间最长（大约从公元前3世纪～公元2世纪），所取得的天文学成就也最大。

从内容上来说，往往以柏拉图的学生数学家欧多克斯为分界，划分为两个时期，在此以前虽然也有一些重要发现，如月光是日光的反照、日月食的成因、大地为球形和黄赤交角等，但还是思辨性的宇宙论占主导地位，在此以后，天文学日益与哲学分离，并日益显示出希腊天文学的特点，即用平面几何系统来表达天体的运动。

欧多克斯是柏拉图学派中的第一位天文学家，也是把宇宙假说建立在天文观测基础上的第一个人。他设想一系列天球，一个套一个，地球是它们的中心，日月众星都在同心的透明球体上绕地球转动，这就是宇宙的"四层同心天球"模型。在这个模型中，从外到里依次是1～4层。第4层天球携带着沿天球赤道运行的行星，它的轴由围绕它自己的轴旋转的第3层天球支撑着，第3层天球的轴由第2层天球支撑着，第2层天球的轴由第一层的天球支撑着。也就是说，每个运动的天体都附在外层天球的内表面上，这个球绕轴均匀转动，轴的两端由另一层较大的球面来支撑着但并不固定。当内球围绕轴均匀转动时，轴本身则被外球带动作均匀转动。外球的轴又可被另外一个更大的外球带动。恒星都位于最外面的一层天球上。全部运动的天体都被恒星天球带着运动。每个球层则说明一种特殊的运动。按照这种球套球的方式，把各球的转动轴调整到适当的角度，就能对行星的复杂行动做出很好的描述。恒星天球的旋转轴就是赤道轴线，它的旋转周期是每日一周。对于月亮、太阳的运动，以三个天球的组合来描述。对于五星的运动，则以四个天球的组合来描述。欧多克斯的这种理论，在解释行星视位置的变化问题上，在那个时代曾经获得相当的成功，利用适当选择球层的半径和运转速度的办法，可以得到计算数值与观测结果相当符合，于是这种假设终于为大多数希腊学者所接受,成为广为流传的观点。

但是,这种理论有很多缺点。首先,同心球的假设使得合运动的组合过于复杂,很难给人以真实运动的感觉。其次,经常对行星进行观测就能知道,金星、火星等行星的亮度是经常变化的,这证明它们到地球的距离并不固定。最后,这个模型也没有考虑所有行星轨道的偏心率,也没有考虑地球本身的旋转导致的岁差。这些证据使人难以相信欧多克斯的同心球理论的正确性。在欧多克斯之后,亚里士多德支持并发展了这一理论。

亚里士多德是古希腊古代知识的集大成者,他创立了一个后世称之为逍遥派的哲学学派。他认为,天体所附着的天球不只是一个假想的球面,而是一个个透明的物质实体。他同时认为,天体是由外力推动下才运行的。最外层的恒星天球是由处在宇宙边缘的宗动天或者称为不动的推动者推动的,并且把这种推动力依次传到最里层的天球。宗动天统领着一切天球和整个宇宙。同时他还设想,每一个其他的天球也都有一个较低一级的不动的推动者在执掌这个天球的特殊运动。只是行星的推动者和宗动天的作用相反,所以行星的运动和周日运动的方向相反。各个天体抵抗宗动天的推动大小不一,所以运转速度不等。亚里士多德和柏拉图一样,也是按照天体的运动周期的长短来安排它们离开地球的序列的,它们依次为月亮、水星、金星、太阳、火星、木星、土星和恒星。他的宇宙观既是有限的又是永恒的。

亚里士多德根据观测资料,讨论了大地和天体形状的问题,由于月食时大地投到月球上面的阴影是圆形的,他于是得到一个结论,认为大地以及由此类推的其他天体都是圆球形的。他认为地球是宇宙的中心,而宇宙的最外边,是比太阳远8倍的恒星天球;宇宙是有限的,在其内的一切天体都受到中心体地球的吸引。亚里士多德还坚持认为,大地是静止不动的。他指出,如果地球在太空中运动,那么对于地球上的观测者而言,因为和地球一起运动,一定会观测到天球上恒星的视差位移。可是任何人都没有观测到这种位移。这个理由在他以后的两千年间,都一直是证明地球不动的重要证据。他的地球不动观显然是错误的,他并没有超越他的时代的局限性。

为了修正亚里士多德的地球中心的同心球理论,与亚里士多德同时代的特拉赫里德提出两个修正:第一,地球围绕自己的轴从西向东旋转,约一天旋转一周;第二,水星和金星不是围绕地球转,而围绕太阳转。这可能是太阳中心说的最早提出。亚里士多德去世后的一代中,萨摩斯岛的阿利斯塔克在《日月的大小与距离》中也暗示了日心假设,尽管他没有明确提出日心说,但他基本认为地球围绕太阳运行,太阳可能是宇宙的中心的猜测。当然,它的这种看法会受到信奉亚里士多德理论天文学家的攻击和批判。比如,后来的托勒密就以地球不动和背离宗教为由对阿利斯塔克提出了批判。看来,伽利略并不是第一个因倡导日心说

第七章 近代科学思想

而遭到宗教批判的人。

亚里士多德之后的天文学的描述有一个重要功能"拯救现象"。所谓"拯救现象"就是意味着有些假设在物理学上是否是真实的无关紧要，重要的是它们对所观测的行星的运动是否作了更合理的解释。在当代科学哲学中，范弗拉森（von Fraasen）强调这个概念，认为科学中的许多假设并不是真实的，只要它们能够用来满足经验的适当性就是合理的。天文学中的许多假设就是这种情形。

当时，许多天文学家已意识到欧多克斯和亚里士多德的同心球理论在解释天体运动的问题上还不十分令人满意，于是就只能另求新的出路。公元前220年，希腊的阿波罗尼曾设想出一个几何结构，用来解释行星运动。他指出，如果行星沿着本轮作圆周运动，而本轮的中心则在另一个圆周的均轮上面，均轮的中心则是地球，那么行星和地球的距离就会发生变化，用它来解释行星的亮度变化是能令人满意的。而适当选择圆周的大小和运转的速度，并且也可以通过设想天体运行的轨道都是偏心圆，轨道中心离开地球有一定的距离来解释，则行星运动的轨迹就可以从数量上得到说明。阿波罗尼的这个假设被希腊的衣巴谷（Hipparchus）采用了。衣巴谷用一个固定的偏心圆轨道解释太阳的视运动，又用一个移动的偏心圆轨道来解释月亮的近地点运动。由于行星事实上是绕日运转的，从地球上观察行星的运动轨迹就相当复杂，它有时顺行，有时逆行，有时停止不动，而且这种运动轨迹的变化都与它所处太阳的相对位置有关。所以仅仅用偏心圆来解释它们的运动显然是不行的，于是衣巴谷就设想出用一套本轮均轮系统来解释。

衣巴谷以后的三百年中，希腊天文学几乎没有取得重大的进展。他的真正继承人是托勒密。托勒密的主要著作是《天文学大成》（*Almagest*，也译为《至大论》）共13卷。在这部巨著中，他概括了希腊化时期天文学的一切成就，尤其是亚历山大学派天文学家的成就、衣巴谷的发现，以及阿波罗尼和其他几何学家的理论体系。人们将《天文学大成》里所描述的宇宙体系称为托勒密宇宙体系。事实上，这个体系的大部分工作是由亚历山大学派的许多天文学家共同创造的，其中尤以阿波罗尼和衣巴谷的工作最为突出，托勒密只是在他们工作的基础上加以发展和综合。类似于欧几里得对前人几何成就的综合一样。

托勒密运用本轮、均轮、偏心轮、运动的偏心轮及偏心匀速点等一套几何结构，以不同的组合方式应用于每一个天体，一般拯救天文学观测现象，也就是说对现象做出合理的说明。这个体系认为地球位于宇宙的中心，天体围绕它运转。最接近地球的是月亮，其次是水星、金星、太阳、火星、木星、土星、恒星及宗动天，这就是所谓"九重天"的思想。他在描述行星运动时，如同描述太阳、月亮的运动一样，以本轮、均轮加偏心圆的理论进行说明。由于观测越来越精密及观测数据的积累，所发现的行星不规则运动就越来越复杂。为了说明这种复杂运动，托勒密除假设地球偏向均轮中心的一边外，同时还设想本轮的中心沿着均轮的运动也是不均匀的。另外，他还引入一个叫作"等点"的概念，等点和本轮中心的距离等于地球至均轮中心的距离，但方向相反。假设本轮中心的运动从等点看是等速的，于是既维护了天体作匀速圆周运动的庄严及和谐，又尽可能地使理论推出的运动轨迹符合观测的结果。

通过不断的修正，他所推算出的行星方位与观测结果是相当符合的。从理论上来说，这个宇宙体系似乎是合乎逻辑的、完善的数学图解。但他所设想的运动体系实在是太复杂了，因而人很难相信它是真实宇宙的运动状态。托勒密自己也承认，天体的视运动的复杂情况是可以用地球本身的运动来解释的。然而，托勒密以当时所认识的物理学论据来否定地球运动的存在。他认为，如果地球运动，则地球上的一切东西恐怕都会被"摔掉"，都会从地球的表面被抛出去，而位于地球上空的物体，如云彩和飞鸟等，恐怕都会落在地球的后面。这一问题直到伽利略揭示了运动的相对性后才得到解决。托勒密的体系基本与亚里士多德的假设保持了一致，即地心假设和圆周运动假设，不过偏心匀速点假设打破了行星具有规则的圆周运动这一规则。他也因此受到亚里士多德理论拥护者的批评。然而，不论是亚里士多德的同心球理论还是托勒密的地心说几何模型，都是纯粹数学（几何学）的构造物或者虚构体，是通过人造的模型来表征行星运动的，并不是真实行星运动的真实反映。它们虽然漂亮，但仍然是幻想。

托勒密的天文工作可以说是希腊和罗马天文学的"集大成者"。他对亚里士多德、阿波罗尼和衣巴谷等的学说进行了系统的整理、加工和综合，从而建立了一个可供制定历法作为理论基础的地心学说，这样一来，亚里士多德、衣巴谷的地心体系也就发展为以托勒密著称的地心体系。可以说，托勒密的宇宙体系在历史上是希腊化时期天文学及罗马天文学的集大成者。不过，托勒密学说并不带有宗教色彩，本身是一种科学理论，但后来它随着亚里士多德学说一道被纳入基督教神学体系，就成为科学与宗教冲突的一个焦点了。因此，科学与宗教的冲突，其实质是科学观念本身的冲突，这种冲突只是被宗教利用或者掩盖了。

（二）日心说

日心说或地动说与地心说是两个对立的学说，正是对地心说的怀疑才拉开了科学的序幕，哥白尼《天体运行论》的问世，吹响了科学挣脱神学束缚的号角，从根本上动摇了以托勒密地心说为核心的教会统治阶层，标志着科学与宗教冲突的开始，也促进了近代自然科学的兴起。

1. 日心说形成的历史背景

日心说的理论体系有其深远的历史渊源，这要追溯到古希腊时期。毕达哥拉斯通过对音乐的研究发现了决定不同谐音的某种数量关系，提出了"万物皆数"的命题，在这种"数本主义"哲学指导下，他充分重视数学对认识宇宙的意义，并上升到本体论的高度。他从数的和谐中外推到宇宙的和谐与完美，这种宇宙和谐的观念曾经或乃至今日仍是宇宙学家们探索宇宙的信念和动力。

毕达哥拉斯学派奠定了数理天文学的基础，他们认为圆是最完美的形，球是最完美的体，根据这种数学信仰提出了大地、天体及整个宇宙都是圆球的假说。同时，也相应地提出了天体运动都是匀速圆周运动的假说，既然天体是一个圆周运动，那么整个宇宙必然有一个中心。不过在什么是宇宙中心这一问题上，毕达哥拉斯学派却发生了分歧，有人认为地球是宇宙的中心，毕达哥拉斯的学生菲洛劳斯认为宇宙的中心是一团永不熄灭的"中央火"，地球绕它公转并自转，周期均为一昼夜。这一中央火假设是日心说的始祖，其宇宙模型为最早的日心说的诞生准备了条件。

菲洛劳斯的中央火理论可以解释昼夜现象和各天体的周日视运动，但仍不能解释行星复杂的不规则运动，也观察不到恒星的视差位移。为了消除这一矛盾，毕达哥拉斯学派的另外两位学者希色达斯和埃克方杜斯取消了中央火假说，重新把地球放在宇宙中心的位置上，但保留了地球自转的图像。他们认为：恒星每天静止不动，地球每天绕轴自转一周，从而导致了天体的周日视运动。

继毕达哥拉斯学派之后，柏拉图学派的赫拉克利特注意到水星和金星从未远离太阳，因而提出这两个行星绕太阳转动，而后又随太阳一起绕地球转动。他在公元前3世纪的后半期就提出地球绕自己的轴旋转，每24小时转一周，从而解释了天体的周日运动。

古希腊萨摩斯岛的天文学家和数学家阿里斯塔克斯（Aristarchus）继承并大力发展了上述有关地球运动和行星绕日运转的思想，提出了比较完整的"日心地动说"。他认为，地球一方面每天自西向东自转一周，另一方面，又沿着圆形轨道绕位于中心的太阳每年转动一周，导致天体的东升西落现象；水星、金星、木星、土星也与地球一样绕太阳转动；恒星固定不动的位于以太阳为中心的遥远的天球上，阿里斯塔克斯仅留一部著作《论日月的大小和距离》，虽然其中的数据很不精确，但他依然发现了太阳比地球大很多，这可能是他敢于提出"日心地动说"的重要依据。

但是在其他人的引证中，我们可推知他还写了另一本书，其中提出了一个日心说的模型。该模型描述了从日食、月食中月球和地球的阴影比例大小，推测出太阳实际上比地球大得多、月球比地球小得多，又由月球在上弦和下弦间的夹角，推测出太阳距离地球是月球距离地球的10倍。阿里斯塔克斯认为太阳、月球和地球在每个月的首个或最后的1/4期内，构成了一个近似的直角三角形。根据他估计最大角约为87°。由于观测数据有偏差，他得出的日地距离是月地距离的 20 倍的结论是错误的，事实上是 390 倍。阿里斯塔克斯认为，月球和太阳有几乎相同的视角，因此它们的直径与它们到地球的距离是成正比的；与地球绕日公转的轨道直径相比，恒星几乎在无限远处，因此我们无法看到由地球公转而造成的恒星视差现象。

概括地说，根据阿基米德与普鲁塔克（Plutarch）的引证，阿里斯塔克斯的日心说要点是：① 太阳与固定的恒星静止不动；②地球绕太阳运行；③ 地球的轨道为圆形；④太阳位于该圆的中心；⑤固定的恒星距离太阳与地球极为遥远。显然，阿里斯塔克知道地球是球体，而天空看起来像在旋转，其实是地球围绕日的旋转造成的。因此，阿里斯塔克斯在把地球视为行星后，也将其他行星放到环绕太阳运行的轨道上。然而，由于阿里斯塔克斯的宇宙观远远走在时代的前面，所以得不到一般公众的承认，甚至有人要求希腊人控告阿里斯塔克斯的渎神之罪。这种境遇类似于一千多年后的哥白尼，不能不说是科学史上的一个悲剧！

然而，恒星视差观测不到，地球上垂直上抛的物体也不落到偏西的某一点而总是落到原处，这形成反对日心说的两大理由。阿里斯塔克斯无法驳倒，连几百年后的哥白尼也未能驳倒。恒星周年视差要等到 1838 年才能观测到，后一问题的解决要等到伽利略运动相对性原理被认定以后。阿里斯塔克斯用恒星遥远来解释观测不到恒星视差，但这不符合希腊人认为天体间的距离应用简单数比的宇宙和谐观念。把地球与行星同等看待，也违背了人们普遍接受的天地迥然有别的见解。他没有把自己的体系发展得很详细，使之可以用计算和制定量表，解释太阳、月亮和火星的运动，因而没有对古希腊天文学的发展产生影响。因此，阿里斯塔克的天才猜测没有得到人们的重视，就被轻易地抛弃了。

古希腊人同中国和其他文明古国一样，早就注意到了天空繁星的运行情况，有几颗星的运行轨道相当复杂，但有一定的规律性，它们被称为"行星"，意思是游荡者。古希腊的唯心主义哲学家提出了著名的柏拉图问题：用什么样的匀速圆周运动才能拯救行星运动不规则的观察现象。匀速圆周运动在当时被认为是最完美的运动，匀速圆周运动后来被视为柏拉图公理。但这个公理不是来自观察，而是来自毕达哥拉斯思辨的哲学，是无需经验检验的。匀速圆周运动的组合要符合天文学观察的数据，所以这个问题被科学哲学界称为"拯救现象"。

古希腊人对柏拉图问题给出各种各样的解释，从体系上讲主要是地心说，但也有阿里斯塔克的日心说，还有太阳、月亮绕地球转，行星绕太阳转的学说，几乎后人能想到的一切体系古希腊人都想到了。

从托勒密在公元 2 世纪建立地心说到哥白尼重建日心说，地心说一直居于主导地位，在西方统治长达一千多年。托勒密的地心体系在具体结构上用的是均轮、本轮、偏心等距点结构，阿波罗尼在公元前 3 世纪在研究圆锥曲线的基础上，最先提出本轮和均轮的学说，公元前 2 世纪衣巴谷引入偏心点，偏心等距点则是托勒密的首创。

让我们再思考一下托勒密的天体结构的描述：地球是静止不动的，天体绕地球运转，地球以外的顺序是月亮、水星、金星、太阳、火星、木星、土星，最后是恒星天体。对行星的运行描述为：以 O 为圆心作一个大圆，称为均轮，地球并不位于大圆的圆心 O，而在偏心点 E 上，与 E 点相对找到一个对称点 C，C 点称为偏心等距点，在大圆上有一点 P，以 P 为圆心作一个小圆称为本轮，行星 Q 在小圆上作匀速圆周运动，P 在大圆上作绕 C 点的角速运动，如果这样的描述还不精确，可以在本轮上加上二级本轮。

托勒密建立地心说的基本思路和方法是：对由实际观测得来的数据进行数学概括，抽象出一个模型，构成明确的几何图像，然后用演绎法从模型中预言天象。若这些预言被新的观测证实，就表示模型成功，否则就修改模型。按照这种思路和方法，托勒密建立了人类历史上第一个科学的宇宙结构模型。尽管天文学在几千年发展中有很大改进，但最基本的思路与方法仍是托勒密采用的这种思路。从哥白尼日心说到现代宇宙学的各种结构模型也是这种方法的继承与发展。

尽管托勒密地心说并不反映宇宙的实际结构，但它却能用一种几何结构或数学图解较合理地解释当时所观测到的行星运动情况，它正确地说明了月亮、地球的运动，相当准确地确定了月亮同地球的距离，在当时的观测水平上还准确地预见行星在任何时刻的运动位置，不仅在当时具有进步意义，而且延续了一千多年也还有效，由此可见，尽管地心说的前提假设不正确（地球是宇宙中心），但其本身所运用的方法却具有内在的科学价值。

由于人类生活在地球上，地心说同人们日常观察现象接近，在文明的初始阶段，人们容易接受地心说是完全能够理解的，因为自然界早于人类而存在，人类早于自然科学而存在，人们面对的是复杂的自然界，在早期认识过程中犯这样那样的错误是自然而然的事情，这是与当时的社会历史背景和科学条件及实践水平相适应的。现在的我们没有理由去苛求古人。

地心说之所以在西方统治一千多年，主要是由于它同基督教教义相符合，神学家托马斯阿奎那以亚里士多德-托勒密的地心体系为基础建立了基督教神学自然观的天体观，而阿奎那的经院哲学体系又被罗马教皇指定为教会官方的正统哲学。这样，托勒密的地心说一方面得以以宗教为社会载体广为传播；另一方面，地心学说从此以后就成为基督教神圣不可侵犯的宗教信条。在当时教会占统治地位的千年黑暗时期，科学变成了神学的婢女，判断自然科学的标准不是科学实验而是《圣经》的言论和经过修改的权威的错误言论，这就是地心说之所以能在当时被人们接受的主要原因。

虽然有权势的教会在一个时期内可以改变自然科学真理的标准，但它无法改变天体运行的客观规律，任何权势都不可能改变客观规律。到了 16 世纪，随着观察手段的不断进步,精确度也不断提高,人们发现了大量"错识和反常"的现象,之所以是错误和反常的,那是因为观察的结果与地球是宇宙不动的中心这个命题相违背。为了做出清晰而正确的解释,人们不得不加进二级本轮以修正托勒密体系,结果使其变得非常复杂,修改过的体系需要 80 多个圆。这与当时信奉的简单性原则不符,于是就有人讲,要是上帝创世时同他商量一下,上帝就不会把宇宙造得这样复杂。当然,天文误差有积累效应,宗教也需要新的方法。

此外,由于文艺复兴迫使宗教改革,教会势力被削弱,科学的革命即将发生,而天文学就成了第一个突破口。正是在这种背景下,产生了近代哥白尼的日心说,赢得了科学史上的"哥白尼革命"的称谓。

2. 哥白尼的日心说

哥白尼是一个天主教徒,而且是一个神父,除了做好本职工作外还给人治病。哥白尼在教会学校毕业后上了克拉夫大学,当时以意大利为中心的文艺复兴运动已波及这里,人文主义与经院哲学的斗争已相当激烈,哥白尼开始受到人文主义思想的熏陶。在文艺复兴运动的影响下,克拉夫大学的自然科学已有一定的基础,以古希腊天文学为基础的近代天文学已处于孕育之中,哥白尼开始研究他喜爱的天文学,15 世纪末,哥白尼来到了文艺复兴发源地意大利,结识了天文学家诺法拉。诺法拉具有丰富的观测经验,发现观测值与托勒密的数据不一致,并且他也是一位坚定的毕达哥拉斯主义信奉者,他坚信宇宙体系绝不像托勒密体系那样繁琐,可以用简单的数学关系表示出来。正是诺法拉的这种思想倾向与科学风格影响了哥白尼,哥白尼开始系统地研究古希腊天文学史。1509~1539 年,经过 30 多年的不懈努力,哥白尼终于完成了系统地阐述他的新宇宙体系的科学巨著——《天体运行论》。

《天体运行论》共有六卷,其中第一卷中阐述了关于日心说的思想体系。

首先,哥白尼明确指出地球不是宇宙的中心,只有太阳才是宇宙的中心。

其次,哥白尼在《天体运行论》中真实地揭示了地球在宇宙中的地位及其运行规律,因为只有在揭示地球在宇宙中的真实地位和论证地球运动规律的基础上,才能科学地说明太阳和行星的视运动现象,即以地球的运动才能证实太阳是宇宙的中心。哥白尼指出地球绝非宇宙的中心,它不过是一颗行星,而地球本身也有三种运动:一是地球本身环绕地轴的周日自转运动,由于地球自转是一种从西向东的旋转运动,所以太阳和整个宇宙背景表现为从东向西的旋转运动;二是地球以太阳为中心的周年公转运动;三是地轴本身的回转运动。正是在地球运动规律的基础上,哥白尼对日心说体系作了科学的论证。

再次,哥白尼真实地揭示了月球的位置,指出月球不是一颗行星,而是地球的一颗卫星。按照他的说法,地球还有一个侍从——月亮。

最后，哥白尼在《天体运行论》第一卷第十章中科学地揭示了各种天体的序列，建立了一个完整的以太阳为中心的新的宇宙体系：在宇宙体系中，太阳处在宇宙的中心，普照着整个宇宙天体；离太阳最近的是水星，第二层是金星，第三层是地球，第四层是火星，第五层是木星，第六层是土星，最后一层是恒星天层。恒星都聚集在这一天层上，它本身是不动的。它只是其他天层位置和运动必须参考的背景。

哥白尼为假定地球有三种运动：地轴上的周日自转运动；环绕太阳的周年运动；用以解释二分岁差的地轴的回转运动。在《天体运行论》中提出天体运动必须满足以下几点：①不存在一个所有天体轨道或天体的共同中心；②地球只是引力中心和月球轨道的中心，并非宇宙的中心；③所有天体都绕太阳运转，宇宙的中心在太阳附近；④地球到太阳的距离同天穹高度之比是微不足道的；⑤在天空中看到的任何运动，都是地球运动引起的，地球的运动足以解释在天空中见到的各种现象，如行星向前和向后运动。

日心说作为一个学说，在证明地球围绕太阳转的同时，也存在错误：太阳并非宇宙中心，而是太阳系的中心；地球并非是引力的中心，天空中看到的任何运动，不全是地球运动引起的；地球和其他行星的运行轨道是椭圆运动而不是圆周运动。当然，哥白尼提出日心说思想的出发点可能是为了追求真理或实用，他力图消除托勒密的变革，去掉偏心等距点，回到柏拉图问题。他在《天体运行论》出版前写的《纲要》一文，就是从批判托勒密的偏心等距点开始的：托勒密和其他大多数天文学家的行星理论虽然与数据符合，但还是遇到不少困难，因为这些理论是不充分的，除非再引用偏心等距点的概念，而这样一来行星就既不是在它们的均轮上，也不是绕本轮的中心作匀速圆周运动，因此，这样一类体系似乎既不是完全绝对的，也不能十分令人满意。

3. 日心说与地心说的异同

由于托勒密先前对日心说进行过批驳，哥白尼在重建日心说时不得不对地心说进行反批驳。对托勒密的第一点批驳，哥白尼试图用惯性定律证明，但失败了。对于第二点，哥白尼以恒星离得非常遥远进行反驳，认为让巨大天体运动起来更困难。今天看来非常合理，但当时则显得非常无力，因为天体是由以太组成的。总的来说，哥白尼学说在物理学方面不占优势，但在另一方面的批驳却相当有力。根据亚里士多德物理学，地球是由卑贱的土、水、气、火四种元素组成的，而天体则是由高贵的以太组成的，地心说要求卑贱的地球不动，高贵的永恒的天体绕地球转动，而这同亚里士多德的"贵静贱动"的哲学思想相矛盾。

哥白尼学说与托勒密学说相比，在天文学上处于明显优势，其优势表现为以下三点。

第一，日心说比地心说更简洁明了。从相对运动的角度考虑，对地心说必须将球的绕日运动和自转分别加在所有的行星上，在相同的精度下，其数学描述必然复杂。

第二，日心说比地心说的内部运行更和谐了。在日心说中，水星和金星比地球离太阳近。但在地心说中，水星、金星和太阳哪个离地球近是不可能决定的。在日心说中，行星运动的周期同行星到太阳的距离有一个单调增加的关系。这个关系后来被开普勒发现并用数学表示出来。

第三，哥白尼体系把宇宙的原动力从宇宙的边缘移到了宇宙的中心，而在托勒密体系中，原动力在外层，有一个"不动的推动者"——上帝，上帝在最高天层上统治着整个宇宙。哥白尼把原动力改为了太阳，"在这华美的殿堂里，太阳坐在宝座上率领它周围的星体家族"。开普勒甚至将太阳、行星及周围的空间比作基督教三位一体的圣父、圣子和圣灵，对它们做出了数学-物理学的解释。

概言之，尽管托勒密地心说有错误的一面，但它与当时的社会历史背景、科学技术条件和实践水平相适应，是建立在长期观察和几何学基础上的。托勒密建立了人类历史上第一个科学的宇宙模型，哥白尼采用的方法都可以看作是托勒密方法的继承和发展。哥白尼的唯一区别是他运用了球面三角学。哥白尼只是把地心说改成了日心说，仍然认为宇宙是有中心的、有限的。这种观点现在看来未必正确。

4. 日心说的科学思想意义

哥白尼的功绩主要是首先给予宇宙的地心说以一种明晰的和系统的批判，而且摧毁了那种牢不可破的见解和目视的幻觉——地球是中心且不动。这是他的理论最具有革命的地方，别的方面他和他的前人一样，仍然坚持一切唯美的和哲学的偏见。他也像古人一样相信有一个球形的小宇宙、圆周轨道和等速运动，但这些假设不能说明观测数据，于是，他不得不再引入他已经从托勒密体系抛弃了的偏心圆和本轮等概念来作解释。他甚至还主张亚里士多德的物质天球论，在他看来，中央的太阳仅仅是具有光照的作用，而重力不过是仅足以维持各个天体内部的结合力罢了。

换言之，哥白尼对于科学的伟大贡献只是把天文学从地球静止的观念中解放出来，进而促进了以后天文学的发展，至于他对天体运行的解释，并不比托勒密高明许多，因而在当时并不算有什么进步，特别是他的理论里还混淆有许多不正确的、非科学的见解。它的主要意义在于它的社会价值方面的开拓性，即所谓的"哥白尼革命"，其科学意义主要体现在三方面。

首先，哥白尼学说拉开了科学反对神学、争取自由斗争的序幕。斗争的焦点就是判断自然科学真理的标准。如果坚持《圣经》中天启真理作为判别标准，自然科学永远不会发展，哥白尼的日心说永远得不到承认。科学要发展，就首先必须将判别自然的科学真理标准建立在科学实验的基础上，而不是任何宗教权威或学术权威的权势。

其次，对于科学本身来说，《天体运行论》的问世有如科学在神学的后院燃起了大火，标志着近代科学开始了独立的伟大斗争。因为日心说认为上帝并不是万物的造物主，宇宙并不是上帝创造的，科学本身也不需要借助上帝才能存在。只要客观地探索物质世界的本来面目与性质，科学本身就能独立向前发展。从这个意义上来说，《天体运行论》确实是近代科学的开端。

最后，哥白尼日心说对当时宗教神学的影响有两种不同的看法，有些物理史学家认为，哥白尼体系把地球从宇宙的中心降到普通行星的地位；另一些人则认为，哥白尼学说恢复了地球作为一个行星的公民权，后一种学说显然是提高了地球的地位。在亚里士多德物理学中，宇宙并不是什么神圣的地方，而是卑贱的元素聚集之处。甚至可以说，人们生活之处离地狱非常近，而离天堂却非常远。在哥白尼时代，亚里士多德的学说已变成了基督教正统的理论基础。还有一些人认为，哥白尼学说提高了地球的地位，有些人由于不了解亚里士多德学说而认为哥白尼学说降低了地球的特殊地位。但有一点是肯定的，那就是有教养和有基督教信仰的人普遍认同：《圣经》不可能教导人们认识天体的运行，天体运行规律同教父们按《圣经》教义讲的并不一样。这样，他们开始怀疑《圣经》的天启真理是什么？是真的吗？哥白尼的学说的积极作用在于它使一些人开始对《圣经》作理性思考，而不再一味地对其盲目崇拜。

5. 日心说的后期发展

哥白尼之后，日心说得到进一步的完善与发展。天文学家布鲁诺应该是对此做出修正的第一人。他在对哥白尼的日心说做出重要修正和重要发展的基础上，建立了近代天文学的最初宇宙理论。哥白尼认为太阳是整个宇宙的中心，但意大利哲学家和科学家布鲁诺一方面积极支持哥白尼的日心说，另一方面对某些观点此持不同意见，他在《论无限、宇宙与众多世界》中提出，不仅地球不是宇宙不动的中心，就连太阳也不是宇宙的中心，它只不过是太阳系的中心；太阳同其他恒星一样，只不过是宇宙中的一颗普通恒星，与其他恒星并无不同之处；在地球与太阳之外还有无数的世界，所谓的"原动力天层"和作为宇宙边界的"恒星天层"只是人为的虚构，根本就不存在；宇宙是无限的，既无固定的中心，也无绝对的边界；至于地球，只不过是太阳系的一颗普通行星，对于整个宇宙来说，地球只不过是宇宙中的一颗微小尘埃。布鲁诺还推测到地球绝不是宇宙中唯一有人居住的星球。在别的星系中，也一定存在同地球一样有人居住的星球。这样，布鲁诺就从根本上否定了哥白尼的太阳中心说，并且指出整个宇宙根本就没有中心，提出宇宙无中心的思想。

譬如，哥白尼认为恒星天层是宇宙的最外天层，是宇宙的边缘，因此，他同托勒密一样，都认为宇宙是有限的。而布鲁诺的宇宙观认为，既然宇宙没有中心，那也就一定没有边缘，而一个没有中心没有边缘的宇宙，必定是一个无限的宇宙。这就是布鲁诺提出的"宇宙无限论"。现在看来，这种宇宙观具有"革命性"的意义，现代宇宙学的某些观点与它在某些方面也是不谋而合的。以此为基础，布鲁诺进一步论证了宇宙的物质统一性。他认为无限的宇宙实际不过是一个无限的物质世界。尽管形式变化无穷，彼此相继，但这种形式总保持着同一种物质。布鲁诺之所以能提出这样的宇宙理论，与他带有思辨色彩的唯物主义哲学的影响是分不开的。

很显然，布鲁诺建立了比哥白尼的日心说更为彻底的宇宙观。因此，他不仅从宇宙观念上推动了天文学革命的发展，而且从宇宙观上对神学自然观进行了更为彻底的革命。可以说，他的宇宙无中心论从根本上击垮了上帝创世说的最后防线。他的宇宙无限模式对于神学自然观曾赖以依托的宇宙有限论而言，无疑也是自然观上的一次大革命，它从自然观上进一步摧毁了上帝存在的理论依据。布鲁诺宇宙论在自然观上的彻底革命，除了宇宙无中心论外，更为重要的是，他所提出的宇宙本身是一个"能生的自然的理论"，把产生万物的宇宙称为"能生的自然"，宇宙产生的万物称为"派生的自然"，前者为因后者为果，宇宙本身就是二者的统一。布鲁诺的这种自然观，由于从哲学与科学的结合上彻底否定了上帝创世说的理论依据，所以具有更强烈的革命意义。

然而，由于哥白尼的日心说存在着实验基础不够完备、数理基础不够完善这样两个局限，所以哥白尼之后，天文学革命出现了两种新趋势：一是观测天文学迅速发展，其代表人物是丹麦天文学家第谷。二是数理天文学迅速发展，其代表人物是德国天文学家开普勒。第谷由于家庭的影响有很深的神学信仰，他对托勒密的地心说十分崇信。同时，他对哥白尼日心说也十分赞赏，认为哥白尼的日心说是一个"美妙的几何结构"。由于他的这种极其矛盾的思想倾向，他力图调和这两种对立的宇宙体系，进而调和科学与神学的矛盾，最终提出了一个折中的宇宙体系——五大行星绕着太阳转，太阳、月球绕着地球转。表面上这是一个折中体系，即太阳和地球的双重中心体系，但实质上是托勒密地心体系的翻版，与哥白尼日心说相比，这种折中的宇宙体系无疑是一个历史的倒退。但第谷的天文观测成就是令人惊叹的。第谷在理论方面的失足确实令人遗憾。由此可见作为一流的科学家既要有实验观测才能又要有理论思维的头脑。

开普勒是第谷的助手，也是哥白尼学说的拥护者，以数理思维见长。他坚持采用哥白尼的日心体系作为数据分析的理论基础，对第谷留下的大量观测资料进行数理分析，惊奇地发现地球轨道并不是正圆轨道，而是椭圆轨道，行星运动是椭圆轨道上的不匀速运动。他的主要功绩在于发现了行星运动三定律：第一定律是每一个行星都沿一定的椭圆的轨道绕太阳运行，而太阳处于椭圆的一个焦点上；第二定律是从太阳到行星所连接的直线在同等时间内扫过同等的面积；第三定律是行星公转周期的平方等于它的对日平均距离的正方。他将行星运动三定律用作行星视运动的解释和计算。哥白尼曾用了34个正圆都无法说清的问题，开普勒只用了7个椭圆就作了成功的解释。开普勒是一位真正的毕达哥拉斯主义信徒，他的三定律实现了毕达哥拉斯的数的和谐的思想。开普勒同时是一位基督教信徒，他本人也承认，在哥白尼体系中，存在一种神秘地证明了三位一体的"灿烂的和谐"。有三种东西处于静止状态：太阳对应于主圣父，恒星对应于基督圣子，中间空间对应于圣灵。开普勒在具象世界的完美的几何结构中寻求上帝的计划和天地万物的目的，而几何结构正是上帝观念在可见宇宙中的真实反映。

开普勒行星运动三定律的发现是对哥白尼日心说的重大发展，不仅初步克服了哥白尼学说的历史局限，而且把哥白尼日心说建立在完善的数理基础上。从数学基础上摧毁了托勒密的本轮-均轮体系，从而根本上彻底摧毁了托勒密的地心体系。然而，行星运动三定律的最大科学意义在于它为天体力学的诞生奠定了直接的科学基础。恩格斯对开普勒给予很高的评价：被德国饿死的开普勒是现代天体力学的真正奠基者，而牛顿万有引力定律已经包含在开普勒三定律中，在第三定律中甚至明确地表现出来了。

还有一位不得不提及的代表性人物是近代科学的奠基人伽利略。他是一位自然语言（数学）使用的大师，他本人也成为近代自然科学的标志。因为正是伽利略，最终把物理学语言从因果性和定性改为定量、测量、实验和数学描述。在当时宗教统治一切的情形下，他公开宣称支持哥白尼的日心说，并为日心说奠定了直接的理论基础——运动力学。伽利略极力主张科学家要通过设计实验来检验假设，他本人设计并制作了天文望远镜，并借此最早发现了木星的卫星和金星的位相，以及太阳黑子及其活动。他的这些发现表明：地球围绕太阳运转，太阳本身也处在自转中，它只不过是宇宙中一颗普通的恒星。伽利略第一次为哥白尼的日心说提供了直接的实验证据，而哥白尼的日心说也因此第一次在实验观察中得到证实。人们称伽利略为"天上的哥伦布"，他推动了从哥白尼开始的近代天文学革命的深入发展。爱因斯坦曾评价伽利略的发现，以及他所用的科学推理方法，是人类思想史上最伟大的成就之一，而且标志着物理学的真正开端！

概言之，哥白尼无疑是一位伟大的天文学家，近代物理学的先驱，但如果没有后人对日心说的发展与完善，哥白尼也许会成为另一个阿里斯塔克斯。日心说作为一种科学假说，也必须通过后人进行大量的实验论证才能得到确证，它也有其局限性与不足，必须靠后人在原有基础上继续开辟前进。日心说的最大功绩在于它为科学的独立发展扫清了道路，开创了近代科学的先河，突破了旧传统、旧观念，确立了新思维、新观念，发动了一场"哥白尼式"的思想革命。

二、血液循环思想

血液循环，就是指血液在心脏和血管所组成的管道里沿一定线路、一定方向不停地循环运动。心脏和血管共同组成了血液循环系统。人体通过血液循环，把氧气和营养物质送往全身各处的细胞，供它们维持生命活动所用；同时，又把细胞代谢中产生的二氧化碳和废物运到肺肾和皮肤，排出体外。血液循环系统是人体实现其生理功能的重要系统之一，人类对它的认识，经历了一个曲折而复杂的过程。

1. 盖仑的猜想

盖仑（C. Galen）于 129 年[①]出生于小亚细亚的帕尔加蒙，即今土耳其的贝加莫。他早年受过良好的希腊文教育，17 岁开始学医，曾经游历过亚历山大里亚的医科学校。盖仑 27 岁时，被任命为斗技场的外科医生。168 年被召为罗马皇帝的御医，从此定居罗马，直到约 200 年去世。

盖仑所处的古罗马时期，医学被认为是一门实用的学问，因此相对受到了重视。在当时的罗马，盖仑是最著名的医学家和解剖学家。他一生写了 20 多卷著作，每卷大约有 1000 多页，其中《论解剖过程》和《论身体各部器官功能》是他的代表作，阐述了他自己在人体解剖和生理上的许多发现。

盖仑是一个敏锐的观察者和实验家，他的医学与他的哲学思想密切相关。他认为，一切都是由上帝决定的，人体的构造也是上帝为了一个可理解的目的形成的，坚持四元素说和四质说。他的医学学说同原子论者及他们的追随者的机械观点相反，认为人体各部分贯注有不同种类的灵气（spirits）或元气。按照他的观点，人体有三种重要器官：一是肝脏，它是静脉的发源地，所产生的自然灵气（natural spirits）存在于所有生物机体和生长媒介中；二是心脏，它是生命灵气（vital spirits）的居所，负责身体的运动和肌肉的活动；三是大脑，它是动物灵气（animal spirits）的中心和神经系统的器官，神经既起源于脊髓，也起源于大脑。也就是说，肝脏是有机生命的源泉，是血液活动的中心；已被消化的食物由肠道被送入肝脏；乳糜状的营养物在肝脏转变成深色的静脉血，并和自然灵气混合，得到富于营养的物质。而带有自然灵气的血液从肝脏出发，沿着静脉系统分布到全身。血液将营养物质送至身体各部分，并随之被吸收。肝脏不停地制造血液，血也不停地被吸收，而不作循环运动。

[①] 关于盖仑的生卒年月有两种说法：一种说法是 128~201 年，另一种说法是 129~199 年。此处采用第二种说法。

在盖伦看来，心脏右边是静脉系统的主要分支。从肝脏出来进入心脏右边（右心室）的血液，有一部分至右心室进入肺，再从肺转入左心室；另有一部分可以通过所谓心脏间隔小孔而进入左心室。凭借心脏的热力，这些血液获得了生命灵气，成为颜色鲜红的动脉血。带有生命灵气的动脉血，通过动脉系统分布到全身，使人能够有感觉并进行各种活动。有一部分动脉血经动脉而进入大脑。在大脑中，这种活力血液生出动物灵气。动物灵气是纯粹的，不和血液混合，它能沿着神经流动，从而使人有表象、记忆和思维的能力。他的最重要发现是在活的动物中，左心室和动脉输送的是血液而不是空气。盖伦已经意识到，心脏像泵一样工作，心脏中充满了血。那么血液是如何从心脏的一侧流向另一侧呢？他认识到瓣膜的作用，也知道了三尖瓣允许血液进入右心室，但阻止它倒退到右心房和腔静脉。值得一提的是，盖伦还认识到了冠状血管，知道右心室的血液不会被心脏自身用完的。空气中的元气通过呼吸进入身体，从肺脏到肺静脉空气又进入左心室并与静脉血液混合在一起产生生命灵气。心脏收缩会把生命灵气压入大动脉，并把血液推回到肺中。在盖伦看来，血液如同潮涨潮落，静脉与心脏一起收缩，心脏舒张是一种积极的扩张活动，所需的所有血液都在左心室。"他的关于人体功能的一般理论在哈维发现血液循环以前，一直盛行不衰。盖伦认为，血液是食物在肝脏内变成的，然后就和'天然元气'（'natural spirits'）混合，得到富于营养的性质。一部分血液经过静脉管流入身体各部，并经过同一条道路再流回心脏，像潮汐那样涨落不已。"①

盖伦的学说在医学和生物学史上产生了很大影响。"这个生理学体系距离真理当然是很远的，虽然就盖伦的知识来说，它是惊人的巧妙而成功。不幸的是，在世人眼中，盖伦的学说竟比他的自由的探讨精神更为重要，所以，在文艺复兴之后，他的权威才把生理学的道路堵塞了，直到哈维鼓起勇气把它抛在一边为止。"② 在欧洲，一千多年来他都是医学上的权威。但是，盖伦的理论也有许多错误。例如，他说心脏间隔上有小孔，血液能够通过小孔，往返于心脏左右两边。这纯粹是他的猜测，实际根本不存在。盖伦的许多解剖学和生理学都是建立在错误的假设和结论基础上的。人们发现，盖伦的某些错误之所以产生，是由于他所解剖的对象主要是狗而不是人。这是因为当时的社会禁止人体解剖，盖伦只能通过解剖各种动物来推测人体构造。他的生理描述往往是脱离了实际，而屈从于宗教神学的需要。盖伦对后世的影响，正如英国科学史家丹皮尔所评价的那样，"盖伦所以享有盛名并影响医学界达一千五百年之久，并不是他的真正伟大

---

① W.C. 丹皮尔：《科学史及其与哲学和宗教的关系》（上、下册），李珩译，北京：商务印书馆，2001 年，第 115 页。

② W.C. 丹皮尔：《科学史及其与哲学和宗教的关系》（上、下册），李珩译，北京：商务印书馆，2001 年，第 116 页。

的观察和实践,也不是由于他的医术高明,而是由于他从这些观点中用论证的方法十分微妙地推出一些教条,并权威地加以阐释。他的有神论心态既能吸引基督教徒,又能吸引伊斯兰教徒,也是他的影响巨大而持久的一部分原因"。还说,"在世人的眼中,盖仑的学说竟比他的自由探讨精神重要。所以,在文艺复兴后,他的权威才把生理学道路堵死了"①。后人为了消除盖仑在解剖学、生理学上的错误影响,进行了艰苦的斗争。

2. 哈维对血液循环的发现

由于宗教上的原因,反对人体解剖的偏见,在欧洲流行颇久,人体解剖工作长期受到阻挠。直到 13 世纪,盖仑与其阿拉伯注释家的著作出现后,人们才重新开始研究解剖学。但与此同时,盖仑关于人体构造的学说得到了教会的认可,并成为学术界的权威。因为盖仑的学说主要基于对动物的解剖,存在很多错误,所以亲自动手解剖人体的生理学家就与维护盖仑学说的宗教产生了冲突。在当时,向宗教神学发起冲击的有三位人体解剖学勇士,他们是维萨里(A. Vesalius)、塞尔维特(M. Servetus)和哈维。

维萨里于 1514 年 12 月出生于比利时布鲁塞尔的一个医生世家。1533 年,维萨里进入巴黎大学医学院学习。毕业后到意大利帕多瓦大学任教,主要讲授盖仑医学。盖仑是根据狗和猴的解剖来阐述人体结构的,认为人的心脏只有两个腔。达·芬奇通过对 70 多具人尸体的解剖已经发现心脏有四个腔,对盖仑医学提出过质疑。达·芬奇以后,帕多瓦大学的教授明确反对盖仑的观点。维萨里更是以事实来说明真理,打破了解剖学教授只动口不动手的习俗②,亲自为学生示范解剖过程,并向学生展示人体的每一部分、每一器官。

在大量解剖的基础上,维萨里于 1543 年,即哥白尼出版《天体运行论》的那一年,出版了他的伟大著作《论人体构造》。在这本书中,维萨里用一个精确的示意图来表现自己处理过的一些人体结构,有力地批驳了宗教宣扬的人体内存在复活骨,以及男人肋骨比女人少一根的胡说。他指出,人体内不存在什么永不毁坏的复活骨,男人和女人的肋骨数是相同的,即都是 24 根。由于维萨里的医学实践否定了宗教的一派胡言,他在帕多瓦大学遭到了猛烈的攻击,不得不于 1544 年离开帕多瓦大学,移居西班牙,当了西班牙王室的御医。然而,维萨里的敌人还是没有放过他,他们诬告他搞活人人体解剖,宗教裁判所立即判处他死刑。由于西班牙王室的干预,死刑改为流放耶路撒冷朝圣。

---

① W. C. 丹皮尔:《科学史及其与哲学和宗教的关系》(上、下册),李珩译,北京:商务印书馆,2001 年,第 115 页。

② 在文艺复兴之前,学者们从不主刀,主刀任务都是由理发师承担,而且主要目的是证明盖仑医学的正确性。

维萨里通过自己动手解剖已经发现盖仑关于左心室与右心室相通的观点是错误的，但他没有猜测到全身的血液是循环的。他在巴黎大学的同学塞尔维特朝发现血液循环的道路上迈出了第一步。

塞尔维特于1511年出生于西班牙的纳瓦拉，曾在巴黎大学学习，并在那里结识了维萨里，两个人成为至交。据说，他曾和维萨里一道私下进行人体解剖研究。塞尔维特通过研究发现了血液的肺循环：血液并不是通过心脏间的隔膜由右心室直接进入左心室，而是经肺动脉进入肺静脉，与这里的空气相混合后进入左心室。这一发现通常称为"小循环"，它是导向全身循环的重要步骤。他还批判了盖仑的"三灵气"说，认为人体如果有灵气的话，也只有一种活力灵气。塞尔维特的这些发现首先发表在1553年秘密出版的《基督教的复兴》一书中。他曾经指出，它（灵气）是由吸入的空气和从右心室向左心室的精细血液在肺中混合而成的。这种流动不像一般所认为的那样经过心脏的中隔，而是有一种专门手段把精细血液从右心室驱入肺中的一条直通道，并从肺动脉注入肺静脉，在这里它同吸入的空气相混合，并且在其膨胀时被左心室吸入，这时它就真成为灵气了。

《基督教的复兴》主要是一部宣传唯一神教的著作。唯一神教是当时天主教和新教的共同敌人。该书一出版，就遭到了新旧两教的反对。新教说塞尔维特是异端，旧教说他比新教还厉害。于是，宗教裁判所立即将塞尔维特逮捕并判处火刑。第一次执行时塞尔维特逃跑了，只烧了一个象征性的稻草人。但不久他在日内瓦被新教领袖加尔文抓住。这位狂热的新教徒当年在巴黎时就是塞尔维特的论敌，这次落入他的魔掌更是凶多吉少。果然，塞尔维特于1553年10月27日被送往活刑场，脖子上还带了渍有硫磺的花环，并挂有他的《基督教的复兴》一书。加尔文教在执行火刑时先活活烤了他两个钟头。塞尔维特就这样为真理而献身了。他未完成的事业由哈维继承下来。

哈维于1578年4月生于英国肯特郡（Kent）福克斯通（Folkestone）的一个富农之家。他在冈维尔（Gonville）和剑桥的加伊斯（Caius）学院学习后，到外国游历了5年，大部分时间在世界上最大的医学院——意大利的帕多瓦大学医院。哈维留学期间，伽利略正在帕多瓦大学执教。这位近代实验科学大师所倡导的实验-数学方法和力学自然观，影响了物理学之外的许多科学领域，哈维也受益匪浅。他认识到，无论是教解剖学还是学解剖学，都应该以实验为依据，而不应以书本为依据。哈维24岁时回英国开业行医。他医术高明，据说培根也经常找他看病。行医之余，哈维还从事解剖学研究。他特别对心血管系统进行了细致的解剖学考察。

哈维凭借机械论的思维方式首先研究了心脏的结构和功能。他发现心脏每边实际仍分为两个腔，上下腔之间有一瓣膜相隔，它只允许上腔的血液流到下腔而不允许倒流。现在我们称上腔为心房，下腔为心室。大动脉与左心室相连，静脉与右心房相连，而肺动脉和肺静脉则将右心室和左心房连通，形成小循环。他还发现，心脏是一块中空的肌肉，不停地作收缩和扩张运动，收缩时将血液压出去，扩张时将血液吸进来。心脏的结构表明，它只能吸收来自静脉的血液，也只能将血液压入动脉。哈维还指出，人的左心室容量约为两盎司（英两）①，以每分钟心脏搏动72次计算，每小时由左心室流入主动脉的血流量为8640盎司，这个数字相当于人体重量的三倍。人体无论如何也不可能吸收这么多的血液。由于体内的血液是单向流动的，这样多的血液是从静脉来的，而肝脏在这么短的时间内也绝不可能造出这样多的血液来。于是他做出推断：血液一定是设法从动脉流到静脉，然后再回到心脏。哈维指出："如果我们拿每一次心脏跳动所送出的血液数量与半小时内心脏跳动的次数相乘，我们就可以发现在这个时间内心脏所输送的血量，与全身所有的血量一样多。他于是推断说，血液一定是设法从动脉流到静脉里，然后再回到心脏……"②

此时，哈维开始考虑是不是有一种循环的运动。后来他发现实际情况就是这样。最后他看到靠左心室的作用流入动脉的血液被分配到全身和身体各部分，正像靠右心室的作用流入右肺动脉管的血液流经两肺一样。然后，它经过静脉管，沿静脉回到左心室，像上面说过的那样。这样的运动他称为血液循环。

为了用实验检验血液循环这一思想，哈维采用了活体解剖法。他剖开一条蛇来观察其血液在心脏和血管中的活动情况。根据血液循环思想，若扎住静脉，血液便不能流回心脏，心脏就该变空变小；若扎住静脉，心脏就会排不出血液而涨大。他用镊子紧紧夹住蛇的静脉，蛇心脏马上变小变白，一松开镊子心脏又立即充血；再用镊子夹住蛇的动脉，心脏就变大变紫。这个实验证明了血液确实是作循环运动的。在哈维看来，这种血液大循环系统就像是一种大型的机械系统，它由许多管道构成，并连接到一个泵，这个泵就是心脏。这就是心脏的"泵隐喻"。

1628年，哈维终于出版了《心血运动论》这部人体生理学史上划时代的巨著，阐明了他的血液循环理论，把物理和化学的概念引入生物学，宣告了生物学新时代的到来。哈维尽管也批评和否定了盖仑的某些错误，也无视宗教设置的清规戒律及经院哲学的信条，但他并没有遭到维萨里和塞尔维特那样的麻烦，主要是得益于国王的支持和庇护。

3. 马尔比基对血液循环理论的完善

哈维虽然推断血液一定是从动脉流到静脉，但限于当时的技术条件，他对血

---

① 1盎司=31.1035克。
② W. C. 丹皮尔：《科学史及其与哲学和宗教的关系》（上、下册），李珩译，北京：商务印书馆，2001年，第201页。

液如何从动脉流到静脉并不十分清楚。他当时认为，动脉中的血液是通过肌肉中的微小空隙流向静脉。还有人认为动脉把血液输送到肌肉中去，再由静脉从肌肉中把血液收集回去。肌肉被认为是一种无结构的主质（parenchyma）。这些说法都是一种宏观的想象。一直到马尔皮基（M. Malpighi）把新发明的显微镜应用到生理学上的时候，真正的机理才被认识清楚。

马尔皮基是意大利人，他早期从事的工作是用显微镜研究青蛙的肺。1661年，他在一个青蛙的肺上发现动脉和静脉之间有十分纤细的血管连接着。后来，他又在蛙的其他部位发现了这种十分纤细的血管。这些血管用肉眼看不见，但在显微镜下清晰可见。这些血管就是我们今天所说的"毛细血管"，正是它们将我们身体各处的动脉和静脉相连通。马尔皮基说："于是感官明显告诉我们，血液在弯弯曲曲的管中流动，不是倾注于空间，而总是装在小管子中。血液所以能分散于周身是由于血管的多重弯曲的缘故。"① 毛细血管的发现解决了哈维血液循环理论中的一大遗留问题。正如丹皮尔所说："哈维证明血液穿过组织流动，马尔皮基发现组织是什么，血液怎样在其间流动。"② 可惜的是，此时哈维已经去世了。

现在我们知道，血液循环分为两种：体循环（大循环）和肺循环（小循环）。肺循环的线路是：右心室→肺动脉→肺中的毛细管网→肺静脉→左心房；体循环的线路是：左心室→主动脉→身体各处的毛细管网→上下腔静脉→右心房。血液循环的路线是：左心室→（此时为动脉血）→主动脉→各级动脉→毛细血管（物质交换）→（物质交换后变成静脉血）→各级静脉→上下腔静脉→右心房→右心室→肺动脉→肺部毛细血管（物质交换）→（物质交换后变成动脉血）→肺静脉→左心房→最后回到左心室，开始新一轮循环，其中从左心室开始到右心房被称为血液体循环，从右心室开始到左心房被称为血液肺循环。

这样，血液循环经过曲折的过程，终于被发现了。这是人类认识史上的一个巨大的胜利。经过曲折的过程，血液循环理论也终于得到了认识和完善。在人体的生理学中，血液的运动规律具有重要的地位，对它的正确认识有助于我们进一步了解人体的其他机能。

三、光本质思想

古代学者对于"什么是光"的最初观念是十分幼稚的。古希腊有的学者认为光是从眼睛里射出的特别细的触须，用触须触摸物体时就引起视觉。到17世

---

① 转引自：W. C. 丹皮尔：《科学史及其与哲学和宗教的关系》（上、下册），李珩译，北京：商务印书馆，2001年，第203页。
② W. C. 丹皮尔：《科学史及其与哲学和宗教的关系》（上、下册），李珩译，北京：商务印书馆，2001年，第203页。

纪笛卡儿在他的《屈光学》中提到：物体必须是发光的，或被照明后才能被看见，而不是为了看它们，我们的眼睛必须是发光的或被照明的。笛卡儿还比较详细地论述了光的折射、反射，提出了折射定律，认为光是微小粒子的运动或行为，这可以说是光的微粒说最早的起源。因此，弄清光的本质，就是要把握光传播的全部过程，包括光源运动、传播过程与其他物体的超距离相互作用。

  以后的许多世纪，对光的本性的认识进展缓慢，因而一直保持着这种以直线传播为基础的粒子模型。但是，光的直线传播只是近似的规律。17世纪的意大利的格里马耳迪就曾观察到光偏离直线传播的现象。他让光通过小孔射到暗室的墙上，结果发现，墙上亮斑的尺寸要比按照光的直线传播学说计算出来的尺寸大些。1655年格里马耳迪通过实验得出结论：光是一种能够作波浪式运动的流体。他第一个提出了光的衍射的概念，是光的波动学的最早倡导者。之后，英国物理学家胡克（R. Hooke）重复了格里马耳迪的实验，并提出了光是在以太中传播的一种纵向波的假说。

  1678年荷兰物理学家惠更斯的光学论著《光论》提出了比较完整的波动学理论。他从声和光的某些相似现象出发，认为光是在以太中传播的波，以太则是一种假想的弹性媒质，充满整个宇宙，光的传播取决于以太的弹性和密度。以太最初是古希腊哲学家设想出的一个类似于空气的媒介，其实质是一个哲学概念，它由笛卡儿首先引入自然科学，并认为不存在超距相互作用，只有相互接触才能产生运动，因此不存在所谓的"真空"。笛卡儿认为，天体之间有一种物质，它看不见却充满整个空间，这种物质就是以太。他以此概念成功地解释了反射和折射定律，还解释了双折射现象。但他忽视波长、周期性、相位等重要的概念。因此，同样不能说明光的干涉和衍射等有关光的波动本性的现象。

  1704年牛顿出版了《光学》一书，根据光的直线传播性质，较为系统地论述了他的微粒说。他认为这些微粒从光源飞出来，在真空或均匀物质内由于惯性而作匀速直线运动，并依此解释了光的反射和折射定律。然而，这种微粒说却解释不了牛顿环①，更难说明光绕过障碍物之后发生的衍射现象。胡克对牛顿的微粒说提出批评，认为光是某种通过以太的脉冲，就像掠过水面的波纹一样。惠更斯提出一种更为复杂的波动理论，认为波动现象是迅速运动传递的以太粒子的小

---

  ① 光环表明的是一种周期性的性质，光更像是波而不是粒子。这种现象与牛顿主张的粒子说相冲突。这里说的牛顿环是指扫描贴在玻璃板表面的底片时常会在扫描后的图像上看到的一圈圈明暗相间的光环。用一个半凸透镜置于玻璃表面，然后用白色光源照射，可以观察到一系列明暗相间的光环。这是著名的牛顿环实验。这一光学现象的产生原因是由光源的干涉造成的，主要是由于两个光滑物理表面（玻璃和底片）无法完全贴紧，它们之间存在极小的空气层。当光穿过时，在不同的界面处发生折射与反射，结果会产生多个反射波，同时发生相位移。而光的干涉现象导致投射出一圈圈明暗相间的条纹，明亮处是建设性干涉造成的结果，阴暗处是破坏性干涉造成的结果。

波动强加给光的思想，清晰地说明了光碰到障碍后还继续传播的原因。但这些思想却被忽视了，几乎整个18世纪微粒说继续统治学术界，这不仅是由于牛顿在学术界有很高的声望，更主要的是牛顿的微粒说与当时比较成熟的几何光学相结合具有一定的数理基础，致使微粒说在一百多年的长时期里一直占着主导地位。事实上，牛顿主张微粒说的同时，并没有完全否定胡克等在惠更斯之前的光的波动说，还曾认为光是微粒激起的一种以太振动。但这些都被后人忘记了，这使得牛顿成为微粒说的代表人物。总的来说，光的微粒说和波动说各有成功的一面，但都不能完满地解释当时所知道的各种光现象。

到了19世纪初，光学研究迅速活跃起来。人们成功地在实验中观察到了光的干涉现象，这一判决性实验使光的波动性得到了证实。以后，光的波动说得到了公认，光的波动理论也就迅速发展起来。1801年托马斯·杨成功地解释了双缝干涉和衍射现象。1815年菲涅尔对杨氏干涉实验原理进行了补充，形成了惠更斯-菲涅尔定律，它不仅成功解释了光在均匀介质中的直线传播现象，而且解释了光通过障碍物使光发生的衍射现象。另外，光横波的假设还说明了光的偏振现象。这样，光的波动理论就彻底牢固地被建立起来了。

然而，此时光波仅仅被认为是一种机械弹性波。由于被认为是机械波，就要为这种波去寻找载体。声波的载体是空气，水波的载体是水面，人们就认为光波的载体是以太。光波动说的成功在那个时代却导致了以太假说的复兴。作为光的载体，以太应当是这样一种固体的介质——它既要凝固得足以能够传播光的横向波，又能稀薄得能容许宇宙中的众多天体自由运转。这显然就产生了理论上的自相矛盾。直到1887年迈克尔逊设计了一个很精巧的干涉仪，以此实验得出以太不存在的结论。这就是科学史上著名的否定以太的判决性实验。此项实验的大致思路是这样的：假设太空中弥漫着以太，那么，当地球运动时就应该有一个相对于以太的速度。因此，按照经典物理学速度叠加的原理，在地球上发出的不同方向上的光束，由于受到地球相对于以太速度的影响，其合速度应该是不一样的。这项实验就是为了测量不同方向上的光速差值，这个差值人们称之为"以太漂移"。换句话说，如果能观测到以太漂移，也就是证明了以太的存在。然而，实验的结果是否定性的，人们观测不到以太漂移，这就是所谓的"以太之谜"。迈克尔逊也因此而获得1907诺贝尔物理学奖。虽然迈克尔逊对以太情有独钟，但在他的实验中却证明了以太的不存在，至少光作为一种波是不需要的。最后，以太作为一个无法证实也无法证伪的东西而遭到摒弃。它仅仅作为一个假想的概念停留在科学史中。

1845年法拉第发现了光的振动面在磁场中的旋转，揭示了光与电磁的内在联系。韦伯等发现电荷的电磁单位和静电单位的比值等于光在真空中的传播速度。不久，麦克斯韦研究电磁场得出光是一种电磁波。随后光的色散的现象，光的辐射和吸收、光在物质中的传播过程，都得到了很好的解释。光的电磁理论指出：光与电磁现象具有一致性，这使人们在认识光的本性方面向前迈出了一大步。

到19世纪末20世纪初，科学界认为物理学大厦已构造完毕。但是深入研究光的发生、光与物质的相互作用的微观机构中，却发现电磁理论不能对此做出令人满意的解释。尤其是1887年赫兹发现的光电效应。1905年爱因斯坦发展了能量子理论，提出了光量子假说，把量子论扩展到整个光的辐射和吸收过程，认为光是一粒粒大量的运动着的光子组成的粒子流，每个光子的能量为 $h\upsilon$，当光子与物质发生能量交换时，只能以 $h\upsilon$ 为单位一份份地进行。光量子理论的两个基本方程（$E=h\upsilon$，$p=h/\lambda$）通过普朗克常数把作为光粒子特征的能量、动量同表示波动性的频率和波长联系起来，从而揭示出光的波粒二象性，从而成功地解释了光电效应。

问题是：作为一种场，光具有波粒二象性；作为一种实物，电子和中子也具有波粒二象性。那么光究竟是一种场呢，还是一种粒子呢？波粒二象性究竟告诉我们什么信息呢？光的波粒二象性中的波是一种几率波，是一种统计意义上的波。不同于任何一种实物波，粒子也不是经典意义的粒子。因此，所谓波粒二象性的波和粒子都不是经典理论中的波和粒子，它只是表现出波和粒子的根本特性，如作为波的叠加性，作为粒子的颗粒性。所以，波粒二象性虽然统一了波动说和微粒说，但是它仍然是对光的一个侧面的描述，并不能完全反映光的本质属性。

20世纪60年代，激光的出现使人们对光的本质属性的认识更加完善。有关光量子性的很多研究从理论到实验得到了很大发展，并且对以量子力学的理论为核心的光的理论的研究也取得了很大的进展。光在量子力学中的作用也引起了人们的关注。同时促进了由现代光学和量子力学的结合而形成的量子光学的兴起。

关于光的本性的研究，人们也发现了一些与传统的理论不相符的实验现象。"从1992年到2003年上半年，至少有6起超光速实验成功。可以说超光速实验已经成为有生气的、令人感兴趣的研究领域。实际上认为做超光速实验已经不是什么难事。在很多情况下超光速实验现象像是一种量子行为，可以用量子力学的相关理论做出解释和阐释。"[1] 我们期待着超光速的研究可以增加对光的本性的更深的认识。对光子的静止质量的研究也有新的进展。"在20世纪70年代，华裔科学家丁肇中带领的实验小组在汉堡的加速器上做电子和光子的实验，他渐渐发现光子不是没有静止质量。但是经典电磁学和相对论都禁止光有静止质量。如

---

[1] 黄志洵：反映光的本性的若干著名科学实验，《北京广播学院学报》，2002年，第9卷，第2期，第1~9页。

果这一理论成立，那么后果将是根本性的——光速将随波长的变化而变化，并且光就像声波一样产生纵向振动。"① 由此可见，光速并不是不变的，对光的本性的理论还需要更多的研究和完善。

总之，围绕光的本性，微粒说与波动说，经历300多年的争论，终于在爱因斯坦提出光量子理论后，统一于波粒二象性，最后形成最完善的光的理论，即量子光学。但人们的探索并没有停止，而是沿着前人的足迹，又要突破前人的束缚，继续探求光的本性。这个永无止境的过程还将继续进行下去。

四、超距作用思想

我们知道，"以太"是经典力学中曾经占统治地位几百年的一个基本概念，后来被迈克尔逊-莫雷的实验证明不存在而被彻底地否定了。但是它曾经起到的作用也不可忽视。这就产生一个问题：一个实际上不存在的东西，在理论上可以设想其存在，而且它在解释自然现象的过程中发挥作用，如化学中的"燃素"也是一样，这如何解释呢？更为重要的是，以太作为一种媒介在解释物体之间的相互作用中发挥重要重要，我们很难设想不接触就能够作用的现象，这种现象就是超距作用。这是理学中关于物体相互作用实现方式的两种对立的观点：超距作用观和接触作用观。前者认为物体间可以不借助媒介而直接、瞬时地实现相互作用，后者主张物体间只能通过直接接触或通过媒介实现相互作用。

在古希腊时期，以太指的是青天或上层大气。在宇宙学中，有时又用以太来表示充满天体空间的物质。14~15世纪的欧洲，以太学说风靡一时。后来法国哲学家笛卡儿对以太的存在深信不疑，认为行星之运行可以以太漩涡来解释。牛顿也不免卷入这股以太哲学思潮中，倾向于它存在。当时人们对超距作用看法不一。牛顿曾经提出他的引力相互作用定理，并不认为是最终的解释，而只是从实验中归纳出来的一条规则。因此，牛顿并未就引力本质做出结论。

17世纪，笛卡儿最先将以太引入科学，并赋予其某种力学性质。在笛卡儿看来，物体之间的所有作用力都必须通过某种中间媒介物质来传递，不存在任何超距作用。因此，空间不可能是空虚一无所有的，它被以太这种媒介物质所充满。笛卡儿认为，物质由微粒构成，物质微粒是唯一的实体，物质的本性是其空间广延性，机械运动，即位置变动是物质唯一的运动形式。一切自然现象，一切物质性质（包括色、香、硬度、热等）都是由物质粒子的机械相互作用产生的。有了物质（空间）和（机械）运动，就能按照物质运动本身的自然规律构造出全部世界，无需上帝照管。这类机械论的自然观以后曾统治自然科学

---

① 黄志洵：狭义相对论研究中的若干问题，《北京广播学院学报》，2003年，第10卷，第3期，第1~18页。

两个多世纪。

笛卡儿还认为物质充满空间,即不存在真空(要说有一个绝对无物体的虚空或空间,那是反理性的),物质可以无限分割(宇宙中并不可能有天然不可分的原子或物质部分),空间是无限的(世界的广袤是无限定的),并且肯定物质世界的统一性与多样性,也就是说,天上和地下的物质都是一样的,而且世界不是多元的,物质的全部花样或其形式的多样性,都依靠于运动。恩格斯在《反杜林论》中称赞笛卡儿是辩证法的卓越代表人物之一。笛卡儿的方法论对后来物理学的发展也产生了重要的影响。

笛卡儿把他的机械论观点应用到天体,形成了他关于宇宙发生与构造的学说。他认为,从发展的观点来看而不只是从已有的形态来观察,对事物更易于理解。他用以太漩涡模型第一次依靠力学而不是神学解释了天体、太阳、行星、卫星、彗星等的形成过程。他认为天体的运动来源于惯性(沿轨道切向)和某种宇宙物质,以太漩涡对天体产生压力,在各种大小不同的漩涡的中心必有某一天体(如太阳),他以这种假说来解释天体间的相互作用。

笛卡儿的天体演化说、漩涡模型和近距作用观点,正如他的整个思想体系一样,一方面,以丰富的物理思想和严密的科学方法为特色,起着反对经院哲学、启发科学思维、推动当时自然科学前进的作用,对许多科学家的思想产生深远的影响;另一方面,又经常停留在直观和定性阶段,不是从定量的实验事实出发,而是从哲学思辨出发,因而一些具体结论往往有很多缺陷,成为后来牛顿物理学的主要对立面,引起了广泛而持久的争论。

尽管如此,作为自然科学家和哲学家,笛卡儿的思想已成为真正的自然科学的财富。今天,当我们以物质的"物与磁"的统一场论来认识整个宇宙体系之际,显然,可以清晰地发现,笛卡儿以太观中一个最大的忽略之处,是使以太与天体及物质的微观粒子相互脱离。之所以有这样的结果,是由于笛卡儿当时把以太与天体及微观粒子分离开来,缺乏统一场的思维。当然,我们不能苛求笛卡儿,他的思想在当时已经是非常先进了。

两个物体不接触可以发生联系的思想即超距作用与牛顿密不可分。牛顿1686年发表了他根据开普勒行星运动定律得到的万有引力定律,并用以说明了月球和行星的运动及潮汐现象。表面看起来,牛顿的引力定律似乎支持超距作用观点,但是牛顿本人并不赞成超距作用解释。他在给 R. 本特利的一封著名的信中写道:"很难想象没有别种无形的媒介,无生命无感觉的物质可以无须相互接触而对其他物质起作用和产生影响。……引力对于物质是天赋的、固有的和根本的。因此,没有其他东西的媒介,一个物体可超越距离通过真空对另一物体作用,并凭借和通过它,作用力可从一个物体传递到另一个物体,在我看来,这种思想荒唐之极,我相信从来没有一个在哲学问题上具有充分思考能力的人会沉迷其中。"显然，牛顿本人倒是倾向于以太观点，最终一定能够找到某种物质作用来说明引力。但是他对于以太的具体设想与当时颇有影响的笛卡儿的观点只是在细节上有所不同。

众所周知，牛顿在理解光的本质上持微粒说。但他在同胡克、惠更斯等讨论光的本质时说，光具有这种或那种本能激发以太的振动。这意味着以太是光振动的媒质。似乎牛顿对光的双重性有所理解。其实不然，他倒是认为以太这种媒介的存在极似空气之无所不在，只是远为稀薄、微细而具有强有力的弹性。他又重申说，就是由于以太的动物气质才使肌肉收缩和伸长，动物得以运动。他又进一步用以太来解释光的反射与折射、透明与不透明，以及颜色的产生，如牛顿环。他甚至于设想地球的引力是由于有如以太不断凝聚使然。他的《自然哲学的数学原理》第二编第六章诠释的结尾说，他曾做实验倾向于以太充斥于所有物体的空隙之中的说法，虽然以太对于引力没有可觉察的影响。

然而，在《自然哲学的数学原理》第二编最后文字中，牛顿澄清了漩涡假设与天体运动无关。显然，牛顿同笛卡儿一样，也没有把物质与以太统一一体来思维。因此，留下了"引力相互作用定理，并不认为是最终的解释，且未就引力本质做出结论"的遗憾。今天，我们从物质的"物与磁"二重性的原理，显然是可以归纳出以太与宇宙及物质的根本联系性特征的，进而对整个宇宙自然有一个更加深刻与本质的认识，尽管以太被证明是不存在的物质。

根据以太观，以太虽然不能为人的感官所感觉，但却能传递力的作用，如磁力和月球对潮汐的作用力。后来，以太又在很大程度上作为光波的荷载物同光的波动学说相联系。光的波动说是由胡克首先提出的并为惠更斯所进一步发展。在相当长的时期内（直到20世纪初），人们对波的理解只局限于某种媒介物质的力学振动。这种媒介物质就称为波的荷载物，如空气就是声波的荷载物。由于光可以在真空中传播，所以惠更斯提出，荷载光波的媒介物质（以太）应该充满包括真空在内的全部空间，并能渗透到通常的物质之中。除了作为光波的荷载物以外，惠更斯也用以太来说明引力的现象。

牛顿虽然不同意胡克的光波动学说，但他也像笛卡儿一样反对超距作用并承认以太的存在。在他看来，以太不一定是单一的物质，因而能传递各种作用，如产生电、磁和引力等不同的现象，以太可以传播振动，但以太的振动不是光，因为光的波动学说[1]不能解释现在称为光的偏振现象，也不能解释光的直线传播现象。对牛顿来说，他几乎总是从理想化的数学入手，推演出各种结论、比较观察与实验的数据，并在必要情形下更正或者修改他的理想化体系。经过这样的过程，世界的物理系统便出现了，它的基础就是必要的数学和观察结论。柯恩将这

---

[1] 当时人们还不知道横波，光波被认为是和声波一样的纵波。

种过程称为"牛顿体",即一开始是自由想象,在抽象领域中不预设任何物理实在假设,"不做任何假设"就是牛顿的名言①。因此,牛顿不假设以太的存在就是自然而然的了。牛顿一方面承认以太的存在,另一方面又不假设以太存在,反映了他思想的矛盾性。

18世纪是以太观没落的时期。由于法国笛卡儿主义拒绝引力的平方反比定律而使牛顿的追随者起来反对笛卡儿哲学体系,连同他倡导的以太论也在被反对之列。随着引力的平方反比定律在天体力学方面的成功,以及探寻以太未获实际结果,超距作用观点得以流行。光的波动说也被放弃了,微粒说得到广泛承认。到18世纪后期,证实了电荷之间(及磁极之间)的作用力同样是与距离平方成反比。于是电磁以太的概念被抛弃,超距作用的观点在电学中也占了主导地位。

超距作用是指在两个"同谋"粒子间,无论互相距离多远,只要改变其中一个粒子的状态,另一个粒子的状态也会立即改变。值得庆幸的是牛顿发现了万有引力、法拉第发现了电磁力这类自然的超距作用,它是物质的根本属性。正是这样的物质间的本质联系把宇宙空间中所有运动着的物质联在一起构成了一个永远运动着的、相互作用着的统一的物质世界。不幸的是,我们的科学体系却一直在拒斥它!牛顿的万有引力定律告诉我们:宇宙中任何两物体之间都存在着相互吸引力,其中任一物体所受引力的大小与两物体质量的乘积成正比,而与两物体间距离的平方成反比,引力的方向在两物体的连线上。任何物质之间总是存在着相互吸引,任何物质都是由光速运动的光物质构成的。我们应该明白:正是基本的光物质有着光速运动和相互吸引这两种基本的属性才决定了永远运动着、永远相互作用着的现存的宇宙。

空间上相距一定距离的两个物体发生相互作用,人们常常会提出这样的问题:它们的作用是怎样传播的?但是我们总可以这样反问:它们在作用过程中到底传播了什么呢?我们已经看透了物质间的作用本质:物质间不存在物质和能量的由此及彼的传递,仅仅是相互作用的物体自身内、外运动的相互转化。

我们不妨来考虑两个物体在引力作用下相向加速运动的情形:两个物体的空间距离逐渐减小,它们间的引力越来越大。在这个引力作用过程中,即便是没有物质和能量的传递,但是,当物体甲在某一时刻到达一个特定的空间位置时,那么物体乙如何得知它的位置的变动而感受到到更大的吸引力呢?同样,这个时刻,物体乙也到达了一个特定的位置,物体甲又如何得知物体乙的位置变动呢?在这里,似乎仍然存在着一个"信息"从一个物体到另一个物体的传播问题,甚至会问:传播的速度有多快?物质间的引力到底是怎么回事?关于力的传播疑

---

① I. B. Cohen. The Newtonian Revolution. Canbridge: Canbridge University Press, 1980: 109.

问究竟来知何处呢？两个物体之间的万有引力的大小决定于两个物体的质量和它们之间的空间距离，空间距离又是由两个物体的特定的空间位置而确定的，也就是说，一个物体的质量及其空间位置和另一个物体的质量及它的空间位置这四个因素共同决定了这两个物体间的引力的大小，这四个因素缺一不可，更不能分开。力的传播问题来源于我们的思维对因果律的依赖，在我们的头脑中凡事有因、先因后果。

在力学的研究中，施力物体是力的原因，力是受力物体运动改变的原因，当我们考察一个物体的运动状态的变化时，往往会追溯到力，考察力的时候又会追溯到其他的物体，这样就形成了一个因果链，于是就有了时间先后的观念。在两个物体的引力作用过程，考察物体甲的引力的时候，我们把原因追溯到物体乙那里，在物体的质量不变的情况下，最后的原因就落在了物体乙的空间位置上，于是在物体乙的空间位置和物体甲的引力的大小两者间建立了先因后果的时间的概念，在物体乙的空间位置和物体甲的空间位置两者之间就有了一个明确的距离概念。在考察物体乙的引力的时候，将原因追溯到物体甲那里，同样产生了时间的概念和明确的距离概念。先因后果的时间概念就导致了由此及彼的传播观念，明确的距离概念和时间的概念就导致了"传播速度有多快"的疑问。如果我们把万有引力看作是物质的根本属性，没有原因可寻，无论是空间上接触还是空间上远离的物体间的作用大小都由整个物质体系决定，如果我们要把因果律强加给物质间的相互作用，那么我们就会陷入思维的死胡同。

从另一个角度来看，物质间的引力相互作用是物质间的一种普遍联系的属性，同运动属性一样是物质的根本属性。相互作用的物体在作用过程中互为因果，如果说有时间的概念的话，那么万有引力作用过程中只有"同时"的时间概念——瞬时超距作用，不过，时间差为零又会导致一个以无限大速度传播的概念，无限大的传播速度对于物质运动而言是没有意义的。

由此看来，万有引力是物质的一种根本属性，是物质间的普遍联系。也就是说，一个有质量的物体就是能够直接对远处的另一个有质量的物体产生吸引作用，使它们的内、外运动相互转化，它和物质的运动属性一起决定了一个永远运动着、相互联系的物质世界。电、磁力和万有引力一样是带电物质的根本属性，本质上是带电物质间的超距联系，超距作用的物体间并不存在能量、物质的传递，作用的实质仅仅是作用物体的自身的内、外运动发生转化，所以电、磁力和万有引力本身就不需要任何中介载体来传递什么东西。

五、燃烧本质思想

燃烧是一种常见的现象。而对于这种现象的科学说明则是化学发展到近代的事情。化学作为一门科学是从炼金术和化学工艺中脱胎出来的。16世纪以后，随着社会经济的发展，人们在生产和生活的各个领域，特别是在金属冶炼、药物制造两大部门中，积累了相当丰富的化学知识。但是，当时的化学知识还相当零乱，化学工艺家和医药化学家发现的一系列新事实需要从理论上给予解释。燃烧现象是其中一个非常重要的方面，因为无论是有机物的燃烧，还是金属的煅烧，都与燃烧相关。因此，对燃烧的本质的理解和说明就是摆在当时的化学家面前迫在眉睫的问题。

1. 燃素说

英国化学家波义耳在解释燃烧现象过程中起到了开拓性的作用。在 1661 年出版的《怀疑派化学家》一书中，波义耳提出了科学的元素概念，认为化学必须用实验方法来确立自己的定律，为化学的健康发展扫平了道路。在提出化学元素概念前后，他对燃烧现象作了许多研究。在研究燃烧现象时，波义耳提出了"火微粒"的设想。由于波义耳迷恋于微粒说，以至于他不能正确地分析实验结果。他在做物体燃烧的实验时，已经发现没有空气就不能燃烧，但他还是得出"金属燃烧后增重是由于火微粒进入"的错误的论断。

在关于燃烧现象的本质问题上，17 世纪下半叶至 18 世纪中叶，在欧洲占统治地位的是"燃素说"。"燃素说"是德国化学家施塔尔在他的同胞贝歇尔的油土观点的基础上提出来的。贝歇尔认为，可燃物中含有"油质土"，燃烧时其中的油质土被烧掉。施塔尔把油质土改称为"燃素"，认为燃素含于可燃物或金属之中，燃烧时能很快地从物体中逸出，燃烧后所剩下就是缺少燃素的残渣。根据燃素说，燃烧时，一切与燃烧有关的化学变化都可以归结为物体吸收燃素和释放燃素的过程。煅烧金属，燃素从中逸去，金属变成了煅渣；煅渣与木炭共燃时，它又从木炭中吸取燃素，重新变成金属。物体中含燃素越多，它燃烧起来就越旺，如油脂、木炭、硫、磷就是富含燃素的物质；反之，如石头、木灰等不含燃素的物质，就不会燃烧。在施塔尔眼里，燃素是一种"万能之物"，所有物质燃烧时都会放出燃素。燃素不仅是燃烧的中介，而且还会导致颜色和固态。它从燃烧物中逃逸出来，激发了粒子的运动并同时产生了热量。

燃素说的这些说法，虽然在某些场合不免有些牵强附会，但足以说明当时所知道的大多数化学现象。由于大多数化学现象似乎可用燃素说得到说明，所以在那个时代，要结束炼金术的统治而使化学得到解放，燃素说不仅是必需的，甚至在历史上起过积极的作用。也正因为它解答了一些问题，所以很快得到当时许多化学家的相信和支持。另外，在燃素说流行的一百年中，即使是相信燃素说的化学家们，由于他们亲身从事化学试验，所以积累了相当丰富的科学实验材料，这些材料无论对科学燃烧理论的建立，以及近代化学的发展也都是很有价值的。所以，恩格斯在《自然辩证法》中评价燃素说时曾说，化学"借燃素说从炼金术中解放出来","在化学中,燃素说经历过百年的实验工作提供了这样一些材料,借助于这些材料,拉瓦锡才能在普利斯特列制出的氧中发现了幻想的燃素的真实对立物,因而推翻了全部的燃素说"。

但是,由于燃素本身是不存在的,关于它的理论矛盾自然最终会暴露出来,如它对有机物的燃烧和无机物的燃烧不能给出同样完善的解释。它无法说明为何经历了同样的燃烧过程之后,有机物的灰烬比可燃物轻,而无机物(金属)的灰渣比原来的金属重。为了找到"燃素"这种假想的物质,18 世纪的化学家们付出了巨大的精力,可是多方搜索,还是谁也没能找到实在的燃素,特别是人们对化学反应进行了更多的定量研究后,越来越多的事实使"燃素说"陷入了无法克服的困境。

2. 氧化说

对于燃烧现象的正确认识是伴随着气体化学而前进的。18 世纪下半叶,化学知识的积累和化学实验的发展使人们相继发现了多种气体,认识到空气有复杂的成分,这就为科学的燃烧理论开辟了道路。

1755 年,英国物理学家和化学家布莱克(J. Black)通过加热碱性碳酸镁制得了一种气体,即二氧化碳(CO_2),布莱克把它叫作"固定空气"。固定空气的发现证明了空气不是单一的,其中有的气体可以与固体化合。1768～1773 年,瑞典化学家舍勒用大量实验来研究空气,他得到了一种不助燃、比空气轻的气体,他把这种气体称为"浊气"或"用过的空气"。他知道这种气体占原体积的 4/5,而那部分被吸收掉的气体占原体积的 1/5。从这些事实中,舍勒认为空气是由两种成分组成的。1774 年,英国化学家普利斯特列用聚光镜聚集阳光加热密封于玻璃容器中的氧化汞得到了一种气体,这种气体不易溶于水,有很强的助燃能力,且又特别适宜于动物和人的呼吸,这也就是舍勒发现过的氧气。可惜普利斯特列与舍勒一样都是燃素说的信徒,认为这是一种失燃素的空气,它具有极强的吸收燃素的本领,因而在燃烧中有极强的助燃能力。

几乎同时,英国化学家卡文迪许也在苦苦寻找燃素。他在实验中发现了一种他称为"脱燃素气"的气体,而且在每一个实验中都发现了露珠。经过 10 多年的对气体的称量和测量,记录它们的混合比例,终于与 1783 年得出一个结论:一直被认为是一种普通元素的水,事实上是两种气体的化合物,其中一种是燃素,另一种是脱燃素气。进一步说,两个单位体积的燃素与一单位体积的脱燃素气结合总会形成同样重量的水。卡文迪许的这一结论把水从元素中剔除了。现在看来,他所说的燃素其实就是氧气,脱燃素气就是氢气。这两种气体当时还没有被发现。

舍勒、普利斯特列和卡文迪许虽然都独立地发现并制得了氧气,但没有真正认识到他们的发现的重要性，正如恩格斯在《自然辩证法》中指出的，由于他们被传统的燃素说所束缚，"从歪曲的、片面的、错误的前提出发，循着错误的、弯曲的、不可靠的途径行进，往往当真理碰到鼻尖上的时候还是没有得到真理"，"这种本来可以推翻全部燃素说观点并使化学发生革命的元素，在他们手中没有能结出果实"。最终摆脱传统思想的束缚，找到燃素说错误的根源，揭示出燃烧和空气的真实联系的，当属法国科学家拉瓦锡。

1774年，拉瓦锡用锡和铅做了著名的金属煅烧实验。他把精确称量过的锡和铅分别放在曲颈瓶中，封闭后，准确称量金属与瓶的总重量，然后加热，使铅、锡变为灰烬。他发现加热前后总重量没有变化，但是，金属经煅烧后重量却增加了。这说明所增之重量既非来自火中，亦非来自瓶外的任何物质，只可能是金属结合了瓶中部分空气的结果。拉瓦锡重复了普利斯特列用聚光镜使汞煅灰分解的实验，从汞煅灰中分解出了比普通空气更能助燃、助呼吸的气体。拉瓦锡后来把它命名为"氧"（Oxygene）。

可以看出，拉瓦锡并没有改变事实，他只是改变了思考它们的方式。在他看来，空气不是一种元素，而是不同气体的混合物。其中有一种是燃烧所必需的，并固定在金属灰（氧化物）中。尽管拉瓦锡不是第一个发现氧的人，但他却是真正理解这个发现的人。他了解氧作为一种元素的真正本性，并通过精巧的实验，建立起正确的燃烧理论，从而使化学得到了全面的革新。他以精确的实验证明物质燃烧是与氧化合的结果，自然界中根本不存在什么燃素。这一实验同时又证明了，在化学变化中参与反应的物质的总量，在反应之始和反应之终都是相同的。这就是质量不灭定律。

拉瓦锡对于他的燃烧学说十分谨慎，1772~1777的五年中，他又做了大量的燃烧实验，如使磷、硫黄、木炭、钻石燃烧，将锡、铅、铁煅烧，将许多有机化合物燃烧等实验。他对燃烧以后所产生的和剩余的气体也一一加以研究。然后对这些实验结果进行归纳和分析。1777年，拉瓦锡最终确立了燃烧作用的氧学说。

氧化说的建立，把人们长久未能解释的燃烧的秘密揭开了。于是人们知道了氧是具有确定性质、可度量、可采集的气体物质，与神秘的燃素毫无共同之处。恩格斯对氧化学说的创立曾给予很高的评价。他指出，拉瓦锡提出的燃烧的氧化学说，使过去在燃素说形式上倒立着的化学正立了过来。

为什么只有拉瓦锡给予燃烧现象以科学的解释呢？这恐怕要从他的哲学立场和思维方式来说明。在哲学上他坚持唯物主义观点，尊重实验，特别是重视定量的研究，不相信那些不能为实验所证明的假设。他认为假如有"燃素"这样的东西，我们就要把它提取出来看看。假如的确有的话，在我们的天平上就一定能察觉出来。在思维方式上，他不仅重视理论思维，能透过现象看到问题的本质，而且在科学上敢于反对旧的传统观念，不囿于已有成见。这些都是他取得成功的主要原因。

拉瓦锡建立了燃烧的"氧化说"以后，不仅排除了"燃素说"的障碍，使化学科学的发展走上了正确的方向，而且使人们对物质和物质变化的认识，从朴素的定性的认识进入了定量的研究阶段，拉瓦锡提出并论证了的物质不灭定律为进一步弄清物质组成和化学反应中的一些基本定律开辟了道路。

六、细 胞 说

在生物学史上，细胞说一般被认为是显微镜发展的直接产物，也是解剖学长期发展的结果。它是"有机体是什么？"这古老问题的答案之一，也是现代生物学的一个理论基础。因为"它既是机体结构、遗传机制、受精、发育与分化、简单有机体与复杂有机体的统一，进化学说等概念的前提，又包含在这些概念之内"[①]。施莱登（M. J. Schleiden）和施旺（M. J. Schwann）被公认为是这一领域的开拓者。

1665年，英国科学家胡克在自制显微镜下发现细胞，在《显微图谱中出现了"细胞"一词，并绘制了细胞的结构图解。此后不久，列文虎克（A. V. Leeuwen Hoek）用设计较好的显微镜，观察了许多动植物的活细胞与原生动物。格鲁将植物的研究推进了一步，把在复合显微镜下看到的结构称为"细胞"，把植物新生部分称为"柔软组织"。马尔比基也发现了植物是由一些由壁包围的被称为"椭圆囊"的较小结构组成。以此同时，列为虎克用更高倍的显微镜对鞭毛虫、细菌、精子和血球进行了更精细的观察。随着显微镜技术的发展，越来越多的生物学家和解剖学家加入到对细胞的研究之中。

施莱登致力于植物学研究，他对林耐的系统植物学提出尖锐的批评，把植物学定义为一种综合性的科学，认为只有植物化学和植物生理学才是真正有意义的。当然他的这种观点缺乏事实根据，缺乏自然规律的证明。他的"植物发生论"从人们普遍忽视的布朗关于细胞核与细胞发育之间的特殊关系入手，集中研究细胞核的结构，认为细胞核是植物中普遍存在的基本结构。在植物内部，每个细胞一方面是独立的，进行自身发展的生活；另一方面则是附属的，是作为植物整体的一个组成部分而生活着。因此，在他看来，植物的各个方面都是细胞生命活动的表现形式。后来，他试图将细胞学说扩展到动物界，并这种想法告诉了动物学家施旺。

与施莱登同龄人的施旺在同施莱登的讨论中悟出，植物的细胞核与动物脊索

---

① ［美］洛伊斯·N. 玛格纳：《生命科学史》，李难等译，董纪龙校，武汉：华中工学院出版社，1985年，第214页。

细胞核在细胞的形成中起相同的作用。这是一个极其重要的想法或者发现。在使用显微镜的观察和实验中，施旺发现细胞核是阐明动物体细胞性质的关键，因为在无数种动物组织的形态中都存在细胞核。他在《对于动植物的结构和生长一致性的显微研究》中提出，他的目的是证明两大有机界中最本质的联系，并提出证据证明：动物的各个部分即使在生理意义上可能全然不同，但它们都是按照相同的规律发育的。它们的结构与发生的最重要的现象，与植物的对应过程相一致。施旺将他的细胞说总结为两点①：第一，无论有机体的各基本部分怎样不同，在它们的发生和发育上有一个普遍的原则，那就是形成细胞的原则。第二，存在着无结构的物质，它们或者围绕着已存在的细胞，或者在已存在的细胞的内部。按照一定的规律，在其中形成细胞。根据这种规律，各个细胞以各种方式发育，成为生物体的各基本部分。

至此，从1665年胡克在《显微图谱》中关于细胞的首次描述，到1838~1839年德国植物学家施莱登、施旺建立细胞学说，经历了170多年。从人类认识规律看，这是一种必然。人们首先认识的事物是什么（实体概念），随后才进一步认识到事物内在与外在的关系（功能或关系概念），随后才能揭示该事物的来龙去脉（过程概念）②。

施莱登和施旺的细胞学说的基本含义为：

（1）一切动物和植物都是由细胞组成的，

（2）细胞是一切动植物的基本单位。

同时，他们也没有忽视过程概念，但他们认为细胞的繁殖是新细胞在老细胞的核中产生的，通过细胞崩解而产生的。施莱登和施旺把动植物的基本单位，即细胞的生成，看作是与无机的结晶完全相同的物理过程③。为了修正这个学说，许多其他科学家做了大量工作，才全面发展细胞学说。1893年普金使用"原生质"（protoplasm）概念来描述细胞物质，格鲁提出具有相似用法的"形成层"（cambium）一词，它不是指细胞的结构，耐格里（K. Nägeli）和默勒（H. von Mohl）进一步描述了细胞内含物的性质，认识到细胞自由形成可能是个错误。直到1858年，德国医生和病理学家微耳和（Virchow）在研究细胞生长和增值的基础上，提出了经典细胞学说的第三点，使细胞学说具有了今天的形式：

（3）新细胞是从原有细胞（分裂）而来。这才在过程概念上对细胞学说进行了重要补充。

---

① [美]洛伊斯·N. 玛格纳：《生命科学史》，李难等译，董纪龙校，武汉：华中工学院出版社，1985年，第302页。

② 胡文耕：《生物学哲学》，北京：中国社会科学出版社，2002年，第231页。

③ 孙毅霖：试析施莱登与施旺细胞学说的理论缺陷，《上海交通大学学报》（哲学社会学报），2003年第6期，第48页。

恩格斯评价说,"有了这个发现,有机的有生命的自然产物的研究——比较解剖学,生理学和胚胎学——才获得了巩固的基础"。[1] 他把细胞学说、能量转化与守恒定律、进化论并列为 19 世纪自然科学的三大发现。可见,细胞学说的建立具有划时代意义。

细胞学说的建立,为细胞生物学的发展提供了重要的理论依据。当前细胞生物学研究中的三大基本问题是[2]:

(1)细胞内的基因组(人类大约有 10 万个基因)是如何在时间与空间上有序表达的?

(2)基因表达的产物——主要是结构蛋白与核酸、脂质、多糖及其复合物,它们如何逐级装配成能行使生命活动的基本结构体系及各种细胞器?这种自组装过程的调控程序与调控机制是什么?

(3)基因表达的产物——主要是大量活性因子与信号分子,它们是如何调节细胞最重要的生命过程(如细胞的增殖、分化、衰老与凋亡等)?

细胞学说从生物体结构和生物个体发育方面概括了生物的共同特征,而细胞生物学则是研究细胞基本生命活动规律的科学。现在,除分裂以外,在生物体内还发现,如以卵黄蒂为基础或以细胞质为基底,也可以一步一步地组建完整的细胞,即细胞重建[3]。

很显然,细胞的发现和细胞学说的完善依赖于显微技术的逐步完善。显微镜放大倍数的提高,会使人们观察到细胞及其内部的某些更细微的结构,从而使细胞生物学更加完善。这说明,一项技术的突破,意味着重大发现的产生,显微镜之于微生物学,犹如望远镜之于天文学。

在实体概念、功能概念、过程概念中,实体概念是较为基础的,也是相对比较好把握的一个概念。功能概念、过程概念是更高层的定义,与实体概念相比,它们可能会有一个较大的空间让主体进行完善。例如,细胞,作为实体概念,它只是最初定义者认识到这一客观实体时给出的。而细胞的起源(过程概念)则不是对一客观实体的静态概念,它是一个需要随着人类深入认识细胞这一实体才能慢慢全面把握的动态概念——这一概念本身就是一个动态的过程,而对过程概念的把握也需要一个动态的完善。

总之,认识细胞是宏观到微观,再从微观到宏观的一个过程。细胞生物学作为细胞学的一个分支,需要作为基础的细胞,更需要生物,需要与生物学其他领域进行交叉、融合。细胞作为一个实体,有着与其他实体共同的特征。细胞学说

---

[1] 马克思和恩格斯:《马克思恩格斯选集》(第四卷),北京:人民出版社,1995 年,第 305 页。
[2] 翟中和等:《细胞生物学》,北京:高等教育出版社,2000 年,第 5 页。
[3] 邹承鲁等:《生命本质的新探索》,上海:知识出版社,1987 年,第 117 页。

是完善细胞这一实体概念的学说，是一种科学理论，需要不断完善，进一步作为理论依据为人类及社会服务。总之，细胞说是一系列与细胞有关的概念的总和，是细胞、细胞学说、细胞生物学等的综合体。

七、发酵本质思想

发酵是人们早就发现的一种自然现象，而且早就把它用于酿酒。施旺在研究细胞过程中就已经认识到，发酵是细胞作用中最为所知的说明，发酵颗粒是真菌，而真菌基本上也是细胞，与其他的细胞没有什么不同。然而，他关于细胞内发酵与细胞是代谢的单元体的正确观点没有引起重视，直到19世纪中期法国微生物学家巴斯德和德国化学家李比希对发酵的本质、机理开展激烈的争论后才逐渐清晰，而此前的认识仍处于经验性阶段。

1. 生命说

说到发酵的本质，我们不得不提及法国化学家和微生物学家巴斯德，正是他对发酵的问题的深入探讨，才使得发酵的本质得以揭示。巴斯德是19世纪世界著名的科学家。他一生做出了许多重大发现和发明，最主要的包括同素异构的发现、发酵本质的发现、主张疾病是由细菌引起的"生源说"（biogenesis）[①]、对预防接种技术的发展等（关于巴斯德的科学思想在本书的第十七章专门论述）。在取得这些成就的过程中，巴斯德不得不始终保持战斗的精神，积极应对那些反对者和质疑者。

巴斯德的科学生涯始于对化学结晶体形态和结构的研究。通过对酒石酸细心的显微镜观察和精心实验，巴斯德发现：酒石酸有两种的不同晶体结构，造成不同的旋光性。这种同素异构现象对于认识结晶体特性和物质结构有重大意义，立即引起了科学界的注意，包括杜马在内的许多化学家纷纷表示赞同。但是，74岁的毕奥教授却表示怀疑。毕奥是一位对石英、樟脑和酒石酸做过数10年研究的科学家。他曾经推测，结晶产生旋光性的原因很可能是分子中原子排列的某种不对称性造成的，但是没有得到实验证实。他不相信年仅26岁的巴斯德在实验中发现了晶体的不对称性。为了使毕奥信服，巴斯德主动要求在毕奥的面前重复自己的实验，结果毕奥成了巴斯德的忘年之交和导师。

在"分子不对称是生命之源"思想指导下，巴斯德从晶体研究走向有机物的发酵研究，并从生命角度去认识发酵的本质，提出了"发酵是没有空气状况下的生命活动"的著名观点，即认为发酵是微生物活动的结果。这就是有名的

[①] 这是赫希黎1870年提出的一个概念，用于表达"生命始终源于先前已经存在的生命"，是关于生命起源的问题。

"生命说"。不过,最早提出发酵"生命说"的并不是巴斯德。巴斯德的功绩在于他继承并发展了生命说。他在研究酒精和乳酸的发酵过程中,用实验证明:发酵是不需要氧气参加的微生物的生命活动的结果,有机物只不过是微生物生命活动所需的营养物。

巴斯德为证明他的观点,首先从牛奶发酵的实验开始。他选择了乳酸(牛奶)发酵为突破口。牛奶放置久了会变酸,这就是牛奶的发酵。可牛奶为什么会发酵呢?巴斯德将鲜牛奶与发酸牛奶分别置于显微镜下进行比较观察,发现两种奶中均有极小的微生物,他把它叫作"乳酸酵母"。而发酸牛奶中这种微生物比鲜牛奶中的多得多。这一发现有力地说明,牛奶变酸与微生物活动有密切关系,发酵可能是由这种微生物引起的。于是,他对这种"乳酸酵母"的习性进行了研究,发现正是由于乳酸酵母的作用,牛奶才变酸。这样,巴斯德用实验找到了乳酸发酵的真正原因。1857 年 8 月,他将这一发现结论以《乳酸发酵》的论文发表,其中系统地阐述了乳酸发酵的过程中乳酸酵母所起的不可替代的作用。但这不足以证明酒精发酵也是由某种微生物引起的。

巴斯德接着对酒精发酵进行了研究,以进一步证明他的观点。人们清楚新酒搁置久了也会变酸,原因是什么当时人们也不清楚。巴斯德运用与研究乳酸发酵相同的方法,把新酒与发酸的酒在显微镜下进行比较观察,发现两种酒中也都有一些极小的微生物,他称为"酵母菌"。同样,发酸酒中的酵母菌比新酒中的多得多。这也有力地说明,新酒变酸是由酵母菌引起的。巴斯德也对酵母菌的习性进行了研究,发现新酒变酸正是酵母菌发酵的作用。在深入和仔细分析了发酵的许多例子后,巴斯德提出:所有发酵都是由微生物引起的;每一种生命酵素只对某一种特定的发酵过程起作用;环境、温度、pH、基质的成分等因素的改变,以及有毒物质都会以特定的方式影响着不同的酵素。

巴斯德的这些研究工作,不仅解决了发酵的本质是什么这一问题,而且更为重要的是奠定了生物学的一个新兴的分支学科——微生物学的基础。而在此之前,微生物学发展水平很低,还没形成一门学科,对微生物的研究更是凤毛麟角。因此,巴斯德对发酵的研究具有非常重要的意义。

2. 化学说

但是,科学界却有一些人反对巴斯德的见解。其中最有影响的是德国化学家李比希,他坚持认为,糖转化为酒精这件事与酵母毫不相干,发酵必须有蛋白,而且认为酵母是发酵的结果而不是起因,腐败是酵母将某种分子振动传递到了发酵液中;只有绿色植物才能利用那些从空气和土壤中吸取的简单无机元素来制造复杂的有机物质。也就是说,植物是化学合成的工厂,动物则是化学降解的加工者。

面对李比希的反对，巴斯德坚信自己是正确的，他想自己必须做的是，在完全没有蛋白的汤里培养酵母。如果在这样的汤里酵母会使糖变为酒精，那么李比希和他的理论就站不住脚了。经过几个星期的摸索，他终于找到了一种没有蛋白的酵母培养液。他发现将少量的酵母放进由蒸馏水、纯糖和酒石酸组成的培养液中，经过一夜的培养，便可以产生出千千万万的酵母；这些酵母能将溶液发酵为酒。做出这一发现时，巴斯德激动得泪水直流，喃喃自语：李比希一定错了——蛋白不是必须的，使糖发酵的是酵母，是酵母的生长。此后的一星期，他反复地做这一实验，结果完全相同。他还发现，给这些酵母以足够的糖，它将连续工作三个月，甚至还要久一些。随后，巴斯德向科学界通报了这一发现。

李比希在巴斯德用实验给出的事实面前，不得不承认发酵的"生命说"，但仍坚持发酵也伴随着化学过程。他巧妙地修正了自己的发酵的纯化学过程的观点，将"化学说"与"生命说"结合起来，认为发酵是活的酵母细胞产生出某种能溶于水的化学酵素，它使糖分解为酒精和二氧化碳。这便是后来发酵的"酶学说"的原型。巴斯德也在1860年发表的《关于酒精的发酵的报告》中指出，酵母菌可能是通过分泌一种水溶性的酵素来引起发酵的。1875年又指出，经过某种尚不可知的途径，有可能把"水溶性酵素'"引起的过程与真正的发酵过程重新统一起来。这样，巴斯德也试图把"化学说"与"生命说"统一起来，使"生命说"增添了新的内容。

事实上，巴斯德遭遇的最大挑战来自对生源说的指责，与自然发生论者进行争论。千百年来，普遍流行着一种所谓"自然发生说"。该学说认为，不洁的衣物会自生蚤虱，污秽的死水会自生蚊蚋，肮脏的垃圾会自生虫蚁，粪便和腐败的尸体会自生蝇蛆。总之，生物可以从它们存在的物质元素中自然发生，而没有上代，古希腊学者亚里士多德，中世纪神学家阿奎那，甚至连17世纪的大科学家哈维和牛顿，都相信这种学说。有些过于执著的自生论者，如17世纪的比利时化学家、医生赫尔蒙脱，甚至想入非非地提出了"创造大老鼠"的方法。

意大利医生雷地于1668年进行的实验及其他一些科学家的反复验证，曾一度动摇了人们对自然发生论的信念。可是，当后来发现微生物时，很多科学家又相信至少像微生物这样"最小"的生物体总该是自生的。加罩容器中的腐肉不是长满了细菌吗！于是，微生物可能自然发生的信念又盛行起来。因为人们无法理解的是：最初的生命（微生物）是哪里来的？如果不是自然发生的，难道是上帝创造的？

巴斯德根据自己的研究实践，不相信微生物可以自然发生，认为微生物肯定必有母体。他到处宣传他的观点。这下子可激怒了自生论者。他们质问巴斯德：酵母怎在地球的每一个角落里，在每一世纪的每一年里，不知道从什么地方出现，把葡萄汁酿成酒？这些从天南地北，处处把每个罐里的牛奶变酸，每瓶里的牛油变坏的小动物，来自什么地方？

为了回答这些挑战，巴斯德重做了斯帕兰扎尼的实验。他在圆瓶里灌进一些酵母汤，把瓶颈焊封，煮沸几分钟后搁置适当时间。结果表明，瓶里并没有微生物生长。这一试验并不能彻底驳倒自生论者。他们坐在巴斯德的书房里吵吵闹闹：你在煮沸酵母汤时，把瓶里的空气加热了。酵母汤产生小动物所需要的是自然的空气。不能把酵母汤和天然的未经加热的空气放在一起而不产生酵母、霉菌、杆菌或小动物！

面对对方的指责，巴斯德冥思苦想，决心设计一种只让天然空气进入而不许其中的微生物进入的仪器。在老教授巴拉的指导下，巴斯德终于设计、制作出了符合这一要求的仪器，即著名的曲颈瓶。实验取得了完全的成功。在一个有学者、才子、艺术家争相参加的巴黎盛会上，巴斯德讲述了他的曲颈瓶实验，高声宣布：自然发生说经过这简单实验的致命一击后，绝不能再爬起来了。

3. 酶学说

德国化学家毕希纳是酵素和酶化学的开拓者，无细胞发酵的发现者，在微生物学和现代酶化学上做出了重大贡献。1884年他在贝耶尔的有机化学实验室开始了化学研究工作。1885年他发表了第一篇论文《氧对发酵作用的影响》，1897年发表《无细胞的发酵》论文，结束了长达半个世纪有关发酵的本质生命力论和机械论的争论。1903年他和他兄弟出版了《酒化酶发酵》的论著，把酵母细胞的活力和酶化学作用联系到一起，推动了微生物学、生物化学、发酵生理学和酶化学的发展，开创了微生物代谢作用研究的新篇章。这对制糖工业和酿酒工业的发展具有重大意义。由于在微生物学和现代酶化学方面做出重大贡献，毕希纳获得1907年度诺贝尔化学奖。

李比希和巴斯德去世后不久，1897年，毕希纳提出了发酵的"酶学说"，认为发酵是一种特殊的、由酶作催化剂的化学过程，而酶要靠活的细胞产生。酶时至今日仍未人工合成，看来发酵是微生物的一种代谢过程，是生命活动，也是化学活动，就像光既有粒子性又有波动性一样。因而，"化学说"与"生命说"都有一定道理，也有错误。这说明，任何理论都是相对真理，没有一成不变的绝对正确的东西，思想也是发展的，绝对化会僵化。同时也说明，事物是非常复杂的，人们的认识也是有限的，在一定阶段只是对事物某一层次或某一方面的正确认识，超过这个层次和超越某一阶段，认识恐怕会不正确。

八、场思想

关于场的思想同以往的科学思想一样，它的诞生和建立都不是偶然的，是许多先辈科学家研究的概括、综合、引申和发展，以及科学家本人的丰富联想、独到智慧和创造性思索的产物，其中蕴含着丰富的方法论的教益和启迪，值得我们认真分析和挖掘。

自古以来，把相互接触物体之间的作用，如推、拉、压迫、支撑、冲击、摩擦等，叫作接触作用或近距作用，它们的共同特点在于作用力是通过弹性媒质逐步传递的。逆水行舟时的拉纤是一个很好的例子，尽管纤夫（施力者）和船只（被作用的物体）并未直接接触，但力是通过绳索（中间媒质）的弹性一段一段地传递过去的，这就是近距作用，它需要中间媒质的传递，从而也需要时间的传递。这似乎并没有争议。

非接触物体之间也存在着作用力，如日月星辰之间的引力、磁石对铁的吸引力、带电体之间的相互作用力等。这里，相互作用的物体并不接触，而是相隔一定的距离，其间可以有介质（如空气和其他物质），也可以是"真空"。对于这种非接触物体之间的力是怎样作用的？关于这个问题出现了两种观点：一是超距作用的观点，认为相隔一定距离的两个物体之间存在着直接的、瞬时的相互作用，不需要任何媒质传递，从而也不需要传递时间。二是近距作用观点，认为需要中间媒介物质的传递，并把这种无处不在的媒质称为"以太"。这两种观点在历史上有过长期的争论。

欧洲近代哲学史上著名的二元论者、唯理论的奠基人笛卡儿把古希腊哲学的以太概念引入了科学，提出了以太漩涡学说，反对当时的原子论观点，他认为物质宇宙必然是一个紧密无间的充实体，在这样一个世界中只有物物相接触才能产生运动，因而运动只能发生于闭合路程当中，不存在物体可以通过的真空。与此相反，伟大的物理学家牛顿则主张原子论，坚持微粒说，认为宇宙是由不可分割的最小的微粒和虚空构成的。他于1686年发表的根据开普勒行星运动定律得出的万有引力定律，成功地说明了月球和行星的运动及潮汐现象，这一定律后来成为超距作用的典范。

由于万有引力定律在解释太阳系内星球的运动及潮汐现象等方面获得了极大的成功，而探索以太却未获得实际的结果，超距作用观点得以流行开来。拉格朗日、拉普拉斯等从引力定律发展出数学上简单而优美的势论，有力地支持了超距作用的观点。于是。超距作用观点盛行起来，并被移植到物理学的其他领域。

早期的电磁理论就是超距作用的思想的体现。1785年，库仑利用扭秤实验验证了反比定律，即库仑定律。此定律既继承了牛顿引力定律的形式，也继承了牛顿的超距作用观念。说明了引力和电力是同类力，是统一的。安培在研究电流的相互作用时，也像牛顿那样将电流看成无数个电流元的集合，仿照牛顿力学，将电磁力转化为电流元之间的吸引力与排斥力。尔后，他用高超的数学技巧，总结出了两个电流元之间的相互作用力，即平方反比的作用力形式。此理论将电磁现象纳入了牛顿力学的范畴，说明了电力、磁力、引力是统一的同类力。同样，韦伯的理论是建立在安培电动理论的基础上的，同样描写的是超距作用力。

不过，超距作用还是有点神秘，不接触的物体如何能够发生作用呢？为了解决这个问题，人们引入以太概念，但以太又被证明是不存在的，那是什么物质使得不接触的物体发生作用呢？这个问题的答案是由英国物理学家法拉第给出的。

对于牛顿的超距作用观念，法拉第是持怀疑态度的。法拉第不仅是一位杰出的实验物理学家，而且极具哲学家头脑。他既重视实验，又重视理论思维，注意从自然哲学中吸取思想活力，以作为实验的指南。通过对电磁现象的实验和深入研究，凭借丰富的想象能力和敏锐的分析力，他抓住了电磁现象的本质，提出了一种与传统的超距作用观点完全相反的全新概念——"场"。他认为带电体、磁体或电流在其周围空间产生电场或磁场，正是通过这种物质"场"，才把电作用或磁作用传递到别的带电体或磁体。

为了进一步说明"场"的概念，法拉第运用流体力学作类比，指出场是由力的线或力的管子所组成。他把铁屑撒到一张纸上，下面用一块磁铁轻轻颤动，这些铁屑就自然排列成整齐的图形，清楚地呈现出磁场的力线。至此，法拉第以其天才的洞察力描绘出一幅清晰的物理图像，即用电力线或磁力线的几何图形来表示电场和磁场的分布状况，这使得抽象的场概念以几何图形呈现出来。

运用力线的概念，法拉第成功地解释了电磁感应定律：只要通过回路的磁力线数目（即磁通量）发生变化，回路里就会产生感应电流，电流的大小正比于磁力线数的变化率。可见，力线图像把场的概念形象化了，也使许多电磁现象的定性解释变得简单明了、清晰直观，同时为定量计算架起了与19世纪中叶迅速发展的数学分析衔接起来的桥梁。法拉第的划时代发现和创用的场概念、力线模型，是电磁学研究的一个重大突破，并成为后来建立电磁场理论的基本出发点。

不可否认，法拉第对电磁学所作的贡献是极其伟大的，其物理思想则是极其深刻的。然而，由于法拉第没受过系统的正规教育，数学知识欠缺，所以他对电磁场的研究只能停留在对力线的实验观察和经验性的形象描述上，尚不能把它抽象成精确的、定量的理论。于是，完成这一伟大的工作就历史性地落住了具有极高数学造诣的物理学家麦克斯韦的肩上。

麦克斯韦在研读法拉第著作时，为法拉第只用很少几个简洁的观点，就阐述了电磁学错综复杂的内容所吸引。他决定为法拉第的场概念提供数学基础，从而选准力线为主攻方向。1855～1856年，麦克斯韦发表了第一篇电磁学论文《论法拉第力线》，其中，他将力线与不可压缩流体的流线相类比，而这种类比是几何的类比，即"是关系之间的相似性，而不是有关事物之间的相似性"。比如，把正、负电荷比作流体的源流，电力线比作流管，电场强度比作流速，并引入了一个新的矢量函数描述电磁场。这是麦克斯韦用数学工具表达法拉第学说的开端。

1861～1862年他在《论物理力线》一文中的思想已超过法拉第。他尝试以一种充满空间的介质来说明法拉第力线的应力性质，从而建立起能够说明电磁作用的力学模型。这一努力取得了丰硕的成果，不仅对各种电磁现象的联系，提供了统一的解释，而且挖掘出更深入的内在本质，即在该文中提出的"位移电流"和"电磁波"的新概念。这是麦克斯韦为建立电磁场理论而迈出的关键性的一步，从而实现了重大突破。电磁波的存在后来被赫兹所证实。

麦克斯韦1865年发表的《电磁场的动力学理论》则在实验事实及动力学基础上构筑了一座全新的电磁学理论大厦。他说，"我所提出的理论可以称为电磁场理论，因为它涉及电体或磁体邻近的空间"，而电磁场则是指"包括和环绕那处于电或磁情况的物体的那一部分空间"。在这篇论文中，他列出了含有20个变量的20个方程，包含了全部已知的电磁学内容。从法拉第到麦克斯韦，场的概念经过一番努力终于在物理学中取得了它的地位。麦克斯韦在自己的理论中提出电磁场中的能量定域，从而赋予了场以最为重要的实在性——能量。

1899年，俄国物理学家列别捷夫证明了电磁场理论所预言的光压的存在，这表明电磁场也具有动量。汤姆逊曾说过："我与麦克斯韦争论了一辈子，不承认他的光压，而在这里……列别捷夫迫使我在他的实验面前认输了。"再联系汤姆逊提出的电磁质量的概念，那么场的物质性的重要属性——质量、动量、能量业已齐备，在一个现代的物理学家看来，电磁场正和他所坐的椅子一样的实在。

麦克斯韦电磁场理论从超距作用过渡到以场为基本变量，是科学认识的一个革命性变革，因为电磁场可以独立于物质源而以波动形式存在，静电的相互作用就不可再解释为超距作用了。引力也是如此，因此牛顿的超距作用就退让给了以有限速度传播的场了。

概括起来讲，电磁场波动方程证明电磁波是一种横波，它的传播速度是仅仅根据电磁学测量就能确定下来的恒量，这个数值又与真空中的光速十分接近。麦克斯韦大胆断言：光本身是一种电磁干扰，它是波的形式，并按照电磁定律通过电磁场传播。这样电磁场理论就把电、磁、光学规律统一起来，完成了人类认识史上的又一次"大综合"。

另外，电磁场理论还为狭义相对论提供了雏形。可以毫不夸张地说，它是物理学发展史上的一座里程碑。但这一思想又太不平常了，只能逐渐地被物理学家们接受，一直到赫兹成功地证明了电磁波——脱离了源而独立存在的电磁场以后，对电磁场理论的抵抗才基本结束。难怪爱因斯坦赞扬说，法拉第和麦克斯韦的电磁场理论，是牛顿时代以来物理学的基础所经历的最深刻的变化。他甚至设想：整个宇宙就是一个场，最终每个物理系统都是场，场并不受空间的限制。

九、热本质思想

热是人类最早发现的一种自然力，是地球上一切生命的源泉。但热的本质究竟是什么？自古以来就有不同的认识，形成了两种有代表性的分歧观点：一种认为热是一种物质，这就是热质说；另一种认为热是物质运动的一种表现，这就是运动说。

主张热质说的人认为热是一种物质，它渗透到物体空隙中，是一种无质量的流体。这种所谓的流体物质，既不能创生，也不能消灭，保持总量守恒。物体内所含热质的多少，决定物体的温度和热量，物体内含的热质越多，温度就越高，热量也越多；反之，物体内含的热质就少，温度就低，热量也少。

热质说的思想最早起源于公元前4世纪古希腊的德谟克里特、伊壁鸠鲁和克莱修，后来又得到17世纪法国哲学家伽桑狄的支持。到了18世纪初，德国哈雷大学的施塔尔又引入了"燃素"的概念，他认为燃烧着的物质所发出的热，是因为有一种叫作"燃素"的物质起作用，这一观点更进一步巩固了热质说。

这样一来，热质说在18~19世纪一直处于统治地位。一方面是因为当时科学水平还没有揭示出各种运动形式的本质联系；另一方面还因为这个理论成功地解释了当时遇到的一些简单热现象。例如，两种不同温度的物质混合后能达到同一温度，这是交换热质的结果；热传导是因为热质的流动；对流是载有热质的物质的流动；辐射是热质的传播；物质受热膨胀是热质粒子间的相互排斥；物质状态变化时的"潜热"是物质与热质发生准化学反应的结果；摩擦和碰撞的生热现象，是由于"潜热"被挤压出来及物质的比热变小的结果；热机在热源和冷源之间做功，是因为热质从高温物体流向低温物体时做功；等等。

当时人们对自然的认识还是"实物粒子"思维方式，因此热质说很容易被人们接受。对热现象的研究，大多是局限在热交换、热传导现象的范围内，很少涉及热与其他能量之间的转化。由于热的物质性，热质也遵从物质的守恒定律，这是混合量热法的理论根据。在热质说观点的指导下，热学所取得的主要进展有：①布莱克发现了"比热"和"潜热"；②瓦特从理论上分析了蒸汽机的主要缺陷，改进了蒸汽机；③傅立叶建立了热传导理论；④卡诺从热质传递的物理图像出发，在19世纪初提出了消耗从热源取得热量而得到功的理论。

在热质说盛行的同时，也有人提出了另一种热本质的理论，认为热的本质是物体内部粒子运动的结果，如笛卡儿、波义耳、胡克、伯努利、罗蒙诺索夫等就持这种主张。

主张热运动说的人认为，热是物质粒子的运动。17世纪的培根和笛卡儿等倾向于这种观点。培根从摩擦生热的现象中得出"热是一种膨胀的、被约束的作用于物质内部较小粒子之上的运动"的结论。培根关于热运动的观点强烈地影响了当时英国的许多科学家。波义尔认为,热是物体各部分发生强烈而杂乱的运动。所以原则上说,热是由物质的机械运动所产生的。热并不是什么其他东西,而是一个物体的各个部分非常活跃和极其猛烈的运动。笛卡儿认为,应把热看作是由最精细的物质粒子的旋转运动产生的。

可以说,16~17世纪的科学家们所说的"运动"就是机械运动。从本质上看,热运动也是机械运动,这是当时占统治地位的机械论的运动观在热本质问题上的必然反映,它当然不可能真正地揭示出热运动的特殊本质。到了18世纪,伯努利发展了热的运动说,他认为热是构成物体的不可见微粒的一种运动。俄国的罗蒙诺索夫及英国的卡文迪许等坚持这一观点并作了研究,但总的来说这种观点尚缺乏足够的实验根据,所以还不能形成科学的理论。因而18世纪的中后叶,热质说还是压倒了热的运动说而占主导地位。

1789年,拉瓦锡甚至把热作为当时归类的23种化学元素之一,用 T 来表示,并把它归于气体一类。然而,正当热质说风行一时,它受到了致力于推翻热质说的物理学家汤姆森的有力挑战。他通过研究不同物质的内聚强度而开始了热的实验。他在炮身上钻孔时发现,钻孔时能产生大量的热,而钻出的金属屑足以把水烧开,而且钻头越钝发热越多,这种热好像取之不尽。显然,热质说对此不能做出令人满意的解释。汤姆森提出了自己的看法,这些实验中由摩擦产生热的源泉是不可穷尽的,任何与外界隔绝的物体线体系能够无限制地提供出来的东西,绝不可能是具体的物质实体。在这些实验中被激发出来的热,除了把它看作是"运动"之外,似乎很难把它看成其他任何东西。

汤姆森的工作无疑是对热质说的一个沉重打击。但由于他的测量有明显误差,如他没有测量实验中热量的散失,以至于在定量说明方面没有热质说精确,致使在相当长时间内,他的实验还不足以改变人们的看法,甚至受到热质说者的种种刁难。

1799年,英国化学家戴维发表论文,叙述了他所进行的一个巧妙而富于独创性的实验。当他看到了布莱克关于摩擦生热的解释时就表示怀疑。1798年以后,他开始着手通过各种实验来检验这个理论。他把两块温度为 $29°F$ 的冰块固定在一个由时钟改装的装置上,使两块冰可以不断摩擦。然后把它们放进抽成真空的大玻璃罩内,外边用低于 $29°F$ 的冰块与周围环境隔离开来。两块冰通过摩擦慢慢熔解为水,并且升温到 $35°F$。

在这个实验中,"热质"不可能从外面跑进去;冰只能吸收潜热融化为水,所以也不可能是从冰中挤出了"潜热";最后冰的比热是比水的比热更小的,所以这个实验中,"热质守恒"的关系不再成立了。戴维由此断言:热质是不存在的。他认为摩擦和碰撞引起物体内部微粒的特殊运动或振动,而这种运动或振动就是热。1812年戴维更明确地指出:各种不同类型的运动是可以不断地相互转化的，既然如此，就不存在任何特殊的运动形式；热现象的直接原因是运动，它的转化定律和运动转化定律一样，同样是正确的。戴维的这些结论对后来的迈尔、焦耳的工作有很大的影响。

现在看来，汤姆森和戴维的科学观点要比他们同时代的人先进，他们是发现能量守恒与转化定律的先驱。他们的实验可以是判决性的实验，给热的运动说提供了强有力的支持，但当时并没能改变学者们的看法而结束热质说的传播。科学界只有托马斯·杨赞扬了汤姆森的工作，并且依据汤姆森实验驳斥了热质说。可是有些物理学家却仍坚持热质说，直到1848年威廉·汤姆逊还从热质说的观点对焦耳的研究结果提出了质疑。

物理学发展的历史也表明，热质说虽然是错误的理论，但在热质说占统治地位的情况下，热学也获得了一系列的重要发现和成果。错误的理论毕竟是经不住时间考验的，所以当热学理论随着科学实验的深入发展需要提高时，热质说就明显地暴露出它对科学的阻碍作用。后来才由热的运动说把热质说所颠倒了的真实关系重新颠倒过来。

概言之，热动说和热质说这两种观点经历了相互更替的迂回曲折的历史演变，直到19世纪40年代末，由于能量守恒与转化定律的确立，热动学说才获得最后的胜利。此后，人类对热的认识才走上了科学的热动说的道路，进而把人们引入了一个新的领域，开始从微观粒子的层次上来认识热的本质，沿着这个方向所进行研究的结果，才使人们形成了今天这样的观念：热是物质运动的一种表现，即构成物质系统的大量微观粒子无规则运动的宏观表现。就其中单个粒子而言，它的无规则运动具有极大的偶然性；而整个物质系统所显现的宏观性质，如温度的高低、气体压强的大小等，则是所有微观粒子的集体行为，存在着确切的规律性，这是物质的热运动有别于其他运动形式的基本征特。物质的热运动和其他运动形式（机械运动、电磁运动等）之间可以相互转换，在转换过程中能量守恒（而不是"热质"的流动），与机械能、电磁能等相互转换的是由物质系统内部状态所决定的内能。如果能量的转换或传递过程通过热的方式，那么被传递的能量就称为热量。但这绝不是"热质"，而是由于系统与外界之间或同一系统的不同部分之间存在温度差而发生传热时被传递的能量。在热动说和热质说的争论中，包含着力学、热学和化学的相互渗透，促进了热力学这门新兴学科的产生。

十、电磁转化思想

对电磁现象进行较为深入研究始于16世纪的英国科学家吉尔伯特。吉尔伯特把十年的研究成果写入他的著作《论磁石、磁体和地球这个大磁石——一种新物理学》中。在这部著作中，他说明一种确定的磁石磁，并且研究了磁倾角。他指出，当一个小磁针放在地球上除南北极之外的地方，会有一个朝向地面的小小倾角，这是因为地磁吸引的结果。他第一次明确区分开了电的吸引和磁的吸引，并从分别起作用的动力因上加以区分。

1650年，德国物理学家格里凯在对静电研究的基础上，制造了第一台摩擦起电机。1720年格雷研究了电的传导现象，发现了导体和绝缘体的区别，随后，又发现导体的静电感应现象。1733年，杜菲经过实验区分出了两种电荷，即松脂电和玻璃电，并由此总结出静电作用的基本性质：同性电相斥，异性电相吸。1745年，荷兰莱顿大学的穆尔布罗克和德国的克莱斯特发明了一种能储存电荷的装置"莱顿瓶"，它和起电机一起为电的实验研究提供了基本工具。

此后，电学以惊人的速度发展。普利斯特列经过不到一年的努力，在他的第一手材料著作《电学的历史与现状及原始实验》中，总结了前人在这方面的成就，并提出了一些一般命题，有助于将已公布的大量实验事实加以系统化。普利斯特列还在实验中观察到了振荡放电现象，他在一篇论文中这样写道："在所有其他场合，电物质都沿一个方向通过，而在这个场合，电物质却往返于同一条路径。这样，就同一瞬间所能区分而言，两种电子间在真空中那显而易见的区别在此完全搞混淆了。"普利斯特列对电学最有意义的贡献是，他想用实验证明电的引力和斥力随距离的变化遵循平方反比定理的尝试。

在电学上做出开拓性工作的还有卡文迪许和库仑。卡文迪许仅发表过两篇论文，其开创性的工作是提出静电电容、电容率的概念及电荷作用的平方反比定律，这些成果直到1879年在麦克斯韦的努力之下才公之于世，为人所知。1777年，库仑通过研究扭力和材料刚性发明了扭秤，并用其测量了电荷之间的作用力。根据万有引力的定义，他用类比的方法得出电荷的相互作用力与距离的平方成反比的库仑定理。在库仑定律的发现中，事实上，类比的方法所起到的作用比实验的方法还要重要。物理学家劳厄在谈到该定律时说库仑定律有一段奇特的历史。开始有人揣测它有可能和牛顿的引力定律有联系，1767年普利斯特列在他和其他人，如卡文迪许做出的发现中找到了令人信服的证据。这个发现就是导体的电荷全部在它的面上，而一定电力作用对导体内部不产生影响，但是这个事实并没有引起人们的注意。1785年，库仑用扭秤作了量度，他测定了两个带电球体之间的作用力，部分是借助于扭秤的静偏转，部分是通过固定着的球对悬挂在扭秤上的球的作用而使之发生振动。在1786年，库仑也报道了导体对它内部的屏蔽作用，他不知道他前辈的工作，并且他在这里看出了引力定律的提示。这说明"这纯粹是对牛顿定律的一种类比。"

1780年，意大利波仑亚大学的伽伐尼和助手在解剖青蛙时，发现用不同的金属与蛙腿接触便可使蛙腿抽动。当时对这种奇特的现象只有两种可能解释：它或者由于动物机体内存在电的缘故，或者它包含某种不同金属接触的电过程，而蛙腿仅仅起一种灵敏验电器的作用。伽伐尼赞同前一种意见，但他的观点被他的同胞伏打否定了。

伏打认识到伽伐尼动物电的本质，因为两种金属与动物体相连，造成蛙腿起到验电器的作用。后来伏打用各种不同的金属搭配，进行了一系列实验，研究它们相互接触时产生电的情况，获得了著名的伏打序列：锌、铝、锡、铁、铜、银、金、石墨等，只要按照序列的顺序，将排在前面的金属同排在它后面的一切金属相接触，前者带正电，后者带负电；且序列相距越远，带电越大。1800年，伏打制成了伏打电堆，伏打电堆的出现，使人们第一次有可能获得稳定而持续的电流，从而为研究电动现象打下了基础，也推动了电化学的发展。

1827年左右，物理学家欧姆从电的现象中抽象出几个能够加以确切规定的量来。他用电流强度和电动力观念代替了当时流行的"电量"和"张力"等模糊的概念。受法国数学家傅立叶关于热传导过程中热流量和两点之间的温度差成正比的思想的启发，他猜测电流也应该与导线两端之间的某种驱动力成正比。起初，他利用电流的热效应导致热胀冷缩来测量电流的大小，但实际操作起来效果不佳。电流的磁效应发现以后，欧姆依此原理设计了一个扭秤，可以很方便地测量电流的大小，他利用温差电池和电磁扭秤继续进行金属的导电实验，终于提出通过导体的电流与电势差成正比，与电阻成反比的结论，此即著名的欧姆定律。

然而，近代电磁学始于奥斯特的实验。自从吉尔伯特提出电和磁彼此独立无关的论断以来，科学家受这种思想影响，只是孤立地研究电和磁。奥斯特由于受到德国古典哲学同一性思想的影响和启发，一直相信电、磁之间一定有某种联系，它们可相互转化。在比较了电与磁的吸引和排斥的相似性，以及它们的规律性之后，奥斯特提出了电与磁之间究竟有什么联系和作用的问题。带着这个问题，1819~1820年他在给学生讲课时，意外发现电流附近的小磁针发生偏转的现象。随后他又做了60多次实验，在磁针和导线之间放上玻璃、木头和石头等物质，证实了电流磁效应的存在。这个实验立刻震动了欧洲物理学界，使一大批人转向了电和磁关系的研究。当时这项研究有两个方向：一是继续做有关电和磁的实验，试图通过实验弄清二者之间的关系，尤其是磁转化为电的实验，即奥斯特实验的逆实验；二是对奥斯特等的实验做出理论说明。前者是实验探讨，后者是理论研究。

奥斯特实验也启发了法国物理学家安培，他和助手立即重复了奥斯特的实验。一周后，安培向法国科学院提交了第一篇论文，提出了磁转动方向与电流方向相关判定的"右手定则"，一周后，他向科学院提交了第二篇论文，讨论了平行载流导线之间的相互作用问题，即两根平行导线如果通以同向电流，它们相互吸引；如果通以反向电流，它们相互排斥。他还发现，如果给两个螺线管通以电流，它们就会像两个磁铁一样相互排斥或相互吸引。安培试图从理论上解释这些现象。他认为磁的本质是电流，一切磁现象起源于电流。他把电流与磁体、磁体与磁体的相互作用统统归结为电流与电流的相互作用，并把电流与电流间的相互作用力称为"电动力"，而把研究这种力的理论称为"电动力学"。同库仑一样，安培也采用了类比的方法，即把电动力同万有引力相类比，从而提出两个电流元（相当于牛顿力学中质点或质量）之间的电动力的大小，与两电流元的乘积成正比，与两电流元之间的距离平方成反比，这就是著名的"安培定律"。

同时，安培在1827年出版的《由实验推导出的电动力学现象的数学理论》中叙述了他的研究方法：首先观察事实，尽可能地变化条件，以精确的测量来实现这一步，目的在于推导建立在经验基础上的一般定律，在于独立于所有关乎产生现象的力的性质的假说，推导这些力的数学值。也就是说，目的在于获得表示它们的公式。这就是牛顿用过的方法，也是对物理学做出过巨大贡献的法兰西知识界当时普遍遵循的原则。同样，它也在引导安倍把所有研究都投入到电动力学现象中去的方法论原则。可以看出，安培在构建电动力学的过程中，几乎每步都体现了牛顿的影响，因此难怪麦克斯韦称他是"电学中的牛顿"。

19世纪中叶，牛顿所建立的机械运动的宇宙图景，第一次被电磁学统一的宇宙图景所代替。这一伟大范式转化的始作俑者是英国实验物理学家法拉第。法拉第在电磁学上建树颇多，主要贡献有三项：①发现了电磁感应定律，打开了禁锢电力的大门；②提出了"力线"和"电磁场"的概念，直接促进了电磁场论的建立和无线电子学的兴起；③发现了电解定律，奠定了电化学基础。

1821年9月初的一天，法拉第惊喜地发现通电的导线在磁场中发生了旋转。从而证明电可以转化为磁。1831年法拉第在一个空的圆筒内缠上长长的铜线，然后将一块磁铁一端靠近铜线，电流计纹丝不动，他把磁铁完全插入铜丝圈内，电流计的指针突然动了一下，他急忙又把磁铁抽出来，指针又动了一下。他试了一次又一次，结果都一样，法拉第发现了他一生中最重大的成果——电磁感应现象。

在发现电磁感应的基础上，法拉第进一步引入了磁力线的概念。1831年11月24日，他用铁粉做实验，形象证明了磁力线的存在。他确信这种力线不是几何的，而是具有物理性质，是物理实体，电荷或磁极就是力线的起点。此外，他把布满力线的空间称为场，磁力线就是通过连续的场（这种物理实体）传递的。电荷或磁极周围空间不是一无所有，而是布满了向各个方向散发出去的力线。

电磁学理论的完成要归功于麦克斯韦。1855年，他在剑桥发表了第一篇电磁学论文《法拉第的力线》，用假想流体的力学模型去类比电磁现象，把"力线"的特征概括为一个矢量微分方程。这一年恰好法拉第退休，麦克斯韦接过法拉第递交的火炬，继续前行。1862年，麦克斯韦在英国《哲学杂志》发表了第二篇电磁学论文《论物理的力线》，自创"涡旋电场"和"位移电流"的概念，并据此导出了两个微分方程,即有待完善的麦克斯韦方程组。在此之前,人们论及的电流指的都是导体中自由电荷运动产生的传导电流。但麦克斯韦分析发现,在连续交变电源的电容中,没有传导电流时,磁场照样存在,显然有另一类电流存在。这种电流应该是由电容器变化的电场激起的,它的效应相当于传导电流。与此同时,麦克斯韦还预言了电磁波的存在,他指出,既然交变电场会产生交变磁场,而交变磁场又产生交变电场,这种交变的电磁场就会以波的形式向空间扩散出去。

1860年,麦克斯韦在《皇家学会学报》上发表了第三篇电磁学论文《电磁场动力学》,他采用拉格朗日和哈密顿创立的数学方法,直接导出电场和磁场的一系列波动方程,使麦克斯韦方程组更加完善。麦克斯韦还证明,电磁场的传播速度等于介电系数和导磁系数几何平均的倒数,正好等于光速,于是他大胆推断:光就是一种电磁波。这样,电磁和光现象统一起来了。1877年,麦克斯韦出版了《电磁学通论》,总结了19世纪中叶前后人类的电磁学研究成果。这部鸿篇巨制堪称电磁学的百科全书,标志着完整的电磁学理论体系的确立。

由于麦克斯韦的理论是用微分方程表达的,高深莫测,当时没有几个人能懂,统计力学奠基人玻尔兹曼提到麦克斯韦方程,甚至引用歌德的话说"写出这些符号的是上帝吗?"后来,德国物理学家劳厄在他的著作《物理学史》中也评论道:尽管麦克斯韦的理论具有内在的完美性,并和一切经验相符合,但他只能逐渐被物理学家们接受。它的思想实在太不一般了,甚至像亥姆霍兹(H. von Helmholtz)和玻尔兹曼这样有非常才能的人,为理解它也花费了几年的力气。由于没有人发现电磁波,麦克斯韦的预言一直没有获得科学界的承认。麦克斯韦的电磁学理论的实验验证,是他去世9年以后,由德国人赫兹在1888年完成的。此前,赫兹发明了一种电波环,这是一种十分简单有效的电磁波探测器。他把一根铜线弯成环状,环的两端分别连着可以调节距离的金属小球。赫兹利用它进行了一系列实验,终于发现了电磁波。赫兹实验的重大意义不仅在于证明了电磁理论的正确,而且导致了无线电的产生,开辟了电子技术的新纪元。

十一、不可逆思想

19世纪,德国物理学家克劳修斯曾将熵增大原理扩展到整个宇宙,得出了所谓宇宙热寂说,他认为自然界几乎所有的过程同样是不可逆的,我们所在的宇宙将乘着时间之矢逐渐走向死亡。自然界每一个事物从其诞生到消亡,都是一个熵值增大的过程,最终会有某种力量阻止它们同外界能量的交换,使之变成孤立的系统,进而走向死亡。

那么,物理世界是否存在一个实际的演化过程呢?这要取决于不可逆过程的发现。热力学第二定律首先揭示了物理世界中的不可逆过程:对于一个孤立系统的物理过程，它的两个状态之间是可以分出前后的，熵更多地对应于时间上更后的状态。自然界万物与人类历史都无法从将来回到现在，从现在回到过去，这种无法改变和终止的状态背后，反映的哲学命题就是不可逆思想。

对于一个封闭系统来说，自发地发生的过程都是散逸过程。例如，热量总是从温度高的物体流向温度低的物体，最终达到平衡；在温度平衡后，绝不会自动地离开这种平衡状态，使两个物体的温度差越来越大，热量又向单一物体集中。又如，密封于容器内的气体，当打开盖子时，气体分子立即扩散出来，而它们绝不会自动地又回到容器中去。过程的这种单向性，就是不可逆性。

按照一般的说法：一个系统从某一状态出发，经过某一过程而到达到另一状态，如果存在着另一过程，它能使系统和外界复原，使系统回到原来状态，同时消除了原来过程对外界引起的一切影响，那么，原来的过程就是可逆过程。反之，如果用任何方法都不能使外界和系统复原，则称为不可逆过程。

可逆过程具有对称性，即正向过程的每一状态，与同反向过程的相应状态是完全对称的，反向进行的过程的每一状态是原来正向进行的过程的重演。例如，时间反演对称，就表明是一种可逆过程。但是，自然界中的自发过程都是不可逆的，也就是说，当它向相反的方向进行并恢复系统的原来状态时，外界总要发生某种变化；如果没有这种变化发生，过程是不可能朝相反的方向进行，并达到系统的原来状态的。一个热的物体能自发地冷却，一个冷的物体却不能自发地热起来。看来，不可逆过程在自然界是一种普遍现象。

在自然界中，过程的可逆性是相对的，不可逆性则是绝对的。例如，在理想状态下，没有任何摩擦的摆的运动，在前半周期，摆球由左边到右边，在后半周期，摆球从右边摆回到左边，而周围没有发生任何变化。这种无摩擦的摆动，就是一种可逆过程。但是，在实际情形中，毫无摩擦阻力的摆动是不存在的，可逆过程只是一种理想近似。即使没有摩擦阻力，但由于地球在自转中，摆的周期也会发生变化，不可能完全回到原来的地方。再如，行星的运动总是在椭圆轨道上周而复始地转动着，可以看作是可逆过程；但是，它也不是完全地重复着原来的轨道，由于万有引力的作用，它们的近日点在运动着。所以，自然界的实际过程都是不可逆的。

当然，我们一般并不否认可逆过程的存在，只是认为可逆是有条件的，因而是相对的；不可逆是无条件的，因而是绝对的。可逆存在于不可逆之中，在不可逆中包含有可逆性，如果没有不可逆过程，那也就没有可逆过程可言了，这两个过程是一对相互依存的范畴。如上所述，自然界中实际发生的过程，都是不可逆过程，但是，当我们运用科学抽象的逼近方法来研究这些过程时，往往把过程理想化了。例如，我们研究摆动时，略去了摩擦的因素，把它看作是可逆的过程；研究气体时，往往把气体分子看成是无摩擦的弹性球，它们之间的相互碰撞是完全弹性碰撞，这就是理想气体的假设。在这个意义上，可逆过程也是一种人为设想的理想过程，也是一种研究的策略。因为唯有如此，我们才有可能运用可操作的方法去研究它们。

在热力学中，卡诺循环也是一种理想循环，实际上却是不可逆的。根据这种理想过程的研究，卡诺发现，所有工作于两个一定的温度之间的热机，以可逆机的效率为最大。这就是所谓的"卡诺定理"。恩格斯对卡诺的这种研究，给予很高的评价，认为卡诺采用的不是归纳法，而是分析法。可见，可逆过程是一种理想过程，它忽略了其中许多次要的因素，从而把主要的过程突出出来，让它以纯粹的、摆脱一切干扰的形式出现。

显然，要在现实的生活中去寻找这种理想化的过程，正如去寻找理想气体、理想刚体等模型一样，是永远寻找不到的。但是，这些过程又是确实存在于现实世界中的，虽然它不是以纯粹的形式存在着，而是以被干扰了的形式存在着。所以，可逆过程只是一种近似，它只能在一定条件下存在着。可逆性被干扰了的过程，就是不可逆过程，这就使可逆过程包含于不可逆过程之中。

我们知道，不可逆过程是现实发生的实际过程，它是极其丰富和具体的。它既是现象和本质的统一，又是部分和整体的统一。如果我们透过现象，撇开过程的次要方面，这就把丰富、具体的过程抽象化了，从中得到比较稳定的、同一的、平静的东西，这就是包含于不可逆过程中的可逆性，即相对稳定而经常重复的东西，即规律。列宁反复指出：规律是现象中同一的东西、巩固的东西，是现象的、平静的反映。他还认为规律把握的是平静的东西——因此，任何规律都是狭隘的、不完全的、近似的，并指出规律＝部分。而可逆性恰恰反映了不可逆过程中的相对稳定的因素、暂时重复的方面，是不可逆过程中的部分内容，它是狭隘的、不完全的、近似的。

譬如，在宇宙的演化过程中，散逸过程使物质从密到疏地演化；凝聚过程使物质从疏到密地演化。这些过程的进行不是释放能量，就是吸收能量。这种能量的来源和去向，归根到底，是由物质内部的吸引和排斥的矛盾运动所决定的。如果需要提供能量，它必须依赖于引力收缩或热核反应等运动形式，这是宇宙一切演化过程的根据。由于这些过程都是有限的过程，而且无论在空间上或时间上，它们都与宇宙中发生的其他过程，处于普遍联系和相互作用之中。所以，可以借助于外界的影响，促进内部矛盾的发展，使过程逆转过来。这种外界的普遍联系和相互作用，就是宇宙演化中的条件。过程的这种转向，证明了不可逆过程的普遍性和可逆过程的特殊性，反映了宇宙演化过程中的根据和条件的对立统一。

就大尺度宇宙来说，根据大爆炸理论，宇宙目前处于膨胀中，热量以辐射的形式散入太空，温度在不断地下降。但是，热运动只是运动的一种形式，它可以转化为其他形式的运动。根据不可逆过程的要求，这种转化需要一定的条件，这些条件是宇宙自身所提供的。例如，引力收缩重新造成了热核反应的条件，引力势能转化为热能，核的结合能转化为热能，就是宇宙自身创造转化的条件的一个例子。只要我们承认自然界是一个普遍联系的统一体，那么，我们就得坚信，在事物的相互作用中，宇宙自身包含着宇宙演化的内在原因。宇宙的循环也是自我循环，它的前进性和重复性，都是自我完成的。自发过程是不可逆的过程，保证了循环的前进性；在一定条件下所发生的可逆过程，由于条件是自我创造的，在整个宇宙的演化中，它同样是自我完成的过程。也就是说，自组织过程是一个不可逆过程，宇宙系统是这样，自然系统是这样，社会系统也是这样。

对于事物发展的有限过程，可以正向地进行，也可以反向地进行。所谓可逆过程，是当它在相反的方向进行时，不仅系统本身回复到原来的状态，而且外界也回复到原来的状态。也就是说，当一过程回复到初始状态时，外界没有发生任何变化。不可逆过程并不否认过程反向进行，而只是指出，当此过程回到原初的状态时，外界发生了一定的变化。不可逆过程仍然允许过程朝着相反的方向进行，但这必须以发生外界的变化为条件。过程的不可逆性是无条件的，如果要它再逆过去，必须具备外界的条件，所以，不可逆过程实际上是指出了过程反向进行的条件性，而不是一般地否认过程反向进行的可能性。不可逆过程总是，或者几乎总是在同时创造着有序和无序。对为什么我们看不到打碎的杯子聚集起来离开地面并飞回桌上，一般的解释是热力学第二定律不允许。它说的是，在任一封闭系统中，无序或熵总是随时间增加。换而言之，它是默菲（Murphy）定律的一种形式：事物总是倾向于变糟！桌子上的一个完好的杯子是一个有序的状态，而地上的碎杯子是一个无序状态，人们能够很容易地由过去的桌上杯子，走向未来的地上碎杯子，但不能相反。

在自然界中，一切自发的自然过程都是不可逆的。物体可以自发地冷却，却不能自发地炽热起来。这就说明，任何自发的自然过程，它们只能有一种方向，而不能同时又有相反的方向。对于这种过程进行的方向问题，法国的卡诺首先研究了蒸汽机的基本过程，发现所有工作于两个一定温度之间的热机，以可逆机的效率为最大。显然，可逆机只是一种理想机，事实上并不存在这样的热机。一切热机都是不可逆机，它们的效率都低于可逆机的效率，在工作时，必须耗费大量的热能。

克劳修斯和开尔文对卡诺定理作了进一步的概括，提出了一切对热力学过程都有普遍意义的热力学第二定律：不可能把热从低温物体传到高温物体而不引起其他变化（克劳修斯），或者不可能从单一热源取热使之完全变为有用的功而不产生其他影响（开尔文）。这两种表述虽然不同，但其含义是相同的，反映了在有限空间和时间内，一切和热运动有关的物理的、化学的过程的发展都具有不可逆性。这个定律，也被称作熵的增加原理：在孤立系统内实际发生的过程，总使整个系统的熵的数值增大。

热力学第二定律所引入的"熵"的概念，同物质系统的运动状态总是相联系的，它是同系统状态有关的态函数。在高温（T_1）和低温（T_2）物体之间，由于存在着温差，热量（Q）就发生转移。在这里，我们又涉及循环过程中的可逆和不可逆的关系。孤立系统中的热力学过程是不可逆过程，表现为熵的不减少。如果使过程向相反的方面转化，必须有外界的作用。这种作用，就是转化的条件，即可逆过程的条件性。在一切有限过程中，熵总是在增加，或不减少。熵增加得越大，系统的运动转化能力就变得越小，如果增加到极大，运动转化的能力也就丧失殆尽。这就是热力学第二定律所揭示的自然界的宏观过程的规律性，它对于微观世界可能是不适用的。因此，这一规律虽然是一般规律，但在普遍的意义上受到一定的限制，同更普遍的规律比起来，还是一条特殊的规律。

总之，在经典科学惯于强调永恒性的地方，我们现在发现了变化和进化，不可逆思想就是在理想客体不得不被较少理想化的概念代替时引进的。尽管在自然界中存在着一些可以用经典力学或量子力学定律加以描述的系统，它们的行为可以看作是可逆的。但是，对绝大多数系统，包括所有的化学系统及所有的生物学系统来说，宏观层次上都是属于时间定向的，都是具有不可逆性的。

十二、能量守恒思想

能量守恒的思想由 19 世纪中叶由许多学科的科学家相继发现并成为一个重要定律，它是自然科学中十分重要的思想和定律。历史地看，能量概念的发展与力、动量、内能、热量、机械运动、做功等概念相关。让我们通过分析这些概念之间的关系来阐明能量守恒的思想。

第一，能量与物体的碰撞时的力和动量相关。1644 年笛卡儿在其《哲学原理》中为了度量运动的碰撞问题时引进了"动量"概念。1687 年牛顿在《自然哲学的数学原理》中把动量改为了力。莱布尼兹抨击笛卡儿和牛顿，主张用质量乘速度的平方来度量运动，他称之为"活力"，而将牛顿由动量所度量的力称为"死力"。这一主张恰好与 1669 年惠更斯关于碰撞问题研究的结论一致：两个物体相互碰撞时，它们的质量与速度平方乘积之和在碰撞前后保持不变。

从莱布尼兹与牛顿的争论起，就形成了以牛顿和莱布尼兹两大学派的论争。这场争论延续了近半个世纪，许多科学家参加了讨论，并各做实验来佐证。直到 1743 年法国科学家达朗贝尔在其《论动力学》中指出，对于量度一个力来说，用它（力）给予一个受它作用而通过一定距离的物体的活力，或用它给予受它作用一定时间的物体的动量，都是合理的。由此达朗贝尔揭示了活力是按作用距离力的量度，而动量是按作用时间力的量度。

不过，活力概念虽然为力学家所接受，但它与力的关系还不清楚。1807 年英国科学家托马斯·杨引进了"能量"概念，1831年法国科学家科里奥利（Coriolis GG）又引入力做功的概念，且在活力前加上系数1/2称为"动能"，通过积分给出功与动能的联系，其表达式是：$F=1/2mv^2$。该表达式表示力做功转化为物体的动能。这意味着机械能是守恒的或者是不变的。

第二，能量与物体的热量相关。关于热的精确理论是从制造温度计开始的。17世纪初，伽利略开始制作温度计，但由于采用的温标不方便而很少被使用。1714年，德国物理学家华伦海（D. G. Fahrenheit）使用水银做温度计，到1717年基本确定了华氏温标。华氏温标是：以水的沸点为212度，把32度定为水的冰点。在1742~1743年，瑞典科学家摄耳修斯（A. Celsius）发明了摄氏温标，它以标准状态下水的结冰温度为零度，水的沸点为100度。摄氏温标在1948年被国际度量衡会议定为国际标准。温度计的发明给温度和热量的精确测量做了必要准备。而在此前，人们并没有把温度和热量区分开来，以为温度就是热量。

18世纪50年代，英国科学家布莱克把32 ℉的冰块与相等重量的172 ℉的水混合，发现平均温度不是102 ℉，而是32 ℉，其效果只是冰块全部融化为水。布莱克由此得出结论：冰在溶解时，需要吸收大量的热量而使冰变成水，但温度并不升高。他猜想到冰溶解时吸收的热量是恒定的。他设想水在凝固时可能也会释放一定的热量，于是他把4℃的过冷却水不停地振荡，使一部分过冷却水凝固为冰，结果温度上升了；当过冷却水完全凝固时，温度上升到摄氏零度，表明水在凝固时确实释放了热量。通过大量实验布莱克发现：各种物质在发生物态变化（溶解、凝固、汽化、凝结）时，都有这种效应。譬如，他用玻璃罩将盛有酒精的器皿罩住，把玻璃罩内的空气抽走，器皿中的酒精就迅速蒸发，结果在玻璃罩外壁上凝结了许多小水珠。这说明液体（酒精）蒸发时要吸收大量的热，因而使玻璃罩冷却了，外壁上才凝结了水珠。基于这些实验事实，他于1760年发现了热量与温度是两个不同的概念，次年引入"潜热"① 概念。其后，拉瓦锡与拉普拉斯在1780年提出了正确测量物质热容量的方法。

第三，能量与机械运动相关。从远古起人类就认识到机械运动可产生热。古代的钻木取火就是把机械运动转变为热的最早实践，但几千年中还没有人能够进行机械能和热能的定量转换。直到1798年美国工程师朗福德（B. T. C. Rumford）用镗具钻削制造炮筒的青铜坯料时，金属坯料像火一样发烫，必须不断用水来冷却。他注意到，只要镗钻不停止，金属就不断地发热；如果把这些热都传给原金属，则足可以把它熔化。据此他认为，镗具的机械运动转化为热量，因此热是一

---

① 潜热是相变潜热的简称，是指单位质量的物质在等温等压条件下，从一个相变化到另一个相吸收或放出的热量。这是物体在固、液、气三相之间及不同的固相之间相互转变时具有的特点。固、液之间的潜热称为溶解热或凝固热，液、气之间的称为汽化热或凝结热，而固、气之间的称为升华热或凝华热。

种运动形式,而不是一种物质。朗福德还计算了机械能所产生的热量的值,首次给出一个"热功当量"①的数值。

将热能转变为机械能的历史可追溯到亚力山大的希罗(Hero)发明的蒸汽机。他的发明是一个空心球体上面连上两段弯管,当球内的水沸腾时,蒸汽通过管子喷出,这个球就迅速旋转,这就是最早的蒸汽机。1712年英国工程师纽可曼(T. Newcomen)发明了大气压蒸汽机。这种机器具有汽缸与活塞,工作时先把蒸汽导入汽缸,此时汽缸停止供汽而汽缸内进水,蒸汽便遇冷凝结为水使汽缸内气压迅速降低,就可把水吸上来。之后再把蒸汽导入汽缸,进行下一个循环。英国工程师瓦特在18世纪后半叶对蒸汽机做了重要改进:一是发明了冷凝器,极大提高了蒸汽机的效率;二是发明了离心调速器,使蒸汽机速度可自由控制。改进后蒸汽机才真正在工业上被广泛使用,也使人类进入到工业时代。蒸汽机的工作原理当时人们还不清楚,但已经初步认识到热量转换中热量的守恒性。

而首先阐明能量守恒的当属德国医学家迈尔(J. R. Mayer)。据说在1840年去爪哇的航行中,他对动物体温问题发生了兴趣。当他为一些患病的水手放血时,发现静脉的血比较鲜亮,起初认为血液较红是在热带身体不像在温带那样需要更多的氧来保持体温。这促使迈尔思考身体内食物转化为热量的问题,从而得出热和功能够相互转化的结论。迈尔在1841年9月给友人的信中最早提及了"热功当量",指出某一重物必须举到地面上多高的地方,才能使得与这一高度相应的运动量和将该重物放下来所获得的运动量,正好等于把1磅(1磅≈0.45千克)0℃的冰转化为0℃的水所需的热量。1842年3月迈尔在写给化学家李比希的信中说明,一重物从365米高处下落所做的功,相当于把同重量的水从0℃升到1℃所需的热量。可惜的是,迈尔的观点没有引起应有的重视。1858年亥姆霍兹读了迈尔1852年的论文后,认为迈尔早于自己发现能量守恒定律。克劳修斯也认为迈尔是守恒定律的发现者。1862年丁铎尔(J. Tyndall)在伦敦皇家学会上系统介绍了迈尔的工作,迈尔的成就才得到公认。

第四,能量守恒与热功当量相关。德国科学家亥姆霍兹1847年7月23日向物理学协会作了报告《论力的守恒》,结论与1843年焦耳的实验完全一致,被人们称为"自然界最高又最重要的原理"。后来英国科学家开尔文采用了物理学家杨(T. Young)所提出的能量概念,采用"势能"代替"弹力",以"动能"代替"活力",使在力学中使用了近200年的概念上含混不清的情况得到改变。英国科学家焦耳的热功当量实验也验证了亥姆霍兹的结论。焦耳在探讨各种运动形

---

① 热量以卡为单位时与功的单位之间的数量关系,相当于单位热量的功的数量。焦耳首先用实验确定了这种关系,他将这种关系表示为1卡(热化学卡)=4.1840焦耳,即1千卡热量与427千克米的功相当,即热功当量J=427千克米/千卡=4.1840焦耳/卡。

式之间的能量守恒与转化关系后，于1843年发表论文《论水电解时产生的热》与《论电磁的热效应和热的机械值》，宣称自然界的能是不能毁灭的，哪里消耗了机械能，总能在哪里得到相当的热，热只是能的一种形式。此后焦耳不断改进测量方法，提高测量精度，最后得到了一个被称为"热功当量"的物理常数，焦耳当时测得的值是423.9千克米/千卡。这个常数的准确值是418.4千克米/千卡。为纪念他的功绩，国际单位制中采用焦耳为热量的单位，1卡 = 4.184焦耳。

第五，能量守恒发展为质能守恒。爱因斯坦提出狭义相对论和质能关系公式后，说明物质可以转变为辐射能，辐射能可以转变为物质。他指出物质的质量和它的能量成正比，可用以下公式表示：$E = mc^2$，式中 E 为能量；m 为质量；光速 $c = (299\ 792.50 \pm 0.10)$ 千米/秒。这就是著名的质能公式。该公式说明：物质可以转变为辐射能，辐射能也可以转变为物质。这一现象并不意味着物质会被消灭，而是物质的静质量转变成另外一种运动形式。20世纪以来，人们发现原子核裂变所产生的原子能远超过化学能，人们对能量守恒与质量守恒有了新的认识，并将这两个定律合称为"质能守恒定律"。关于能量守恒定律，有研究者认为，它是需要条件限制的，并不是在任何情况任何时空都是普适的，时间平移不变性是能量守恒的条件；各种形式能量的转换遵循等量转换原则是能量守恒定律成立的基本条件，将 $\Sigma E = $ 常量等同于能量守恒是对能量守恒定律的误解。因此，关于能量守恒定律还需要更进一步的深入研究。

概言之，能量是物质运动转换的量度，是物质所具有的基本物理属性之一，也是物质运动的统一量度。能量以多种不同的形式存在，包括机械能、化学能、热能、电能、辐射能、核能，它们可以通过物理效应或化学反应而相互转化。能量守恒定律通常表述为：能量既不会凭空创造，也不会凭空消失，只能从一个物体转移到另一个物体，或从一种形式转化为另一种形式，在转化过程中，能量总量保持不变。这也是热力学第一定律[①]。

---

① 克劳修斯的热力学第一定律解析式：$dQ = dU - dW$。此时能量转化和守恒定律与热力学第二定律的熵的表述一起构成了热力学理论体系的基础。1853年汤姆逊重新定义了能量概念：当它从这个给定状态无论以什么方式过渡到任意一个固定的零态时，在系统外所产生的用机械功单位来量度的各种作用之和（态函数 U 称为内能）。1909年，C. 喀喇氏对内能进行重新定义：任何一个物体或物体系在平衡态有一个态函数 U，叫作它的内能，当这个物体从第一态经过一个绝热过程到第二态后，它的内能的增加等于在过程中外界对它所做的功 W ($U_2 - U_1 = W$)。如此定义的内能与热量毫不相关，只与机械能和电磁能有关。至此，热力学第一定律、热力学第二定律及整个热力学理论才彻底抛弃"热质说"。

第八章　现代科学思想

现代科学思想是指 20 世纪以来的科学思想，涉及物理学、化学、生物学、天文学、地质学、系统科学等。按照语境论，历史事件包括思想是从过去指向未来的过程，在这一过程中，现在或者当下语境起到承上启下的作用，因此，现代科学思想既是过去思想的继承，又是未来科学思想的起点和源泉。

一、量　子　说

量子理论是一个复杂而又难解的谜题。它的建立在自然哲学观上带给了我们前所未有的冲击和振动，甚至改变了整个物理世界的基本思想。它的基本观念是如此的革命，乃至最不保守的科学家都在潜意识里对它怀有深深的惧意。以至量子论的奠基人之一的玻尔都说"如果谁不为量子论而困惑，那它就是没有理解量子论"。但这并不妨碍我们对量子论的运用。今日，新技术的发展，从晶体管、集成电路、激光到超导材料，现代文明，从电视、电脑、手机到核能、航天、生物技术，几乎没有哪个领域不依赖于量子力学的成果。

然而，量子力学的创立不是一蹴而就的，它是历史上少有的天才荟萃到一起为描述远离我们的日常生活经验的抽象原子世界而共同创造的，它经历了从旧量子论到量子力学的近 30 年的发展历程。量子力学建立以前的量子学说统称为旧量子论，主要包括普朗克（M. Plank）的能量子假说、爱因斯坦的光量子假说和玻尔的原子结构模型。

（一）与经典理论相悖的两个实验

19 世纪末，物理学的各个分支已经建立起系统的理论，并取得了辉煌的成就。正如绝对温标的创始人开尔文在 1889 年的新年贺词中说："19 世纪已将物理大厦全部建成，今后物理学家的任务就是修饰、完美这座大厦了。"然而，一些新的实验事实与经典物理学理论发生了尖锐的矛盾，其中之一就是量子革命的导火线：黑体辐射实验。

1. 黑体辐射实验

19 世纪末，物理学家开始对黑体模型的热辐射问题发生了兴趣。其实，很早以前人们就已经注意到对于不同的物体，热和辐射似乎有一定的联系。比如，把一块铁放入炉中加热，到了一定温度的时候，它会变得暗红（其实在这之前有不可见的红外辐射），温度再高些，它会变得橙黄，到了极高温度时，可以看到铁块将呈现蓝白色。那么，物体热辐射和温度之间有着什么样的关系呢？

德国物理学家维恩从玻尔兹曼经典热力学的思想出发，于 1893 年提出了它的辐射能量分布公式：

$$M_{\lambda_0}(T) = C_1 \lambda^{-5} e^{-\frac{C_2}{\lambda T}}$$

其中，$M_{\lambda_0}(T)$ 表示能量分布函数；λ 为波长；T 是绝对温度；C_1，C_2 为常数。

实验结果表明：维恩定律在长波内失效，与实验结果偏离较大。1900 年 8 月英国物理学家瑞利看到了维恩公式的缺点后，从统计力学和经典电磁理论出发，推导出一个新的辐射公式，并于 1905 年 6 月由英国物理学家金斯（J. H. Jean）对其进行了修正，得出瑞利–金斯公式：

$$M_{\lambda_0}(T) = C_3 \lambda^{-4} T$$

它在短波方面失效是显而易见的。当 λ 趋于 0 时，M_{λ_0} 趋于正无穷。也就是说，黑体将在波长短到一定程度时，释放出几乎无穷的能量来，也就是通常说的"紫外灾难"。这种现象反映出经典物理学已遭遇到了严重的危机。

2. 光电效应实验

光电效应最早是由赫兹于 1887 年在验证电磁波实验时无意中发现的，它指的是某些物体如金属内的电子由于光照而溢出物理表面的现象。光电效应实验表明：①当照射光的频率大于某一定值 v_0（称为红限）时，立刻就有电子发射出来，否则，则无论光的强度有多大，照射时间有多长，都不会有光电子产生；②单个光电子的能量与光的强度无关，只与频率有关，频率越高，光电子能量越大；③光的强度影响光电子的数目，强度越大，光电子数目越多。

根据光的波动理论，光电子的能量只取决于光的强度，而与光的频率无关。而且，又因为光的能量是连续的，电子吸收光的能量应该是个累积的过程，故光电子产生需要一定的时间，而不应该在瞬间产生，也不应存在红限。所以，经典电磁理论根本无法解释光电效应实验所显示的特性。

（二）卢瑟福原子结构模型与原子稳定性

1911 年卢瑟福在 α 粒子散射实验基础上提出的核式结构模型，即原子由带正电的原子核和核外作圆周运动的电子组成，电子在原子中绕核转动。根据经典电磁理论，电子在绕核作圆周运动时要辐射能量，因而原子系统的能量会不断减少，频率也将逐渐改变，因而所发射的光谱应该是连续的。同时，能量的减少，导致轨道半径减小直至跌入原子核为止。因此，卢瑟福的核式结构就不可能是稳定的系统。

1923 年 4 月，美国物理学家康普顿（A. H. Compton）发表了 X 射线被电子散射时所引起的频率变小的现象，即康普顿效应。按照经典的波动理论，当电磁波通过物体时,将引起物体中带电粒子做受迫振动,其振动频率应等于入射波频率,所发射的光的频率也应于入射光的频率相同。因而,光的波动理论不能解释波长改变了的散射,即康普顿效应。

为解决紫外灾难做出开创性工作的是德国物理学家普朗克,他在维恩和瑞利-金斯公式的基础上,借助数学的内插法于1900年提出一个新的辐射公式:

$$M_{\lambda_0}(T) = C_1 \lambda^{-5} \frac{1}{e^{\frac{hc}{k\lambda T}} - 1} \quad (h \text{ 为普朗克常数})$$

该公式与实验结果符合得很好。但这只是根据实验数据拼凑出来的半经验定律,得不到合理的解释。此时,他受奥地利物理学家玻尔兹曼在1877年讨论能量在分子间的分配问题时,把连续可变的能量分成分离形式思想的启发,放弃了经典的能均分定理(连续思想),提出一个革命性的大胆假设:在热辐射的产生和吸收过程中能量是以 $h\nu$ 为单位,一份一份交换的。1900年12月24日,他在德国物理学学会上宣读了《关于正常光谱的能量分布定律的理论》一文,正式提出"能量子"假说。他第一次将能量不连续的思想引入物理学,使物理学发生了根本变革。普朗克也因此获得1918年的诺贝尔物理学奖。

普朗克的"能量子"假说虽然成功地解释了紫外灾难问题,但由于他与经典物理学几百年来信奉的关于自然界连续的概念直接矛盾,所以遭到了大多数物理学家的反对。就连他本人,在一个长时期内,也对能量子假说持怀疑态度,试图回到经典物理学的领域。就像他后来所说的那样"量子化只不过是一个走投无路的做法"。

真正对量子概念的发展起推动作用的是德国物理学家爱因斯坦。为了解释光电效应现象,在普朗克的"能量子"假说的启发下,1905年,爱因斯坦在他发表的《关于光的产生与转化的一个启发性观点》一文中,提出"光量子"假说。他认为,即使在空气中传播的过程中,辐射也是不连续的。光和原子、电子一样具有粒子性。康普顿效应也证明了这一假设的正确性。

光量子论成功地解释了光电效应的各种观测结果,但爱因斯坦并没有因此反对光的波动性,他认为光的波动性和粒子性反映了光的本质的一个侧面:对于统计平均现象,光表现为波动;对于瞬时涨落现象,光表现为粒子。光的波粒二象性取决于我们观察问题的着眼点。这是人类在认识自然的历史上第一次揭示了微观客体的波动性和粒子性的对立统一。

如果说辐射难题促成了通往量子论的第一步,那么物质波悖论则促成了第二步。1913年,丹麦物理学家玻尔为解决原子结构的稳定性问题及原子谱线分立的问题提出了又一个激进的假设:原子中的电子只能处于包含基态在内的定态上,电子在两个定态之间跃迁而改变它的能量,同时辐射出一定波长的光,光的波长取决于定态之间的能量差。玻尔第一次将量子化概念引入原子系统,并结合已知的定律，使氢原子光谱规律获得很好的解释。他本人也因此荣获 1922 年的诺贝尔物理学奖。

但玻尔的理论充满了矛盾，如理论本身以经典理论为基础，而所引起的电子处于定态时不发生辐射的假设却又和经典理论相抵触，他本人也认识到自己模型的缺陷与不足。一批年轻的物理学家发展玻尔理论，却遭到了一次又一次的失败。

在旧量子论危机面前首先取得突破性进展的是法国物理学家德布罗意（L. de Broglie），爱因斯坦关于光具有粒子性又具有波动性的思想深深地影响了他。1924 年，他在博士论文《关于量子论》的研究中提出了"物质波"假说，将粒子的动量和波长联系起来（$\lambda = h/p$），成功地将爱因斯坦首先提出的波粒二象性推广到一切物质粒子。1927 年，美国物理学家戴维逊和盖革从镍单晶表面散射到电子束的衍射现象中证实了他的物质波假说，戴维逊也因此获得了 1937 年的诺贝尔物理学奖。

沿着物质波继续前进并创立了波动力学的是奥地利物理学家薛定谔。他接受了德布罗意的物质波思想，提出"粒子不过是波动辐射上的泡沫"，并吸收了荷兰物理学家迪拜（P. Dedye）关于处理波动问题必须有一个波动方程的思想，最终找到了满足物质的波动方程。1926 年 1 月他以《作为本征问题的量子化》为题，连续发表了 4 篇论文，创立了波动力学。他因此获得了 1933 年的诺贝尔物理学奖。

几乎与此同时，物理学家海森堡（W. K. Heisenberg）于 1925 年 7 月上旬发表了一篇具有历史意义的论文《关于一些运动学和力学关系的量子论的重新解释》，他从原子发出的光的辐射频率和强度等可观测量去建立新理论，创立了矩阵力学。

起初，波动力学和矩阵力学各自的支持者们一度争论不休，指责对方的理论有缺陷。直到 1926 年，薛定谔发现二者在数学上是等价的，双方才消除敌意。从此，这两大理论合称量子力学。而薛定谔的波动方程由于更易于掌握而成为量子力学的基本方程，量子力学就此正式诞生。

（三）量子论发展中的争论

然而，量子论到底意味着什么？薛定谔方程的解波函数的本质是什么？这些问题一直困扰着他的创立者、支持者和反对者，而且发生了许多争论。玻尔和海森堡是倡导者的主要成员，他们信奉新理论，而爱因斯坦和薛定谔则对新理论不满意。爱因斯坦与玻尔关于量子力学的解释和完备性的不同观点之间的大论战，就是量子力学创立和发展过程中最具代表意义的一场争论。

1926 年 6 月，玻恩在《散射过程的量子力学》一文中，提出了波函数的统计诠释，认为波函数在空间某一点的强度，与在该点出现粒子的几率成正比。玻恩的解释得到了物理学界多数人的赞同。1927年，海森堡提出微观粒子的"测不准关系"，即微观粒子的位置和动量不可能同时准确测得。玻尔意识到它正表征了经典概念的局限性。于1927年9月，在意大利召开的一次纪念物理学家伏打逝世100周年会上，玻尔第一次公开提出了"互补原理"：微粒和波的概念是互相补充的，同时又是互相矛盾的，它们是运动过程中的互补图像。玻尔特别指出，由于观察微观现象的特殊性，微观客体与测量仪器之间的相互作用是不能忽略的。这种相互作用在原则上是不可控制的，这种不可控制的相互作用的数学表达式就是"测不准关系"，这决定了量子力学的规律只能是概率性的。为了描述微观客体，必须放弃决定性的因果性原理。而量子力学精确地描写了单个粒子体系的状态，它是完备的。

1927年10月24~29日在布鲁塞尔召开第五届索尔威会议上，玻尔又一次阐述了他的互补原理，被众多物理学家所接受，成为哥本哈根学派的正统解释。但却遭到了爱因斯坦、薛定谔等的强烈反对。爱因斯坦坚决反对量子力学的概率解释，坚信基本理论不应当是统计性的，并说"上帝是不会掷骰子的"。他认为概率性解释的背后应当有更深一层的关系，并将场作为物理学更基本的概念，而把粒子归结为场的奇异点。他始终认为统计性的量子力学是不完备的，因而拒绝接受测不准关系。他还精心设计了一系列理想实验，企图超越测不准关系的限制来揭示量子理论的逻辑矛盾，于1935年在《能认为量子力学对物理实在的描述是完备的吗?》一文中，提出了著名的"EPR"悖论[①]，集中批评了量子理论的不完备性。

以爱因斯坦和玻尔为代表的双方论战是科学史上持续最久、斗争最激烈、最富有哲学意义的论战之一。直到今天，物理学家们还不能做出谁是谁非的结论，它最终要靠物理学的理论和实践，以及科学哲学的发展来裁决。

哥本哈根学派对量子力学的正统解释，抛弃了机械决定论和因果性无疑是正确的，但他们断言微观粒子只有统计规律，量子力学就是完备的描述、最终的描述也许为时过早。英国著名物理学家狄拉克1975年8月25日在澳大利亚悉

---

① 这是由A. 爱因斯坦、B. 波多尔斯基和N. 罗森1935年为论证量子力学的不完备性而提出的一个悖论，物理学上称为EPR论证。EPR是这三位物理学家姓的头一个字母。该悖论涉及如何理解微观物理实在的问题。爱因斯坦等认为，如果一个物理理论对物理实在的描述是完备的，那么物理实在的每个要素都必须在其中有它的对应量，即完备性判据。当我们"不对体系进行任何干扰"却能确定地预言某个物理量时，必定存在着一个物理实在的要素对应于这个物理量，即实在性判据。在他们看来，量子力学不满足这些判据，所以是不完备的。以玻尔为代表的哥本哈根学派对EPR实在性判据中关于"不对体系进行任何干扰"的说法提出批评，认为在测量过程中虽然没有对观察物施加力学干扰，但由于作用量子的不可分性，微观体系和测量仪器构成了一个整体，测量安排是确定一个物理量的必要条件，而对体系未来行为所预言的可能类型正是由这些条件决定的。

尼新南威尔大学所作的关于"量子力学的发展"的演讲中表达了他的看法，他认为也许结果最终会证明爱因斯坦是正确的，因为不应认为量子力学现在的形式是最后的形式。关于现在的量子力学，存在一些很大的困难，它是迄今为止，人们能够给出的最好的理论，然而不应当认为它能永远存在下去，很可能在将来的某个时间，我们会得到一个改进了的量子力学，使其回到决定论，从而证明爱因斯坦是正确的。实际上，量子物理除了量子力学外还包括另外一个方面，即量子场论，它将相对论与量子相统一，在科学中起到一个完全不同的作用。

量子力学是解释物质波的理论，而量子场论如其名是研究场的理论，包括电磁场还有后来发现的其他场。量子场论的创立经历了一个曲折的历史，尽管它是曲折的，但它的预测精度是所有物理学科中最为精确的，同时，它也为一些重要的理论领域的探索提供了范例。电子激发态提出量子场论的问题是：电子从激发态跃迁到基态时原子怎样辐射光。1916 年，爱因斯坦研究了这一过程，并称其为自发辐射，但他无法计算自发辐射的系数。解决这一问题需要发展电磁场（光）的相对量子理论。

1925 年，玻恩、海森堡等发表了光的量子场论的初步想法，1926 年，年轻且不知名的物理学家狄拉克独自提出场论，迈出了关键的一步，尽管他的理论有很多缺，如难以克服的计算复杂性，预算出无限大量，并且显然和对应原理矛盾。到 20 世纪 40 年代晚期，费曼（R. Feynman）、薛定锷等提出了量子电动力学（QED），量子场论出现了新的进展。QED 是一个关于轻子的理论，它根据光子描述电磁相互作用，但不能描述被称为强子的复杂粒子。对于强子，提出了一个比 QED 更一般的理论，称为量子色动力学（QCD）。QED 和 QCD 是构成大统一的标准模型的基石，它们成功地揭示了现今所有离子实验，然而许多物理学家认为它是不完备的，因为粒子的质量、电荷及其他属性的数据还要来自实验，一个理想的理论应该说明这一切。

对于我们周围的世界，量子力学足够精确，但对于高能物理世界，相对论效应作用显著，需要更全面的处理办法，量子场论的创立调和了量子力学和狭义相对论的矛盾。今天，寻求对物质终极本性的理解成为重大研究的焦点，现在必须努力寻求引力的量子描述，因为 QED 的杰作——电磁场的量子化程序对于引力场失效。如果广义相对论和量子力学都成立的话，它们对于同一事件必须提供本质上相容的描述。在我们周围的世界中不会有任何矛盾，因为引力相对于电力来说是如此之弱，以至于其量子效应可以忽略，经典描述足够完美。但对于黑洞这样引力非常强的体系，我们没有可靠的办法预测其量子行为。这就是目前我们认为精确的、完整的量子理论面临的问题。

（四）量子理论中的新理论和新思想

量子理论中包含的思想主要有以下内容。

（1）普朗克提出黑体辐射和吸收能的量子化概念和理论，打破了以往关于能量辐射之连续的自然观，说明能量的变化好像一个又一个台阶，跳跃式行进，使经典物理学关于能量的连续性概念失去了绝对的意义。

（2）爱因斯坦1932年的光量子假说使人类对光的本质的认识发生了质的飞跃——把光的波动性和粒子性统一起来，达到了"从抽象的规定"上升到"思维的具体"。

（3）康普顿效应的解释首次证明了微观粒子运动也遵循能量守恒和动量守恒定律。

（4）1913年玻耳首次将量子化条件引入原子模型，解决了原子的稳定性问题和原子光谱的产生并很好地解释了氢原子光谱。

（5）德布罗意运用类比创造性地提出了实物粒子应具有波粒二象性的假说，并提出了物质波公式，使人们认识到波粒二象性的普遍性。

（6）海森堡的量子电动力学，使人们放弃了通过系统的方法整理可观察的光谱线来理解原子中电子的运动。

（7）薛定谔的量子波动力学体系的状态用波函数来描述，实现了量子的波函数解释。

二、互补思想

互补思想具体表现为互补原理或者并协原理。它是著名物理学家玻尔针对光的波粒二象性的观点首先提出的。互补是意思就是相互补充，相辅相成，我们所说的事物间的相互作用也基本是这个意思。但在量子力学中，互补就不仅是相互作用的含义了。一方面，微观粒子如光子的二象性特征，即波动性与粒子性，是不会在同一次测量中同时出现的，它们在描述微观粒子时是互斥的；另一方面，它们不同时出现也说明它们不会在实验中直接冲突。然而它们解释微观现象时又是缺一不可的，因此它们是"互补的"。用玻尔的话说就是，一些经典概念的应用不可避免地排除了另一些经典概念的应用，而这"另一些经典概念"在另一条件下又是描述现象不可或缺的，必须将所有这些既互斥又互补的概念汇集在一起，才能形成对现象的详尽无遗的描述。可以说，海森堡的测不准原理从数学上表达了光子的波粒二象性，而互补原理则从哲学高度概括了波粒二象性。互补原理与测不准原理是量子力学哥本哈根解释的两大支柱。

从理论上看，微观粒子可能同时表现出波动性和粒子性，当描述微观粒子的量子行为时，我们必须同时考虑其波动性和粒子性。根据互补原理，我们不能用单一概念来完备地描述整体量子的现象,我们必须分别描述它们的波动性和粒子性,因为它们是互补的。根据测不准原理,微观粒子的位置和动量是不能同时确定的,在描述微观粒子的行为时,位置的不确定性越小,动量的不确定性就越大,反之亦然。不过根据互补原理,位置与动量是互补的。从实验来看,再精致的实验也只能测量一部分量子行为,其他行为可能需要另一个实验来补充。也就是说,单独一种实验无法同时完整地观测到这两种现象,我们需要用两种不同的实验才能做到完整地观测。

历史地看,普朗克根据黑体辐射中电磁辐射能量的量子化,将能量与频率联系起来,于1900年提出量子化假说。1905年,爱因斯坦应用量子概念,将光束描述为一群离散的量子,即"光子",而不是连续的波动。这解释了光电效应,也使得一度失去关注的光的粒子说重新获得活力。然而,光在衍射和干涉实验中却表现出波动性。光究竟是波动的还是粒子的?物理学家一时陷入迷茫之中。

1924年,德布罗意提出"物质波"假说,认为一切实体粒子均具有波动性,且给出相应物质波波长与频率的计算公式。1927年,戴维森和革末所做的被称为戴维森-革末的实验,成功地证实了物质波的存在。随后不久,质子、中子、电子等基本粒子的波动性也都得到实验的证实。微观物体究竟是波动的还是粒子的,无论在物理学还是在科学哲学中,都成为极具挑战性的问题并摆在了物理学家和科学哲学家的面前。

这些实验结果表明:微观粒子既具有波动性,又具有粒子性,这两种互斥的属性同时存在于所有量子现象中。1925年,海森堡从粒子的非连续性量子跃迁引出矩阵力学,1926年,薛定谔从波动的连续性演化导出波动力学,这两种理论尽管出发点根本相同,但在解释量子现象上却有异曲同工之妙。1926年,狄拉克证明了这两种力学在数学上是等价的。然而,这仍不能对波粒二象性给出更深层的理解和说明。在玻尔看来,这两种理论分别表达出不同的观点,它们都描述了量子现象的某些方面。不久玻尔提出互补原理。几乎同时海森堡也提出了测不准原理。他们在彼此交流与争论后,认为测不准原理是更深层的互补性概念的表现,它应该是互补原理的必然结果。

在玻尔看来,观测量子行为的测不准并不只是从非连续性事件出现,而是直接限定于某种要求,即我们指派同样的正确性给截然不同的实验,尽管有些实验表现出粒子性,有些实验表现了波动性。1927年9月在意大利召开的"纪念伏打逝世一百周年"的国际物理大会上,玻尔在题为"量子公设和原子理论的近期发展"的演讲中首次提出互补原理。他主张量子现象无法用单一的物理图景来表征,必须应用互补方式才能完整地描述。对于量子行为的互补性描述,爱因斯坦并不认可,他认为互补原理本身蕴含了相互排斥的概念,即粒子性和波动性。譬如,在描述微观粒子的运动时我们必须用到位置与动量,但在实验上我们无法同时准确地测出这两个不相容可观察量。在量子擦除实验①中，测量路径信息所需的实验设置与干涉图样所需的实验设置不同，不能在任何单独设置中准确地测得路径信息与干涉图样。

为了反驳互补原理与量子力学，爱因斯坦提出新双缝②思想实验和光盒③思想实验。不过玻尔成功解决了这些难题。由于双缝实验发现的波动行为与粒子行为可能会同时出现，不用互补性似乎难以解释这种现象。爱因斯坦认为这种现象的产生是宏观仪器和研究手段对微观粒子运动的干扰的结果，不是粒子本身运动的不确定性产生的。1949 年，玻尔发表了《关于原子物理学中的认识论问题和爱因斯坦进行的商榷》，该文被公认为是表述互补原理的权威论文。我们知道，互补原理始于实验仪器与被观测粒子的相互作用。在经典力学中，仪器与物体的相互作用可通过对实验条件的改进而减小，可同时测量物体的各种性质，如位置和动量，测量过程不会对物体产生如何影响，这些性质的叠加就可对物体的运动给出完整的描述。

然而在量子力学中，仪器与物体的相互作用原则上是不能可被忽略的。因为在测量微观粒子的任一性质的同时，会不可避免地对粒子产生干扰（质量太小），因此不能同时测量粒子的所有性质。而且，不同实验可能会产生相互冲突的测量结果。这些不相容的结果显然无法描述单一的物理现象。在玻尔看来，只有采用互补原理这种包容性的认知框架，我们才能完整地描述量子现象。无论量子现象如何超越了经典物理解释的范畴，所有证据的说明必须用经验性术语来描述，否则我们就不能理解实验现象和结果。这意味着，微观粒子的行为与测量仪器的相互作用之间不可能存在任何明显的区分，因此，从不同实验获得的证据，不能概括在单一图景中，而必须被视为是互补的，因为只有整体现象能详尽描述

---

① 量子擦除实验（quantum eraser experiment）是一种干涉仪实验，它被用来演示量子纠缠、量子互补等基本理论。该实验有三个步骤：第一，使用非线性 BBO 晶体产生纠缠光子对，光子对产生后就具有不同偏振态，并沿不同方向传播，沿下路径传播的光子会遇到双缝，使用灵敏的探测器可以扫出这些光子的干涉图样；第二，在下路径上插入 1/4 波片，这样任何通过缝 A 的光子将会被改变为顺时针或逆时针的圆偏振，任何通过缝 B 的光子则具有相反方向的圆偏振，当探测设备在先前的移动范围内重新扫过时，可发现探测结果不再相同，干涉条纹消失了，任何标记光子路径的行为都会破坏干涉条纹；第三，下路径不作变动，将一个起偏器插入到上路径，使得任何通过下路径的纠缠光子对的偏振方向也受到影响，因为上路径的光子的偏振方向发生变化，下路径光子的偏振状态也会改变。一旦它们有相同的偏振态，它们可再次彼此干涉。量子擦除实验是杨氏双缝干涉实验的一个形变。

② 在量子力学中，双缝实验（double-slit experiment）是一种演示光子或电子等微观粒子的波动性与粒子性的实验。双缝是一种双路径实验，它表明微观粒子可同时通过两条路径或通过其中任意一条从初始点到达终点。这两条路径的程差促使描述微观粒子的量子态发生相移，从而产生干涉现象。

③ 爱因斯坦设计了一个精致地悬在引力场 G 中并含有某种计时装置 C 的盒子，盒子壁上有一个为快门所隐蔽的孔，可在任意精密地指定时刻打开。快门和计时连动装置使人们能任意精确地确定某一从盒子里通过快门逃逸出的辐射的作用时间，还可从引力场中标尺 Q 的读数差标记出逃逸事件前后盒子的质量差。根据 计算公式求得任意精确的辐射能量。该实验的目的是要打破测不准原理表征的限制。

微观粒子的所有可能信息。也就是说，微观粒子的粒子性与波动性是一种互补现象，实验只能在任一时刻演示出其中一种性质，不能同时将两种性质都演示出来。比如，杨氏双缝实验只能演示光的波动性，光电效应实验只能演示光的粒子性。进一步讲，虽然实验仪器可被设计为演示粒子性或波动性，但绝对无法被设计为同时演示粒子性与波动性。根据互补原理，微观粒子的内在性不能独立于仪器的测量，被测量的粒子与测量的仪器结合在一起无法分离。这种不可分离性恰恰的量子力学与经典力学的不同之处。

单光子双缝实验是互补原理的一个典型例子。这是一种"路径实验"（which-way experiment），在该实验中，我们必须注意到：当每一个光子通过狭缝时，到底有哪些信息可以给出通过的是哪条狭缝（路径）？如果没有信息可以给出通过的是哪条狭缝，那么这个光子的行为是由两种量子态的量子叠加来描述的，每一种量子态描述光子通过其中一条狭缝的行为，在侦测屏会显示出因量子叠加而产生的干涉图样，这说明光子具有波动性。反之，如果有信息可以给出任一光子通过的是哪条狭缝，那么这个光子的行为就是由光子通过这条狭缝的量子态来描述，在侦测屏不会显示出干涉图样，这说明光子具有粒子性。在这个实验里，波动性与粒子性是互补的。根据恩格勒-格林柏格对偶关系（Englert-Greenberger duality relation），如果我们观察到其中一种性质，那么就观察不到另一种性质，这不是 1 或 0 的二元关系，两种性质可同时被观察到，但此时每一种性质不会完全出现，而是部分出现，由对偶关系式决定到底有多少被表征。

在玻尔看来，互补原理不仅是一个普遍的认知框架，也是一个普遍的哲学原理。互补性在社会学、生物学、心理学、语言学等方面均有所表现。比如，生物学是一个包括不同层次——生物的、细胞、组织、器官的互补特征；在心理学中，人的思维、情感是互补的。从语境论视角看，互补性是一种语境相关或者语境依赖，一种实验就是一种语境，在这个特定的语境中，其中的不同因素或者性质，如粒子性与波动性，是相互依赖、相互依存的。没有粒子性也就没有波动性，尽管在实验中要么显示粒子性，要么显示波动性，这是因为显示一种性质而隐藏了另一种性质。

三、宇宙起源的大爆炸说

如何审视我们这个世界，是由某些确定的问题决定的。比如，宇宙是如何开始的？物质是由什么组成的？我们的星球为什么是今天这个样子？这些问题都是很深奥的，虽然有一些猜测性的解答，但至今还没有一个明确的、令人满意的答案。英国《新科学家》杂志评出了人类自诞生以来提出的十个影响最大的"理论"，其中宇宙大爆炸假说成为人们关注的焦点，揭开大爆炸的谜底，我们就能掌握宇宙起源的本质，而其他无数问题也会呈现出来。这里仅仅探讨宇宙大爆炸学说的产生及其主要思想。

1948年美国物理学家盖莫夫、阿尔法和贝特等发挥了勒梅特的"宇宙膨胀"思想,把宇宙的膨胀于物质的演化联系起来,提出了"大爆炸宇宙模型"。由于该模型能较多说明现时所观测到的事实,成为目前影响最大的宇宙学说。

在"宇宙膨胀"说的基础上,盖莫夫、阿尔法和贝特等天文学家想到,如果宇宙在它的历史上一直是这样持续膨胀着的话,那么在早期的宇宙中,星系之间的距离应该是很近的;如果再把时间"上溯"的话,宇宙的所有物质就会"集中"到一个很小的空间中了。在那时全宇宙的物质曾经具有超高的密度和温度,原子甚至分裂为质子、中子和电子。光子在很短的距离内就会被再吸收,那么物质就曾是"不透明"的。若果真如此,在"最初"的时候,宇宙是不是从一个"点"上开始膨胀的呢?而"膨胀"需要一个得以启动的初速度,产生这个初速度的"原始"动力又是从何而来的呢?于是,天文学家们自然想到了爆炸。似乎有过一次规模极其巨大的爆炸!核外星系的纷纷相互远离而去就是这次大爆炸的直接结果,现今的宇宙似乎就是在这次大爆炸中产生的。

早在盖莫夫等之前,就有两位数学家在求解广义相对论方程的过程中得到了一种"动态解",它预示着宇宙在运动,与核外星系的退行运动这一观测事实相符合。1948年,正在研究化学元素形成历史的贝特和盖莫夫等提出,宇宙可能来自一个温度极高、密度极大的"原始火球",戏称"宇宙蛋"。发生爆炸后,物质逐渐分散开来,随着体积的增大,宇宙的温度慢慢降低下来,各种化学元素和各类天体才逐步形成。大爆炸时产生的巨大火球,曾经辐射出极其巨大的能量,也许即使到了今天,还有某种"余热"弥漫在整个宇宙中。经计算,这种"余热"大致相当于绝对温度为7K的黑体辐射。1964年,在普林斯顿大学工作的由狄克、詹姆斯、皮伯斯等组成的科学家小组,受到贝特-盖莫夫宇宙模型的启发,也预言宇宙大爆炸后的巨大能量辐射可能延续到今天。他们得到的结果是,这一剩余能量应该相当于绝对温度10K的黑体辐射。随后,这个科学家小组开始计划投资建造探测这种辐射的专门设备。

1965年,两位在贝尔实验室工作的科学家彭齐亚思和威尔逊,正在使用一架高灵敏度的射电天线搜寻来自银河系的无线电波。然而,在他们的接收机中却总是接收到一种特别的"噪声"信号。显然这些"噪声"会影响对银河系无线电信号的搜索。彭齐亚思和威尔逊认为是接收机出了故障,就努力寻找其来源并希望能消除它,但没有成功。他们还发现,不论把天线对准天空的任何位置,也不论白天黑夜,"噪声"总是"顽固"地出现在他们的接收机中,而且其强度从不发生变化。为了追根寻源,执著的科学家们开始重新检查整个天线系统。在检查中发现,居然有一对鸽子"定居"在巨大的喇叭形天线内。于是他们赶走了鸽子,清扫了天线,以为这就可以清除掉"噪声"了。但想不到结果竟仍令人失望，"噪声"还是依然如旧。根据物理学中的黑体辐射定律和"噪声"的特有频率，他们计算出这相当于绝对温度为 3.5K 的黑体辐射。彭齐亚思同一位在麻省理工学院工作的射电天文学家波克通了电话，讨论了关于"噪声"的问题。由于波克事先了解普林斯顿的狄克等天文学家的工作，他建议彭齐亚思和普林斯顿小组联系。在这两组科学家对"噪声"进行了仔细的讨论与分析之后，他们向全世界郑重地宣布，"大爆炸"理论所预言的宇宙大爆炸留存至今的剩余辐射找到了！随后，在更多波段上的进一步观测、分析结果表明，宇宙大爆炸剩余辐射的温度相对于绝对温度 2.89K。现在天文学家将其称之为"3K 微波背景辐射"，"大爆炸"的理论从此有了实验的支持，成为现代宇宙学的"主流派"理论。

我们可以将宇宙大爆炸发生的详细过程描述如下[①]：宇宙起源于约 200 亿年前一个高温、高密度的"原始火球"。在这个"原始火球"爆炸发生的 10^{-43} 秒，温度高达 1032K，称为普朗克时代；在爆炸发生的 10^{-35} 秒，温度高达 1028K，称为大统一时代；在爆炸发生的 10^{-6} 秒，温度为 1014K，称为强子时代；在爆炸发生的 10^{-2} 秒，温度为 1012K，称为轻子时代；在爆炸发生的 1~10 秒，温度降至约 1010~109K，基本粒子开始结合成原子核，能量以光子辐射显示出现，称为辐射时代；在爆炸发生后的 3 分钟，温度降至约 109K，直径膨胀到约 1 光年大小，有近三成物质合成为氦，核反应消失，称为氦形成时代；在爆炸发生后的 1000~2000 年，温度降至约 105K，物质密度大于辐射密度，称为物质时代，此时，物质从背景辐射中透明出来，物质温度开始低于辐射温度，最重与最轻的基本粒子数比值保持恒定；爆炸发生后 10^8 年，温度降至约 100K，星系形成；爆炸发生后 10^9 年温度降至约 12K，类星体、恒星、行星及生命先后出现；爆炸发生后的 10^{10} 年，即现时代，温度降至约 3K，星系温度约 105K。

盖莫夫和他的支持者预言，大爆炸中所产生的辐射在遥远的宇宙空间里必定仍然存在，大约相当于 10K 左右。后来 3K 宇宙背景辐射的发现给了人们很大的鼓舞，因为它使爆炸宇宙模型的这个预言成为现实。当然，大爆炸宇宙模型也同样存在着许多尚待解决的疑难，它终究还只是一种假说，成为一种科学界公认的

---

① 关于此过程的另一种说法是：大爆炸开始时，约 137 亿年前，宇宙的一个体积极小、密度极高、温度极高 的"奇点"；大爆炸后 0.01 秒，温度约 1000 亿度，光子、电子、中微子为主，质子中子占十亿分之一，宇宙体系急剧膨胀，温度和密度不断下降；大爆炸后 0.1 秒后，温度约 300 亿度，中子质子比从 1.0 下降到 0.61；大爆炸后 1 秒后，温度约 100 亿度，中微子向外逃逸，正负电子湮没反应出现，核力尚不足束缚中子和质子；大爆炸后 5~10 秒，质子和中子形成；大爆炸后 10~35 秒，引力分离，夸克、玻色子、轻子形成；大爆炸后 13.8 秒后，氢、氦类稳定原子核形成；大爆炸后 10~43 秒，宇宙量子涨落背景出现；大爆炸后 35 分钟后，原初核反应过程停止，尚不能形成中性原子；大爆炸后 30 万年后，化学结合作用使中性原子形成，宇宙主要成分为气态物质，并逐步在自引力作用下凝聚成密度较高的气体云块，直至形成恒星和恒星系统。

理论，还需要更多的证据支持。目前已有三个证据支持这一假说。

第一，宇宙的年龄有力地支持了大爆炸假说。如果星系目前正在彼此远离，那它们过去必定是靠得更近，也就是说，较早时代的宇宙，物质密度会更高。继续这一推理就意味着过去必定存在一个时刻，那时宇宙中的物质处于极其高密的状态。按照哈勃定律将星系的距离除以各自的速度，就可估计出那一时刻距今约100亿~200亿年。这段时间对所有星系来说是共同的，事实上，它就是哈勃常数的倒数。那一时刻通常被称为"大爆炸"时刻，也就是我们宇宙的开端。如果这一推论不错，那么宇宙中所有天体的年龄都不应超出这个"宇宙年龄"所界定的上限。借助卢瑟福所开创的利用物质中放射性同位素含量测定其形成年代的方法，人们测量了地球上最古老的岩石、"阿彼罗11号"宇航员从月球上带回的岩石及从行星际空间掉到地球上的陨石样本，发现它们的年龄均不超过47亿年。恒星的年龄可以从它们的发光功率和拥有的燃料储备来估计。根据热核反应提供恒星能源的理论，人们估算出银河系中最老恒星的年龄约为100亿~150亿年。用上述两种完全不同的方法得到的天体年龄竟与"宇宙年龄"协调一致，这对大爆炸宇宙模型当然是十分有力的支持。

第二，轻元素的丰度是能够支持大爆炸假说的又一重要发现。在大爆炸后一秒钟以前，宇宙不仅不可能存在星系、恒星、地球，甚至除氢核外也没有其他化学元素，只有处于热平衡状态下的由质子、中子、电子、光子等基本粒子混合而成的"宇宙汤"。起初，中子和质子的数量几乎相等，随着温度的降低，两者的比例逐渐下降，在约3分钟时达到1:6左右。当温度降到10亿K时，中子和质子合成氘核的反应开始，类似氢弹爆炸时发生的聚变过程迅速把所有的中子合成到由两个质子和两个中子构成的氦核中。由此不难算出，氦与氢的质量比应为1:4。天文观测表明，无论宇宙的哪个角落，无论恒星还是星际物质中，氦与氢的比例均大体与此相符。同一时期合成的氘、氚、锂、铍、硼等轻元素，尽管数量小得多，但它们的丰度（即与氢的比例）也具有类似的普适性。这对大爆炸模型无疑又是一个有力的支持。

第三，微波背景辐射是有力支持大爆炸理论的又一个证据。大爆炸模型的另一个重要遗迹是微波背景辐射。如前所述，大爆炸后最初几分钟，宇宙就像一个氢弹爆炸时产生的火球，处处充满了温度高达10亿K的光辐射。由于处于热平衡中，这种辐射强度随波长的分布服从普朗克分布（或称黑体谱）。随着宇宙的膨胀，辐射温度不断下降，但始终保持黑体谱形和总体均匀性。按盖莫夫等的计算，作为这种过程的遗迹，目前的宇宙中应普遍存在温度约3K的背景黑体辐射。由于这个辐射的峰值波长在1毫米附近，处于微波波段，所以又称为微波背景辐射。令人遗憾的是，这一重要预言在提出后的10多年中竟未引起人们的太多关注。直到1964年，美国贝尔电话实验室的彭齐亚斯和威尔逊用一架卫星通信天线在7.35厘米波长处探测到一种来自宇宙空间的强度与方向无关的信号时,他们起初并不清楚自己发现的意义。后来,普林斯顿大学的皮伯斯等得知这一消息,才认识到这正是他们苦苦寻找的宇宙背景辐射,真是"踏破铁鞋无觅处"呀!

尽管有了这三个证据支持,但检验大爆炸假说的真实性的探索脚步并没有停止。20多年来,全世界天文学家对这种辐射的谱分布和方向进行了大规模的调查,形势逐渐明朗。1989年,美国宇航局专门为此发射了宇宙背景探测者卫星,第一批测量数据表明:在0.5~5毫米的整个波段上,该辐射的谱分布与温度为 $2.735\pm0.06K$ 的理想黑体完全相合;在扣除运动效应以后,天空不同方向的相对误差小于十万分之一。这就毋庸置疑地证明了微波背景辐射的黑体性和普适性。它是热大爆炸模型最令人信服的证据,这一发现在现代宇宙学史上的地位只有宇宙膨胀的发现可以与之相比。如果说哈勃的发现打开了宇宙整体动力学演化研究的大门,那么彭齐亚斯和威尔逊的发现则打开了宇宙整体物理演化研究的大门。

时至今日,仍有天文学家并不接受大爆炸理论,因为它完全是根据现有物理知识解释宇宙演化的。甚至仅仅从物理学观点来看,大爆炸假说也不是一个完整的理论,它还不能说明宇宙初始点的条件,也不能有把握的预言宇宙的终点。某些天文学家认为,被用来说明宇宙膨胀的星光谱线红移可能是由于光在旅途中损失了能量后造成的,提出了疲劳光宇宙论。

尽管宇宙大爆炸假说是目前最好的假设,但它面临一个无法回答的问题——大爆炸的"原始火球"是如何形成的?它之前是什么?或者说,它之外是什么?由于无法回答这些问题,不少人仍然对大爆炸假说持怀疑态度。这也就是为什么不断有其他宇宙论被提出来的原因。

除大爆炸假说外,还有人分别提出了稳恒态宇宙、星系和反星系宇宙、收缩宇宙和冷宇宙等模型。况且,作为大爆炸宇宙假说基础的物理学本身还有许多未解之谜。例如,强相互作用与引力相互作用仍然没有被统一起来,原子核物理学也没有进入夸克囚禁的大门,人类对暗物质和反物质还知之甚少,人们期待新物理学的诞生。在这种情况下,只能大概地说,大爆炸宇宙论是目前最好的一种宇宙论。

稳恒态宇宙论是其中一个在宇宙学上占统治地位的学说。这种理论认为,我们的宇宙从来就如此,虽然它在不断地运动变化,但它在时间上是无始无终的,在空间上是无边无沿的。这种理论在哲学上比较容易接受,因为它不存在如下问题:如果时间有起点,那么时间开始,以前是什么样?如果空间有限,那么在该空间以外的地方又是什么?大爆炸假说也同样存在这些问题。

20世纪20年代,哈勃等天文学家的发现引起了人们的注意。他们通过分析造父变星的周期—光度等方法，陆续证实了仙女座星系及更多的星系是远在我们银河系之外的巨大的恒星系统，由于哈勃等的关键性工作，人类终于知道了除了银河系之外还有河外星系存在。人类知识框架中的宇宙图景被彻底地重新描绘了。可是，早在河外星系被确认之前，就有天文学家在研究星系这种与恒星这类点光源不同的扩展源的光谱了。这其中有一位是美国拉韦尔天文台的斯里弗。1912年，斯里弗发现在他所研究的40个天体的光谱中，竟有38个呈现出"红移"。

在40个星系中竟然有38个的光谱呈现红移，这绝非偶然。但当时天文学家们都没能对斯里弗的发现给出合理的解释。到了哈勃等完成了确认河外星系的关键性工作之后，天文学家们才意识到，如果星系光谱红移肯定是光学多普勒效应造成的，那么河外星系的光谱表现的红移就意味着，这些各自由千百万颗恒星组成的巨大恒星群可能正在纷纷远离我们的银河系！由于光谱红移量是可以通过观测得到的，而红移量又可以确定"退行"的速度，天文学家们就此进一步发现，河外星系远离我们的速度与它们与我们之间的距离成正比。这就是说，越远的星系，它们远离我们的速度也就越大。哈勃用了一个简单的关系式来说明这一关系，即 $V=HR$，式中，V 代表退行速度，H 是所谓"哈勃常数"，R 是河外星系的距离。这一公式现在就称为"哈勃关系式"。而哈勃常数是现代宇宙学中最重要的常数。

哈勃关系的确定和遥远的河外星系都在远离银河系运动的观测事实，引起了天文学家们的冥思苦想。那些遥远的河外星系居然都在远离我们而运动！如果承认这是"真的"，天文学家们就该对此做出一番"解释"。于是，有人提出了"宇宙膨胀"假说，即"河外星系的远离意味着宇宙正处于不断的膨胀之中"。可是，问题到此并没有结束。接下来的问题自然是"宇宙为什么要膨胀"了。面对"宇宙膨胀"带来的严重"困惑"，有天文学家对怎样解释河外星系光谱红移提出了质疑。他们提出，河外星系光谱的红移或许不是由于光学多普勒效应引起的，而可能是强引力场所造成的引力红移。

这一看法源于爱因斯坦的广义相对论。广义相对论认为，在一个强大的引力场中，由于引力所造成的"时空弯曲"效应，任何周期性过程都要变慢，即其频率要变低。那么，作为周期性电磁振荡的光也不例外。因此，一个大质量天体的引力场也会造成光谱红移，这就是"引力红移"。如果河外星系的光谱红移属于引力红移的话，我们就不必遭遇"宇宙膨胀"所带来的困惑，而可以心情坦然地面对一个"稳恒"的宇宙了。可是，根据相对论的理论计算，引力导致的红移不可能超过一个上限，而许多河外星系的光谱红移量远远地超过了这个上限。

还有，因为引力场的强度与所考察区域到产生引力场的质量中心的距离的平方成反比，如果是引力红移的话，河外星系的中心处光的红移量应大于边缘处光的红移量。可是，在实际观测中，却从来也探测不到这种差别。所以，用引力红移来解释河外星系的光谱红移也遇到了难以克服的困难。这样，大多数天文学家虽然并非都是"心甘情愿"，却不得不接受"多普勒红移"和"宇宙膨胀说"了。看来"宇宙膨胀"这个概念虽然与人类的经验相悖，却有着比较坚实的实验和观测基础。

对河外星系的研究结果还导致了人类对宇宙的另一个重要的认识，即宇宙中物质的分布在整体上是均匀的，或说是"各向同性"的。因为天文学家们发现，在天球的各个方向上观测到的星系数t大致相同。这与对我们所在的银河系内的观测结果完全不同。银河系中在各个方向上恒星数量的分布极不均匀，在银河系的"银盘"上以高密度分布着大量的恒星。对宇宙物质是均匀分布的认识，又导致了一个更重要的结论：宇宙看来不存在一个"中心"。因为如果存在宇宙的"中心"，那么在各个方向上观测到的星系数量就不会是大致相同的。

四、大陆漂移说

关于大陆漂移学说，它有着漫长的发展和演变过程，倡导者众多，理论内容纷杂。早在17世纪初，英国著名哲学家和试验科学的创始人培根在观察世界地图时，南美洲东海岸线与非洲西海岸线的曲折形状引起了他的自然哲学式的思考，认为大西洋两岸的陆地是可以拼合起来的。这一发现可以认为是大陆漂移说的最早雏形。随后，法国人普雷赛在其所著的论文中提到，新旧大陆是在诺亚洪水时期分开的。18世纪的法国学者布丰，19世纪的近代地理学创始人亚历山大·洪堡也注意到了大西洋两岸的现象，提出过与培根相类似的观点。

不过，他们也只是比附宗教的观念，认为大西洋原本是一条大河，诺亚方舟曾在其中行驶过。这些学者只注意到了这种现象，而缺乏具体的事实论证，只能求助于教义的说明。最早根据事实做出这一结论的是1858年法国学者安东尼奥·斯奈德，他在《地球的形成及其奥秘》一书中解释了欧洲和北美煤层中植物化石为何如此相似的问题时，在巴黎发表了一张他绘制的世界石炭纪古地理图的说明中，指出在煤层形成时期，欧美曾连接为一个统一的大陆。这张地图同以后魏格纳及现在所谓的泛大陆地质构造图相近似。但那个时候这些想法都是一些主观的臆测，没有充分的科学根据。

真正的大陆漂移说的强力提倡者是德国的气象学家魏格纳。他综合了当时的古气候学、地质学、地球物理学、古生物学和大地测量学等已有的证据，于1912年在法兰克福地质学协会的会议上，针对这一新的地质思想作了演讲，并且发表了关于大陆漂移的论文，提出"大陆漂移说"。大陆漂移说认为，由硅铝层组成的较轻的大陆，能像冰块浮在水面上一样，在较重的硅镁层上漂移。

魏格纳在1915年出版的《海陆的起源》一书中全面而系统地阐述了他的学说。根据这种理论，大约在距今2亿年之前，地球上有一块完整的联合古陆，在它的周围全是海洋。此后，在地球的自转离心力和天体引潮力的作用下，大陆开始破裂分解。大约在距今2亿年的时候，南北美洲、南极洲和印度大陆开始脱离联合古陆；大约在距今1.35亿年时，南美洲与非洲开始分裂；大约在距今6500万年时，澳大利亚与南极洲开始分离；大约在距今4000万年时，印度大陆与亚洲大陆汇合，最后形成了今天的海陆格局。

魏格纳的大陆漂移学说有两个主要内容：一是主张现有的各大陆在古生代石炭纪以前是一个连续的整体"超大陆"，可能是由于潮汐力或地球自转时产生的离心力作用，地壳表层产生的分裂在中生代末期解体，分裂成"冈瓦纳"和"尤拉美里亚"两大古陆块，彼此离极漂移和向西漂移；期间，各大陆块又进一步分裂，构成了今日我们所看到的世界诸大洋和诸大洲分布的格局。二是认为由于大陆是由较轻的刚性的硅铝质地层组成，它飘浮于较重的黏性的硅镁质洋壳之上，比重小于洋底物质所组成的大陆向各自现今位置的漂移过程在大洋底上表现为爬犁般的形式。这两点构成了魏格纳大陆漂移说的思想硬核。

这一学说公布后，整个地学界为之轰动。一方面，有不少科学事实和资料证明大陆块曾在水平方向上移动过，如大洋两岸地质构造相似，两岸轮廓相似，古气候和古动植物群分布相似等。另一方面，也遭受到了地球固定论者的攻击，数以千计的论文、专著用来批判大陆漂移说，他们以大陆漂移的原动力不足为由，进行攻击，说它是"定量不够，定性不当"，是"毫无根据的幻想"，想以此扼杀魏格纳的思想，并用陆桥说来解释已知的大陆漂移的事实。大陆漂移说引起的争论一直持续到20世纪30年代末，直到1930年魏格纳不幸遇难，大陆漂移说才一度消沉下去，但是支持这个学说的科学家们继续深入探索大陆漂移的原动力问题，先后创立了"地幔对流说"和"海底扩张说"。得出一系列大陆漂移的有力证据，如古地磁学研究的新成果为大陆漂移提供了有利的证据。

地质学研究表明：古代岩石一般都有微弱的剩余磁性，它是熔岩过去在地球磁场中冷却凝成岩石时保留下来的。由此推知，岩石磁性的方向应与熔岩冷却时所在的地球磁场的方向一致。人们根据古代岩石的剩余磁性，就可以测出原始地磁极的位置。如果人们把测量得到的各个年代地磁极的位置标在地图上，那么最后可得到从古至今磁极迁移曲线。根据这个道理，地磁工作者曾在欧洲、亚洲和美洲的许多地点进行地磁极的测定工作，发现每一个洲只有一条共同的磁极迁移曲线。如果这三块大陆自古至今固定不变的话，即着三大洲没有发生过大规模的水平移动，那么平移各洲的地磁极曲线应该重合，实际所测得的三条地磁极曲线不相重合，这说明大陆板块移动了。

还有，地质工作者对南磁极最高新坐标进行了测定，其结果表明：1983年最高测定距1976年测定已向西北移动了100千米。这一科学事实说明，南极大陆还在移动，大量断层和断裂带、逆掩断层倒转褶皱的发现，古生物化石的发现，以及用人造卫星和激光技术测出大陆板块移动的最新数据等，都为大陆漂移学说提供了有利的证据，验证了大陆漂移说的正确性。

20世纪50年代初，海洋地质学家在研究洋底地形时发现，在所有大洋的中部，都有一条连绵不断的海底山脉，长达数万千米，人们把这些海底山脉叫作大洋中脊。测定大洋中脊中大量岩石标本的绝对年龄后发现，所有的大洋中脊都很年轻，都是在大约1.35亿年以前开始的白垩纪之后形成的。后来，人们在测定大洋中脊两侧的岩石标本的绝对年龄和磁性时，发现了一个更加奇怪的现象——从中脊往外，岩石的年代越来越老，而岩石的磁性则成明显的条带状，而且两边是对称的，于是有人提出了海底扩张的假说。而海底扩张正是大陆漂移的原动力。因为海底是坚硬的，所以有人猜测，岩石圈可能分成许多块，并且在做相对运动，由此产生了板块运动的概念。海底扩张和板块运动，给大陆漂移的观点以强有力的支持，这已经是20世纪60年代初期的事了。在被讥讽和嘲笑了几十年之后，魏格纳的学说终于取得了决定性的胜利。

从科学哲学家库恩的范式观点来看，大陆漂移说对于经典的"地槽-地台"学说就是"反常"的"范式"和发散的思维方式。正因为大陆漂移说的运动机制是水平方向的力作用，相对于经典的"地槽-地台"说的以垂直方向动力作为动力机制，无疑是一种"反常"，故而就难以为奉行传统观点的人所接受，可以说大多数地球物理学家基本上都持反对态度。

譬如，英国地质学家杰弗里斯认为，大陆能沿岩石圈移动是毫无根据的，没有任何物理学的证据能够证实魏格纳关于大陆发生水平移动的观点。地球物理学家不知道有这样的动力，它们能使陆地地块产生巨大的水平移动，已知的沿水平方向作用的最大的一种力，就是地球运动中的"离极力"：这是由于地球自转产生的离心力，加上赤道膨胀部分的"额外吸引力"合成的，它会使大陆向赤道移动，引起大陆块体在赤道附近呈带状堆积。但如果要使地球像液体一样在引潮力方面起作用：一是像魏格纳所认为的那样，大陆在其中漂浮的物质具有很小的粘性；二是不应当存在海洋潮汐，而应当只存在岩石潮汐。

然而，这样两点都是不成立的。潮汐的摩擦要是能够使美洲大陆与旧大陆（欧亚非三大陆）分离，那就需要相当长的时间。杰弗里斯在1924年所著《地球》一书中，用了许多计算公式论证了"大陆漂移"说的不可能。在1959年该书的第四版中还指出：大陆漂移说"定量不够，定性不当；我们所要了解的，它什么也没有说明"。由于杰弗里斯是世界著名地球物理学研究方面的权威，他的意见决定性地否定了大陆漂移说。经过近一个世纪的磨难，"大陆漂移说"又以"海底扩张学说"和"板块构造理论"的形式再度复活，才最终被先前存在分歧

五、地层构造说

在近代科学发展初期,工场手工业尚不发达,社会对金属矿产等的需求量还不大,采矿业因此还处于最初的发展中,人们对地球的地质状况也就缺乏深刻的认识。17 世纪初期手工工场的发展,使得社会对煤和金属矿产的需求逐渐增加,人们对地球的认识也逐渐深化。17 世纪中后期,采煤业与采矿业迅速发展起来,人们的地质知识更加丰富,也开始出现了真正意义上的地质学家。

在 17 世纪中后期,出现了第一个真正属于近代类型地质学家——丹麦学医学家、比较解剖学的先驱史坦诺。他通过解剖学研究走向了对化石的研究,并且得出了化石是古生物遗迹的结论。他正是以化石鉴别的基本内容和主要方法,对地层学进行了初步研究,同时以化石鉴别为实验基础,建立起了地层学的基本原理和地层演变三定律:叠加定律、原始连续性定律和原始水平性定律。在他的地质学思想中,也融入了地质演化思想。1669 年,史坦诺在论文《天然固体中的坚硬物》及其他一些论文中,较全面阐述了他的地质学思想。自此之后,早期地质学就有如一株幼芽破土而出,进入最初的生长时期。

早期地质学在意大利萌芽时,在手工工场发展较迅速的英国产生了早期的水火之争。剑桥大学的植物学教授约翰·雷伊由研究动物的比较解剖,转向了对生物化石的研究,进而提出了火成论的观点,只是到伍德沃德系统论述水成论思想之后,才全面阐述并论证了火成论这一思想。

伍德沃德在 1695 年出版的《地球自然历史试探》一书中,论述了其水成论思想,他主要围绕地质的变化原因和地质变化过程两个基本问题进行探讨。在地质的变化原因方面,他以《圣经》的摩西洪水说为依据,论述了地质变化中的水成作用。在地质的变化过程方面,他将地层变化分为破坏过程与沉积过程。在破坏过程中,摩西洪水不但毁灭了地球上大部分生物,而且粉碎了地表构造,使地表的岩石、土壤、杂物及各种无机物全部被冲击起来,整个地球就成了一片包括人体、生物遗体岩石,以及各种杂物在内的沉渣泛起的汪洋。在水成作用下的地层变化的第二个过程是沉积过程。他认为在摩西洪水的后期,洪水慢慢澄清,形成了沉积。

伍德沃德的水成说公之于世后,雷伊立刻著文反驳,并在反驳中较为系统地提出了他的火成学说,也主要围绕地质的变化原因和变化过程而展开。在地质变化的原因方面,雷伊认为,岩石和地层的形成,化石在不同地层中的分布,不是摩西洪水的作用,而是地球内部火运动的结果,即火山运动的结果。在地质变化的过程方面,他认为,地球内部的火在持续的运动中,因此火山不断喷发,生物不断死亡,就使火山熔岩与生物遗体混杂在一起,一层一层地堆积起来,于是在不断的堆积中形成现在的新老叠加堆积的地层形状。

与火成说不同之处在于，伍德沃德将地质变化过程看作是水成作用的一次沉积过程，而雷伊则把地质变化的过程看作是火成作用的多次堆积过程。继雷伊之后18世纪前期，意大利威尼斯的一个修道院院长莫罗继承和发展了火成说思想。

到18世纪后期，尽管水成说仍具有神学背景，但火成说已发展成为一种可以与水成说势均力敌的地质理论了。以雷伊和莫罗为代表的火成说与以伍德沃德为代表的水成说之争，是处于萌芽时期的近代地质学思想的启蒙开端。争论的双方既带有明显的神学色彩，又都含有一定的科学成分，且都以上帝作为地质作用的终极原因。这一论争，只是近代地质学水火之争的先声，而在这一论争之后，水火之争曾一度处于相对沉寂的状态。

18世纪中后期，随着采矿业的迅速发展，人类开展了更为广泛的地质考察。在法国、德国、英国、西欧和北欧一些国家，地质学家们进行了更为全面的地质考察，从而推动了新的地质理论的研究，而水成说与火成说随之相应地活跃起来。这一时期的主要代表人物是水成说的维尔纳与火成说的赫顿。

德国地质学家维尔纳是德国著名的弗赖堡矿业学院的地质学教授，他以学院为基地，创立了一个新的水成说学派，对萨克森与波希米亚的地质考察过程中，他采集到大量的岩石与矿物标本。以这些标本为基础，他对岩石进行了分类研究，认为所有岩石和矿石最初都是由于原始海洋的沉积作用形成的，所以，水成作用是地质起源与演化中的主要地质作用。与此同时，他也指出，火成作用是在主要岩层都形成之后才出现的一种非常次要的地质作用。维尔纳的水成说，可以说是伍德沃德早期水成论的一个修订本。所不同的是，维尔纳的水成说有岩石学与矿物学这样的新的科学基础，吸引了来自欧洲各国的许多有志于地质学青年学生，形成了一个新的水成学派，且这种思想传遍欧洲，从18世纪80年代开始，以维尔纳为代表的水成说，已跃居为地质学中占主导地位的理论。

在同一时代，英国地质学家赫顿也继承和发展了雷伊的火成说思想。在对英国一些山脉的岩层考察后，他认为结晶岩石是由融、岩冷却而成的，并不像维尔纳所认为的矿物在水中结晶而成，由此他对水成说产生了最初的怀疑。在经过长期不懈的努力后，他于1795年完成了其主要的地质学著作《地质学理论》，成为新的火成说的奠基性著作。

赫顿的火成说有三个明显特征：第一，火成作用是主要的地质作用；第二，水成作用也是一种重要的地质作用；第三，现在的地质结构是多种自然现象长期缓慢作用的结果。赫顿的新火成说以英国的一些地质史料为基础，较为科学地解释了一些地质现象，并初步地提出了地质渐变论的思想。但由于其违背了《圣经》的创世中关于"摩西洪水"的说法，且不具有矿物学与岩石学的基础，所以在其发表后不久，就受到水成说的猛烈攻击。

最先对赫顿火成说进行攻击的是英国地质学家约翰·威廉斯，他以煤矿地层的实际考察为依据，在《矿物界的自然史》一书中对赫顿的火成说进行抨击，其实质是认为赫顿的火成说具有无神论倾向，因此是对宗教的叛逆。尽管水成说得到了教会的大力支持，且又具有一定的矿物学与岩石学基础，也占据了统治地位，但由于火成说确实解释了水成说所无法解释的一些地质现象，所以也得到了不少支持者的拥护，其代表人物是爱丁堡大学的博物学教授普莱费尔和霍尔。他们分别从地质考察、理论解释和实现方法来证实赫顿的学说。

1870~1830年，由于水成说与火成说的论战，也由于矿物学、岩石学与古生物学等相关学科发展，地质学进入了地质学史上的"英雄年代"，到了19世纪初，随着地质学的进一步发展，水火学说之争随之出现新的发展趋势，即火成说逐渐向渐变说发展，水成说则进一步向灾变说转化。法国生物学家布丰在赫顿火成说提出之时，就提出过关于地球演化的渐变理论，即把地质演化看作一个长期的缓慢的渐进过程，也具有一定科学性和合理性。

在火成说向渐变说发展的同时，水成说已进一步向灾变说转化。法国生物学家居维叶对水成说向灾变说的转化起了重要作用，在对比较解剖学和动物分类学研究的基础上，他将生物学中提出的灾变说搬到地质学中，在《地球表面的革命》一书中，将地质学中含有不少科学成分的水成说，完全改造为他的带有浓厚科学色彩的地质灾变说。到了19世纪30年代初，英国青年地质学家赖尔就以他的地质渐变说对灾变说进行了首次的科学判决，到了19世纪50年代，英国生物学家达尔文又以他的生物进化论对灾变说进行了再次的科学批判，使其前景不容乐观。

概言之，近代地质学的水火之争的两派都各持自己的观点，都含有一定的科学成分，同时也打上了明显的时代烙印，具有了鲜明的神学色彩，这就告诉我们科学的发展并不是一帆风顺的，总要受到所处社会主导思想及其上层建筑的制约，而科学一旦冲破这种阻力便会向前迈进一大步，产生新的飞跃。同时，从地质学的发展历程，我们可以看出，每一次进步都是基于生产力的发展，手工工场的发展促使了采矿业等相关行业的发展，激发了人们对自然、对地质的考察与探索。而随着人们对地质认识的不断深化，也提高了采矿等相关行业的生产率，促进了生产力的发展。因此，我们可以认为，生产力的发展促进科学技术水平的提高，科学技术反过来又推动生产力的不断向前发展。科学技术的发展有力地促进着社会生产力的发展，极大地改变着人类社会的生产方式和生活方式，对社会的各个方面产生着极为深刻的影响。

六、生物进化论

在科学的发展历程中，出现过许多不同的学说，其中一些学说都是基于同一个问题提出的，常常是针锋相对，相互论战，有的论战甚至长达数百年。生物学史上著名的渐变说和灾变说之争就是一个典型案例。

最早的灾变说是由法国动物学家布丰于1745年提出的。他的学说本来是用来解释太阳系的形成的，后来康德和拉普拉斯也提出了关于太阳系起源的假说，即康德-拉普拉斯星云假说，实际就是一种渐变说。但由于其角动量分布异常这个困难难以解决，灾变说逐渐占了优势。直到20世纪50年代后，关于太阳系起源的灾变说才逐渐衰落。

同样，在18~19世纪的生物学界，也产生了灾变说和渐变说这两种对立的学说。代表人物是创立科学进化学说的法国生物学家拉马克和提出灾变学说的法国生物学家居维叶。

居维叶的"灾变说"的含义是什么呢？居维叶认为，在整个地质发展的过程中，地球经常发生各种突如其来的灾害性变化，并且有的灾害是具有很大规模的。例如，海洋干涸成陆地，陆地又隆起山脉，反过来陆地也可以下沉为海洋，还有火山爆发、洪水泛滥、气候急剧变化等。当洪水泛滥时，大地的景象都发生了变化，许多生物都遭到灭顶之灾，每当经过一次巨大的灾害性变化后，就会使几乎所有的生物灭绝。这些灭绝的生物就沉积在相应的地层，并变成化石而被保存下来。这时，造物主又重新创造出新的物种，使地球又重新恢复了生机，原来地球上有多少物种，每个物种都具有什么样的形态和结构，造物主已不记得十分准确了。所以，造物主只是根据原来的大致印象来创造新的物种。这也就是新的物种同旧的物种有少许差别的原因。如此的循环往复，就构成了我们在各个地层看到的情况。

灾变现象发生过多少次呢？居维叶推断，地球上已发生过4次灾害性的变化。最近的一次是大约距今5000多年前的摩西洪水的泛滥。这使地球上的生物几乎灭尽，因而上帝又重新创造出各个物种。后来，居维叶的学生欧文（R. Owen）极力鼓吹灾变说，不仅在法国产生了很大影响，而且也影响到了其他国家。尽管灾变说在法国学术界取得了统治地位，但居维叶的理论受到一些生物学家的批评，特别是主张进化学说的拉马克和圣提雷尔对其提出了严厉的批评。

1830年，圣提雷尔同居维叶在法国科学院的会议上爆发了一次激烈的辩论。这场辩论一天比一天激烈，共持续了6周，如此激烈的辩论在科学史上也是少见的。这场辩论在法国乃至欧洲都引起了关注。当时的报纸和宣传机构都对此进行了报道。最后的结果是居维叶获得了胜利。在辩论会上，居维叶淋漓尽致地表达了他的学术观点，激烈地反对拉马克和圣提雷尔的理论，顽固地坚持灾变说。结果，灾变说在生物学上取得了暂时的胜利。

除了在生物界以外，在地质学理论上灾变论也占有一定的地位。不过，几乎就在灾变说在生物界取得胜利的同时，英国著名地质学家赖尔主张"渐变说"，反对灾变说,并在英国清除了灾变说的影响。他通过对欧洲各地的地层进行深入细致的考察,发现雨水、河流、山川、海洋、潮汐和火山都可以对地层的形成有影响,而且这些因素的作用还有一定的规律性。

赖尔在19世纪30年代初发表了《地质学原理》这一著作,以详尽的事实论证了地球的变化,以及地层的形成和变迁并不是由激变引起的,而是有规律和有成因的。自然化石也是在地层形成的时候产生的。这就是赖尔的均变说。这一学说不仅为现代地质学奠定了基础,而且为古生物学的研究开辟了新的途径。但是,他并没有把地球渐变的观点扩展到生物界。因为他相信物种是由上帝创造的,并且认为物种不变。再加上他的渐变说只强调自然界缓慢连续性的变化,没有看到自然界的激变现象,忽视了间断性变化。他在反对形而上学的同时,又陷入了形而上学的泥坑。只承认量变的永恒性,不承认质变、激变的存在及其作用,这也就否认了事物质的变化和发展,否认了世界万物的丰富多彩和千差万别的特性。它和灾变说一样,都各走极端,没有看到事物量变和质变的辩证关系。直到19世纪纪下半叶,由于达尔文进化论的确立,灾变说才真正渐渐退出科学的领域。

达尔文的进化论认为,自然选择是一个长期的、缓慢的、连续的过程,由于生存斗争不断地进行,所以自然选择也在不断地进行,通过一代代的生存环境的选择作用,物种变异被定向地向着一个方向积累,于是性状逐渐和原来的祖先不同了,这样新的物种就形成了。由于生物所在的环境是多种多样的,所以生物适应环境的方式也是多种多样的,经过自然选择也就形成了生物界的多样性。

达尔文的进化论产生以后,虽然很快成为主流,但反对的声音也很多,引起了全世界的广泛关注。各种各样的攻击和挑战也迎面而至。其中影响最大的一次莫过于20世纪80年代"寒武纪生命大爆炸"的提出。20世纪80年代,在中国云南省澄江地区发现了寒武纪早期(大约5.3亿年以前)的化石动物群。它的多样化组成令人吃惊:从最简单的多细胞生物到结构复杂的脊椎动物无所不包,经过初步统计,发现了海绵动物、腔肠动物、腕足动物、节肢动物、脊椎动物等现今主要的生物类别。于是这个庞大的寒武纪早期的化石动物群吸引了全世界的注意力。随后,中国和世界各地的古生物学家付出了十余年的努力,初步认定澄江动物群囊括了分属于40多个高级生物类别的100多种不同的生物,还有许多是无法归入现有门类的绝灭种群,科学家们大胆地提出了"寒武纪生命大爆炸"的结论,用无可辩驳的事实支持生物在短时间内就可实现进化的模式的观点。

1992年,美国《纽约时报》认为,中国古生物学家在云南澄江的挖掘,"是20世纪最惊人的发现之一",一些国际著名新闻媒体也纷纷报道,澄江动物群的研究成果开始不断刊载于美国《科学》杂志和英国《自然》等重要科学刊物上。澄江动物群的发现,连同20世纪其他相关的研究成果向传统进化论提出了有力挑战。显然,按照达尔文的进化论,生物是缓慢的渐进式的演化的,即从简单到复杂,从低等到高等。照此推理,在遥远的寒武纪,生物只能存在简单的、低等的类型,不可能出现像澄江动物群那样的多样和复杂,而且,生物也不可能在短时间内出现如此多样化,问题再次摆在世人面前,生物是按照达尔文描述的模式在进化吗?达尔文学说还可以信奉吗?

应该说,达尔文提出生物进化论是建立在大量的地质学、生物学的实体资料收集,以及广泛的科学考察基础上的,同时也应该看到,限于当时的认识水平,达尔文学说中还有很多推测和猜测的成分,这就使得那些攻击他的人有了机会。但是,毋庸置疑的是,今天的生物进化学论是建立在达尔文学说基础上而得到发展的,没有达尔文的进化思想,就不会有人们对生物进化现象的深入探讨和更深层次的研究。进化论在今天已是科学界的一个共识,它已经发展出多种类型,进化论也在不断得到丰富和发展,从而为最终破解生物进化的千古之谜提供理论依据。

七、基 因 说

从孟德尔的三大遗传规律到"基因"概念的提出,从摩尔根(T. H. Morgan)的基因连锁与互换规律到 DNA 的双螺旋结构,从基因工程再到克隆技术,可以看出基因思想的大致发展历程。基因技术已经全面深入地改变了人类生活的所有领域,它既给人类带来前所未有的发展和利益,也给人类提出了哲学和伦理学的问题。

近些年来,报纸、杂志、电视等各种大众传媒上有关"基因"的内容比比皆是。特别是"多利羊"的出生,我们的视线又被克隆技术吸引。但"基因"是什么?它又是如何操纵着生物的生长、发育和繁衍?"基因工程"又是怎么一回事?它们对我们的生活会产生什么样的影响?克隆和基因又有着什么样的关系?这些问题都与有关遗传因子的思想不无关系。

遗传因子的概念最初是由孟德尔提出的。他的三大遗传规律奠定了遗传学的基础。但在当时历史条件下,他的科学发现和见解,没有引起生物学界同行的注意,湮没了 35 年之后,即 1900 年才被荷兰的弗里斯、德国的科伦斯和奥地利契马克等植物学家重新发现。

1909 年,丹麦生物学家约翰逊在其《科学遗传学要义》中将德弗里斯的"泛子"(pangen,希腊文"给予生命"之义)加以简化,创造了基因(gene)一词,并将"类型"(type)与基因结合,形成"基因型"概念,并用这个术语代替孟德尔的"遗传因子"。他认为遗传因子是一个普通用词,不够精确,而"基因"是一个很容易使用的小单词,容易和别的词结合。不过他所说的基因并不代表物质实体,而是一种与细胞的任何可见形态结构毫无关系的抽象单位。因此，那时所指的基因只是遗传性状的符号，还没有具体涉及基因的物质概念。他在1911年还指出，受精并不是遗传具体的性状，而是遗传一种潜在的能力，他把这叫作"基因型"。基因型可能在个体中表现出可见性状（表现型），也可能不表现。

约翰逊提出的基因一词一直沿用下来。以后在经典遗传学中，基因作为存在于细胞中有自我繁殖能力的遗传单位，其含义包括三个方面：第一，在控制遗传性状发育上是功能单位，故又称顺反子；第二，在产生变异上是突变单位，故又称突变子；第三，在杂交遗传上是重组或交换单位，证明基因是可分的，打破了传统的"三位一体"的说法。

1910年，美国遗传学家摩尔根发现了果蝇的白眼性状的伴性遗传现象，并第一次把一个特定的基因定位于一条特定的染色体上。摩尔根在作果蝇杂交试验的过程中，突然发现了一个白眼的雄果蝇，它的生活力很低。正常的果蝇的颜色是红的。他继续作了三组实验，对这三组实验进行了综合分析。他非但没有否定孟德尔的遗传规律，而且由于他知道雄性果蝇有一条特殊的外染色体，它的性染色体型是XY型。所以，他下结论说，控制红白眼性状的基因就在果蝇的性染色体上，即X染色体上。1911年摩尔根又发现了几个伴性遗传基因，从而说明基因的对数很多，而染色体的对数则很少，基因的对数大大多于染色体的对数，如果基因在染色体上，势必每条染色体上要有很多基因。

摩尔根将在同一对染色体上的基因称为一个连锁群，同时还发明了三点测交法来确定基因之间的相互位置和距离。如果基因是位于染色体上，那么生物体中的连锁群的数目应该和染色体的对数相同，具体到果蝇上，就应该存在四个连锁群，如果在果蝇中发现四个连锁群，也就证明了基因是位于染色体上。

1951年，摩尔根在《孟德尔遗传的机制》中总结了他的遗传学观点，全面提出了基因论[①]。根据基因论，基因位于染色体上，由于生物所具有的基因数目大大超过了染色体的数目，一个染色体通常含有许多基因；基因在染色体上有一定的位置和一定的顺序，并呈直线排列；基因之间并不是永远连接在一起，在减数分裂过程中，它们与同源染色体上的等位基因之间常常发生有秩序地交换；基因在染色体上组成连锁群，位于不同连锁群的基因在形成配子时按孟德尔第一遗传规律和孟德尔第二遗传规律进行分离和自由组合，位于同一连锁群的基因在形

---

① 摩尔根利用果蝇作了大量研究，1926年出版《基因论》，建立了基因学说。他还绘制了果蝇基因位置图，首次描述了基因概念，即基因以直线形式排列，决定着一个特定的性状，且能发生突变并随着染色体同源节段的互换而交换；基因不仅是决定性状的功能单位，而且是一个突变单位和交换单位。基因论的内容主要有：种质（基因）是连续的遗传物质；基因是染色体上的遗传单位，有很高稳定性，能自我复制和发生变异；在个体发育中，基因在一定条件下控制着一定的代谢过程，表现相应的遗传特性和特征；生物进化主要是基因及其突变等。

成配子时按摩尔根第三遗传规律进行连锁和交换。

基因对于遗传学家来说,如同原子和电子对于化学家和物理学家来说一样重要。对于这一点,摩尔根有一句很深刻的名言:向化学家和物理学家假设看不见的原子和电子一样,遗传学家也假设了看不见的要素——基因。三者主要的共同点,在于化学家、物理学家和遗传学家都根据数据得出个人的结论。

迄今为止,从最高等的哺乳动物到最低等的细菌和病毒,基因在染色体上的原理都是适用的,因此,基因论科学地反映了生物界的遗传规律。不过,基因论也有局限性,当时谁也不知道基因是什么样的物质。至于这样的遗传粒子究竟有什么功能,它是如何发挥功能的等一系列的问题,基因论并没有涉及。因此,孟德尔、摩尔根的学说在当时被称为形式遗传学。

最终解决基因概念的问题是分子遗传学的出现。1953年4月25日,英国《自然》杂志刊登了沃森和克里克合作研究的成果"DNA双螺旋结构的分子模型",这一成就后来被誉为20世纪生物学最伟大的发现,也被认为是生物学诞生的标志。DNA双螺旋结构的提出,标志着遗传物质认识史上的新阶段,从此奠定了基因的分子论。在揭示了遗传密码和遗传物质的调节控制机制的控制,生物学家认识到DNA结构上储存着遗传信息。这些特定的信息规定某种蛋白质的合成,核苷酸序列与元计算序列之间存在着特定的关系。从而使得生物学家终于达成了共识:DNA是遗传物质,氨基酸是核苷酸上的一对碱基序列。20世纪60年代,尼伦伯格等破译了遗传密码,证明地球上所有生物的遗传密码都是相同的——DNA的四种核苷酸碱基的序列代表了基因的遗传信息,决定着蛋白质的20种氨基酸的组成和排列顺序。作为基因载体的DNA是生命的后台指挥者,生命的一切性状通过受DNA决定的蛋白质来表现。

这个认识是否正确,人工合成的第一个基因:酵母丙氨酸转移DNA基因证明了这一点。近年来,人们用遗传工程的方法已经成功地把某些生物遗传物质的一部分基因提取出来,组成另一个不具有该基因的生物的遗传物质上,并使新引入的遗传物质在新的个体中表达出自己的功能。

基因工程,即DNA重组技术,是分子水平上生物工程技术的核心体系。实践证明,利用重组DNA技术,可以对不同生物的基因进行新的组合,得到形状发生改变的新生物。这意味着人类可以根据自己的意愿设计新的生物,并把它构建出来。人的创造性又一次得到体现。从此,生物科学完全超越了我们把基因重组DNA技术的新的学科分支,称为目前众所周知的"基因工程"。基因工程的实质,就是把带有两种以上不同生物基因的DNA分子拼接成新的DNA分子。要完成这个过程,必须具备三个条件:第一,要有分离单一DNA分子的技术;第二,要能够把DNA分子切成特定的片段,并把不同的片段连接起来;第三,新组合的DNA分子要能够被转移到细胞内,并且正常发挥作用。

这些技术和方法在20世纪60年代末开始逐步成熟，到1973年瓜熟蒂落，成功地得到了第一个重组DNA分子。基因工程的迅速发展，大大超过了人们原来的预料。从它诞生到第一项基因工程产品上市，只用了大约10年的时间。几年之前，这类试验还是局限于分子生物学家的实验室中，而现在它已成为一个新兴产业。1982年，先后有两种基因工程产品上市，一种是治疗糖尿病的人胰岛素；另一种是防止猪和牛等幼雏腹泻的疫苗。尤其是胰岛素的工业化生产，开创了药物生产领域的新纪元。基因工程的研究成果不断出现，大大激发了产业界的投资热情，自1977年美国成立第一家遗传工程公司以来，目前全世界已出现3600多家以基因工程为主的生物工程公司，而且主要集中于美国和欧洲，其中年产值超过10亿美元的生物技术公司接近20家。有人预计今后几年，基因工程将成为强大的产业部门，其产品产值有可能达到1000亿~1500亿美元。

与基因概念相关的另一个词是"克隆"。该词是由英文clone音译而来。在音译名出现前，曾有一个意译名"无性繁殖系"，只有单一细胞或共同祖先曾经有丝分裂得到的细胞群体或有机群体。在这里，克隆是一种实现无性繁殖的操作，是一种显微操作或分子生物学操作，而不是一般意义上的无性繁殖（或无性繁殖操作）。这也许正是克隆一词能够存在而不被无性繁殖替代的原因。

克隆羊"多利"如此风光，自有它的特别之处。我们知道，高等动物都需要经过受精这一过程，然后经过怀胎，最后由母体生下。世界上的每一个高等动物都有一个父亲、一个母亲。然而"多利"不是这样。首先"多利"不是由精子和卵子结合而成，它从根本上取消了"阴阳结合"的过程。"多利"是第一只利用成年动物体细胞的细胞和经过无性繁殖方式获得的哺乳动物。

克隆技术首先在畜牧业上有重大意义，其次在生物医药领域有重大应用前景，还在器官移植方面、保存物种方面有着重要作用。这一技术能够用动物体细胞核发育成一个动物，的确是生命科学的一次飞跃。但是关于人的克隆的问题的争论却日益激烈，涉及的社会问题也更突出。首先，无性繁殖复制的人体将彻底打乱世代的概念，最主要的表现为对家庭这一社会主要细胞的破坏，从有性繁殖到无性繁殖，一旦扩展到人类，将产生极为深远的影响，而且夫妻、父子等基本的社会人伦关系也会相应消失。这也是为什么禁止克隆人的原因。

更重要的是，克隆人破坏了人的尊严。人在实验室里的器皿里像物品一样被制造出来，这样无性繁殖的人不是真正的人，而只是有人形的自动机器。每个生命都是独一无二的，都有独特的个人品性，"复制人"恰恰剥夺了这一点。克隆人的问题再一次说明，在技术上有可能做的不一定就是在伦理学上可以做的。虽然克隆人在技术上有可能实现，但在伦理学上不应该做。没有充分的理由来为克隆人的行为在伦理学上进行辩护。如果进行人的克隆，那将给人类留下的无穷的后患。

八、相对论思想

爱因斯坦的狭义相对论和广义相对论建立已一个世纪了，它经受住了实践和历史的考验，已得到普遍承认。相对论对于现代物理学的发展和现代人类思想的发展都有巨大的影响。从逻辑思想上看，相对论统一了经典物理学，使经典物理学成为一个完美的科学体系。狭义相对论[①]在狭义相对性原理的基础上统一了牛顿力学和麦克斯韦电动力学两个体系，指出它们都服从狭义相对性原理，都是对洛伦兹变换协变的，牛顿力学只不过是物体在低速运动下很好的近似规律。广义相对论[②]又在广义协变的基础上，通过等效原理，建立了局域惯性与普遍参照系之间的关系，得到了所有物理规律的广义协变形式，并建立了广义协变的引力理论，而牛顿引力理论只是它的一级近视。

不过，"相对论"这个名词，并不是爱因斯坦提出的，而是彭加勒发明的。彭加勒在1904年的一次演讲中就讲道：按照相对论原则，不论是对于一个不移动的或是以均速运动的观察者来说，物理现象的定律应该是相同的。因此，我们不能也没有任何方法可以分辨我们是否在从事这样的运动。不过。彭加勒并没有了解此想法在物理学中的全部含义。同时，洛沦兹变换公式也是洛沦兹早已提出来的，这个变换至今仍是以洛伦兹的名字命名。可是，洛伦兹也没有领悟"同时性"是相对性这个革命性的概念。他在1915写道，"我没有成功的主要原因是我墨守只有变量 t 可被看作是真正的时间，我的局部时间 t' 最多只被认为是一个辅助的数学量"。这就是说，洛伦兹弄懂了相对论的数学，但没有弄懂其中的物理学，彭加勒则是懂了相对论的哲学，但没有弄懂其中的物理学。

科学史家将20世纪上半叶看作是爱因斯坦的时代，因为他提出的相对论开创了现代物理学的新纪元，指引了20世纪物理学前进的方向。1905年9月，爱因斯坦发表《论动体的电动力学》的论文。这篇后来被称为创立狭义相对论的论文在对时间、空间、运动等基本概念作了全新的分析和改造之后，利用从经验的共鸣中产生的两个基本假设，通过演绎和推理，使力学和电动力学在新的物理学基础上获得协调。这篇融哲学的深邃、物理的直观、数学的技巧于一体的科学

[①] 狭义相对论是爱因斯坦在他1905年的论文《论动体的电动力学》提出的。狭义相对论建立在两个基本假设上：第一，物理规律在所有惯性系中都有相同的形式；第二，在所有惯性系中，光在真空中的传播速度有相同的值 c。第一个假设称为相对性原理，其意思是指：如果坐标系 K 相对于坐标系 K 作匀速运动而没有转动，则相对于这两个坐标系所做的任何物理实验不可能区分这两个坐标系。第二个假设称为光速不变原理，意思是光在真空中的速度 c 是恒定的，不依赖于发光物体的运动速度。

[②] 爱因斯坦于1912年发表另外一篇论文探讨如何将重力场用几何语言描述，1915年他发表引力场方程，标志广义相对论的动力学的诞生。根据广义相对论，宇宙中一切物质的运动都可以用曲率来描述，引力场实际上就是一个弯曲的时空。

杰作，极大地改变了传统的物理科学、科学思维乃至哲学思想，使现代物理学从厚重的帷幔里走出，沿着他开辟的一条崭新道路前进。

相对性物理定律在世界上任何地方，无论是英国、美国或日本都是同样的，它们在火星和仙女座星系上也是相同的。不仅如此，不管你以任何速度运动，物理定律都是一样的。该物理定律在子弹列车或喷气式飞机上和站立在某处的某人是一样的。当然，甚至在地球上处于静止的某人在事实上正以大约为每秒18.6英里（30公里）的速度绕太阳公转，太阳又是以每秒几百公里的速度绕着银河系公转，等等。然而，所有这种运动都不影响科学定律，它们对于一切观测者都是相同的。

这个和系统速度的无关性是伽利略首次发现的。伽利略发展了诸如炮弹或行星等物体的运动定律。然而，在人们想把这个观测者速度无关性推广到制约光运动定律时就产生了一个问题。人们在18世纪发现光从光源到观测者不是瞬息地传播的，它以大约每秒186 000英里（30万公里）的速度旅行。但是，这个速度是相对于什么而言的呢？似乎必须存在弥漫整个空间和某种介质，光是通过这种介质来旅行的。这种介质被称作以太。其思想是：光波以每秒186 000英里的速度穿越以太旅行，这表明一位相对于以太静止的观测者会测量到大约每秒186 000英里的光速，但是一位通过以太运动的观测者会测量到更高或更低的速度。尤其是人们相信，在地球绕太阳公转穿越以太时光速应当改变。

然而，1887年麦克尔逊和莫雷进行的一次非常精细的实验指出，光速总是一样的。不管观测者以任何速度运动，他总是测量到每秒186 000英里的光速。这怎么可能是真的呢？以不同速度运动的观测者怎么会都测量到同样的速度呢？其答案是，如果我们通常的空间和时间的观念是对的，则它们不可能。然而，爱因斯坦在1905年写的一篇论文中指出，如果观测者抛弃普适时间的观念，他们所有人就会测量到相同的光速。相反地，他们各自都有自己单独的时间，这些时间由各自携带的钟表来测量。如果他们相对运动得很慢，则由这些不同的钟表的时间几乎完全一致，但是，如果这些钟表进行高速运动，则它们测量的时间就会有重大差别。在比较地面上和航线上的钟表时，就实际上发现了这种效应，航线上的钟表比静止的钟表走得稍微慢一些。

对于旅行速度，钟表速率的差别非常微小。你必须绕着地球飞四亿次，你的寿命才会被延长一秒钟，但是你的寿命却被所有那些航线的糟糕餐饮缩短得更多。人们具有自己单独时间这一点，又何以使他们在以不同速度旅行时测量到同样的光速呢？光脉冲的速度是它在两个事件之间的距离除以事件之间的时间间隔（这里事件的意义是在一个特定的时间在空间中单独的一点发生的某种事物）。以不同速度运动的人们，在两个事件之间的距离上看法不会相同。例如，如果我测量在高速公路上奔驰的轿车，我会认为它仅仅移动了一公里，但对于在太阳上的某个人,由于轿车在路上行走时地球移动了,所以他觉得轿车移动了1800公里。因为以不同速度运动的人测量到事件之间不同的距离,所以如果他们要在光速上相互一致,就必须也测量不同的时间间隔。

狭义相对论描述了物体在空间和时间中如何运动。它显示出,时间不是和空间相分离的自身存在的普适的量。正如上下左右和前后一样,将来和过去不如说仅仅是在称作时空的某种东西中的方向。你只能朝着时间将来的方向前进,但是你能沿着和它夹一个小角度的方向前进。这就是为什么时间能以不同的速率流逝。这其中包含着深刻的哲学思想。

(1) 统一性。从根本上说,狭义相对论就是因为经典物理学理论体系的内在逻辑的不统一性,即牛顿力学与电动力学的不统一性而创立的。按照统一性思想,不能允许所有的惯性系从动力学的观点看是等效的,但根据光学测量又是可分辨的。爱因斯坦认为,只要人们坚持整个物理学可以建筑在牛顿运动方程的基础之上这一见解,那就不能怀疑,自然规律可以参照于相互作匀速(无加速度)运动的坐标系中的任何一个,其结果都是相同的(相对性原理)。

然而,麦克斯韦电磁理论是以有一种静止的、不动的光以太的假设为基础的,它的基本方程在应用洛伦兹变换方程时,不能转换成同样的形式。而迈克耳逊和莫雷的试验正好证明,在根据洛伦兹的理论来看,相对性原理不成立的地方,现象却还是符合这个原理的。为了摆脱上述困难,只需要足够准确地表述时间概念就行了。我们需要认识的仅仅是,人们可以把洛伦兹引进的他称之为"当地时间"的这个辅助量直接定义为"时间"。于是,新时空观在爱因斯坦坚定的统一性思想指导下横空出世,成为彻底变革旧理论的统一性前提,两条获得协调的公设成为狭义相对论的逻辑基础。

(2) 逻辑简单性。狭义相对论中体现简单性的逻辑基础是两条公设:相对性原理和光速不变假设。在此前提下经过严密的数学推理,得出几个变换方程、几个推导命题和几个用于实验验证的推论。逻辑简单性是自然界内在特性的简单性——客观简单性在思维中的反映,体现了爱因斯坦对物质与运动、主观与客观的逻辑与历史统一的深刻认识,对经典力学自然观和电磁自然观相互矛盾引起的物理世界的不协调和混乱局面的深刻怀疑。

(3) 相对性。爱因斯坦在深入思考了光行差实验与斐索实验之后,觉察到光以太不参与物体的运动,他指出绝对静止的概念,不仅在力学中,而且在电动力学中也不符合现象的特性,倒是应当认为,凡是对力学方程适用的一切坐标系,对于上述电动力学和光学的定律也一样适用。我们要把这个猜想(它的内容以后就称之为相对性原理)提升为公设。进一步的考察发现,作为反映电磁场变化规律的麦克斯韦方程,既然适用于一切惯性参考系,就意味着在相互作匀速运动的一切参考系中光速不变,但这又导致了与经典速度合成法则的矛盾。通过清理同时性的概念，爱因斯坦发现了同时性的相对性，于是放弃速度合成法则，保留光速不变假设，这样两条公设在逻辑上完全相容，问题得到解决。这里，相对性的思想起牵一发而动全身的作用。

（4）对称性。对称性思想在古代主要表现在美学与艺术中，到了现代，对称性思想则以科学的异彩引人注目。爱因斯坦将对称性思想卓越地运用到狭义相对论的创建当中，使物理学乃至整个自然科学的基本思想与研究方法发生了巨大的变化。由于他精确地把握物理世界普遍存在着的形式与数量的平衡、近似和对称，以及事物发展中内在的平衡性、对应性、稳定性，所以狭义相对论开篇就指出：大家知道，麦克斯韦电动力学——像现在通常为人们所理解的那样——应用到运动的物体上时，就要引起一些不对称，而这种不对称似乎不是现象所固有的。比如，设想一个磁体同一个导体之间的电动力的相互作用。在这里，可观察的现象只同导体和磁体的相对运动有关，可是按通常的看法，这两个物体之中，究竟是这个在运动，还是那个在运动，却是截然不同的两回事。在他看来，电动力学运用在不同惯性系所产生的不对称性是经典理论的某种缺陷造成的，而将力学相对性原理扩展为狭义相对性原理就可以克服上述缺陷，并恢复理论的对称性。爱因斯坦把准了经典物理学的症结，为进入狭义相对论的宫殿找到了钥匙。

（5）几何化思想。人类第一个严密的几何学体系——欧几里得几何实现了对自然空间"形"的直观把握，虽然相对于物理世界它仅具有近似的准确。现代的几何化思想包含了几何的物理化和物理的几何化两方面的内容，即一定的时空与一定的几何形式相对应。在狭义相对论中，爱因斯坦为构筑新的时空理论使用了欧几里得几何，而在1907年他重新表述该理论时又引入了四维闵氏几何。两种几何学的共同之处在于它们都表达"平直"的空间，即空间和时间是均匀且各向同性的，时空度规都是刚性的，无论空间、时间都是独立于物质或场存在的。这时的爱因斯坦仍然恪守传统的几何学思想：坐标必须具有直接的度规意义，几何定律总是以同样的方式规定着刚体的配置可能性，而同这些刚体的共同的运动状态无关（这一观念直接延滞了他通向广义相对论的时间）。也就是说，此时他还停留在几何的物理化思想阶段，但是几何化思想已经得到很好的实践，并在广义相对论中它得到了彻底的贯彻、准确的揭示和完整的表达。物理的几何化思想是爱因斯坦科学思想宝库中一件威力巨大的武器。

总的来说，统一性是爱因斯坦科学思想的核心，简单性、相对性、对称性、几何化是统一性思想的具体原则和不同方向上的具体表述。

狭义相对论把时间和空间合到一起，但是空间和时间仍然是事件在其中发生的一个固定的背景。你能够选择通过时空运动的不同途径，但是对于修正时空背景却无能为力。然而，当爱因斯坦于1915年提出了广义相对论后，这一切都改变了。他引进了一种革命性的观念，即引力不仅是在一个固定的时空背景中作用的力。相反，引力是由在时空中物质和能量引起的时空畸变。譬如，炮弹和行星等物体要沿着直线穿越时空，但是由于时空是弯曲的、卷曲的，而不是平坦的，所以它们的路径就显得被弯折了。地球要沿着一个圆形轨道绕太阳公转。类似地，光要沿着直线传播，但是太阳附近的时空曲率使得从遥远恒星来的光线在通过太阳附近时被弯折了。在通常情况下，人们不能在天空中看到几乎和太阳同一方向的恒星。然而，在日食时，太阳的大部分光线被月亮遮挡了，人们就能观测到从那些恒星来的光线。爱因斯坦是在第一次世界大战期间孕育了他的广义相对论，那时的条件不适合于作科学观测。但是战争一结束，一支英国的探险队观测了1919年的日食，并且证实了广义相对论的预言：时空不是平坦的，它被在其中的物质和能量所弯曲。

爱因斯坦的相对论得到了科学验证。他的发现完全变革了我们思考空间和时间的方式。它们不再是事件在其中发生的被动的背景。我们再也不能把空间和时间设想成永远的前进，而不受在宇宙中发生事件影响的东西。相反，它们现在成为动力学的量，它们和在其中发生的事件相互制约和相互影响。

根据经典物理学，质量和能量的一个重要性质是它们总是正的。这就是引力总是把物体相互吸引到一起的原因。例如，地球的引力把我们吸引向它，即便我们处于世界的相反两边。这就是为什么地球另一面的人不会从世界上掉落出去的原因。类似地，太阳引力把行星维持在围绕它公转的轨道上，并阻止地球飞向黑暗的星际空间。按照广义相对论，质量总是正的这个事实意味着，时空正如地球的表面那样的向自身弯折。如果质量为负，时空就会像一个马鞍面那样以另外的方式弯折。这个时空的正曲率反映了引力是吸引的事实。爱因斯坦把它看作重大的问题。那时人们广泛地相信宇宙是静止的，然而，如果空间特别是时间向它们自身弯折回去的话，宇宙怎么能以多多少少和现在同样的状态永远继续下去呢？

爱因斯坦的初始广义相对论方程预言，宇宙不是在膨胀便是在收缩。因此，爱因斯坦在方程中加上额外的一项，这些方程把宇宙中的质量和能量与时空曲率相关联。这个所谓的宇宙项具有引力的排斥效应。这样就可以用宇宙项的排斥去和物质的吸引相平衡。换言之，由宇宙项产生的负时空曲率能抵消由宇宙中质量和能量产生的正时空曲率。人们以这种方式可以得到一个以同样状态永远继续的宇宙模型。如果爱因斯坦坚持他原先没有宇宙项的方程，他就会做出宇宙不是在膨胀便是在收缩的预言。直到1929年哈勃发现远处的星系离开我们而去之前，没人想到宇宙正在膨胀。后来爱因斯坦把宇宙项称作"我一生中最大的错误"。

但是不管有没有宇宙项，物质使时空向自身弯折事实仍然是一个问题，尽管没有被广泛认识到事情会是这样子。这里指的是物质可能把它所在的区域弯曲得如此厉害，以至于事实上把自己从宇宙的其余部分分割开来。这个区域会变成所谓的黑洞。物体可以落到黑洞中去,但是没有东西可以逃逸出来,要想逃逸出来就得比光旅行得更快,而这是相对论所不允许的。这样,黑洞中的物质就被俘获住,并且坍缩成某种具有非常高密度的未知状态。

爱因斯坦为这种坍缩的含义而深深困扰,并且拒绝相信这会发生。但是,奥本海默在1939年指出,一颗超过太阳质量两倍的晚年恒星在耗尽其所有的燃料时会不可避免地坍缩。然而奥本海默受战争干扰,卷入到原子弹计划中,而失去对引力坍缩的兴趣。其他科学家更关心那种能在地球上研究的物理。关于宇宙远处的预言似乎不能由观测来检验,所以他们宁可不相信。

在20世纪60年代,情况发生了转折,天文观测无论在范围上,还是在质量上都有了巨大的改善,使人们对引力坍缩和早期宇宙产生新的兴趣。直到彭罗斯等证明了若干定理之后,广义相对论在这种情形下所预言的东西才清楚地呈现出来。这些定理指出,时空向它自身弯曲的事实表明,必须存在奇性,也就是时空具有一个开端或终结的地方。它在大约150亿年前的大爆炸处有一个开端,而且对于坍缩恒星及任何落入坍缩恒星留下的黑洞中的东西,它将到达一个终点。

爱因斯坦广义相对论预言奇性的事实,引起物理学的一场危机。把时空曲率和质量能量分布相关联的广义相对论方程在奇性处没有意义。这表明广义相对论不能预言从奇性会冒出什么东西来。尤其是,广义相对论不能预言宇宙大爆炸处应如何开始。因此,广义相对论还不是一个完整的理论。为了确定宇宙应如何开始及物体在自身引力下坍缩时会发生什么,还需要一个附加的要素。

九、系统科学思想

系统科学是以系统为研究对象的理论和应用开发学科群,着重考察各类系统的关系和属性及其活动规律。或者说,系统科学是以系统思想为核心,综合多门学科而形成的一个新的综合性科学。狭义地讲,系统科学一般是指贝塔朗菲(L. von Bertalanffy)的"一般系统论"。广义地说,系统科学包括系统论、信息论、控制论、耗散结构论、协同学、突变论、运筹学、模糊数学、泛系方法论、系统动力学、灰色系统论、系统工程学、混沌学等学科在内,是20世纪中叶以来发展最快的一门综合性科学。

系统科学一般包括五个方面的内容:系统概念、一般系统论、系统分析论、系统方法论和系统方法的应用。我国著名科学家钱学森认为,系统科学与自然科学和社会科学处于同等地位,并将系统科学的体系分为四个层次:第一层次是系统工程、自动化技术、通信技术;第二层是运筹学、系统理论、控制论、信息论等;第三层次是系统学,属于系统科学的基本理论;第四层次是系统观,这是系统哲学和方法论。系统科学一般将世界视为系统与系统的集合,认为世界的复杂性在于系统的复杂性,研究世界就是研究相应的系统与环境的关系。它从整体出发来处理世界的任何部分，在研究过程中注重把握对象的整体性、关联性、结构性、动态性、平衡性及时序性等基本特征。系统科学不仅反映客观规律，其中包含了丰富的科学思想和方法论。

1. 信息论思想

信息作为一种客观存在的现象自古有之，只要有物质世界的存在，有物质之间的相互联系、相互作用，就会有信息存在。但信息论的创立却源于20世纪初的通信理论，它是美国贝尔公司的申农于1948年在《通信的数学理论》中创立的[①]。由于信息的广泛存在和信息概念的广泛应用，美国数学家维纳创立的控制论把信息作为控制论的核心概念，使信息很快突破了通信科学的范围，渗透到各个学科领域，从而引起科学界和哲学界的持久重视。

关于信息的含义概括起来主要有以下几种。

第一，信息是消除了的不确定性。这一定义是信息论创始人申农在《通信的数学理论》一文中提出的，通信就是减少或消除通信者某种的不确定性，而收信者被消除的不确定性的大小就表示其所收到的信息量，申农称之为"两次不定性之差"。后来，申农从物理学中引入"熵"概念，用以替换信源自身的信息量的"不定性"概念。不少学者也把信息定义为"不定性的消除"或"负熵"。

当然，上述定义能够解决信息的技术问题，不确定性也是由信息来消除的，而且消除这种不确定性的程度与信息（有用的）量是相等的。但是，这种定义也存在明显的局限性。首先，申农排斥了信宿本身的特征，不论什么信宿，所收到的信息都是等价的，这就无法估计信息的有用度和价值，而现实的、具体的情况不同，主体的需要和目的不同，同一信息可以具有不同的价值。其次，信息果真是消除了不确定性呢吗？如果一个模棱两可的信息，有时还会增加不确定性，因此，信息具有消除和增加不确定性的双重作用：一条有用的信息起着消除不确定性的作用；一条无用的信息可能起着增加不确定性的作用。

第二，信息是系统的组织程度、有序程度。维纳（N. Wiener）在其《控制论》中指出，正如一个系统中信息量是它的组织程度的度量，一个系统的熵就是它的无组织程度的度量，这一个正好是那一个的负数。这就进一步说明了热力学

[①] 申农提出的三大定理奠定了信息论的基础。第一定理（可变长无失真信源编码定理），其意义是，将原始信源符号转化为新的码符号，使码符号尽量服从等概分布，从而每个码符号所携带的信息量达到最大，进而可以用尽量少的码符号传输信源信息。第二定理（有噪信道编码定理）：当信道的信息传输率不超过信道容量时，采用合适的信道编码方法可以实现任意高的传输可靠性，但若信息传输率超过了信道容量，就不可能实现可靠的传输。第三定理（保失真度准则下的信源编码定理），或称有损信源编码定理。只要码长足够长，总可以找到一种信源编码，使编码后的信息传输率略大于率失真函数，而码的平均失真度不大于给定的允许失真度。

熵公式表示系统的无序状态，而信源的信息量熵公式则表示系统的有序程度，表示系统获得信息后无序状态的减少或消除。因此，多数学者都使用"信息是组织程度的标记"这一概念。

当一系统获得有用信息或正确信息时，确实能够增加其组织程度和有序程度，但是，某一系统收到错误信息或无用信息，不但不能增加组织程度和有序程度，甚至相反。我们不能不说这是该定义的一个缺陷。另外，把信息看成是有序程度的标记也有失偏颇，事实上一个系统不仅需要信息，还需要物质和能量，同时，还依赖于系统本身的结构和功能。按照这一定义的逻辑，混沌的无序的系统就一定没有信息，显然与事实不相符合。

第三，信息是物质、能量的时空不均匀性的表现。信息过程表现为物质和能量密不可分，信息传输需要以物质为载体，以能量为动力，信息过程表现为物质和能量在时空中分布的不均匀状态，所以许多学者把信息定义为物质和能量在时空中分布不均匀程度的标志。

然而，这一说法的根本缺陷在于把信息得以储存、传递的内在根据，即物质、能量的时空不均匀性，当作了信息本身。我们知道，同一种信息可以用不同形式的物质、能量时空不均匀分布来表现，反过来，同一种形式的物质、能量的时空不均匀分布，也可以表现不同的信息内容，但这种不均匀分布本身并不是信息，只是信息在传输中引起的载体时空状态的变化。所以物质、能量的时空不均匀性并不能作为信息的本质特征，而只是信息储存、传递的载体而已。

在哲学层面上，信息的定义需要解决的问题之一就是信息是否无所不在，能不能从科学概念上升为哲学概念。对这一问题有两种截然不同的观点：一种认为信息是一切物质的特性，物质具有普遍性，信息概念就会合乎逻辑地成为具有普遍性的哲学范畴，同时信息概念已经突破无机界、有机界和人类社会的界限，不以特定的物质结构和运动形态为对象，而是以一般的物质结构和行为方式为对象，以一般的相互联系和作用为对象，同时它也是一个最广泛、最深刻、最高度概括性的哲学范畴，而不仅是自然科学范畴。另一种观点则认为，信息只是控制论概念，是生物界、社会和机器的控制系统所固有的功能现象，不具有普遍性。事实上，随着信息的应用领域的迅猛扩大，"信息"这个术语已成为当代社会中最普遍使用的词汇之一，它已深深地渗透到社会生活的角角落落。

信息定义需要解决的问题之二是，在哲学基本范围内，信息同物质和意识之间的关系如何。维纳在《控制论》中说："信息就是信息，既不是物质也不是能量。不承认这一点的唯物论，在今天就不能存在下去。"维纳的定义只告诉我们信息不是什么，而没有说信息是什么。

那么，信息与物质的关系如何呢？信息与物质是既互相联系又有所区别的。一方面，信息与物质的联系是毋庸置疑的。现代科学表明，信息的产生、表达、传递、储存等都离不开物质，要以物质作为基础和载体，信息不可能脱离物质而存在。另一方面，信息与物质又是有区别的，这主要表现在：第一，信息具有共享性。信息扩散后，信息载体本身所含的信息量并没有减少，人们可以与信息接收者共同享有信息。但物质不同，任一具体物体由一处转移到别处去后，原来的地方不再有这一物体。第二，任一具体物体都具有一定的质量，占据一定的空间，而信息则不同，它虽然离不开一定的物质载体，需要用文字、语言、图像等具体物质形式表现出来，但它本身没有质量，也不占据空间。

信息与意识的关系如何？意识是人类具有的高级反映形式，因而使人类表现出动物所不具有的能动性。意识并不是单一的、孤立的反映活动，而是一种综合的、复杂的反映过程。它包括感觉、知觉、表象、思维等一系列的心理活动，这些心理活动则是一系列复杂的信息运动。离开信息运动，意识就难以存在，因此意识是基于信息的概念。

基于上述分析，人们对信息的定义大体可归为两种：一是信息是物质的普遍属性；二是信息是同物质和精神并列的"第三者"。作为哲学范畴的信息是运动的质，即除去能量、运动量之外的运动属性，信息在运动变化的过程中呈现出以下一些规律。

（1）信息守恒与转换规律。信息作为运动的质，作为产生有序之能力，是自然界固有的属性，它不会凭空产生，也不会随便丧失，只能在不同的信息之间相互转化变换。信息的效应——有序性并不守恒，但产生有序的能力——信息，却是守恒的。虽然信息因强度的衰减会表现出形式上的可灭性——可观测效应的近于消灭，但它只是由宏观的"显现信息"转化成了以涨落方式存在的微观的"潜在信息"，一旦获得物质能量，又会跳到宏观世界，重新成为"现实信息"。

（2）信息的传播规律。信息从提供信息的系统向接受信息的系统传播时，提供信息的系统不损失信息，接受系统若接受重复的信息，则不增加信息；若接受相互独立的信息，则包含有它们叠加而成的信息，信息量为相互独立信息的信息量之和。

（3）信息的效应规律。信息对任一系统的有序化、熵减少效应均在零与信息量之间，但信息强度小于某一下限有序效应为零，但信息强度大于某一上限有序效应等于信息量，信息强度在二者之间，则有序效应随信息强度而增加。比如，通过声音传递的信息，当强度低于可听到时为零，大于能听清时等于信息量，在二者之间则随强度增大而增大。

（4）信息的增强规律。当两个系统的物质能量以足够的数量从载有信息量较低的信息子系统，流向载有信息量较高的信息子系统时，后者有序性、熵减少的增加，大于前者有序性、熵减少的减少，从而使整个系统的有序效应、熵减少的增加。这一规律可以十分容易地从信息效应规律得到论证。当然，为了满足这一规律的前提条件,即足够的物质能量从低信息量流向高信息量子系统并与后者相结合,整个系统必须具有特殊的系统结构条件。

从信息哲学的角度看,信息普遍存在于世界之中,但如何认知与表征信息就是人们面临的一个重大问题。在知识获得的意义上,信息与认知及表征相关,不能认知与表征的信息没有任何意义。

信息哲学家福罗瑞迪(L. Floridi)认为,信息哲学运用概念探讨信息的本质、它的动力学和应用,动力学探讨信息环境的构造与其环境的系统特性、相互作用、内在发展等,具体包括发现、设计、著述、收集、确认、修正、组织、索引、分类、过滤、更新、排列、储存、联网、分布、存取、检索、发送、监测、建模、分析、解释、计划、预测、决策、指示、教育和学习等。这些信息内容均与认知与表征相关[1]。邬焜在《信息哲学》中提出了"信息本体论""信息认识论""信息进化论""信息价值论",探讨了"信息的度量(质和量)"等问题,引发了国内关于"什么是信息"的哲学争论[2]。从表征的观点看,我认为信息具有如下特征。

第一,信息是认知与表征的对象。那么什么是信息呢?费希尔认为信息是一个可观察随机变量携带未知参数的信息量的概率。申龙主张信息是一个离散随机变量的熵与这个随机变量的值相关的不确定性量的度量。柯尔莫哥洛夫认为信息是复杂性,它在一个二进制串中的信息是最短程序的长度,而这个程序在一个相关的通用图灵机上产生二进制串。量子信息理论主张,量子比特是经典比特的概括,它由一个双态量子力学系统中的一个量子态所描述,这个双态量子力学系统形式上等价于一个关于复数的二维矢量空间。或者说,量子比特是量子信息最常见的单位,也就是一个只有两个状态的量子系统。

动因信息理论把信息看成动因的一种状态。赫迪卡(Hintikka)认为需要对知识和信念这些概念做形式逻辑处理[3],德雷斯克(Dretske)等主张在信息理论的语境中研究这些概念[4],帕利克(Parikh)等主张研究普遍消息[5],达恩(Dunn)则认为"当拿掉相信、确证和真理时,剩余的知识就是信息"[6]。在日常生活中,"信息"这个术语通常指一个抽象的物质名词,它被用来指示大量的材料、编码或文本,它们以任何中介被储存、发送和接收。语义信息认为,语义

---

[1] L. Floridi. What Is the philosophy of information? Metaphilosophy, 2002, 33 (1/2): 123~145.
[2] 邬焜:《信息哲学——理论、体系、方法》,北京:商务印书馆,2005年。
[3] J. Hintikka. Logic, Language Games, and Information. Oxford: Oxford University Press, 1973.
[4] F. Dretske. Knowledge and the Flow of Information. Cambridge, The MIT Press, 1981.
[5] R. Parikh and R. Ramanujam. A Knowledge Based Semantics of Messages. Journal of Logic, Language and Information, 2003, 12: 453~467.
[6] J. M. Dunn. The Concept of information and the development of modern logic. //W. Stelzner. Non-classical Approaches in the Transition from Traditional to Modern Logic. de Gruyter, 2001: 423~427.

信息是成形的、有意义的真实材料或数据，而基于信息定义的熵不包括成形和真实。从认知哲学的视角看，我认为，信息是认知与表征的内容，认知是一种信息处理过程，而表征则是信息的再描述，信息因此成为构成物理世界的一种基本存在形式。

第二，信息的本体是形式，呈现方式是知识表征。在本体论上，信息的本原是形式。英语单词"information"的词根是"form"（形式），形式就是信息的本体；"in-form"就是"在形式中"，而"inform"的意思是"知晓"，在这个意义上，柏拉图的形式论构成信息哲学的基础，因为形式论把实在客体的静态和动态的本体论概念连接起来，并提供研究人类知识理论的一个模型。因此，"形式"就是信息的根隐喻。

在认识论上，信息是一种蕴含内容或意义的理解过程。这是知识的表征问题。比如，大多数人认为这个推论是有效的——"我获得信息 p，那么我知道 p"。或者说，知道一个客体的形式或结构就是获得信息，在这个过程中信息是必要的。在这个意义上，信息是传统认识论的一个重要方面。

在方法论上，"形式"概念启发了亚里士多德的"四因说"——质料因、形式因、动力因和终极因。也就是说，理解一个客体意味着理解它的不同方面。不过，亚里士多德反对柏拉图的形式概念的非时空实体特性，他把形式概念仅作为一个专有概念。经过长期的发展与演变，亚里士多德的"四因"方法论转换为经验科学的概念：质料因发展成现代物质概念，形式因被重新解释为空间中的几何形式，动力因被重新定义为物质体之间的机械相互作用，终极因被认为是非科学的。鉴于此，牛顿的同代人在其理论中引入引力概念就遇到了困难。超距作用的引力似乎是终极因的重新解释。

第三，信息是观念的集合，观念是心理表征。15 世纪以来的经验主义把信息看成一系列简单观念的结构，但由于缺乏信息概念的专门意义，知识论从来没有与现代信息论取得一致。这意味着，只有能被物质体之间的机械相互作用解释的现象才能被科学地研究，现象的内涵特性可以还原为可测量的外延特性。伽利略相信除了形状、数量、运动，外在物体不需要任何东西，这导致了第一性的质（空间、形状、速度）和第二性的质（热、味道、颜色）的划分。在哲学的语境中，伽利略关于热这种第二性的质的观察对于 19 世纪的热力学的产生具有重要影响。笛卡儿使用观念指称任何特定思想的形式，观念的直接感知使得人们意识到思想。在他看来，由于物质与心灵是不同的东西，思维行为不能超越空间，机器不能拥有普遍推理能力。这一观点否认了人工智能的可能性，也否认了图灵机的可能性，即推理作为普遍工具不能超越空间。这一观点也与信息的现代概念相反，即可测量本质上是空间的，如广延性。

洛克把观念重新解释为心中描述的任何实体的"结构占位符"，这对于信息的现代概念的出现迈出了一大步。由于这些观念不涉及绝对知识的确证,强调观念的非时空性质就是不必要的。休谟首先把形式概率论与知识论相结合。在他看来,知识作为可信度是根据概率量度的,这样,知识就能够根据世界中的确定系统的构形数量得到解释。依据这种新观点,经验主义就为后来的热力学中把热的第二性的质还原为第一性的质打下了基础。经验主义方法论的最大问题在于:所有知识是或然的和后验的。康德首先指出,人的心灵具有理解空间、时间和因果性的元概念的能力,而心灵本身作为观念结合的结果从来不能被理解。根据康德的看法,这意味着人的心灵能够评价自己的能力进而形成科学判断这种心理表征。

第四,信息处于认知科学范式的核心。历史地看,信息概念至少有六种不同的含义。第一,信息是一种知晓的过程。这是最古老的意义,如当我认识一匹马时意味着马的形象在我心中,这个过程是我关于马特性的信息。第二,信息是一个行动者的状态,如作为被知晓过程的结果。第三,信息是一种知晓的倾向,如一个客体告知一个行动者的能力。第四,信息是它产生的不确定性的减少。这意味着信息与概率之间的联系,不可能结构包含了更多的信息。第五,信息是一种证伪的程度。波普的证伪理论认为科学理论作为一般规律不能被绝对地证实,但能够被一次观察证伪;一个理论如果越能够被证伪,它就越科学。也就是说,一个理论表达的经验信息的量或内容随证伪度而增加。第六,信息是心灵对自然现象的认知与表征,这是认知哲学的信息观。

根据以上信息的定义,信息至少包含两个基本问题:信息在自然中是否独立存在?它是否是一种心灵或认知现象?一般来说,信息被假定为实在的原始本质,即形式。在心灵或机器之间、心灵与环境之间交换信息的过程中,经典信息模型通过新的科学和哲学假设得到修正。比如,量子信息理论是作为计算的普遍形式产生的,我们基于量子比特的信息理解的结果是什么还不清楚。相对论中的概念,如框架、信号和因果性与信息的本质紧密相关。

进一步的问题是:信息是传播的或是结构的?信息能够通过因果性解释吗?不完全性理论在算法信息理论中对信息概念进行重新解释。查尔莫斯(D. Chalmers)等[①]对信息与心灵或认知的关系做了讨论,他们设想了一个后申龙心理信息空间,把算法信息理论用于认知过程。他们使用数学构造把信息作为逻辑空间处理,类似于范弗拉森借用早期维特根斯坦的观点处理时间。在意识科学的发展中,信息在复杂适应性系统中是一个关键成分。盖尔-曼(Gell-Mann)

---

① D. J. Chalmers. The Conscious Mind: In Search of a Fundamental Theory. New York: Oxford University Press, 1996; G. R. Mulhauser. Mind Out of Matter: Topics in the Physical Foundations of Consciousness and Cognition. Kluwer Academic, Dordrecht, 1997.

等提出复杂适应性系统作为一个观察者,即著名的信息收集和使用系统(IGUS)①。这个 IGUS 可能为自我意识或心灵提供一个基础,但在任何情形中,信息都处于这个认知科学范式的核心。

第五,信息的本质在于其复杂性。第一,信息超越我们关于世界的思维,似乎是一个最一般的东西,它产生于我们之间及我们的环境之间的联系,无论我们是否是根据交流或认知进行思考,表现出遍历性。第二,信息又是实在的,就它有能力产生结果的方式而言是自由的,而且信息在许多方面体现了一个透明特性,似乎也是一个非常敏感的知识形态,无论这个知识形态是否是深思熟虑的基本原理,表现出半透明性。第三,信息没有以任何专门或首选的方式前定为某种刚性结构、秩序和类型时就发生了,它有许多潜在类型,能够根据不同解释而变化,表现出非绝对性。第四,信息具有明显特性和差异性,它似乎在心灵和物质之间起作用,不同的心灵相互作用,而且与物理中介联系起来,表现出离散性。第五,信息的维和无维形式都是可观察的,在某些方面是可测量的,如它能够根据状态和空间以数学方式描述,表现出可视性。第六,信息研究一直与学习与知识过程纠结在一起,近期的研究明显把信息与心灵和认知联系起来,把信息与意识和进化联系起来。比如,生命本身的认同,是通过复杂适应性系统或遗传交流网络或其他复杂生态学,将信息与实质性功能连接起来,表现出某些难以言明性。总之,信息的遍历性、半透明性、非绝对性、离散性、可视性和难以言明性构成了其复杂性。尽管信息非常复杂,但可以肯定,认知哲学的发展将会对信息本质的揭示大有益处。

2. 控制论思想

控制论(cybernetics)创始人是美国数学家、电信工程师维纳。1943 年,维纳、比格罗及神经生物学家僧波鹿特共同发表了著名论文《行为、目的和目的论》,明确地提出了控制论的基本思想。1948 年,维纳出版了《控制论或关于动物和机器控制和通信的科学》,标志着这门学科的正式诞生②。

---

① M. Gell-Mann. The Quark and the Jaguar: Adventures in the Simple and the Complex. New York: Freeman and Company, 1994; P. D. Grünwald. The Minimum Description Length Principle. Cambridge: MIT Press, 2007.

② 控制论的发展大致经历了三个阶段:20 世纪 50 年代末期为经典控制论阶段;20 世纪 50 年代末期至 70 年代初期 为现代控制论阶段;20 世纪 70 年代初期至现在为大系统理论阶段。经典控制论主要研究单输入和单输出的线性控制系统的一般规律,建立了系统、信息、调节、控制、反馈、稳定性等基本概念和方法。现代控制论的研究对象是多输入和多输出系统的非线性控制系统,重点是最优控制、随机控制和自适应控制。而大系统理论是众多因素复杂的控制系统,如宏观经济系统、资源分配系统、生态和环境系统、能源系统等,重点探讨大系统的多级递阶控制、分解-协调原理、分散最优控制和大系统模型降阶理论。控制论的特征包括稳定状态或平衡状态;从外部环境到系统内部有一种信息的传递;具有一种专门设计用来校正行动的装置;具有自动调节机制。总之,控制系统是一种动态系统。

"控制"是控制论中的一个最基本的概念,其定义是:为了"改善"某个或某些受控对象的功能,需要获得并使用信息,以这种信息为基础而选出的、加于该对象上的作用,就叫作控制。可见,控制的基础是信息,一切信息传递都是为了控制,而任何控制又都有赖于信息反馈来实现。也就是说,信息反馈就是指由控制系统把信息输送出去,又把其作用结果返送回来,并对信息的再输出发生影响,起到控制的作用,以达到预定的目的。一般来说是人的有意识、有目的活动和行为,而目的性概念也只是同人或动物的活动和行为相联系。维纳通过技术系统的工作原理与生物和人的目的性的行为过程的类比,将技术系统的"信息"和"反馈"概念赋予生物和人;将人和生物的"目的"和"行为"概念引入了技术系统,从而突破了技术系统与人和动物的界限,使技术系统与人和生物在"信息""反馈""目的""行为"概念的基础上统一起来。

在控制系统运行的过程中,施控系统根据被控系统运行状态的变化,将其输出结果的一部分用以调整被控系统的输入,以改变被控系统的输出状态,并将被控系统的运行引向给定目标。这种控制的方式或方法就称之为反馈控制。反馈控制依其效果的不同,可相应地划分为负反馈控制和正反馈控制。其中,负反馈控制是指实施控制的结果,反抗和削弱了被控系统的现实的运行状态。因此,负反馈控制的重要作用在于,它能反抗被控系统偏离给定目标的运行,进而减小和消除被控系统的现实运行状态与给定状态的偏差,使被控系统的运行保持在一个允许的偏差范围内,避免震荡,增强稳定性,发挥预定的功能,达到给定的目标。而正反馈控制则是指实施控制的结果,顺应和加剧了被控系统现实的运行状态。因而,正反馈控制的作用有以下两个方面:一方面是人们所需要的积极作用,如激光的形成,以及经济与科学技术之间的相互反馈、相互促进;另一方面是人们力求避免的消极、破坏作用,它有可能加剧被控系统沿着偏差方向的运行,从而导致被控系统的振荡和解体。

控制论强调系统的行为能力和系统的目的性。为此,维纳提出了负反馈概念和功能模拟法。行为系统在外界环境作用(输入)下所作的反应(输出)。人和生命有机体的行为是有目的、有意识的。生物系统的目的性行为又总是同外界环境发生联系,这种联系是通过信息的交换实现的。外界环境的改变对生物体的刺激对生物系统来说就是一种信息输入,生物体对这种刺激的反应对生物系统来说就是信息的输出。控制论认为任何系统要保持或达到一定目标,就必须采取一定的行为。输入和输出就是系统的行为。

反馈系统输出信息返回输入端,经处理,再对系统输出施加影响的过程。反馈又分正反馈和负反馈。负反馈是控制论的核心问题。正反馈是指反馈信息与原信息起相同的作用,使总输入增大,系统目标偏离,加剧系统不稳定。负反馈是说反馈信息与原信息起相反的作用,使总输入减小,系统目标偏离减小,系统稳定。控制论表明，无论自动机器，还是神经系统、生命系统，以至经济系统、社会系统，撇开各自的质态特点，都可以看作是一个自动控制系统。在这类系统中，有专门的调节装置来控制系统的运转，维持自身的稳定和系统的目的功能。控制机构发出指令，作为控制信息传递到系统的各个控制对象中去，由它们按指令执行之后，再把执行的情况作为反馈信息输送回来，并作为决定下一步调整控制的依据。这样看到，整个控制过程就是一个信息流通的过程，控制就是通过信息的传输、变换、加工、处理来实现的。反馈对系统的控制和稳定起着决定性的作用，无论是生物体保持自身的动态平衡（如温度、血压的稳定），或是机器自动保持自身功能的稳定，都是通过反馈机制实现的。

总之，控制论就是研究如何利用控制器，通过信息的变换和反馈作用，使系统能自动按照人们预定的程序运行，最终达到最优目标的科学。它是自动控制、通信技术、计算机科学、数理逻辑、神经生理学、统计力学、行为科学等多种科学技术相互渗透形成的一门横断性学科。它研究生物体和机器，以及各种不同基质系统的通信和控制的过程，探讨它们共同具有的信息交换、反馈调节、自组织、自适应的原理和改善系统行为，使系统稳定运行的机制，从而形成了一大套适用于各门科学的概念、模型、原理和方法。在这意义上，控制论无疑具有方法论的意义。其方法主要有控制方法、信息方法、反馈方法、功能模拟方法和黑箱方法。

控制方法就是通过控制与反馈形成的循环对系统施加影响，从而使系统趋于稳定。信息方法是把研究对象看作是一个信息系统，通过分析系统的信息流程来把握事物规律的方法。反馈方法则是动用反馈控制原理去分析和处理问题的研究方法。所谓反馈控制就是由控制器发出的控制信息的再输出发生影响，以实现系统预定目标的过程，正反馈能放大控制作用，实现自组织控制，但也使偏差日益加大，导致振荡。负反馈能纠正偏差，实现稳定控制，但它减弱控制作用、损耗能量。功能模拟法是用功能模型来模仿客体原型的功能和行为的方法。所谓功能模拟就是只以功能行为是相似为基础而建立的模型，如猎手瞄准猎物的过程与自动火炮系统的功能行为是相似的，但二者的内部结构和物理过程是截然不同的，这就是一种功能模拟。功能模拟法为仿生学、人工智能、价值工程提供了科学方法。黑箱方法是通过考察系统的输入与输出关系认识系统功能的研究方法。黑箱是指那些不能打开箱，又不能从外部观察内部状态的系统，这种方法是探索复杂大系统的重要工具。系统辨识是在输入、输出的基础上，从一类系统中确定一个与所测系统等价的系统。

3. 一般系统论思想

一般系统论（general system theory）的奠基人是美籍奥地利生物学家贝塔朗

菲。1937年，贝塔朗菲第一次提出一般系统论的概念，1945年发表了《关于一般系统论》一文，1968年出版了《一般系统理论基础、发展和应用》，全面阐述了系统论思想。1972年出版了《一般系统论历史和现状》，试图突破人们对原有系统论的"技术"上和"数学"上的理解，使系统论包括一般系统论、系统技术、系统哲学三方面的内容，以适用于更广泛的领域。

一般系统论把系统定义为：由若干要素以一定结构形式联结构成的具有某种功能的有机整体。在这个定义中包括了系统、要素、结构、功能四个概念，表明了要素与要素、要素与系统、系统与环境三方面的关系。系统论认为，整体性、关联性、等级结构性、动态平衡性、时序性等是所有系统的共同的基本特征。这些既是系统所具有的基本观点，而且它也是系统方法的基本原则，表现了系统论不仅是反映客观规律的科学理论，也具有科学方法论的含义。

系统思想是一般系统论的认识论基础，更是对系统的本质属性，包括整体性、关联性、层次性、统一性的认识。系统思想的核心问题是如何根据系统的本质属性使系统最优化。

整体性是指系统是由要素或子系统组成的，但系统的整体性可能大于各要素的性能之和。在处理系统问题时要注意研究系统的结构与功能的关系，重视提高系统的整体功能。要素一旦离开系统整体，就不再具有它在系统中所能发挥的功能。关联性是指系统与其子系统之间、系统内部各子系统之间和系统与环境之间的相互作用、相互依存和相互关系。离开关联性就不能揭示复杂系统的本质。层次性是指一个系统总是由若干子系统组成的，该系统本身又可看作是更大的系统的一个子系统，这就构成了系统的层次性。统一性是指一般系统论承认客观物质运动的层次性和各不同层次上系统运动的特殊性，这主要表现在不同层次上系统运动规律的统一性，不同层次上的系统运动都存在组织化的倾向，而不同系统之间存在着系统同构[①]。

系统论的核心思想是系统的整体观念。贝塔朗菲认为，任何系统都是一个有机的整体，它不是各个部分的机械组合或简单相加，系统的整体功能是各要素在孤立状态下所没有的新质。他用亚里士多德的"整体大于部分之和"来说明系统的整体性，反对那种认为要素性能好，整体性能一定好，以局部说明整体的机械论的观点。他同时认为，系统中各要素不是孤立地存在着，每个要素在系统中都处于一定的位置上，起着特定的作用。要素之间相互关联，构成了一个不可分割的整体。要素是整体中的要素，如果将要素从系统整体中割离出来，它将失去

[①] 系统同构一般是指不同系统的数学模型之间存在着结构同构。常见的同构有代数系统同构、图同构等。数学同构有两个特征：两个系统的元素之间有一一对应关系；两个系统中各元素之间的关系，经过这种对应后仍能在各自的系统中保持不变。不同系统间的同构关系是等价关系，等价关系具有自返性、对称性和传递性，根据等价关系可将现实系统划分为若干等价类。

要素的作用。正像人手在人体中它是劳动的器官,一旦将手从人体中砍下来,那时它将不再是劳动的器官了一样。

系统论的基本方法就是把所研究和处理的对象当作一个系统,分析系统的结构和功能,研究系统、要素、环境三者的相互关系和变动的规律性,并优化它们之间的关系。从系统观点看,世界上任何事物都可以看成是一个系统,系统是普遍存在的。大至渺茫的宇宙,小至微观的原子,一粒种子、一群蜜蜂、一台机器、一个工厂、一个学会团体等,都是系统,整个世界就是系统的集合。这样,系统就是多种多样的,可以根据不同的原则和情况来划分系统的类型。系统论的任务不仅在于认识系统的特点和规律,更重要的还在于利用这些特点和规律去控制、管理、改造或创造系统,使它的存在与发展合乎人的目的需要。也就是说,研究系统的目的在于调整系统结构,直接辖制各要素关系,使系统达到优化目标。

一般系统论是在20世纪40年代提出来的。当时,牛顿力学的机械决定论世界观和线性思维方式和热力学关注第二定律引起的世界的无序化、离散化,导致人们局限于对事物的大数的统计的认识。贝塔朗菲在《一般系统论》中认为,当时确立的"严格机械决定论的自然观",认为宇宙是建立在随机地、无秩序地运动着的无个性粒子活动的基础上的。这些粒子由于数量极大,才产生了统计性的秩序和规则。这迫使我们几乎把所研究的每样东西都当作由分离的、零散的部分或因素所组成。他感到当时流行的机械论方法所忽视的并起劲地加以否定的,正是生命现象中最基本的那些东西。而生命的基本特征是组织,这表明它的各个部分相互作用,构成一个密不可分的整体,即有机体。机械论世界观把物质粒子活动当作最高实在,所以有机体的概念完全处于它的视域之外。

正是在这个意义上,贝塔朗菲断言,经典物理学在无组织的复杂事物的理论发展上是非常成功的。但是这种无组织的复杂事物的理论最终归结为随机和概率定律及热力学第二定律。相反,今天的基本问题是有组织的复杂事物。在新生的生命科学、行为科学和社会科学的发展中出现了有机体和组织性的问题,因此,现代科学提出的一个基本问题是关于组织的一般理论,一般系统论的建立能够满足这种需要。

然而,我们也应该注意到,贝塔朗菲的系统论用机体论模式代替机械论,将生物系统中组成部分之间动态相互作用的规律性概括为一般系统的规律性。他把整体性作为系统的核心性质,把生物体的机体性视为这种整体性的典范。在他看来,物理组织是由先已存在的分离的要素,如原子、分子等结合,而生物的整体则是由原来未分的原始整体分化为在结构和功能上彼此分异的各个专门化部分,然后再产生它们的协作。只有从还未分化的整体状态转化到各组成部分的分化状态上才可能有进步,这就意味着各组成部分被固定在某种机能上。

因此，渐进分异也就是渐进机构化，机构化使生物系统的组成部分发生了分离化的趋向。这样一来，贝塔朗菲用系统论的机体来对抗机械论的粒子，强调了整体性、有序性和统一性的同时，否定了局部性、无序性和分散性的观念。也就是说，他实质上把整体性、组织性等同于"有序性"，导致系统论与机械论的对立几乎变成了有序性与无序性对立。这显然是有问题的，因为无序性一方面起消极的作用，另一方面也具有积极的促进重建作用。后来有人如埃德加·莫兰[①]正确地指出组织性作为重组、发展的有序性实际上是有序性和无序性的统一，强调"从噪声产生有序"的原理。普里高津（I. Prigogine）在"耗散结构"理论中也包含了无序性或者随机性的积极作用的观念。

4. 博弈论思想

博弈论又称对策论（game theory），它是使用严谨的数学模型研究冲突对抗条件下最优决策问题的理论。作为一门正式学科，博弈论是在 20 世纪 40 年代形成并发展起来的。虽然博弈论是作为数学的一个分支出现的，但是它在军事、政治、经济许多方面都有很多重要的运用，其中以在经济学内的运用最多，也最为成功。

博弈论的类型主要有四类。

（1）合作博弈：人们达成合作时如何分配合作得到的收益，即收益分配问题。

（2）非合作博弈：研究人们在利益相互影响的局势中如何选择决策使自己的收益最大，即策略选择问题。

（3）完全信息/不完全信息博弈：参与者对所有参与者的策略空间及策略组合下的支付有充分了解称为完全信息；反之，则称为不完全信息。

（4）静态博弈和动态博弈：静态博弈是指参与者同时采取行动，或者尽管有先后顺序，但后行动者不知道先行动者的策略。动态博弈是指双方的行动有先后顺序并且后行动者可以知道先行动者的策略。

博弈论的构成要素包括五方面：①局中人。在一场竞赛或博弈中，每一个有决策权的参与者就是一个局中人。只有两个局中人的博弈现象称为"二人博弈"，而多于两个局中人的博弈称为"多人博弈"。②策略。在一局博弈中，每个局中人都可选择实际可行的完整的行动方案，即方案不是某阶段的行动方案，而是整个行动的一个方案。一个局中人的一个可行的、自始至终全局筹划的一个行

[①] 莫兰（E. Morin）是法国当代著名思想家和复杂性研究专家。他在近 50 年的学术生涯中，涉猎人文科学和自然科学的诸多领域。从 20 世纪 50 年代起，莫兰针对西方文化中占主导地位的"分析思维"传统，尝试以一种"复杂思维范式"思考世界与社会，对人、社会、伦理、科学、知识等进行系统反思，试图弥补各学科相互隔离、知识日益破碎化的不足，在世界范围产生了重要影响。

动方案，称为这个局中人的一个策略。如果在一个博弈中局中人总共有有限个策略，则称为"有限博弈"，否则就是"无限博弈"。③得失。一局博弈结局时的结果称为得失。每个局中人在一局博弈结束时的得失，不仅与该局中人自身所选择的策略有关，而且与全局中人所取定的一组策略有关。因此，一局博弈结束时每个局中人的"得失"是全体局中人所取定的一组策略的函数，通常称为"支付函数"。④对于博弈参与者来说，存在着一博弈结果。⑤博弈涉及均衡。均衡即平衡，在经济学中，均衡是相关量处于稳定值。在供求关系中，某一商品市场若在某一价格下，以此价格买此商品的人均能买到，而想卖的人均能卖出，此时就说，该商品的供求达到了均衡。所谓"纳什均衡"[①] 就是一稳定的博弈结果。

不过，博弈论毕竟是数学运筹学的一个分支，自然少不了数学语言，外行人看来只是一大堆数学公式。好在博弈论关心的是日常经济生活问题，所以还不是高深莫测、不能理解。其实这一理论是从棋弈、扑克和战争等带有竞赛、对抗和决策性质的问题中借用的术语，听上去有点玄奥，实际上却具有重要的现实意义。

博弈论大师看经济社会问题犹如棋局，常常寓深刻道理于游戏之中。有这样一个案例。有一天，一位富翁在家中被杀，财物被盗。警方在此案的侦破过程中，抓到两个犯罪嫌疑人，X 和 Y，并从他们的住处搜出被害人家中丢失的财物。但是，他们矢口否认曾杀过人，辩称是先发现富翁被杀，然后只是顺手牵羊偷了点儿东西。于是警方将两人隔离，分别关在不同的房间进行审讯。由地方检察官分别和每个人单独谈话。检察官说，"由于你们的偷盗罪已有确凿的证据，所以可以判你们一年刑期。但是，我可以和你做个交易。如果你单独坦白杀人的罪行，我只判你三个月的监禁，但你的同伙要被判十年刑。如果你拒不坦白，而被同伙检举，那么你就将被判十年刑，他只判三个月的监禁。但是，如果你们两人都坦白交代，那么，你们都要被判 5 年刑"。X 和 Y 该怎么办呢？他们面临着两难的选择——坦白或抵赖。显然最好的策略是双方都抵赖，结果是大家都只被判一年。但是由于两人处于隔离的情况下无法串供。所以，按照亚当·斯密的理论，每一个人都是从利己的目的出发，他们选择坦白交代是最佳策略。因为坦白交代可以期望得到很短的监禁——3 个月，但前提是同伙抵赖，这显然要比自己抵赖要坐 10 年牢好。这种策略显然是一种损人利己的策略。

---

① 纳什均衡（Nash equilibrium），以约翰·纳什命名，又称非合作博弈均衡，是博弈论的一个重要术语。纳什均衡是一种策略组合，它使得每个参与人的策略是对其他参与人策略的最优反应。假设 n 个局中人参与博弈，如果某情况下无一参与者可以独自行动而增加收益，则此策略组合被称为纳什均衡。从实质上看，纳什均衡是一种非合作博弈状态，当纳什均衡达成时，并不意味着博弈双方都处于不动状态，在顺序博弈中这个均衡是在博弈者连续的动作与反应中达成的。纳什均衡也不意味着博弈双方达到了一个整体的最优状态。

不仅如此，坦白还有更多的好处。如果对方坦白了而自己抵赖了，那自己就得坐 10 年牢。这太不划算了。因此，在这种情况下，还是应该选择坦白交代，即使两人同时坦白，至多也只判 5 年，总比被判 10 年好吧。所以，两人合理的选择是坦白，原本对双方都有利的策略（抵赖）和结局（被判 1 年刑）就不会出现。这样两人都选择坦白的策略，以及因此被判 5 年的结局被称为"纳什均衡"，也叫非合作均衡。因为，每一方在选择策略时都没有"共谋"（串供），他们只是选择对自己最有利的策略，而不考虑社会福利或任何其他对手的利益。也就是说，这种策略组合由所有局中人（也称当事人、参与者）的最佳策略组合构成。没有人会主动改变自己的策略，以便使自己获得更大利益。

"囚徒的两难选择"有着广泛而深刻的意义。个人理性与集体理性的冲突，各人追求利己行为而导致的最终结局是一个"纳什均衡"，也是对所有人都不利的结局。他们两人都是在坦白与抵赖策略上首先想到自己，这样他们必然要服较长的刑期。只有当他们都首先替对方着想时，或者相互合谋（串供）时，才可以得到最短期的监禁的结果。

"纳什均衡"首先对亚当·斯密的"看不见的手"的原理提出挑战。按照斯密的理论，在市场经济中，每一个人都从利己的目的出发，而最终全社会达到利他的效果。不妨让我们重温一下这位经济学圣人在《国富论》中的名言：通过追求（个人的）自身利益，他常常会比其实际上想做的那样更有效地促进社会利益。从"纳什均衡"我们引出了"看不见的手"原理的一个悖论：从利己目的出发，结果损人不利己，既不利己也不利他。

两个囚徒的命运就是如此。从这个意义上说，"纳什均衡"提出的悖论实际上动摇了西方经济学的基石。因此，从"纳什均衡"中我们还可以悟出一条真理：合作是有利的"利己策略"。但它必须符合以下黄金律：按照你愿意别人对你的方式来对别人，但只有他们也按同样方式行事才行。也就是"己所不欲，勿施于人"。但前提是"人所不欲，勿施于我"。其次，"纳什均衡"是一种非合作博弈均衡，在现实中非合作的情况要比合作情况普遍。所以"纳什均衡"是对冯·诺依曼和摩根斯特恩的合作博弈理论的重大发展，甚至可以说是经济学思想的一场革命。

从"纳什均衡"的普遍意义中我们可以深刻领悟司空见惯的经济、社会、政治、国防、管理和日常生活中的博弈现象。比如，价格战、军备竞赛、环境污染、体育竞技等。一般的博弈问题由三个要素构成：局中人又称当事人、参与者、策略等的集合，策略集合及每一对局中人所做的选择和赢得集合。其中所谓赢得是指，如果一个特定的策略关系被选择，每一局中人所得到的效用。所有的博弈问题都会遇到这三个要素。

在商业活动中，我们经常会遇到各种各样的家电价格大战——彩电大战、冰箱大战、空调大战、微波炉大战……这些大战的受益者首先是消费者。每当看到一种家电产品的价格大战，百姓都会"没事儿偷着乐"。在这里，我们可以解释厂家价格大战的结局也是一个"纳什均衡"，而且价格战的结果是谁都没钱赚。因为博弈双方的利润正好是零。竞争的结果是稳定的，即是一个"纳什均衡"。这个结果可能对消费者是有利的，但对厂商而言是灾难性的。所以，价格战对厂商而言意味着自杀。

从这个案例中我们可以引申出两个问题：一是竞争削价的结果或"纳什均衡"，可能导致一个有效率的零利润结局；二是如果不采取价格战，作为一种敌对博弈论（vivalry game）其结果会如何呢？每一个企业，都会考虑采取正常价格策略，还是采取高价格策略形成垄断价格，并尽力获取垄断利润。如果垄断可以形成，则博弈双方的共同利润最大。这种情况就是垄断经营所做的，通常会抬高价格。

另一个极端的情况是厂商用正常的价格，双方都可以获得利润。从这一点出发，我们又引出一条基本准则：把你自己的战略建立在假定对手会按其最佳利益行动的基础上。事实上，完全竞争的均衡就是"纳什均衡"或"非合作博弈均衡"。在这种状态下，每一个厂商或消费者都是按照别人已定的价格来进行决策。在这种均衡中，每一企业要使利润最大化，消费者要使效用最大化，结果导致了零利润，也就是说，价格等于边际成本。在完全竞争的情况下，非合作行为导致了社会所期望的经济效率状态。如果厂商采取合作行动并决定转向垄断价格，那么社会的经济效率就会遭到破坏。这就是为什么WTO[①]和各国政府要加强反垄断的原因所在。

假如市场经济中存在着环境污染问题，但政府并没有管制的环境，企业为了追求利润的最大化，宁愿以牺牲环境为代价，也绝不会主动增加环保设备投资。中国目前的严重的环境污染的情形就是如此。按照看不见的手的原理，所有企业都会从利己的目的出发，采取不顾环境的策略，从而进入"纳什均衡"状态。如果一个企业从利他的目的出发，投资治理污染，而其他企业仍然不顾环境污染，那么这个企业的生产成本就会增加，价格就要提高，它的产品就没有竞争力，甚至企业还要破产。这是一个"看不见的手的有效的完全竞争机制"失败的例证。直到今日，中国乡镇企业的盲目发展造成严重污染的情况仍然没有得到大的改善。只有在政府加强污染管制时，企业才会采取低污染的策略组合。企业在这种情况下，获得与高污染同样的利润，但环境将会更好。

[①] WTO 即世界贸易组织。该组织于 1994 年 4 月 15 日在摩洛哥的马拉喀什市举行的关贸总协定乌拉圭回合部长会议决定成立，以取代成立于 1947 年的关贸总协定，它是当代最重要的国际经济组织之一，目前拥有 159 个成员国，贸易总额达全球的 97%，有"经济联合国"之称。

至于博弈论对人类的贡献，可以说，博弈论在现实中的应用很多。首先，它是一种数学理论，可以用于经济学等领域；其次，它作为一种理论，并非产生直接具体的影响，而是起到理论指导作用，进而影响某些方面。博弈论对人类的贡献是，加强了国际间的交流合作机会。各国对博弈论的研究，促进了人类社会的文明发展。更重要的是，博弈论的哲学思维方式推动了人类思维模式的向前发展，这一点，是博弈论对人类的最大贡献。

5. 耗散结构论思想

这是普里高津提出的理论。他也因此于1977年获得诺贝尔化学奖。那么，什么是"耗散结构"（dissipative structure）呢？它是一种什么观点或思想呢？

第一，耗散结构是宏观有序结构的生成。耗散结构的依据是物理化学实验，而它的提出则是基于物理化学领域方面的实验和事实的悖论。我们知道，经典物理学以动态平衡为前提来进行研究，一个运动着的事物最终会走向宏观上的平衡，微观上运动着而又不影响其整体稳定性的动态平衡状态。从分子角度来看，从宏观上的非平衡走向平衡，其间伴随着两种变化：一是能量的消耗，即从高能量走向低能量；二是在分子水平上，事物的结构从有序走向无序，即分子排列趋于混杂。为了描述这一现象，经典热力学引入了"熵"[①] 概念，依此来表征分子的混杂无序的程度。经典热力学根据以上情况预言：世界万物最终将趋于平衡，熵趋于最大，能量达到最低，结果是万物衰竭、宇宙沉寂。或许非生物界有支持这一说法的事实，而在生物界，物种随着其不断变化，产生了多样性，这一事实与万物衰竭、宇宙沉寂的预言形成了鲜明悖反。

然而，以往的研究多试图在平衡态中求得解决。热力学平衡态是一种动态平衡，即"当一个系统不受外力作用或处在不变的外力场中时，经过一定时间，系统将达到一个宏观性质不随时间变化的状态"，在微观上，分子仍在运动，分子之间仍存在着相互作用，这种情况会随机导致"涨落"现象，即从微观上看是分子起伏不定的发生变化的现象，除相变点外，这种"涨落"不会对平衡态造成太大影响。实验表明，平衡态在一定条件下、一定界值，其内部杂乱无章的分子会自发生成一种有序的结构，如贝纳特对流格子[②]、扎鲍廷斯基反应花纹等实

---

① 熵（entropy）由鲁道夫·克劳修斯（R. Clausius）提出，意指系统的混乱程度，是热力学的一个重要参量。熵的定义式是：$dS = dQ/T$，计算某一过程的熵变时，要用与这个过程的始态和终态相同过程的热效应 dQ 来计算。

② 在一扁平容器内有一薄层液体，液层的宽度远大于其厚度，从液层底部均匀加热，液层顶部温度亦均匀，底部与顶部存在温度差。当温度差较小时，热量以传导方式通过液层，液层中不会产生任何结构。当温度差达到某一特定值时，液层中自动出现许多六角形小格子，液体从每个格子的中心涌起，从边缘下沉，形成规则的对流，从上往下可看到蜂窝状贝纳特花纹图案。这种稳定的有序结构被称为"耗散结构"。

验就表明了这个事实。

　　第二，这样一种有序结构的生成事实上是一种突变，它需要一定的阈值。我们应用这种突变来解释人们心头的悬疑是远远不够的，但它为普里高津的研究提供了一个有价值的信息。突变现象其实是一种相变，在相变过程中，分子间的相互作用而导致了原先平衡均匀的状态失去其稳定性而发生突变。对于稳定性的理解是，"如果你给某一无序态（常为不随时间变化的定态）一个小扰动（可以是由外界变化引起的，也可以是由体系内部自发产生的，即涨落），如果扰动随时间流逝而衰减，那么体系能恢复到所加扰动以前的状态，我们便说原来的状态是稳定的；反之，如果扰动随时间的流逝而增大，体系越来越偏离原来的状态，我们会说原来的状态是不稳定的。

　　突变正是在这种不稳定的条件下生成的，它不足以解释人们心头的悬疑。那是不是存在着另一种情况：渐变现象，这种现象足以解释人们心头悬疑的自发生成宏观有序结构的现象也是在此条件下产生的？科学家们否认了在平衡态中产生渐变现象的可能，这个可能性因此而推移到了近平衡态区。在近平衡态线性区，科学家们发现由不可逆过程导致的熵产生速率在该区的定态具有最小值，就像水总是从高处流向低处，如果水在低处则不易流动一样，该区的熵产生速率具有势函数的特征，即它是最小熵产生，所以保证了近平衡态线性区状态的稳定性，因此排除了该区有渐变现象的可能。而在近平衡态非线性区，由于非线形动力因素的存在，使得该区定态的稳定性不再有保证了，这样，在适当条件下就有了自发生成宏观有序结构的可能了。

　　第三，自发生成宏观有序结构，其间最直接的动力和因素就是分子间的相互作用，因此，涨落现象的积极作用是显而易见的了。正因为涨落随机不定的起伏变化，才导致了不稳定的旧有状态发生改变，杂乱无序的分子排列进而生成了新的宏观有序的结构。根据经典热力学的原理，在封闭的状态或趋于平衡态的情况下，熵趋于最大，同时会伴随有能量的消耗并最终会趋于低能状态；反之，要从无序态形成有序结构，则熵趋于减小的同时会伴随有能量供给的出现，否则这一情况无法实现。在这种情况下，自发生成宏观有序结构所需的能量供给则成了一个问题。能量从哪里来呢？经典热力学已经否定了封闭状态或趋于平衡态情况下的能量供给，普里高津只好从别的状态中寻找答案了。在开放的状态中，存在着开放的平衡态和开放的非平衡态两种情况，根据自发生成宏观有序结构的探讨，我们排除了开放的平衡态有自发生成宏观有序结构的可能，从而就只剩下开放的非平衡态这种情况了。

　　在这种状态下，由于开放的条件，状态与外界环境存在着物质和能量的交换，如果该交换能给该状态提供和维持足够的能量，从理论上讲，就有了自发生成宏观有序结构的可能（开放的非平衡线性区不具有这种可能）。普里高津等做了大量的实验来验证该设想,并从理论上做出了解释。熵的产生如同水流,状态好比蓄水池,蓄水池的水在流走的同时也开始注入水。我们知道,流走的水与注入的水等量时,状态的能量在宏观上保持不变,而微观上却是流通的。熵的产生是水流走,负熵是水注入,这样,从能量角度看,熵和负熵存在着一种量的变化的关系;从微观上看,能量在交换中通过熵和负熵的量的变化,为自发生成宏观有序结构提供了可能。普里高津的实验验证了其理论的正确性。

第四,渐变现象的产生需要具备两个条件:一是非平衡非线性区,它为渐变现象的产生提供动力条件;二是开放的环境,它为渐变现象的产生提供能量支持。所谓的"耗散结构",就是指在这两个条件下渐变的自发生成的宏观有序结构。这种结构是由能量的耗散和内部非线性动力学机制两个因素来形成和维持的。它比突变现象有更强的说服力,因此,用它来解释经典热力学的预言与生物进化多样性的背反,在理论上、逻辑上容易被人们接受。耗散结构理论提出后,应用于生物学、化学、凝聚态物理学、天体物理学、地质科学等诸多领域,得到验证并取得了许多突破与进展。

第五,耗散结构思想对我们理解时间观念有一定启示。经典物理学认为封闭的静止的状态是理想的状态,在理想的条件下,运动着的事物最终会趋于平衡态,这期间有两种过程发生:不可逆过程和可逆过程。尽管两种过程表述的内容不同,但作为过程的量度时间,对它们来说是相同的,如热传导过程、自由落体运动过程、平衡态下互逆的化学反应过程等。在那里,时间仅仅是一个参量,它既可以度量时间的数量关系,也可以表述事物的流向性,如热传导总是从高温传向低温。而耗散结构关于时间的认识则具有了"质"的内涵,即时间是在不可逆过程中产生的,它不仅具有时间作为量参所具有的数量关系、事物流向性的表述,更重要的是它还具有了起始-终结的性质。一个事物在它生成的同时具有了自己的时间,这个时间和事物保持着一致,直到事物消亡,它就完成了自己的使命而终结,取而代之的则是它终结那一刻所生成的事物的时间。换句话说,耗散结构认为时间具有个体性、个别性。时间是和事物结合在一起的,是属于事物的,事物在则时间在,二者同一并共生。这样,由于时间个体性、个别性的内在规定,无论生物的、非生物的事物都成了一个个个别的东西,从而具有个体性、个别性;在同一事物中,时间是连续的,事物的消亡则意味着时间的中断。

如果这种观点成立,则会产生两个问题:一是事物的承继性,即事物的进化如何解释?二是既然事物是个别的,那么,这些个别的事物又是如何联系起来的?对于第一个问题,我们可以用涨落现象来解释:由于分子间相互作用的涨落是随机的,新结构的生成也是随机的,也就是说,如果事物有承继性,从时间上说也仅仅是指一个事物的消亡会紧跟着另一事物的产生,事物的进化就在于事物没有因一个事物的消亡而终结,而是一个事物消亡的同时,另一事物的产生有着多样的可能。对于第二个问题的回答，我们可以借助时间的数量关系来理解：事物具有时间的内在规定性，而时间具有数量的特征，所以我们可以用事物本身的时间来衡量别的事物的时间，由于时间的度量特性，事物可以相互衡量、通过时间的数量关系的表述而联系起来，我们通常所说的内在时间和外部时间也就是这个意思。

第六，耗散结构思想对于稳定与不稳定、平衡与非平衡的关系的理解有重要启示。根据耗散结构理论，远离平衡态①是有序之源，平衡态反而是一种混乱状态。也就是说，非平衡态与有序和稳定态相关，平衡态与无序和不稳定相关。这就告诉我们，要使一个系统演化与发展，就必须寻求其非平衡之源，因为非平衡导致有序与稳定，而一个处于平衡的系统，必然是一个稳定的系统，也就会产生无序。联系到一个社会系统，我们不能过于追求其平衡性和稳定性，将不平衡性和不稳定性看成是消极因素而加以排斥。耗散结构理论已经揭示，非平衡和不稳定才是有序的根源。比如，我们要迈步，就首先要使自己的身体失去稳定性，即重心向前倾斜，否则我们只能原地不动。社会分配中的平均主义和"大锅饭"现象，就是典型的稳定和平衡思维的表现。因此，我们不要害怕不稳定，不要惧怕不平衡，要发展要进步，就是要打破绝对的稳定性和平衡性，保持一定程度的或可控范围的不稳定和不平衡。这里说的不稳定和不平衡是指经济分配方面的，不是指政治意识形态方面的。

6. 协同学思想

协同学是德国物理学家哈肯（H. Haken）创立的。1977出版的《协同学导论》正式宣告了协同学的诞生②。哈肯的研究工作开始于20世纪60年代对激光发射机理的研究。在广泛分析了各种完全不同系统，如物理、化学、生物、社会等的共同演化规律，并寻找适合于它们的一般性理论后，他发现有序结构的出现并不是非要远离平衡态不可，如超导体和电磁体的结构就是一种有序结构，但它们都可以在热力学平衡下，从无序状态产生；而像激光发射这种远离平衡态的系统与耗散结构意义的平衡态系统，在形成系统的有序结构的机理方面又是颇为相

---

① 远离平衡态是相对平衡态和近平衡态来说的。平衡态是指系统各处可测的宏观物理性质均匀的状态，遵守热力学第一定律，即系统内能的增量等于系统所吸收的热量减去系统对外所做的功。近平衡态是指系统处于离平衡态不远的线性区，它遵守昂萨格（Onsager）倒易关系和最小熵原理。最小熵是指当给定的边界条件阻止系统达到热力学平衡态时，系统就陷入最小耗散状态。远离平衡态是指系统内可测物理性质极不均匀的状态，此时其热力学行为与用最小熵产生原理所预言的行为相比颇为不同，甚至完全相反，系统走向一个产生高熵和宏观上有序的状态。

② 协同学主要是用演化方程来研究协同系统的各种非平衡定态和不稳定性。例如，激光系统，当泵浦参量小于第一阈值时，无激光发生；当其超过第一阈值时，就出现稳定的连续激光；若再进一步增大泵浦参量使其超过第二阈值时，就呈现出规则的超短脉冲激光序列。

似的。因此，关键在于系统内部各子系统之间能否"协同"。

而关于协同的思想，无论是古老的东方哲学还是西方哲学，无论是现代的自然科学、技术工程科学还是社会科学，都要研究人与自然、人与人乃至整个宇宙的协调发展问题。最早对协同现象进行研究的是平衡相变理论。所谓平衡是指系统处于热力学的平衡状态。在平衡状态时，系统内部不产生宏观迁移现象。人们把系统的不同状态或功能称为不同的相，而不同的相对应着不同的微观结构，在一定的外界条件下，系统从一种相，转变为另一种相的现象称为相变。在平衡系统中发生的相变称为平衡相变，如气态、液态、固态之间的转化。

然而，平衡相变发生在平衡系统中，与外界只有能量交换而没有物质交换，它不能为自然界普遍存在的开放系统中出现的相变提供任何线索，如宇宙的形成、生命的起源、物种的演化、星体的形成等问题。开放系统在远离平衡时能够发生相变，称为平衡相变。当系统处于近平衡区时，系统的自发倾向是回到平衡，当系统远离平衡时相变的条件、规律和特征，正是协同学要研究的问题。哈肯在深入研究激光理论的过程中，发现在合作现象的背后隐藏着某种更为深刻的普遍规律，即一个系统从无序转变为有序的关键并不在于系统是平衡或非平衡，也不在于离平衡态有多远，而是通过系统内部各子系统之间的非线性相互作用，在一定条件下能自发产生在时间、空间和功能上稳定的有序结构，进而他把系统技术科学层次的信息论、控制论，理论自然科学研究中产生的系统理论，如耗散结构理论、相变理论、超循环理论、数学中的动力系统理论、突变理论、随机微分方程理论，与他的激光物理理论综合起来，以研究那些与组分具体特性无关的系统结构变化的一般规律为目标，创立了协同学。协同学就是研究系统怎样从原始均匀的无序态发展为有序结构，或从一种有序结构转变为另一种有序结构，因而它是一种关于结构演化的理论。

显然，哈肯综合和吸收了现代理论科学的许多成就，如概率论、信息论、控制论和突变论，创立了"协同学"。协同学研究一个与外部环境有物质、能量和信息交换的开放系统。由于内部子系统之间的相互作用，在外部控制参量达到一定阀值时，如何通过子系统的协调作用和相干效应，使系统由无规则混乱状态转变为宏观有序状态。这一过程被称为协同过程。

一般系统论从概念上已经指出，系统结构的稳定性代表着有序性，但这一稳定性到底是怎样产生的呢？各种类型的系统怎样从无序走向有序呢？耗散结构理论和协同学分别以自己的理论回答了这一系统演进的重大问题。系统自己走向有序结构称为系统"自组织"，因此这两种理论都被称为系统的"自组织理论"。而哈肯的贡献在于具体地解释了系统的"目的点"或"目的环"是怎样出现的。在一定的环境条件下，系统一定把自己拖到目的点或目的环上才能罢休，这就是系统的自组织。耗散结构理论只处理非平衡相变，而协同学既处理非平衡相变，也处理平衡相变，因此后者具有更大的普适性。

在方法论上，协同学采用动力学和统计学相结合的方法来研究一个与外界环境有物质、能量和信息交换的开放系统。系统的运动和转变由动力学得出的必然性与统计学得到的随机性共同决定。系统中各个子系统的运动状态由子系统的独立运动和子系统之间关联引起的协同运动共同决定。当前者居主导地位时，形不成整体的规律运动特性，系统便处于无序状态。而当作用于系统的外界"控制变量"达到一定的阀值时，子系统之间关联能量大于了子系统独立运动能量，于是子系统独立运动受到约束，不得不服从于由关联形成的协同运动，通过子系统之间的协同作用，使系统从无规则的混乱状态走向了宏观有序状态。控制变量是系统演化的外在条件和保证，子系统之间的独立运动与协同运动的对立和统一是系统演化的内在因素。

当然，协同学和耗散结构一样，都十分重视"涨落"的作用。当外界环境作用到系统上的控制参量变化时，子系统独立运动能量和它们之间的协同运动能量的相对大小也在变化。当控制变量达到临界值时，独立运动与协同运动的地位也处于临界状态。局部子系统间的各种耦合相当活跃，涨落相对变大。此时的每一个"涨落"都可以代表一种结构或组织的"胚芽状态"，代表系统的多种可能发展前途。涨落的出现是偶然的，但只是适应系统动力学性质的涨落才能得到系统中绝大部分子系统的响应，而且这种响应将波及整个系统并把系统推进到一种新的结构状态。

协同学非常重视序参量的作用。对一个复杂系统而言，其变量数目可能很多。哈肯分析了系统中的不同状态变量在临界点处的情况，发现绝大多数变量在临界点附近阻尼变大、衰减快，但对相变的整个过程没有明显影响；但有一个或几个变量，不仅不衰减，而且始终左右着演化过程，因此，哈肯将子系统所有微观变量或其集合的宏观变量分两类：一类是相变过程中阻尼大、衰减快，对相变的性质和过程影响不大的变量，称为"快弛豫参量"；另一种就是临界无阻尼而主宰着相变过程的参变量，称为"慢弛豫参量"。这种慢弛豫参量只有几个甚至只有一个，它们就是"序参量"。序参量是系统的一种宏观量，它反映系统的有序程度。"序参量"一旦出现，就主宰系统进入有序化过程，它通过信息反馈支配着其他各个快弛豫参量，支配子系统的行为，使整个系统走向有序结构。可见，在相变过程中，找到了序变量的变化，就抓住了演化过程的本质。比如，在社会系统中，科学技术可以被看成是一种序参量，它在某种程度上主宰着社会系统的发展。我们可以通过科学技术的先进和发展程度，来审视一个社会的发达程度和进步程度。

协同学中有一套寻求序参量的方法，称为"绝热消去原理"，我们可运用该原理去除快弛豫参量，剩下少数慢弛豫变量，即序参量。协同学的定量描述采用朗之万方程、平均值方程和福克-普朗克方程。主方程是最基本的方程，它是从随机理论中推导出的。主方程是表示系统的概率分布随时间变化的确定性方程。概率分布是在随机过程中表示宏观量的基础，因此，主方程能有效地描述由大量无规律要素（子系统）构成的系统随时间变化的规律。其他方程均可在一定条件下，通过近似从主方程中得到。

哈肯的协同学不仅研究由无序到有序的演化，还研究由有序到有序、由有序到混沌的演化。比如，协同学把达尔文主义推广到非生物界的自然系统，具体阐明了系统是怎样走向相空间的"目的点"或"目的环"，使自己达到稳定的。激光系统是协同学一个典型例子。激光是一种典型的远离平衡态时，由无序转化为有序的协同现象，激光系统的子系统是大量的激活原子和光子，外界输入的"泵"能量较低时，激光原子所发的光是彼此无关联的。此时的激光器像普通光源一样，发出的光是杂乱无章的，如在方向、相位、频率等方面。当泵功率增加到一定阈值时，通过协同作用激活原子变为以受激辐射为主，发出同方向、同频率、同相位的激光，整个激光场处于有序状态。又如，在外界磁场作用下，铁磁体中本来杂乱无章排列的诸个磁偶极子通过互相间的协同作用，整齐排列取向，从而实现了铁磁场的磁化，由无序达到有序。激光是协同学研究的最早的领域，哈肯曾以统计学和动力学相结合的方法解决了一些一般激光理论所不能解决的问题。

哈肯的协同学把各种系统归结为两大类：一类是人工制造的装置，即组织系统；另一类是没有人工干预的条件下结构自发形成和转变的系统，即自组织系统。能否找到某种存在于各类系统中的自组织现象的一般原理，而这种一般原理与系统组成部分的性质无关，这是协同学要回答的一个主要问题。哈肯反复强调，协同学是一门关于协作的科学，他发现无论是平衡相变还是非平衡相变，系统在相变前之所以处于无序均匀态，是由于组成系统的大量子系统没有形成合作关系，各行其是，杂乱无章，不可能产生整体的新质，而一旦系统被拖到相变点，这些子系统仿佛得到某种"精灵"的指导，迅速建立起合作关系，以很有组织性的方式协同行动，从而导致系统宏观性质的突变。两种相变都是系统微观组分集体运动的结果，都是合作效应。因而，协同学又是关于各组分系统如何通过子系统的协同行动而导致结构有序演化的自组织理论。

哈肯把协同学的基本原理概括为三个：不稳定性原理、支配原理和序参量原理。

（1）不稳定性原理。协同学以探寻结构有序演化规律为出发点考察问题，从相变（平衡的和非平衡的）机制中找到界定不稳定性概念的新角度，由于一种模式的形成意味着原先的状态不再能够维持，即变成不稳定的，所以，这种模式形成现象常被称为不稳定性。承认不稳定性具有积极的建设性作用，也是协同学的基本观点。协同学研究的对象涉及物理学、化学、工程学、计算机科学、生物学、生态学、经济学、社会学等广泛领域。各种有序演化现象都与不稳定性联系在一起,如泰勒不稳定性、贝纳德不稳定性(对流不稳定性)、马隆哥不稳定性、倍周期不稳定性、激光不稳定性,以及经济政治等社会现象的不稳定性等,撇开它们的具体特征不管,可以看到,所有这些现象都联系着旧结构的瓦解和新结构的产生两个方面。不稳定性充当了新旧结构演替的媒介。在一定意义上,协同学是研究不稳定性的理论。什么是不稳定性?决定不稳定性的因素是什么?如何找出失稳点?在失稳系统的行为如何?系统怎样离开旧稳定状态而到达新的稳定状态?对这些问题的分析和回答,构成了不稳定点附近的动力学理论,是协同学内容中非常重要的一部分,可以说,不稳定性概念是协同学的第一块理论基石。

我们从相变理论和耗散结构理论中知道,一定的结构是否失稳,由系统的外部参量来控制,如在气态到液态的相变中,环境温度就是控制参量。突变理论在以控制参量为坐标所构成的控制空间中考察势函数的形状变化,以严格的数学方法阐明了控制参量的变化将如何引起系统结构的变化。协同学吸收了这些理论成果,在它发展的早期阶段,主要研究的是多组分系统从旧的均匀无序态向有序结构的转变,即控制参量连续改变所引起的第一次不稳定性。当控制参量沿着同一方向继续改变时,在某一阈值上将会出现第二次不稳定性。例如,在贝纳德湍流中,第一次不稳定带来的是六角形结构,第二次不稳定带来的是卷筒结构。也就是说,随着控制参量的连续变化,系统将经历一系列的不稳定,导致一系列性质不同的新旧模式的演替。控制参量变化造成的是一个不稳定谱系,相应地,系统结构经历一个由简单到复杂的演化过程。因此,协同学研究的问题不是某一次的不稳定性,而是整个不稳定性谱系。

(2)支配原理。支配原理的核心思想认为系统内部的各种子系统、参量或因素的性质和对系统的影响是有差异的、不平衡的,但在远离临界点时,这种差异和不平衡受到抑制,未能表现出来。当控制参量的改变把系统推过线性失稳点,逼近临界点时,这种差异和不平衡就暴露出来了,于是,就区分出快变量与慢变量,稳定模式与不稳定模式,短寿命子系统与长寿命子系统,它们在不断地竞争着。快变量或稳定模式犹如历史上昙花一现的事物,不会左右系统演化的进程。慢变量或不稳定模式则主宰着演化进程,支配着快变量的行为,快变量随慢变量的变化而变化。归根到底,支配原理认为有序结构是由少数几个缓慢增加的模式或变量决定的,所有系统都受这少数几个模式的支配,通过这几个慢变量,即可对系统的演化做出描述。

(3)序参量原理。前面已经提及,描述和处理自组织问题,必须建立能够刻画有序结构的不同类型和程度的定量化概念和判据,为此,哈肯把朗道的相变理论的序参量概念引入协同学。郎道的概念的基本特征是：在相变前的旧结构下，序参量为零，从相变点起，序参量取非零值，因而能够指示新结构的形成。序参量是判别连续相变及其一级相变有序结构的类型和有序程度的有效工具。哈肯发现，在非平衡系统中，一般也能够找到与平衡相变的序参量相类似的参量，如激光系统的电场强度、化学反应中的组分浓度、生态系统中种群的个体数，都具有与郎道序参量相类似的性质，甚至在社会系统中也可以找到类似的东西，如语言、文化传统、科学技术、经济指标（GDP）等。他认为无论什么系统，如果某个参量在系统演化中从无序到有序地变化，并能指示出新结构的形成，它就是序参量。

序参量首先是宏观参量。协同学研究由大量组分构成的系统的宏观行为，如何对宏观行为进行适当的描述呢？按照还原论的观点，只要了解了微观组分的行为，就能了解宏观整体运动，故只需考察微观参量，哈肯认为由这些微观描述不可能完全知道整个系统的周期运动，描述大量子系统的集体运动的宏观整体效应，必须要用与微观描述完全不同的新概念，序参量就是为描述系统整体行为而引入的宏观参量。其次，序参量是微观子系统集体运动的产物，合作效应的表征和度量。序参量的形成，不是外部作用强加于系统的，它来源于系统内部。当组分系统处于无序的旧结构状态时，众多子系统独立运动，各行其是，不存在合作关系，无法形成序参量。当系统趋近临界点时，子系统发生长程关联，形成合作关系，协同行动，导致序参量的出现。再次，序参量支配子系统的行为，主宰系统整体演化过程。序参量一旦形成，就成为支配一切子系统的因素，子系统按序参量的"命令"行动。就像语言文化一旦产生，就具有支配个人行为的力量一样。通过控制一切子系统的行为，序参量就成为主宰系统演化过程的力量。子系统的合作产生序参量，序参量又命令子系统合作行动，二者相互作为对方存在的条件，这就是自组织过程的基本特征。

概言之，序参量的合作会形成一种宏观结构，而序参量的竞争将导致只有一个模式的存在。这种合作和竞争决定着系统从无序到有序的演化过程，这就是协同学的精髓所在，也是协同学中协同的真正含义。

7. 超循环论思想

超循环理论是由德国科学家艾根（M. Eigen）于1970年创立的。艾根认为，生命信息的来源是一个采取超循环形式的分子自组织过程。他把生物化学中的循环现象分为三个不同的层次：第一个层次是转化反应循环，在整体上它是个自我再生过程；第二个层次称为催化反应循环，在整体上它是个自我复制过程；第三个层次就是所谓的超循环（hypercycle），超循环是指催化循环在功能上循环耦合联系起来的循环，即催化超循环，即大循环套小循环。实际上在超循环组织中，并不要求所有组元都起着自催化剂的作用，一般来说，只要此循环中有一个环节是自复制单元，此循环就能表现出超循环的特征①。

超循环的基本特征是：不仅能自我再生、自我复制，而且还能自我选择、自我优化，从而向更高的有序状态进化。艾根曾把超循环的概念推广来研究整个自然界的演化，认为整个自然界也是通过超循环的形式向前发展的。我们认为，在社会现象中，有很多复杂系统也具有超循环结构，所以可用来借鉴超循环理论来理解这些系统的演化方式。根据超循环理论，在循环中只要有一个自复制单元，此循环就能表现出超循环的动力学特征。超循环结构在稳定性和不稳定性的矛盾运动中演化，其稳定性依赖于自复制单元的自复制能力和组元间的耦合强度；其不稳定性来源于系统内外两个方面的三个原因：自复制单元在复制过程中的差错、复杂相互作用产生的内在随机性和外界环境扰动。其演化途径基本上是两条：在不打破原结构情况下的渐进演化和经历旧结构解体新结构创生的突变演化。

我们将超循环的思想概括为以下四点。

第一，超循环结构具有稳定性。由于超循环结构中至少有一个组元是自催化剂，它不仅能自我再生，而且能自我复制，这就使系统信息得以积累和遗传：一方面，系统在进化过程中能呈现出稳定性的特征；另一方面，超循环结构中各组元通过物质、能量和信息的交换耦合在一起，形成具有一定强度的功能耦合链，这种耦合链有相当的适应性和自我调节能力，是系统的超循环结构稳定性的又一个控制变量。

第二，超循环结构具有不稳定性。一般情况下，超循环结构也是开放的远离平衡态的耗散结构，其存在、发展依赖于从环境中摄取的物质、能量和信息。外界环境的变化会对结构产生不同程度的影响，所以超循环结构始终处于环境的随机扰动背景之下，这就是超循环结构演化的外因。超循环结构演化的内部因素来自两个方面：一是自复制单元在复制过程中出现的差错，类似于基因突变；二是超循环结构是由多组元耦合成的多层次系统，内部存在复杂的非线性相互作用，在这种情况下，如混沌理论所指出的，内在随机性就会在很大程度上起作用，它给超循环结构施加了另一个内扰动。

第三，超循环结构只能在自我演化中存在。超循环结构的演化是在其稳定性和不稳定性的矛盾运动中实现的。世界上不存在绝对稳定的系统或客体，在大统一理论中，理论预测质子尽管有1031年的寿命，但它也是要衰变的。人类社会结构的兴衰则更是我们经验范围内的事。由于上述导致不稳定性的三条基本原因

---

① 超循环有如下重要性质：使借助于循环联系起来的所有物种稳定共存，允许它们相干地增长，并与不属于此循环的复制单元竞争；可以放大或缩小，只要这种改变具有选择优势；一旦出现便可稳定地保持下去。

是不可避免的,所以超循环结构的不稳定是绝对的,稳定却是相对的,静态的稳定结构是根本不会存在的,超循环结构只能在演化中存在。超循环结构存在、进化必需满足三个前提条件:①以足够大的负熵流推动结构的新陈代谢;②以足够强的复制能力使系统信息得以积累和遗传;③以组元间足够强的功能耦合保证结构的存在和发展。必须同时具备这三个条件,超循环结构才能稳定存在、发展进化,否则,退化是不可避免的。

第四,超循环结构的演化途径基本上可分为渐变和突变两种。其一,结构通过自我调节,适应了由不稳定因素产生的变异,在此基础上,超循环结构得以发展进化。这是一种在不打破原结构情况下的渐进演化。其二,由复制误差、内在随机性、环境扰动或其共同作用产生的变异,如果与原结构不相容且是"顽强"的,即原结构既不能适应它又不能消除它,那么,在一定概率下,这种变异产生的涨落会被系统内、外非线性相互作用随机地放大成巨涨落。在这个过程中,稳定的超循环结构会经过失稳而进入以不稳定为特征的结构转化期。在新旧结构的交替时期,新结构有了更大的优化选择余地,各种要素和关系通过协同作用能建立起新的结构。

8. 混沌学思想

混沌"chaos"一词源自希腊文,其原意是指先于一切事物而存在的广袤虚无的空间。《旧约》开卷第一句话便是"起初神创造天地。地是虚空混沌,渊面黑暗;神的灵行在水面上。"在中文里,《易乾凿度》意指:"气似质具而未相离,谓之混沌。"《庄子》中讲:"中央之帝为混沌。"可见,古人理解的混沌与初始、空虚、混乱、一体等概念相互联系。

然而,给混沌下一个确切的定义却并非易事。普里高津和斯坦格(I. Stengers)在《从混沌到有序》中研究了许多无序系统自发地获得有序结构的方式,如无定型的液体如何在冷却时固化成精致的晶体。维纳用"chaos"来强调说明诸如一群随机分布的气体分子或云中杂乱无章的水滴群这样的系统。在系统哲学中,更多的是将"混沌"理解为一种确定的系统中出现的无规则运动,也就是确定性系统中的不确定性。具体来说,混沌是决定性动力学系统中出现的一种貌似随机的运动,其本质是系统的长期行为对初始条件的敏感性。

要清晰地给混沌下定义,还要讨论确定系统对初值的细微变化的依赖情况。这有三种情况。

(1) 系统对初值的不敏感依赖(确定系统):确定系统的初值若改变很小,以致 $\Delta 0 \to 0$,则 $\Delta \to 0$,即观测的两次运动无差别。也就是说:"初值相同,则运动相同。"单摆属于这种情况。牛顿力学常讨论这种类型的确定系统。因而形成了经典的决定论观念,即只要知道初始条件,就能确定任意时刻的状态。

（2）系统对初值的敏感依赖（混沌系统）：某些确定系统的初值稍稍变化（测不出来），经过一段时间后，各次的差别却明显表现出来（测量出"运动各异"）。在此情况下，以实验观察系统的运动是不可重复、不可预测的，表现出"随机性"。这就是混沌运动。

（3）系统对初值的完全不依赖（非决定系统即随机系统）：即初值一点不影响以后的行为。或者说，系统对其初始值一点也不敏感。

混沌理论所研究的是非线形动力学混沌，目的是要揭示貌似随机的现象背后隐藏的简单规律，以求发现一大类复杂问题普遍遵循的共同规律。洛伦兹[①]曾经指出，混沌可以说它是确定性的行为。或者说，若考虑它是在稍微有点随机性的实际系统中，也可以说它是近似于确定性的，然而却不是看起来像确定性的。

1963年，洛伦兹根据牛顿定律建立了温度压强、压强和风速之间的非线性方程，并将其运用于计算机上进行模拟实验，因嫌那些参数小数点后面的位数太多，输入时很烦琐，便舍区了几位，尽管舍去部分微不足道，可是结果却大大出乎意料：该气象模型竟与没有舍去几位小数所得的气象模型大相径庭，变得完全不同。产生这一现象的原因在于，气候变化十分复杂，预测天气时，输入的初始条件不可能包含所有的影响因素，通常是用简化的方法，即忽略次要因素，保留主要因素，但恰恰是那些被忽略的次要因素对预报的结果产生了重大的影响，从而导致错误的结论。在澳大利亚的一只蝴蝶偶然扇动翅膀所带来的微小气流，几周后可能变成席卷北美佛罗里达州的一场龙卷风。这就是混沌学中著名的"蝴蝶效应"，也是最早发现的混沌现象之一。它表明系统的演化与初始条件的极微小变化密切相关，忽略次要的因素或者条件就会造成结果的巨大不同。

在洛伦兹研究的启发下，1975年李天岩和约克教授发表了《周期意味着混沌》的文章，其中正式提出了混沌一词，经由著名生态学家梅（May）的宣传，"Chaos"一词才慢慢为广大学者所认识，后经费根鲍姆（M. J. Feigenbaum）对倍周期分叉进入混沌的道路的发现及曼德尔布罗特（Mandelbrot）提出的分形（fractal）的观念来描述欧几里得几何所不能描述的一大类复杂无规则的几何对象，使奇怪吸引子有了对应的数学模型。

那么，混沌运动的具体机制是怎样的呢？西方的一则童谣生动描述了混沌运动的机制：丢了一颗钉子，坏了一个蹄铁；坏了一个蹄铁，折了一匹战马；折了

[①] 美国气象学家爱德华·洛伦兹（E. N. Lorenz）被誉为"混沌之父"。1960年，洛伦兹用计算机求解一组描述地球大气的非线性微分方程时，将温度、气压和风向等数据输入计算机，当时他将方程中变量的有效位由原来的6位减为3位，然后让计算机计算方程，其结果与原来预测大不相同。两个解只因有效位微小的三个小数位之差，将被解方程中固有的迭代过程完全放大了。由此，洛伦兹得出结论：如果真实大气的行为正如这个数学模型所描述的，则长期天气预报是不可能的。1963年洛伦兹在此基础上提出了著名的"洛伦兹模型"，率先在《确定性非周期流》中描述的三阶微分方程系统中发现了混沌现象。

一匹战马，伤了一位将军；伤了一位将军，输了一场战斗；输了一场战斗，亡了一个帝国。这个童谣与中文中的成语"差之毫厘，谬以千里""千里之堤，溃于蚁穴"有相同之处。

概括而言，混沌运动的机制体现在三方面。

第一，初值敏感性。系统的长期行为对初始条件的敏感依赖性是混沌运动的本质特征，也就是"蝴蝶效应"①。一般来说，动力学系统的行为取决于两个因素：一个是系统的运行演化规律，也就是数学上的动力学方程；另一个就是系统现在的状态，即数学上的初始条件。一个确定性系统在给定了运动方程之后，根据"存在唯一性"定理，轨道唯一地取决于初始条件，通过一个初值，并且只有一个轨道。这就是系统行为对初值的依赖性。也就是说，从两个相邻近的初值引出的两条轨道始终相互接近。但是，处于混沌状态的系统，运动轨道将敏感地依赖于初始条件。从两个相近的初始值出发的两条轨道，在短时间内似乎差距不大，但是在足够长的时间以后，必然呈现出显著的差别来。从长期行为看，初值的小的改变在运动过程中不断被放大，导致轨道发生巨大偏差，以至在相空间中的距离要多远有多远。这就是系统行为初值的敏感依赖性。

第二，内在随机性。在一定条件下，如果系统的某个状态既可能出现，也可能不出现，该系统就被认为具有随机性。通常人们将随机性的根源归结为来自系统外部的或某些尚不清楚的原因的干扰作用，认为如果一个确定性系统不受外来干扰，它自身是不会出现随机性的，这称为外随机性，但是外随机性的观点是经不起分析和实践验证的。对某些看来完全确定的系统进行数学模拟人们发现，它们能自发地产生出随机性来。在原来完全确定的系统内部竟产生了随机性，我们称之为内随机性。混沌常被称为自发混沌、自发的随机性等，所要强调的就是混沌现象产生的根源在系统自身，而不在外部影响。混沌态与有序态的不同之处在于，它不仅具有整体稳定性，还有局部不稳定性，故而费根鲍姆曾指出，混沌是确定系统的内在随机运动。所以说，内随机性是混沌现象的又一重要特征。

第三，不可预测性。所谓混沌运动的长期行为的不可预测性，其中最主要的一个内容就是混沌运动的"蝴蝶效应"。那么，混沌系统为什么会将最初的原因放大呢？这是因为它像其他复杂系统一样具有复杂的结构，每一个组成部分的子系统都与其他多个系统有关系，相互作用，并组成无限相互作用的网络。这样，作用于复杂物质中某一个子系统的信息，会在一段时间之后沿着复杂物质内部相互作用的网络扩大和散布。这样就形成了初始条件扩大的途径和模式。

另外，每一个接受作用的子系统的接受和再发送也不是简单的镜面式的反

---

① 蝴蝶效应是指，在一个动力系统中，初始条件下微小的变化能引起整个系统长期而巨大的连锁反应，这是一种混沌现象。

射，它都有一个自己的加工过程，这样，随着逐级传播，不但有一个空间的扩大过程，还伴随着质量、内容的充实和扩大过程，因而导致了长期行为的不可预测性。因此，虽然混沌系统的短期行为可以预测，但由于它对初态的敏感性，而初态有必然存在偏差，微小的初始偏离在运动过程中会被非线性地放大，结果导致其长期行为无法预测，这些构成了混沌系统的显著特征。

9. 非线性思想

"线性"与"非线性"本来是一对数学名词，常用于区别函数 $y=f(x)$ 对自变量 x 的依赖关系①。线性函数即一次函数，其图像为一条直线。其他函数则为非线性函数，其图像不是直线。非线性关系虽然千变万化，但还是具有某些不同于线性关系的共性。

线性关系是互不相干的独立贡献，而非线性则是相互作用，而正是这种相互作用，使得整体不再是简单地等于部分之和，而可能出现不同于"线性叠加"的增益或亏损。线性关系保持信号的频率成分不变，而非线性则使频率结构发生变化。只要存在非线性，哪怕是任意小的非线性，就会出现和频差、倍频等成分，这是我们所熟悉的。非线性是引起行为突变的原因，对线性的微小偏离，一般并不引起行为突变，而且可以从原来的线性情况出发，用修正的线性理论去描述和理解。但当非线性大到一定程度时，系统行为就可能发生突变。

实际问题的解决都需要采取定量的方法，即数学模型。数学模型一般表现为方程，方程也可分为线性和非线性方程。描述复杂运动变化的数学方程都是非线性的，所以复杂现象就被叫作非线性现象，研究非线性现象的科学就被叫作非线性科学。

非线性科学已经阐明，世界的本质是非线性的。事实上，从伽利略-牛顿时代开始的精确自然科学起，就碰到了非线性问题。伽利略在研究单摆运动中发现，摆动的周期几乎与摆幅无关。但当提高测量时间的精确度后，却发现摆幅越大，摆动周期越长，且无法用线性方程说明。而牛顿引力定律中的平方反比定律、流体力学中描述动量变化的欧拉方程等，都是非线性的。19 世纪经典力学两大难题——刚体定点运动和三体问题也都是非线性的。

非线性科学揭示出三大普适类：孤立子、混沌和分形。

1834 年 8 月，英国科学家罗素观察到一只运行的木船船头挤出一堆水来；当船突然停下时，这堆水竟保持着它的形状，以大约 13 千米/小时的速度往前传

---

① 在数学意义上，非线性是指变量之间的数学关系，不是直线而是曲线、曲面或不确定性。线性是指变量之间的数学关系是直线属性，或者说是方程的解满足线性叠加原理，即方程任意两个解的线性叠加仍是方程的一个解。

播。10年后,在英国科学促进协会第14届会议上,他发表了一篇《论水波》的论文,描述了这个现象。他把这团奇特运动着的水堆称为"孤立波"或"孤波"。这绝不是普通的水波,因为普通的水波是由水面的振动形成的,水波的一半高于水面,一半低于水面,而且在扩展一小段距离后即行消失;而他所看到的这个水团,却具有光滑规整的形状,完全在水面上移动,衰减得也很缓慢。

1965年,美国科学家扎布斯基(N. Zabusky)和克鲁斯卡尔(M. D. Kruskal)等在电子计算机做数值试验后意外地发现,以不同速度运动的两个孤波在相互碰撞后,仍然保持各自原有的能量、动量的集中形态,其波形和速度具有极大的稳定性,就像弹性粒子的碰撞过程一样,完全可以把孤波当作刚性粒子看待。1965年以后,人们进一步发现,除水波外,其他一些物质中也会出现孤波。在固体物理、等离子体物理、光学实验中,都发现了孤立子(或称孤子)。孤立子现象是否隐含着物质从微观到宏观存在的一种统一的规定性呢?这种规定性很可能是存在的。孤立波同样表明了物质的波粒二象性,正因如此,物理学家们试图通过研究孤立子揭示出来的规律描述基本粒子。现代物理学研究认为,孤子是一种相干结构,相干结构存在于具有无穷多自由度的连续介质或流体复杂系统中。在相干结构中有无穷多个守恒的物理量,相干结构是当前非线性科学研究的前沿。

如前所述,混沌是确定系统的随机行为的总称,它的根源在于非线性的相互作用。混沌不是混乱,它不同于平衡态,是一种序,是貌似无序的序。自然界中最常见的运动形态,往往既不是完全确定的,也不是完全随机的,而是介于两者之间,这就是研究确定系统中随机行为的重要意义所在。对初值不敏感依赖的系统,可以是线性的,也可以是非线性的。但对初值敏感依赖的系统却只有非线性的才有可能。确定系统的随机性是由非线性所致。而单摆和布朗运动是两种极端情况。

分形理论(fractal theory)是美国的芒德勃罗(Mandelbrot)提出的,他于1982年出版的《大自然的分形几何学》是这一理论的标志。尽管目前还没有一个让各方都满意的分形定义[①],但在数学上分形有以下四个特点。

(1)自相似性。它是局部的形态与整体的形态相似,或者说从整体中割裂出来的部分能体现整体的基本精神和主要特征。自相似性是分形理论的核心,是所有特征中的基本特征。自相似性作为制作曲线的一种方法,同样的变换在越来越小的尺度上重复进行,就可以构造出美丽无比的科契雪花、谢尔宾斯基地毯等

[①] 1967年,芒德勃罗在《科学》上发表《英国的海岸线有多长?统计自相似和分数维度》(How Long is the Coast of Britain? Statistical Self-Similarity and Fractional Dimension)的著名论文,为分形理论奠定了基础。1975年,他创立了分形几何学(fractal geometry),形成了研究分形性质及其应用的"分形理论"。他把部分与整体以某种方式相似的形体(如海岸线),称为分形(fractal)。

图形。

（2）层次性。这是分形整体中存在的等级不同、规模不等的次系统（亚系统、子系统），可以说，整体中的任何元素都是结构的一个分支点，整体中的任何部分又是一个自身的整体，依次重复，直至无限。埃菲尔铁塔就是它的类似物。

（3）递归性。这是指结构之中存在着结构，自相似性是不同尺度的对称，这就意味着递归。

（4）仿射变换不变性，就是分形的局部与整体虽然不同，但经过拉伸、压缩等操作后，不仅相似而且可以重叠。

分形观念的引入并非仅是一个描述手法上的改变，从根本上讲分形反映了自然界中某些规律性的东西。以植物为例，植物的生长是植物细胞按一定的遗传规律不断发育、分裂的过程，这种按规律分裂的过程可以近似地看成是递归、迭代过程，这与分形的产生极为相似。在此意义上，人们可以认为一种植物对应一个迭代函数系统，人们甚至可以通过改变该系统中的某些参数来模拟植物的变异过程。

分形几何还被用于海岸线的描绘及海图制作、地震预报、图像编码理论、信号处理等领域，并在这些领域内取得了令人瞩目的成绩。作为多个学科的交叉，分形几何对以往欧氏几何无能为力的"病态"曲线的全新解释，是人类认识客体不断开拓的必然结果。可以说，分形几何就是自然几何，以分形或分形的组合的眼光来看待周围的物质世界就是自然几何观。

非线性思想为我们揭示了自然的新事实、新特点和新规律，其中很多新思想极大地丰富了我们对自然的认识。这些思想表现在以下五个方面。

一是混沌序思想。混沌学揭示，自然界除了有序和无序两种状态之外，还存在着过渡性的第三种序——混沌序。混沌是确定系统的随机性，就其随机性来说，它是无序的，但它不是简单的无序，而更像是不具有周期性和其他明显对称特征的有序态。在理想情况下，混沌状态具有无穷的内部结构，只要有足够精密的手段，就可以在混沌态之间发现周期或准周期运动，以及在更小尺度上重复的混沌运动。

二是维数的非整数性思想，即分维[①]。传统的几何学把自然事物抽象成点、线、面、体等几何元素，并把它们分别看成是零维、一维、二维和三维。而分形几何揭示出自然物体形态所表现出来的几何图形是不规整的、粗糙的、不可微

---

① 分维即分数维。在经典科学中，我们习惯于将点定义为零维，直线为一维，平面为二维，空间为三维，爱因斯坦在相对论中引入时间维，就形成四维时空。在数学上，把欧氏空间的几何对象连续地拉伸、压缩、扭曲，维数也不变，这就是拓扑维数。这些都是整数维。在整数维中引入分数就成为分数维。

的，即存在非整数维的。维数的非整数性表示点集充满空间的程度，这改变了人们原先对维数的认识，进而改变了对空间的理解。

三是局部与整体的自相似性思想。分形几何揭示，分形体具有一个重要特点——局部与整体的自相似性。对于有规分形，这种自相似性表现为无穷嵌套或无穷自相似，即不断放大微小部分，都可发现部分与整体的自相似。对于无规分形，自相似只存在于一定的范围内，或在一定的标度空间中才呈现出自相似性。当人们用分形的观点来重新审视自然物时，发现自然界的各种各样自然形态都具有自相似性。例如，海岸线、河流、山谷、人的血管、大脑表面、树木、花草的分岔结构、云块边界、雪花的表面等。

四是复杂性与简单性的统一思想。分形图形从直观上看是不规整的、不光滑的，表现为自然物形态的复杂性，它无法用传统的数学方法来描述。但是，却可以用简单的迭代法来生成。1985年，数学家巴恩斯列（M. F. Barnsley）提出一套分形构形系统，只要给出几个仿射变换系数，就可以确定该物体的迭代函数系统，然后通过连续不断的应用同样一种简单的迭代操作来生成植物、丛林、山川、烟云等复杂的自然景观。这就说明，我们的对复杂与简单的转化形式的认识比以前丰富多了。

五是必然性与偶然性相联系的思想。非线性科学提供了偶然性表现必然性的一种新联系。过去我们对必然性与偶然性联系的认识是：必然性通过大量偶然性变现出来，偶然性是必然性的补充和表现形式。然而，混沌就其不可预测而言，是无规的、随机的（偶然性），但这种随机性所表现出来的有规性（必然性）并不是通过统计规律呈现出来的，而是在更小的尺度上直接呈现出来的。这表明，偶然性和必然性在宏观和微观有着各自的表现形式，遵循着不同的自然规律。

十、系统科学的和谐规律

自然形态和社会形态均是复杂的巨系统。它们的和谐发展必然遵循系统科学的规律。那么，什么是和谐系统？它遵循哪些规律？如何依据这些规律建构和谐社会？本节对上述系统科学的规律和思想进行概要性总结。

1. 和谐系统的含义

系统是由若干相互联系、相互作用的要素组成的有机整体。它具有整体性、关联性、交互性、动态性、非加合性、结构性、层次性等特征。系统是否都是和谐演化或发展的呢？答案是否定的。如果一个系统是孤立的和封闭的，那么它虽然也可以演化，但不和谐，因为这样的系统的演化目标是绝对平衡态，最终会走向衰败而"死亡"。一个孤立、封闭的社会也是如此。近代中国社会就是一个典型的不和谐系统，闭关锁国政策导致中国"落后挨打"。因此，和谐系统必须是开放的。开放是和谐系统的必要条件。但是，开放是有度的，完全开放的系统消解了边界，不再是系统。或者说，和谐系统是适度开放的，它要保留自己的边界，使自己具有相对独立性。失去独立性的系统肯定不是和谐的，如受奴役的民族或国家肯定是不和谐的。失去独立性意味着失去自主和自由，没有自主和自由的社会必然是不和谐社会，正所谓"不自由，毋宁死"。

总之，一个和谐的系统，必须满足五个条件：①要素多元；②结构合理；③边界适度开放；④内外要素相互作用；⑤演化反馈循环。和谐是多要素的协调与融洽，一个要素的系统谈不上和谐。多要素系统的结构合理是说，它的结构是优化组合的，如健康的人体。

对于社会系统来说，和谐的社会必须满足：①文化多元；②组织结构合理；③运作机制反馈循环；④差异性稳定与统一。和谐的社会不是只讲稳定，"稳定压倒一切"是有条件的，否则"一切就压倒了稳定"。和谐不等于稳定，不等于无矛盾；不和谐也不等于混乱与无序。和谐就是演奏一部动听的交响乐。它是"说是"和"说不"的统一，是"杂"和"多"的统一，是"一致"和"差异"的统一。从词源上讲，汉语的"和"就是人人有饭吃，"谐"就是人人有话说，一个人人有饭吃，人人有话说的社会就是和谐社会。英语的"harmony"是协调、融洽之意，作为系统的社会，其构成要素必须协调、融洽。协同学所说的"协同"指的就是系统内部各个要的协调一致性，如聚合物分子的有序排列、产生激光的同向行为。那么，和谐系统应该具有哪些规律呢？

2. 和谐系统演化规律

我们认为，一个和谐系统应该遵循以下五个规律。

（1）相互作用与协同规律。系统的构成要素必须相互作用，"相互作用是事物发展的终极原因"（恩格斯语）。一切系统问题都是诸多"变元"的相互作用问题。相互作用就是竞争、生长加涨落。系统的要素不仅要相互作用，而且必须协同。这包括对立协同（对立统一）、差异协同（正/负，生态平衡）、同质协同（阴/阳协调，价格波动）。协同学的支配原理（慢变量支配快变量）描述的就是这个规律。也就是说，系统要素的作用与协同是系统和谐的必要条件。只相互作用而不协同，恐怕只会产生冲突与斗争，只有在协同基础上的作用才会产生同一，产生和谐。

（2）适度开放规律。系统演化的前提是开放，孤立和封闭的系统必然走向死亡。一切有机体、生物群都是开放系统。进步和谐的社会应该是开放系统。热力学第二定律的熵增原理告诉我们：封闭系统的熵是不断增加的，"热寂说"就是根据这个原理提出的。恩格斯反对"热寂说"，认为宇宙是开放系统。宇宙是不是开放的，这还有待科学的进一步证明，但就有限系统来说，如果它是孤立的或者封闭的，走向"死亡"是必然的。对于和谐社会系统而言，它需要的是负熵，即有序度的增加。一个秩序混乱的社会，肯定是不和谐社会。协同学的序参量原理也表明：序参量（有序程度的度量）支配子系统的行为。由于序参量是微观子系统集体运动的产物（如激光系统），它是协同效应的表征和度量，是子系统协同作用的结果。对于社会，个人、家庭或者基础组织是微观因素，这些微观因素的协同就会产生有序的社会行为。

（3）循环反馈规律。一切有目的的系统都是反馈系统。社会是有目的的系统，它必须是反馈循环的，如作用与反作用（潮汐现象）。反馈可分为正反馈和负反馈。正反馈使系统放大离开原状态，负反馈使系统减弱保持原状态。一个和谐社会需要负反馈使其保持和谐稳定，而一个不和谐的社会则是正反馈，必须通过改革调整到负反馈从而达到和谐状态。超循环理论描述的就是这一规律。超循环是大循环套小循环，即小循环构成大循环。超循环会形成小循环不具有的性质。社会就是一个超循环系统，任何一个子系统出了问题，整个大循环系统就会运转不正常，甚至失灵。一个子系统的循环相对于大循环系统来说可能微不足道，但混沌学的"蝴蝶效应"告诉我们：系统对初始条件具有敏感依赖性，即"千里之堤，溃于蚁穴"。忽视小问题就会酿成大问题。关注并解决好社会中的小问题，其实就是关注并解决社会大问题。

（4）输入输出动态平衡规律。系统的输入和输出应当保持动态平衡。比如，工厂的投入与产出，经济的收与支，人体的吸收与排泄。一个和谐社会必然是一个产生与消耗平衡的社会。过度产生和过度消耗都会使社会陷入混乱。运筹学的事理系统的运筹问题就要求运筹与实施的平衡。社会是一个事理系统，即由人做事构成的系统。事理系统 = {目标；约束条件；决策}；做事 = 运筹 + 实施。人类活动 = 事 + 物，事有事理，物有物理。事理是软件，物理是硬件。

（5）对称破缺动力规律。对称破缺就是对称性的降低。系统科学告诉我们事物对称性的突然降低是系统演化之内在动力。有序是对称破缺的结果，如从高温到低温的运动过程。社会发展要打破对称（平衡）。打破"大锅饭"就是打破对称性。耗散结构理论的远平衡态有序规律就是对称破缺规律，它认为远离平衡态是有序之源。和谐社会必然是有序的，而有序社会的产生就是不断打破平衡、不断解决矛盾的过程。对称破缺往往是不可逆的，如时间和生命。社会的发展也是一个不可逆过程，虽然在历史上也出现过旧体制的复辟，那只是暂时的。和谐社会应该是向前发展的，不是向后倒退的。对称破缺也是系统失稳产生有序结构的过程。有序结构是某种均匀无序态失稳后某种涨落被放大并稳定下来的结果。旧结构只有通过失稳才能产生新结构。就系统演化而言，稳定性是系统演化的消极因素，不稳定性才是系统演化的积极因素。"不破不立"就是这个道理。和谐社会正是在稳定和失稳之间保持一种张力。

3. 和谐社会系统的特征

从和谐系统我们自然会联系到和谐社会，因为社会就是一个系统，而且是复杂系统。我们认为一个和谐社会系统应具有以下六个特征。

（1）和谐社会的前提：多元性和杂多性。和谐就像一个团队，它意味着系统构成要素的多元性。单一不是和谐，单打不叫和谐。"高处不胜寒"不是和谐，"鹤立鸡群"也不是和谐。只有一种声音，就构不成气势宏伟的交响乐；只有一种味道，就构不成耐人寻味的盛宴；只有一种物质，就构不成形形色色的大千世界。不杂难成众，不众难和谐。和谐就是要尽力做到"众口能调"。

（2）和谐社会的特征：优化性和组合性。优化的团队就是平和、宽容、组合最优的组织或系统。"优"即是优天地而和阴阳，出四时而调五行。靠协调、沟通将不同特长的人进行组合，使团队这个集体上下和悦，左右和睦，团队成员各得其所，各展所长，人尽其才，物尽其用。在团队内部，关系微妙，相互猜疑不是和谐。你猜我防，互不来往，构不成和谐。矛盾激化，四处冒烟更与和谐背道而驰。和谐就是要优化与组合、包容与理解。既要保持个性，又不减特性。没有不同个性、不同思维、不同特色的人的组合与联系、妥协与平衡，和谐就是可望而不可即的事情，甚至看似五彩缤纷，实际是一捅就破的"泡沫"。和谐就是要相互尊重，积智所为，互帮互助，积力所为，正所谓"宽容有度，合而不同"。一句话，沟通互动出和谐，宽容大度成和谐。和谐不是没有矛盾，没有差异，和谐是矛盾和差异的统一。正所谓"不打不相识"。矛盾生动力，动力促发展。这就是优化团队和谐的本质，也是和谐社会的本质。

（3）和谐社会的实质：创新性和奇异性。和谐的实质是"推陈出新"，即创造新思想，制造新产品，自主创新出效益。一团和气，你好我好大家好不是和谐。和谐的目的是要创新出效益，创造出成果。保守不前，故步自封，无所用心，难成和谐。面貌依旧，无新不创，不是和谐。只有群策群力，与时共进，知难而进，化解矛盾，促进新事物的诞生，新发明的涌现，才是和谐。社会在持续不断的创新和发展中实现动态平衡。这就是和谐社会的实质。

（4）和谐社会的手段：简单性和高效性。简单才能高效，复杂难出效益。和谐的社会结构不能太复杂，因为系统越复杂，环节就会越多，环节越多，就会出现"扯皮"现象，"扯皮"必然导致效益低下。所以，和谐就要化繁为简，化难为易，只有简单才能出效益。看似和谐而没有效益的社会，不是和谐社会。能够把复杂问题简单化是一种大智慧。"精兵简政"就是这个道理。

（5）和谐社会的动力：通达性和透彻性。社会作为系统，不同于作为系统的自然。构成社会的是活生生的人而不是无生命的物。人及其组合作为社会系统的要素，其本身的内心和谐是十分重要的。建构和谐社会，需要建构和谐人生。

建构和谐人生，需要建构和谐的内心世界。人是社会系统中的"活要素"。和谐始于内心，内心和谐离不开豁达。一个人人内心和谐的社会，必然是整体和谐的社会。豁达是和谐人生的一种内在元素，外在表现。"豁"就是宽敞、透明，"达"就是通达、畅快。只有内心豁达的人，才能内心和谐。豁达是思想的通达，想通了才能豁达，才能心胸宽广。因此，豁达需要顾全大局，健全人格；需要开阔胸怀，宽宏气量；需要与人为善，宽让他人；需要以人为本，平易近人；需要舒展情怀，达观乐观。这样，豁达是一种真，更是一种善；一种美，更是一种崇高；一种精神文明，更是一种精神境界；一种成熟，更是一种升华；一种形象显现，更是一种身心和谐。只有人人身心和谐的社会，才能建成和谐社会。

（6）和谐社会的目标：人文性和持续性。人类社会，不言而喻，是人组成的社会，因此人是社会最基本也是最重要的元素。不重视人的社会必然不是和谐的社会，"以人为本"也因此成为和谐社会的目标。"以人为本"就是要把为人的一切权利包括生命权、生存权、发展权、健康权、自由权、隐私权等放在社会发展的首位。社会经济、政治、教育的发展要围绕人的全面发展进行。和谐社会也必然是可持续的，我们不能牺牲当前的利益，如环境和资源，换取暂时的社会发展和人的富裕。因此，社会的可持续发展是和谐社会的最终目标。只有把人的发展放到首位，和谐社会才能够持续。

4. 系统科学的思想和基本原理概要

首先谈一谈"系统"这个概念本身。系统是由若干相互联系、相互作用的要素组成的有机整体。它具有整体性、关联性、作用性、动态性、非加合性、和谐性、结构性和层次性，其分类一般有：大系统与小系统；动态系统与静态系统；母系统与子系统；孤立系统、封闭系统与开放系统。

系统思想的来源主要有古代朴素系统观，如古希腊毕达哥拉斯"数的和谐"思想，亚里士多德的《宇宙大系统》观，《易经》的八卦图，《老子》的道、天人合一；近代辩证系统观包括自然科学三大发现，即能量守恒、细胞、进化论；现代系统思想的来源主要是唯物辩证法的普遍联系与永恒发展思想；现代科学系统观主要包括在热力学的熵、相对论、格式塔心理学、集合论等、管理学、环境科学、工程学中；而对系统演化的研究主要是一般系统论、控制论、信息论、运筹学、相变论、突变论、耗散结构论、协同学、超循环论、混沌学这些新兴学科，它们构成了系统科学这个学科群。

其次，谈系统科学的思想与原理。系统科学揭示的系统思想和基本原理就体现在上述提及的学科中，根据以上梳理和分析，这里对其进行更一般的概括。

（1）相互作用原理：一切系统问题都是诸多"变元"的相互作用问题。相互作用等于竞争、生长和涨落。

（2）系统演化开放原理：系统演化的前提是开放，孤立和封闭的系统必然走向死亡。宇宙作为系统应该是开放系统，一切有机体、生物群是开放系统，进步的社会应该是开放系统。中国的改革开放就是一个典型的例子。

（3）熵增原理：封闭系统的熵是不断增加的（热力学第二定律）。比如，封闭宇宙的"热寂"是熵增加的必然结果（幸亏宇宙是开放系统）。熵是混乱度的量度，熵越大，混乱度越大。

（4）控制-反馈原理：一切有目的的系统都是负反馈系统。它由施控者控制受控者，受控者反馈到施控者，最终形成一个循环系统。良性演化系统都应该是循环系统。也就是说，施控者与受控者之间应该是双向关系，而不是单向关系。

（5）元素协同原理：系统内构成元素协同作用，包括对立协同（对立统一）、差异协同（正/负，生态平衡）、同质协同（阴/阳协调，价格波动）。协同是系统形成合力的根源。

（6）输入/输出动态平衡原理：系统的输入和输出保持动态平衡。比如，工厂的投入与产出、经济的收与支、人体的吸收与排泄。失衡系统就会崩溃，如投入多而产出少企业就会破产，人体吸收多而排泄少就会肥胖。

（7）连锁反应原理：某一元素或系统的变化引起其他系统的变化。譬如，铀裂变、核聚变、价格上涨等。

（8）反馈原理：作用必有反作用与之对应。比如，力学中的作用与反作用（潮汐现象）。正反馈使原系统放大，离开原状态，负反馈使原系统减弱，不离开原状态，负反馈能够使系统保持良性循环。

（9）信息负熵原理：信息既负熵。根据信息论，它是不确定性的减少。其过程包括信源→信道→信宿，还有不可消除的噪声。

（10）事理系统运筹原理：事理系统 = ｛目标；约束条件；决策｝。任何事件（人的活动）都是由目标、约束条件和决策构成的。做事 = 运筹 + 实施，人类活动 = 事 + 物，其中事理是软件，物理是硬件。

（11）自组织原理：无人干预系统自发形成、演化。比如，生命进化、宇宙演化。自然系统就是一个自组织系统。

（12）对称破缺原理：事物对称性的突然降低是系统演化之动力。有序是对称破缺的结果。譬如，从高温到低温的运动过程，社会发展要打破对称（平衡）。

（13）不可逆原理：只有不可逆过程才能导致时间的对称破缺。比如，时间和生命均是不可逆的。

（14）远平衡态有序原理：远离平衡态是有序之源。平衡是系统的一种平均状态，离开平衡态的程度有非平衡、近平衡和远平衡，按照耗散结构理论，系统离平衡态越远，它就越发趋于有序。

（15）旧系统失稳有序原理：有序结构是某种均匀无序态失稳的结果，是系统失稳后某种涨落被放大并稳定下来的结果。因此，稳定性是系统演化的消极因素，不稳定性是系统演化的积极因素。这也称为不稳定原理：旧结构只有通过不稳定才能产生新结构。也就是说，旧结构通过外部条件变化产生的不稳定达到新结构，如不破不立。

（16）势系统习惯原理：势是将系统拉向吸引中心的力。有吸引力的系统就是有势系统。如地球系统、社会系统。势系统有两个习惯：一个是拖延习惯，即一种状态尽量维持直到不能维持时才改变。如人有拖延习惯，水流注满洼地时才溢出。另一个是马克斯习惯，即势系统总是寻求并占据最稳定点（势阱最深点）。比如，滚落的物体，总是达到最低点时才会停止。

（17）支配原理：慢变量支配快变量。比如，流水产生线，人的慢性格决定急性格。这类似于经济学上的"水桶原理"①。

（18）序参量原理：序参量是系统有序程度的度量，是一个宏观参量，如温度、科学技术。或者说，序参量是微观子系统集体运动的产物，协同效应的表征和度量；序参量支配子系统的行为；协同作用形成序参量，如激光系统。

（19）超循环原理：超循环是大循环套小循环，即小循环构成的大循环。超循环产生小循环不具有的性质。譬如，社会就是个超循环系统。

（20）初始条件依赖原理：系统对于初始条件是敏感的。比如，蝴蝶效应：巴西的一支蝴蝶煽动一下翅膀，在美国形成一场大风暴。这即是对初始条件的敏感依赖性。

系统方法论包括：①系统分析方法，建立数学模型对事物进行全面分析。②功能模拟方法，应用相似关系用模型表征原型，然后外推。③黑箱方法，对不能或无法解析的研究对象，从其外在表现性质探索其内部结构和功能，如对脑功能的研究、对太阳结构的研究。④信息处理方法，通过信息的获取、传递、加工而实现其目的的方法。⑤层次分析方法，对系统进行层次分类，分别进行研究。⑥行动者网络方法，把行动者放到相互联系的网络中研究的方法。⑦语境分析方法，对事件的历史、关联因素进行综合分析。

概言之，系统思想表明：一切皆系统，系统皆运动；系统存在于时空中，系统与时空不可分；系统是物质的、有结构的；系统是演化、发展的，是普遍联系的；世界由系统构成，社会由系统构成；相互作用是系统演化的最终原因。

---

① 水桶原理也称水桶效应，是指一个水桶无论多高多大，其盛水的高度取决于其中最短的那块木板，因此又称短板 理论，或者水桶定律。它还有两个推论：只有桶壁上的所有木板都足够高，桶才能盛满水；只要这个桶里有一块不够高度，桶里的水就不可能是满的。

第三篇 科学思想史各论

了解科学思想发展的重大事件是掌握科学史的一条重要途径和方法。本篇在历史语境下，通过梳理和简述历史中发生的重大科学思想事件，厘清科学思想发展的脉络，这是语境论的编史学的一项重要工作。通过运用历史与逻辑的统一，历时与共时的统一，时代、主题、人物与国别的统一，"辉格"与"反辉格"统一，对从古代至20世纪末各学科的思想包括数学、物理学、化学、天文学、地学、生物学、农学和医学中的概念、假设、假说、观点、定律、原理、理论、学说、方法等作"编年记事式简述"[①]，一方面说明科学思想发展的特点和规律性，探索引起科学发现的思想、方法及哲学观和社会文化环境诸多因素的相互作用规律；另一方面，通过记事式的简述对前面科学思想通论做进一步的补充、细化与完善。

---

① 这里的"编年记事式简述"是笔者提出的一个概念，其意思是说，首先按照年代顺序选择科学思想，对其做简要概述，若主题明确，则按照年代对同一主题下的思想进行归类，如太阳系的起源思想；若主题不明确而国别明确，按照年代国别进行归类，如古希腊科学思想和中国科学思想；若人物思想明确，则按照人物归类。

第九章 数学思想简史

一

公元前 3000 年,古埃及形成象形数字,采用十进而不是位值制的记数法,每进一位要换一个特殊的符号。这说明古埃及人已经有了数的观念和几何思想。公元前 1400 年,中国商代甲骨文中有了相当完善的十进位值制记数法,这是世界上最早的十进位值制记数法,特别是十、百、千、万表示数位的特殊数字,能确切地表示任何自然数。

二

公元前 1100 年,中国西周商高已知勾股定理的一个特例:直角边长为 3 和 4、斜边长为 5 个单位的直角三角形。公元前 7 世纪,中国陈子提出"勾股各自乘,并而开方除之",给出了普遍形式的勾股定理。公元前 500 年,印度宗教的梵文经典《测绳的法规》(*Sulbasutras*)给出了勾股定理和一些勾股数,还给出圆周率的近似值。公元前 5 世纪,中国墨子著《墨子》,其中包含了许多数学思想,如形式逻辑的同一律、矛盾律和排中律,还给出一些数学概念的明确定义,如端(点)、平行、直线、相等、正方形、圆、体积等。公元前 4 世纪末,中国庄子提出极限思想。他指出"一尺之棰,日取其半,万世不竭",这包含了有限与无限、连续与间断的思想。

三

公元前 600 年,古希腊泰勒斯认为数学或几何得出的结果应加以演绎证明,应建立一般原理和原则,然后用于解决具体问题,并开始了数学命题的证明,如圆被任一直径平分。公元前 540 年,古希腊毕达哥拉斯学派提出"万物皆数"的观点,他们认为,"'数'乃万物之源""数的要素即万物的要素",用数来解释一切。最著名的是毕达哥拉斯定律,即勾股定理,并由该定律导出了不可通约量的存在,引发了第一次数学危机。公元前 465 年,古希腊伊诺皮迪斯提出几何作图的尺规限制,即几何作图只能用圆规(有任意刻度)和直尺(无刻度,任意长)两种工具,此举对古希腊数学产生重大影响。大约 5 年后,古希腊智人学派提出几何作图的三大问题:化圆为方,即求作一个正方形,使其面积等于一个已知圆;三等分任意角;倍立方,即求作一立方体,使其体积等于一个已知立方体的二倍。

四

公元前 450 年，古希腊芝诺提出著名的"芝诺悖论"，开辟了逻辑悖论的先河，对后世影响很大。其中重要的理论有四个：①二分无限说，即某物从一地到另一地，由于通过的一半可以无止境地分下去，所以永远不能达到；②阿喀琉斯追龟说，阿喀琉斯尽管跑得快但永远追不上龟，因为当他追到龟的出发点时，龟已向前爬行一段，如此重复下去，以至于永远追不上；③飞矢不动说，飞矢在每一时刻总是停留在一个确定位置上，因此它是不动的；④运动场问题，即时间和它的一半相等。

五

公元前 410 年，古希腊德谟克利特提出原子论，并把原子论思想用于数学，认为线、面、体等分别由有限多个"原子"组成，因此计算立体的体积就是把构成该立体的有限多个"原子"的体积加起来。公元前 370 年，古希腊欧多克索斯创立比例论，突破了毕达哥拉斯学派的比例论只适用于可通约量的限制，其后欧几里得的《几何原本》第 5 卷"比例论"大部分采用欧多克索斯的工作。现代数学中非常重要的"连续公理"之一的"阿基米德公理"就源于欧多克索斯的工作。公元前 300 年，古希腊欧几里得著《几何原本》，创立了平面几何，其中的公理化思想和演绎方法对于数学和自然科学的发展具有深远的影响。公元前 225 年，古希腊阿基米德以发现"阿基米德定律"而闻名。他提出的一种根据力学原理发现问题解的"微元"方法，成为近代不可分原理乃至积分方法的思想源，推动了数学的发展。公元前 180 年，古希腊芝诺多罗斯（Zenodorus）提出等周问题的思想：周长相等的正多边形中，边数越多的面积越大；圆面积比同样周长的正多边形的面积大；周长相等的 n 边形中，正 n 边形面积最大；表面积相等的所有立体中，球的面积最大。公元前 70 年，古希腊盖米诺斯著《数学分类》，最早把数学分为纯粹数学和应用数学两大类。纯粹数学包括算术、几何，也称为研究心智性概念的数学；应用数学包括力学、天文学、光学、测量学和逻辑学，也称研究物质性概念的数学。这一分类对后世影响很大，一直沿用至今。62 年，古希腊海伦在《度量论》中给出用三角形三边表示三角形面积的公式。

六

公元前 300 年，美索不达米亚数学中出现了零符号，但它只表示空位，不表示末位是零的数；公元 1 世纪玛雅人不仅创立了位值制记数法，也创用了零号。

公元150年，古希腊托勒密在《天文学大成》(Almagest)中给出0°～180°每隔30′角度的弦，采用60进制得出某些三角学公式。他是最先用0表示空位的人。公元6世纪，印度瓦拉哈米希拉汇集古代历算著作，形成《五大历算全书汇编》(Pauca Siddhantida)，其中使用0概念，最先把它看成一个数，并作加减法运算。628年，印度婆罗摩笈多著《婆罗摩修正历算书》(Brah-Ma-Sphuta-Siddhanta)，用诗歌形式阐述了天文与数学，特别是求出不定方程 $ax+by=c$ 的整数解。850年，印度马哈维拉著《计算纲要》(Ganita-Sara-San-Graha)，其中一个重要思想是指出了零的性质：一个数乘以零得零，一个数减零不改变其值。这一思想一直影响到现在。876年，印度瓜廖尔(Gwalior，印度中央邦西北部的一个城市)地方的古碑上出现了确实无疑的数"0"，这是迄今为止人们发现的最早的0。印度人对零的贡献是将零看作一个数，并用它作各种运算。1150年，印度婆什迦罗著《丽罗娃提》(Lilavati)和《根的计算》(Vija-Ganita)，其中提出的正负数的运算法则，对零作除数意义的认识，以及负数不能开平方等思想，代表了古代印度数学的最高成就。

七

公元前1世纪，中国古代数学名著《周髀算经》成书，这是传世本中最早形成的数学著作，同时也是一部天文学上盖天说的代表作。100年，中国著名数学著作《九章算术》成书，其中阐述的分数运算法则、负数概念、多位数的开方线性方程组的解法等均具有重要的思想性，对中国乃至世界数学的发展具有深远影响。263年，刘徽对《九章算术》作注释，并撰《重差》作为《九章算术注》的第十卷，其中的数学思想包括：割圆术蕴含的极限思想；无限分割包含的无限思想；开方不尽问题中提出微数思想。462年，祖冲之求出圆周率值：$3.1415926 < \pi < 3.1405927$，这是当时世界上最精密的结果，直到1424年才为阿拉伯数学家卡西超过。他得出的圆周率的密率355/133是一项具有世界历史意义的成就。625年，中国唐朝王孝通著《缉古算经》，其中最早提出列数字三次方程解决实际问题的思想，最早给出数字三次方程的代数解法。727年，中国唐朝一行编《大衍历》，实测得地球子午线一度之长，是世界上最早的实测子午线，但数据误差较大，(122.8公理，比现今值多11公里)；首次采用不等间距二次内插法编算太阳运动表，创制最早的正切函数表和某种三次内插近似公式。

八

820年左右，阿拉伯花拉子米著《代数学》，首次提出"代数学"(algebra)术语，对欧洲的数学发展产生了巨大影响。他所著《印度的计算术》中由 algoritmi 演变成"算法"概念沿用至今,推进了十进制计数法的传播。870年,阿拉伯塔比·伊本·库拉（Thabit ibn Qurra）把古希腊的许多数学名著如欧几里得、阿波罗尼奥斯、托勒密等的著作译成阿拉伯文,为后来的"大翻译运动"提供了素材。他用代数方法解三次方程,并给出几何解释；将数扩展到正实数；用代数方法解几何问题,隐含了解析几何的思想。900年,阿拉伯艾布·卡米勒（Abu Kamil）著《计算技巧诊本》和《论五边形和十边形》,将巴比伦的实用代数与古希腊的理论几何相结合,在数学中开辟了新的思路,促进数学在应用和理论两个方向发展。10世纪初,阿拉伯巴塔尼发展了三角学,引入正切和余切的概念,促进了三角学的发展。990年,阿拉伯艾布·瓦法在《手艺人几何作图法》中给出著名的"生锈圆规"作图问题,计算了现代意义的三角函数值,引入正割和余割的概念,提出证明球面三角的"四量规则",将三角形推向一个新的高度。1020年,阿拉伯凯拉吉在《发赫里》（al-Fakhri）中首次阐述了多项式理论,探讨了单项式和多项式的代数运算,证明了单项式的乘法法则,研究了二次方程的代数解法,还探讨了某些高次方程的解法与不定方程问题,极大地发展了代数学。1250年,阿拉伯纳西尔丁著《横截线原理书》和《论四边形》等著作,其中研究欧几里得几何学的第五条公设,使三角学脱离天文学而成为独立的数学学科。1255年,意大利坎帕努斯将阿拉伯文和希腊文本的《几何原本》译成拉丁文,参考了数种阿拉伯文本和较早的拉丁文译本,作了一些有见地的注释。1260年,阿拉伯数学家马格里比著三角学著作,给出球面直角三角形正弦定律的两个证明和计算正弦值的方法。

九

　　1050年,中国贾宪著《黄帝九章算法细草》,其中有两项具有重要意义的思想：一是"开方作法本源"图,即指数为正整数的二项式展开式系数表；二是"增乘开方法",可开任何次方求方根,形成了中国古代独特的求高次方程解的方法。1088年,北宋沈括著《梦溪笔谈》,其中的"隙积术"和"会圆术"思想对后世产生了影响。"隙积术"是二阶等差级数求和的一种方法；"会圆术"是已知圆的直径和弓形的高,求弓形的底和弧长的方法。1247年,中国数学家秦九韶在《数书九章》中提出的"大衍求一术"和"正负开方术"是具有世界意义的重大成就。"大衍求一术"是指一次同余式组解法,"正负开方术"是高次代数方程数值解法,西方直到19世纪初才给出类似的解法。1248年,中国数学家李治在《测圆海镜》中提出"天元术"即列方程解决问题的方法,这是一项具有世界水平的创举；他提出的勾股形解法将勾股定理研究推向高峰,开创了数学抽象化的先河；1259年,李治又著《益古演段》,用天元术阐释蒋周的《益古》,其中的"条段"就是方程的各项系数,"演段"就是"条段"的演算。这些思想在中国数学思想史上占有重要地位。1261年，中国数学家杨辉在《详解九章算法》中提出"垛积术"解决高阶等差级数求和的成果，将类比方法到新的层次；按照"纂类"方法将当时的数学重新分为乘除、分率、合率、互换、衰分、叠积、盈不足、方程、勾股九类，将数学的抽象化推向新的高度；1275年杨辉在《续古摘奇算法》中提出"纵横图"，也称幻方，将三阶至十阶的幻方及其变体共12种，基本揭示了幻方构成的规律，加快了中国数学抽象化的步伐。直到1514年，德国的迪勒（A. Durer）所制图版《忧郁》（*Melancholia*）中才出现四阶幻方，即纵横图。1303年，中国数学家朱世杰在《四元玉鉴》中发展了李治的天元术，提出"四元术"（即用天、地、人、物表示四个未知数），建立了四元高次方程理论，提出最早的多项式运算和多元高次方程组的解法，是当时世界数学的最高成就。

十

1202年，意大利斐波那契著《算盘书》（*Liber Abaci*），提出著名的斐波那契数列，向欧洲介绍了印度-阿拉伯数码和记数法，对后来的数论和运筹学有深远影响。1240年，英国萨克罗博斯科在《数学计算技术》等著作中也向欧洲介绍了印度和阿拉伯数字知识，内容包括非负整数计算、时间单位的确定等，连同12世纪的"大翻译运动"一起有力地推动了欧洲数学的发展。1225年，德国内莫拉里乌斯（J. S. Nemorarius）著《算法证明》和《算术证明十卷》，他系统地使用字母来表示数字，区别了各种性质的数，如素数、完全数和多角数，使数学向符号化迈出重要的一步。

十一

1321年，法国的热尔松（L. b. Gerson）给出排列及组合数公式，其中提出了级数求和与组合分析的方法，包括从 n 个物体最每次取 k 个的排列及组合数的公式，开创了概率论的先河。1325年，英国布雷德沃丁（T. Bradwardine）首次将正切、余切引入三角计算，并给出其拉丁文名称。1340年，法国里讷瑞斯（J. de Lineriis）论述60进制分数和普通分数表示法，与现代的表示法一致。1350年，法国奥雷姆（N. Oresme）在图示法中提出坐标几何思想。他用水平线上的点代表时间，称之为经度，不同时刻的速度用纵线表示，称之为维度，并将物理变化与几何图形联系起来，被后人称为图线原理。这一用两个坐标来确定位置的思想，称为解析几何的先声。1360年，奥雷姆在《比例算法》中首次引入分指数概念，给出其表示法，并从数学上加以说明，是数学概念上的一次重大突破。

十二

1424 年，阿拉伯卡西（al-Kashi）在《圆周论》中首次引入小数（十进制分数）概念，建立其运算法则，以及与 60 进制的换算关系，直到 150 多年后的 1585 年，荷兰 S. 斯蒂文（S. Stevin）在《论十进》（De Thiende）中阐述了十进制的优点，创设了印度-阿拉伯数码十进分数（小数）表示法；卡西利用割圆方法求出的圆周率近似值精确到 16 位小数，超越了祖冲之的 7 位小数值的记录。1427 年，卡西又著《算术之钥》，运用 10 进制和 60 进制的计数法，给出计算次方根的近似公式，影响伊斯兰世界和欧洲达几百年。1593 年，韦达用圆内接正多边形逼近圆面积的方法给出圆周率 π 的第一个解析表达式，极大地推进了圆周率的计算，他将圆周率值精确到 10 位小数值。1596 年，德国-荷兰的柯伦（L. van Ceulen）将圆周率计算到 20 位小数值。因此，在德语中圆周率也称"卢多尔夫数"。1655 年，英国布龙克尔（W. Brouncker）给出 π 的连分数表达式，求出的 π 精确到 10 位小数值。1705 年，英国夏普（A. Sharp）利用公式 $\text{arcctg } x = x - 1/3x^3 + 1/5x^5 - \cdots$ 计算出准确到小数 72 位的 π 值。1706 年，英国琼斯（W. Jones）在《新数学引论》中首次引进记号 π 表示圆周率。1761 年，德国兰伯特（J. H. Lambert）利用 tgx 的连分式展开证明了 π 是无理数。1882 年，德国林德曼（C. L. F. Lindemann）证明了 π 的超越性，解决了古希腊时代提出的"化圆为方"问题。

十三

1435 年，意大利阿尔贝蒂（L. B. Alberti）在《论绘画》（Della Pittura）中首次从分析写生画的数学原理入手，提出灭点概念，利用网格作透视的方法，阐释了最早的数学透视法的思想；他还引入投影线和截景的概念，提出在同一投影线和景物的情形下，任意两个截景间有何种数学关系问题，蕴含了射影几何学思想。直到 1636 年，法国德扎格（G. Desargues）所著《关于透视绘图的一般方法》中论及射影几何理论，1639 年德扎格在《试图处理圆锥与平面相交结果的草稿》中正式提出射影几何思想，他引入无远点和无穷远线的概念，将直线看作具有无穷大半径的圆，而切线是割线的极限，提出平行和相交完全统一的新思想，给出了点列的对合定义，建立圆柱和圆锥统一的思想，第一个运用影射方法统一圆锥曲线问题，奠定了射影几何的基本内容。

十四

1484 年，法国数学家许凯（N. Chuquet）在《算术三篇》中给出序数的名称，引入的写法，使用幂的负指数符合和小数的符合法则，提出负数和分数的性质和记法，创立方根符合，给出开平方和开立方的方法，还提出未知数概念，用代数方法解决实际问题。1489 年，德国维德曼（J. Wiman）最早在著作中使用符号 +、- 代表加减运算，促进了数学的符号化。1509 年，意大利帕乔利（L. Pacioli）在《神圣比例》（*Divina Proportione*）中提出并讨论了黄金分割定律，影响深远。1515 年，意大利费罗（S. Ferro）发现一类缺少二次项的三次方程的解法。1520 年，意大利卡尔达诺（Cardano G）在《论掷骰游戏》（*Liber de ludo aleae*）中提出概率论，得到幂定律、大数定律等概率论的一些基本命题。1535 年，意大利塔尔塔利亚（Tarraglia N）独立发现两类三次方程解法，其中一种就是费罗发现的，这种三次方程解法是解决一般三次方程的关键。1545 年，意大利的卡尔达诺（G. Cardano）和费拉里（L. Ferrari）分别发现四次代数方程的解法。

十五

1580 年，波兰维蒂赫（P. Wittich）与丹麦的布拉赫（T. Brahe）通过三角恒等式用和与差取代乘积与求商运算，发现简化三角学计算的方法，成为对数发明的肇始。1591 年，法国韦达（F. ois Vie）在《分析方法入门》中最早使用符号表示代数，给出量与量之间的运算性质，提出"方程是一个未知量和一个确定量的比较"，并给出方程表示的 29 条规则，提出著名的韦达定理，使代数成为研究一般类的运算或者方程的学问。1614 年，英国纳皮尔（J. Napier）在所著的《奇妙的对数规则的说明》中运用运动学的知识研究对数，创立对数理论。1617 年，英国布里格斯（H. Briggs）在《最初一千个对数》中给出第一张以 10 为底的常用对数表，1624 年给出更详细的精确到 14 位数字的对数表。1620 年，英国冈特（E. Gunter）在《三角法则》中给出第一张相隔 1′的 7 位数正弦对数表和正切对数表，并设计含有正弦、正切和对数刻度的函数尺，化乘除运算为加减运算，并可直接从尺上读出运算结果，大大简化了运算。这种尺被称为"冈特尺"。1621 年，英国奥特雷德（W. Oughtred）在"冈特尺"的基础上发明了一种直形对数计算尺。1628 年，荷兰弗拉克（A. Vlacg）出版《对数算术》，给出 1～10 万的常用对数表，补充了布里格斯的 3 万个自然数对数表的空缺，增加了 2 万～9 万的自然数的对数。1633 年弗拉克又发表《三角对数表》，给出正弦、正切和正割的 7 位对数表。1714 年，英国科茨（R. Cotes）在《对数计算》中建立恒等关系 $ix = \log_e(\cos x + i\sin x)$，1748 年欧拉重新发现此公式，成为分析的常用工具。1727—1728 年，瑞士欧拉在《关于最近所做火炮发射试验的思考》中引进记号 e 表示自然对数的底。

十六

1583 年，丹麦芬克（T. Fink）所著《圆的几何》（*Geometriae Rotundi*）首次给出正切（tangent）等名称，一直沿用至今。1595 年，德国的皮蒂斯楚斯（B. Pitiscus）在所著的《三角学》中创用"三角学"（trigonometria）概念。1596 年，奥地利的雷迪库斯编制了精确的三角函数详表，标志着三角学的诞生。1722 年，英国科茨在《和谐度量》中最早提出三角函数周期性的思想。1604 年，德国开普勒在所撰《天文学的光学部分》中提出无穷远点概念，即假设两条平行线在无穷远处相交，这一思想奠定了射影几何的基础。1609 年开普勒在《新天文学》中建立行星圆轨道理论，1615 年在《酒桶新立体几何》中给出求曲面立体的方法，引入无穷大和无穷小概念，提出圆是由无数个顶点在圆心的三角形构成的，圆周是由三角形的无穷小的底边构成的。这一思想成为近代积分思想的先驱。

十七

1635 年，意大利卡瓦列里（B. Cavalieri）建立不可分量原理，他假设线是无穷多个点组成的，面是无穷多条线组成的，体是无穷多个面组成的，提出"两个同高的立体，若在等高处的截面积恒相等，则体积相；若截面积成定比，则体积之比等于截面积之比"的不可分量原理。这一原理是古希腊穷竭法向牛顿、莱布尼茨现代微积分理论的过渡。1638 年，意大利伽利略系统论述了无穷的思想，提出自然数集与自然数的平方集属于同一类，表明无穷与有穷之间存在本质的区别。1647 年，意大利的卡瓦列里（B. Cavalieri）在所著《六个几何问题》中发展了不可分原理，扩展了阿基米德的穷竭法。1650 年，意大利门戈利（P. Mengoli）所著《算术求积新法》首次证明了调和级数的发散性，其方法成为不可分原理向牛顿流数术和莱布尼兹微分方法的过渡。1651 年，比利时塔凯（A. Tacquet）发表《柱与环》中包含微积分思想的萌芽。1656 年，英国沃利斯在《无穷算术》中运用分析法和不可分法求出许多图形的面积，成为微积分发明的前奏。同年，比利时塔凯（A. Tacquet）得到无穷极限的定理：如果 x 是小于 1 是实数，n 是无穷大，a 是常数，则有 $ax^n = 0$。1658 年，帕斯卡在《象限正弦论》和《摆线通论》中运用穷竭法和不可分思想研究摆线问题，论及微积分的思想，对莱布尼兹的微分概念有一定影响。

十八

1637 年，法国费马（P. de Fermat）提出费马大定理，即将一个高于 2 次的幂分为两个同次的幂是不可能的，这一猜想促进了数论的发展。在《求最大值和最小值的方法》一文中费马给出相当于微分法的法则：当函数 $f(x)$ 经过极值点 A 时，函数的前后两个值将是相等的。由于他的这一思想而被誉为微积分的第一发明人。1640 年，费马又提出费马小定理（若 p 是素数而 a 与 p 互素，则 $a^p - a$ 能被 p 整除）等一系列数论中的定理，丰富了数论的研究内容。1659 年费马提出"无穷下推法"，这是数论中逐步缩小 n 值的范围而证明涉及自然数 n 的命题的一种方法。

十九

1637 年法国笛卡儿在《方法论》的附录之一《几何学》中创立解析几何，他建立了斜角坐标系，用代数方程表示几何图形。他的想法是：选用一组斜角坐标系以使曲线对应的方程尽可能简单；曲线的次数与坐标的选择无关；定义几何曲线为那些可有 x 和 y 的有限次代数方程表示出的曲线；根据代数方程的次数对相应的几何曲线分类；求平面曲线的法线的方法等思想。这一工作将几何学和代数学统一起来。1655 年，英国沃利斯（J. Wallis）所著《圆锥曲线》就是用解析几何方法讨论圆锥曲线，得到圆锥曲线的代数方程，并将圆锥曲线定义为对应于含 x 和 y 的二次方程的曲线。1691 年，瑞士雅各布·伯努利（J. Bernoulli）提出极坐标思想，成为解析几何的重要工具。1695 年，牛顿完成《三次曲线枚举》，提出"牛顿定理"（平面上的点关于一条三次曲线的三个纵坐标之积与相应的三个横坐标之积保持常数），发展了解析几何理论，激发了人们对高次方程的研究。1757 年，意大利里卡蒂（V. Riccati）在《关于物理学与相关数学的小册子》中首次引进了双曲函数，以求解某些代数方程特别是三次方程问题。1770 年兰伯特系统发展了双曲三角学，并首次引进了双曲函数记号 sinhx，coshx 等。

二十

1654 年，法国梅雷（A. G. C. de Mere）和帕斯卡（Pascal，1623~1662）提出合理分配赌金问题，引起概率论研究；同年，帕斯卡在《论算术三角形》中提出"帕斯卡三角形"，这是中国贾宪约 1100 年得出的贾宪三角，文中还得到概率论的一些基本原理和许多组合公式，被认为是概率论的开端。1657 年，荷兰的 C. 惠更斯在《论赌博中的计算》中论述了概率论思想：如果 p 是一个人获得金额 a 的概率，q 是他获得金额 b 的概率，则他可以希望获得的金额为 $ap + bq$。1713 年，瑞士雅各布·伯努利在《猜测术》中首次提出著名的"大数定律"，该定律成为概率论中的一条重要法则。同年，伯努利（N. Bermoulli）提出了一个概率论问题，数学史上称为"彼得堡悖论"，即甲乙二人掷币赌博，甲先预付乙一笔赌注，然后甲掷币，当甲掷出第 n 次时首次出现正面朝上，赌博就结束，此时乙必须付给甲 2^{n-1} 元，问甲预付乙的赌注应为多少赌博才算公平。1666 年，莱布尼茨完成《论组合术》，开始符号逻辑研究，提出推理计算的思想。

二十一

1666 年，牛顿在《1666 年 10 月流数简论》中提出"流数"思想，采用时间 t 的无穷小瞬 0 概念，这是微积分的肇始。1667 年，英国格雷戈里（J. Gregory）在《论圆与双曲线的实际求积》中运用阿基米德方法和极限思想，通过曲线的内接与外切面积序列的收敛得到椭圆与双曲线所包围的面积；在《几何的通用部分》中得到"格雷戈里"级数，认识到级数可以是有穷，也可以是无穷，并使用了收敛与发散的名称，由于该书以几何方式论述了微分与积分的思想，成为牛顿与莱布尼兹建立微积分的先导。1669 年，牛顿完成《用无限多项方程的分析学》，其中论述了无穷级数的思想。1670 年，英国巴罗（I. Barrow）在《几何讲义》中提出"微分三角形"概念，对微积分产生一定的影响。同年，格雷戈里给出格雷戈里-牛顿插值公式，导出一般变指数 x 的二项式展开，为微积分的诞生提供了条件。1673 年，莱布尼茨首次使用"函数"（functio）一词表示相互依赖变化的量，在随后的几年中他进一步提出关于无穷级数与微积分的思想，阐述了特征三角形思想，通过积分变换求出平面曲线的面积公式，还使用了沿用至今的积分符合，得到微积分的基本定律，即牛顿-莱布尼兹公式。1676 年，牛顿发现二项式定理，依据此定律发现了一系列函数的无穷级数的展开式，它们成为微积分不可缺少的工具。1684 年，莱布尼茨在《一种求极大极小和切线的新方法，亦适用于分式和无理量，以及这种新方法计算的奇妙类型》中首次公开发表微积分思想及表示法。1687 年，牛顿《自然哲学的数学原理》一书出版，第一次公开表述他的微积分方法。至此，微积分已基本建立。1690 年，瑞士雅各布·伯努利（J. Bernoulli）提出"悬链线问题"，1691 年，莱布尼茨提出常微分方程的变量分离法，牛顿完成《曲线求积术》，用分析方法阐述了"首末比方法"，首次引进后来被普遍使用的流数记号，法国罗尔（M. Rolle）在《方程的解法》中给出"罗尔定理"的早期形式，成为微积分的一个重要定律。这些工作进一步推动了微积分理论的发展。1894 年，荷兰斯蒂尔切斯（T. Jan Stielt-jes）提出新的积分概念，在物理学中有重要应用。1902 年，法国勒贝格（H. L. Lebesgue）在波莱尔点集的测度理论的基础上，提出勒贝格测度理论，并成立勒贝格积分理论，扩展了黎曼积分，从而发展了现代积分学。

二十二

1685 年，法国拉伊尔（P. de La Hire）在《圆锥曲线》中用综合法研究了几乎全部圆锥曲线理论，还运用射影方法研究了圆的配极性质，并将其结论推广到其他类二次曲线。同年，英国 J. 沃利斯在《代数论著——历史与实践》中运用几何方法表示实系数二次方程的复根，最早提出实二次方程复根的图解，将几何学与代数学相结合。1703 年，意大利格兰弟（G. Grandi）在《圆与双曲线求积》中导出级数悖论，激发了级数收敛性的研究。1710 年，英国阿巴思诺特（J. Arbuthnot）在《从两性出生的永恒规则论天命》中根据伦敦地区男女婴生死情况的统计资料论述男性与女性在数目上总是趋于平衡的观点，推动了统计学的发展。1715 年，英国泰勒（B. Taylor）在《正反增量方法》中论述了将函数展开成无穷幂级数的方法，即泰勒公式，它的极限情况即当 $a=0$ 时泰勒级数就成为"马克劳林级数"，1742 年马克劳林在《流数论》中为反驳贝克莱主教对微积分的攻击时发现的。

二十三

1720 年，英国尼古拉·伯努利证明函数 $f(x,y)$ 在一定的条件下，对 x，y 求偏导数其结果与求导顺序无关的思想。1724 年，意大利里卡蒂（J. F. Riccati）在讨论曲率半径仅依赖于纵坐标的曲线问题时引进形为 $(dy/dx)+y^2=ax^2$ 的方程，也称"里卡蒂方程"，它是常微分方程中一个重要的非线性方程。1729 年，欧拉在讨论 $n!$ 插值问题中引进了第一、第二类欧拉积分，对拓展函数概念有一定影响。1730 年，棣莫弗在《分析杂论》中提出"棣莫弗公式"，欧拉将其明确化并推广到任意实数；同年，英国斯特灵（J. Stirling）在《微分法》中对于大数 n 建立了 $n!$ 的近似公式，棣莫弗在《分析杂论》也得到相同的结果。1731 年，法国克莱洛（A. C. Clairaut）在《关于双重曲率曲线的研究》中提出了空间曲线与曲面的解析学的原理。他将空间曲线看成是两个曲面的交线，而曲面则用一个三变量的方程表示，提出空间曲线有两个曲率的思想，开创了空间曲线理论的研究，在空间解析几何和微分几何发展中起了重要作用。1734 年，克莱洛在《科学院论文集》中提出著名的"克莱洛方程"，给出了从方程本身求奇数解的方法；1739 年他在《解法学一般研究》中还独立于欧拉创立了常微分方程积分因子理论。

二十四

1732 年，欧拉否定费马 1640 年提出的 $2^{2^t}+1$ 为素数的猜测。1734—1735 年他在《彼得堡科学院记录》中研究用对数函数来求调和级数的和，得到"欧拉常数"，他首次引进记号 $f(x)$ 表示变量 x 的函数。1736 年，欧拉在《与位置几何有关的一个问题的解》中宣布解决了所谓"哥尼斯堡七桥问题"，同时证明了费马小定理，成为拓扑学和图论的先驱。1737 年，欧拉导出恒等式，成为现代解析数论特别是素数研究的重要工具；系统论述连分式，奠定了连分式理论的基础。1743 年，欧拉首次陈述了二次互反律，完整地解决常系数线性齐次常微分方程求解问题，提出特解与通解的概念。1746 年，欧拉证明一个复数的复数次幂可以是实数。1748 年，欧拉在《无穷小分析引论》中明确提出"数学分析就是关于函数的科学"，并将函数定义为"由变量与若干数字或常量组成的任意解析表达式"，同时将函数分为：三角函数、对数函数、指数函数、无理次幂函数、隐函数、显函数、单值函数和多值函数等。1750 年，欧拉发现一个关于多面体的公式，即任一凸多面体的顶点数（N_v）、边数（N_e）和面数（N_f）恒满足关系 $N_v + N_f - N_e = 2$。1753 年，欧拉证明 $n = 3$ 时的费马大定理，即 $x^3 + y^3$ 无整数解（xyz 不等于 0）。1760 年，欧拉引进 ϕ 函数，$\phi(n)$ 是小于 n 且与 n 互素的整数的个数，它是现代公开钥（open-key）编码理论中的一个重要定律。1767 年，欧拉在《关于曲面上曲线的研究》中建立空间曲面理论，被认为是微分几何发展史上的里程碑。1795 年，法国数学家蒙日在《关于分析的几何应用的活页论文》中将微积分应用于曲线与曲面的研究，提出一阶偏微分方程，成为微分几何学的重要奠基人之一。

二十五

1742 年，德国的哥德巴赫（C. Goldbach）提出"哥德巴赫猜想"——每个偶数都可以表示为两个素数之和，从此引发了对这个猜想的研究，有力地推动了解析数论的发展。1936 年，德国根岑（G. K. Gentzen）在《纯数论的相容性》中首先证明了纯数论的完全系统的相容性思想。1957 年中国王元利用赛尔伯格（A. Selberg）筛法证明了哥德巴赫猜想的命题（2.3）。1966 年，中国陈景润证明了"每一个充分大的偶数都能够表示为一个素数及一个不超过二个素数的乘积之和"这一哥德巴赫猜想的（1，2）命题，离猜想的解决（1，1）只有一步之遥。

二十六

1747 年，法国的达朗贝尔（J. le R. d'Alembert）在《张紧的弦振动时形成的曲线的研究》中第一次明确导出了偏微分形式的弦振动方程，并给出通解。1748 年，欧拉在《论弦的振动》中给出弦振动方程的特解。1753 年，瑞士伯努利（D. Bermoulli）在《1747～1748 年科学院文集中所述弦振动问题的新思考》中发表了自己关于弦振动问题的思考，他假定所有可能的初始曲线均可表示为正弦级数，使弦振动方程所有可能的解都能是正弦周期模式的叠加。1754 年，达朗贝尔在《科学、艺术和工艺百科全书》中以极限概念为基础建立微积分，提出

"极限与极限理论是微积分的真正抽象（基础）"的观点，极限是"称一个量为另一个量的极限，若后者可以趋近于前者并使趋近程度小于任意给定的量"，微分是"求方程的导数只要求方程中所包含的两个变量的差分之比的极限"。

二十七

1759~1792年，法国的拉格朗日（J-L. Lagrange）发展了循环级数（re-curing series）理论。1760年，拉格朗日在《论确定不定积分式的极大和极小值的一个新方法》中在纯分析而非以往是在几何-分析的基础上建立变分法。1770年，拉格朗日在《整数不定问题解的新方法》中提出一种解一般费马方程 $x^2 - ay^2 = b$（a，b均为整数）的方法。1772年，拉格朗日在《一个算术定理的证明》中证明了费马的一个猜想：任一正整数能够表示为最多四个平方数的和；1772年~1779年，拉格朗日建立了一阶偏微分方程的一般理论，发展了参数变异法，解决了一般 n 阶变系数非齐次常微分方程的求解问题。1788年，拉格朗日的《分析力学》用分析方法对力学作统一处理，创分析力学。1789年，拉格朗日在《各阶数值方程求解通论》中给出任一代数方程必有一根的一个证明。

二十八

1762~1779年，法国贝祖（E. Bezout）发展了高次多项式方程组的消元理论，提出著名的"贝祖定理"——有任意两个未知量而次数任意的完全方程组，其结式方程的次数等于各方程次数的乘积，对现代消元理论有重要影响。1771年，法国的旺德蒙德（A. T. Vandermonde）在《论代数方程的解》中研究了二项方程 $x^p - 1 = 0$ 并证明当 p 为不大于11的素数时，该方程可根式求解，成为群论的先行者。1772年，旺德蒙德最先使行列式研究与线性方程组求解相分离而成为独立的数学对象。1776年，华林给出无穷级数的比值判别法，后来被柯西重新发现后称为柯西判别法。

二十九

1777年，法国布丰（G. L. L. Buffon）在《或然性算术试验》中提出著名的"投针问题"。设平面上有一簇平行线，将一枚针随意扔到平面上，求针与直线相交的概率，其结果可以计算圆周率的近似值。1784年，法国勒让德（A. M. Legendre）在《行星形状研究》中第一次提出勒让德多项式，也称拉普拉斯系数，是在计算椭球体引力时作为被积表达式的无穷级数的系数而获得的。1785年，法国拉普拉斯（P-S de Laplace）在《球状物体的引力理论与行星形状》中引进了位势函数 V，并在球坐标系中推导了位势方程，也称拉普拉斯方程。

1786年，勒让德给出变分法中的"勒让德条件"。1786年，瑞典布灵（E. Bring）使用契恩豪斯（Tschirnhaus）变换成功地将一般五次方程化为三项式。1799年，意大利鲁菲尼（P. Ruffini）在《方程的一般理论》中用拉格朗日的方法证明了不存在一个预解函数能满足一个次数低于5次的方程，1813年，鲁菲尼证明5次及5次以上一般代数方程无根式解。1824年，挪威数学家阿贝尔（N. H. Abel）证明一般5次方程的不可解性，导致了群论的诞生。

三十

1794年，德国高斯（C. F. Gauss）根据计算行星轨道而建立最小二乘法，此方法成为测量工作和科学实验中常用的一种处理方法。1795年，高斯给出二次互反律的第一个完全证明。1796年，高斯发现只用圆规、直尺作正十七边形的方法。1799年，高斯在《每个单变量有理整函数均可分解为一次或二次实因式积的新证明》中给出了代数基本定理的第一个实质性证明；1801年，高斯在《算术研究》中提出近代数论的思想，标志着数论研究的开始；他还依据少量观测数据计算新发现的小行星——谷神星的轨道。

三十一

1797年，挪威数学家韦塞尔（C. Wessel）在《方向的解析表示》中首创用几何方式表示复数。1803年，法国数学家卡诺（L. N. M. Carmot）运用射影几何原理提出《位置几何学》思想。1806年，瑞士阿尔冈（J. R. Argand）发表《试论几何作图中虚量的表示法》，提出复数的一种几何表示法；同年，法国布里昂雄（C. J. Brian-chon）运用配极关系导出射影几何定理：若一圆锥曲线六条切线形成一外切六边形，则连接其相对顶点的三对交线交于一点。1824年，瑞士施泰纳（J. Steiner）提出"反演几何"（inversive geometry）思想，成为射影几何的奠基人之一。1847年，德国数学家施陶特发表《位置几何学》，正式建立射影几何体系，它比欧几里得几何学更基本。1882年，德国帕施（M. Pasch）提出第一个射影几何的公理体系，使几何学成为真正的演绎科学。1910~1918年，美国维布伦（O. Veblen）与扬格（J. W. Young）在《射影几何学》中首次提出射影几何的公理化体系。

三十二

1798年，中国清代焦循撰《加减乘除释》8卷，用甲、乙、丙、丁等天干符号代表不同的数字，提出"论数之理，取于相通，不偏举数而以甲、乙明之"，即认为数学中所讨论的规律应具有一般性。他的研究开创了中国近代符合代数学的先例，反映了近代中国的数学研究注重从传统的具体数值运算转向一般运算规律的探讨。

三十三

1807 年，法国数学家傅立叶（J. B. J. Fourier）提出用三角级数表示函数的思想，导出热传导的方程，解决了较特殊的热传导问题。1816 年，高斯在格丁根（Gottingen）大学学报上发表文章提出非欧几何思想。他确信平行公设不能用其他公设及公理证明，存在逻辑上相容的非欧几何，宇宙不必然是欧几里得几何空间。1826 年，俄国数学家罗巴切夫斯基提出他的非欧几何学说。他将几何命题分为依赖公设和不依赖公设的两类，在证明平行公设中，不依赖公设有一个命题"在一平面上过一直线 AB 外一点至少可以作一条直线与 AB 不相交"；当仅可以作一条直线不与 AB 相交，即可导出欧几里得几何；若可作不只一条直线与 AB 不相交，则导出非欧几里得几何。1830 年，罗巴切夫斯基公开发表《论几何学原理》阐述了自己的非欧几里得几何思想，被称为"罗巴切夫斯基几何"，这是 19 世纪一项具有革命性的思想。

三十四

1830 年，英国数学家皮科克（G. Peacock）在《代数专论》中运用几何公理方法对代数运算的基本法则进行系统研究，赋予代数一种逻辑结构，使代数学脱离实数和复数的特殊性质而变为不加解释的符号及其运算法则的科学。同年，英国数学家德摩根（A. De Morgan）在《三角学与双重代数》中提出：算术与代数中的所有词或符号，除等号（=）外，都没有具体的含义；我们研究的对象应该是纯粹的符号及其组合规则，这些规则就是代数的通用语法。他们的工作为建立代数的公理体现作了准备。法国伽罗瓦（E. Galois）首次提出"群"概念，开创了对各种数域的代数结构作精细研究的先河。1841 年，英国布尔（G. Boole）首开代数不变量问题的研究。1870 年，法国数学家若尔当（M. E. Jordan）在《论置换与代数方程》中首次全面阐述了伽罗瓦的群论，突出了置换群知识与方程论的联系，发展了群理论；他建立了置换群之间的同构及同态概念，给出了传递群与合成群的基本结果，极大地推进了群论的发展。1868 年，德国哥尔丹（P. A. Gordan）证明代数不变量理论中的有限基存在定理，试图建立不变量的完备系，即最小可能个数的有理整不变量与协变量，使任何其他的有理整不变量或协变量均可表示成此完备集合的具数值系数的有理整函数，成为不变量理论中的最大问题。

三十五

1834年，波尔查诺用图形构思出连续但处处不可微的函数。1861年才由德国数学家外尔斯特拉斯给出实例。1837年，德国狄利克雷提出现今通用的函数定义：若变量 y 以如下方式与变量 x 相关联，即只要给 x 指定一个值，按照一个规则可以确定唯一的 y 值，则称 y 是独立变量 x 的函数；他还利用分析学工具研究数论问题，提出狄利克雷定律，该定律成为解析数论的开创性成果。1882年，德国克罗内克（L. Kronecker）创立有理函数域论。同年，法国彭加勒提出自守函数的一般理论。

三十六

1843年，英国哈密顿创立四元数概念及其运算法则，成为向量代数、向量分析和线性结合代数理论的先导；同年，英国凯莱（A. Cayley）提出 n 维空间概念，打破了传统三维空间的观念。1844年德国格拉斯曼（H. G. Grassmann）研究 n 维几何学，提出线性扩张的量，即具有 n 个分量的超复数的基本概念及其运算规则。1939年，荷兰范德瓦尔登（B. L. van der waerden）在《代数几何引论》中应用抽象理想论引进交换代数方法奠定代数几何的新基础。1854年，德国数学家黎曼在《关于几何基础的假设》的演讲中提出 n 维流形的所谓黎曼几何学思想，认为几何不必局限于点、线、面或空间，而代之以根据某些规则组成的有序 n 元量的集。1859年他还提出有关复零点的猜想。这些思想对爱因斯坦提出相对论产生了积极影响。

三十七

1849年，凯莱提出抽象群概念，1855年凯莱又提出矩阵概念，1858年发表《矩阵论的研究报告》，其中讨论了矩阵及其运算规则，矩阵在乘法及四元数在加法下体现抽象群的特征，促进了抽象代数的发展。1859年，他研究了欧几里得几何与影射几何的关系，以一般影射关系决定度量的思想和方法，指明了影射几何的基础性质，1871年，克莱因发挥这一思想，论证了欧几里得几何与影射几何的关系。1873年，挪威数学家李（S. Lie）研究连续变换群理论，即 n 维空间中依赖于 r 个参数的光滑映射构成的群的理论。次年他就得到有限连续群的一般理论，连续群也因此也称"李群"，因研究连续群而创立的代数被称为"李代数"。1913年，法国嘉当（E. J. Cartan）在证明正交群的线性表示过程中引入旋量概念，利用它可以将复合向量由三维转变成二维表示，从而建立了半单纯李群的基本概念。1948年，法国数学家谢瓦莱（C. Chevalley）与艾伦伯格

(S. Elenberg) 建立了李代数的上同调理论,将李群和李代数的研究推向新的高度。1968 年,卡茨(V. Kac)和穆迪(R. Moody)彼此独立提出了一类新的李代数,这种李代数可以看成复半单李代数;半单李代数指不含非零可解理想的有限维李代数在无穷维的很自然的类比,后来称之为卡茨-穆迪代数。

三十八

1870~1872 年,德国康托尔(G. F. L. P. Cantor)提出"点集"思想。他从分析学中傅里叶级数的唯一性问题开始,连续发表论文探讨这一问题的收敛性,证明 $f(x)$ 展式在有限个 x 值上不收敛,认为这些不收敛点的总体为例外值集合,由此引入了直线上的一些点集拓扑概念,开启了集合论的研究。1872 年,戴德金给出无穷集的定义,"若系统 S 和它本身的一个真正的部分相类似,则我们称它为无穷系统;否则,称 S 为有限系统"。从 1874 年,起康托尔发表一系列关于集合论与超限数的论文,创立现代集合论。他将集合定义为:"若干确定的有区别的事物的整体。其中各个事物称为该集合的元素。"他还提出按照一一对应规则区分无穷集大小的思想,即集合的势的概念,以及关于序数和基数的理论。1892 年,法国阿达马(J. Hadamard)首次将集合论引进复函数理论,为集合论的发展起到了推动作用。

三十九

1887 年,法国达布(G. Darboux)创立微分几何中的活动标架法。在《正交系与曲线坐标》中他提出活动标架概念,在描述固体运动时,可以将一个标架固定在固体上来描述该标架的运动。在三维空间中,标架是指一点 p 及经过 p 的互相垂直的单位矢量。活动标架的提出建立了完整的曲线理论,成为微分几何中极为重要的方法。同年,意大利里奇(C. G. Ricci)提出绝对微分学(张量分析)思想,在爱因斯坦的广义相对论中得到应用。

四十

1890 年,意大利数学家皮亚诺在《算术原理新方法》中首次提出自然数的公理体系,将普通算术约化为明白无误的、意义明确的形式符号体系。他从不加定义集合、自然数、继数、属于等概念出发,提出自然数的 5 条公设:①0 是一个自然数;②2 不是任何自然数的继数;③其他每个自然数都有一个继数;④如果 a 与 b 的继数相等,则 a 与 b 也相等;⑤若一个由自然数组成的集合 s 包含有 0,又若当 s 包含任一数 a 时,它一定含有 a 的继数,则 s 包含全部自然数(数学归纳法公理)。

四十一

1895 年，彭加勒在《位置分析》中创立组合拓扑学。自 1892 年彭加勒就开始研究 n 维图形的拓扑性质，到 1904 年连续发表论文，引入贝蒂数、扰系数和基本群等概念，提出流形的三角剖分、单纯复合形、对偶复合形、复合形的关联系数矩阵等工具，证明了流形的同调对偶定律，建立了组合拓扑学。1904 年，彭加勒提出拓扑学中的彭加勒猜想，即单连通的三维闭流形必与三维球面同胚，推进了拓扑学和微分学的发展。

四十二

1903 年，英国罗素在《数学的原理》第一卷中提出"罗素悖论"，也称"理发师悖论"，引发了对数学基础的研究。1901 年罗素发现，所有集合可分为两类：一类是不包含自身为其元素的集合；另一类是包含自身为其元素的集合。考虑所有不属于自身的集合所组成的集合，问该集合属于哪一类？无论怎样推理均得出矛盾的结果。1919 年，他将这一悖论通俗地解释为：某村的理发师宣布，他只给本村所有不给自己刮脸的人刮脸，问题是，理发师是否给自己刮脸。为了解决这个悖论，他又提出类型论，提出"自己属于自己"的命题，尽管避免了这个悖论，但是仍然不能解决命题或语义学悖论。

四十三

1904 年，德国数学家策梅罗（E. F. F. Zermelo）首先提出选择公理：对于给定的非空且不相交的集合的任何一个总体，总可以在每一集合中选择一个元素，构成一个新集合。该公理成为集合论基础研究的重要工具。1908 年策梅罗本人运用这个公理建立第一个集合论公理体系，给出了外延、空集、无序对集、并集、幂集、分离、无穷与选择等公理。1919 年弗伦克尔（A. A. Fraenkel）在《集合论导引》中对策梅罗的形式集合论进行改进，1922 年，他从可数个体不是集合的个体出发，构造了一个不满足选择公理的集合论模型，补充了替换公理和正则公理，形成了集合论公理化的 ZE 体系，使数学基础得到进一步加强。1906 年，法国弗雷歇（M-R Frechet）在《关于泛函演算若干问题》中创立抽象空间理论。他运用集合论思想，将空间看作具有某种结构的集合，使许多数学问题可归结为空间上的函数或空间之间的映射算子的研究，为泛函分析和点集拓扑学奠定了基础。1909 年，匈牙利里斯（F. Riesz）提出里斯表示定理，这是泛函分析发展史上的一个里程碑。

四十四

1906~1912 年，俄国数学家马尔可夫提出并研究了一种能用数学分析方法研究自然过程的一般图示，即马尔可夫链的概率模型，同时开创了对一处无后效性的随机过程，即马尔可夫过程的研究，这些工作推动了概率论研究。1917 年俄国数学家伯恩斯坦提出概率论的公理化结构，构造了概率论的第一个公理化体系，成为概率论发展的里程碑。

四十五

1907 年，荷兰数学家布劳威尔（L. E. J. Brouwer）在《论数学基础》中建立直觉主义理论体系。他认为所有定义和命题都必须通过构造来实现，数学的对象是从理智的构造得来的，而逻辑不是发现真理的绝对可靠的工具，在真正的数学证明中不能使用排中律，因为排中律和其他经典规律是从有穷集抽象出来的，不能无限制地使用到无穷集上去，1912 年他开始用直觉主义构造微积分、代数、初等几何，建立了直觉主义逻辑体系。

四十六

1907 年德国闵可夫斯基（H. Minkowski）在《时间与空间》中提出数学时空观。他将时间与空间融合为一体，使同一现象的描述能够用极其简单的数学方式表示，也使三维几何学变成了四维物理学，为相对论提供了数学工具。这种时空也称闵可夫斯基时空。1917 年，意大利数学家列维-齐维塔（T. Levi-Civita）提出弯曲空间的平行位置概念，使得黎曼空间具有明显的几何意义而容易理解。

四十七

1910 年，德国施泰尼茨（E. Steinitz）在《域的代数理论》中首次对域论进行统一的抽象处理，提出素域概念，定义了特征数 p 的域，证明每个域均可由其素域通过添加而得到，给出了代数扩张的方法，推进了抽象代数学的发展。1913 年，匈牙利数学家屈尔沙克（J. Kurschak）提出赋值概念，首先使用公理化方法讨论乘法赋值，证明任何赋值域都能够依靠添加新元素而扩充为一个代数封闭的完全域，不仅奠定了赋值论的基础，也推进了抽象代数的发展。

四十八

1910~1913 年，英国罗素与怀特海（A. N. Whitehead）在《数学原理》中提出数学基础逻辑主义的基本理论。自提出"罗素悖论"后,又提出分支类型论:集合本身不能作为它自身的元素,不同类型的命题不能等量齐观。他们进一步提出可以归化公理:所有命题可归化为等价的 0 型命题。还提出关系算术理论,信奉"数学就是逻辑"的观点,建立了一个完整的命题演算和谓词演算系统,使数学成为一个纯形式的演绎科学。1939 年,法国布尔巴基(N. Bourbaki)学派提出《集合论》。1939～1940 年,奥地利-美国哥德尔(K. Godel)证明公理集合论的相容性思想。1921 年,波兰-美国数学家波斯特(E. L. Post)在《一般基本命题理论导论》中证明命题演算的完备性与相容性,提出多值逻辑系统思想,发展了数理逻辑。

四十九

1916 年,德国比贝尔巴赫(L. Bieberbach)提出单叶函数中的著名猜想:在单位圆内,单叶解析函数的系数 a_n 小于等于 n 对所有的 n 成立,被称为比贝尔巴赫猜想。他本人证明了 a_2,后人相继证明了 $a_3\sim a_6$,这些证明推进了许多数学分支的发展。1918 年,德国外尔(C. H. H. Weyl)在《空间、时间、物质》中运用哲学思维和数学方法阐述广义相对论,提出统一场论思想。

五十

1928 年,德国数学家希尔伯特(D. Hilbert)与阿克曼(F. W. Ackermann)在《理论逻辑基础》中确定数学基础形式化的方法,他们认为数学本身是一个形式系统的集合,数学的任务就是发展出每一个包含自己的逻辑、概念、公理及推理规则的演绎系统,只要推演过程不产生矛盾即可。这些思想对数学基础的研究有广泛影响。

五十一

1932 年,匈牙利-美国冯诺伊曼(J. von Neumann)在《量子力学的数学基础》中发展了希尔伯特空间的算子理论。1933 年,匈牙利哈尔(A. Haar)在《连续群理论中的测度》中给出群论的哈尔测度理论,对拓扑群的发展尤为重要。1935～1936 年,波兰数学家胡雷维奇(W. Hurewicz)连续发表 4 篇论文《形变的拓扑学研究Ⅰ-Ⅳ》建立了群的拓扑理论。1936 年美国惠特尼(H Whitney)在《微分流形》中证明了任何微分流形 M^n 可嵌入 R^{2n+1}、可浸入 R^{2n} 中的微分拓扑学的思想。1942 年,美国莱夫谢茨(S. Lefschetz)在《代数拓扑学》中第一次出现代数拓扑学概念,标志着代数拓扑学的确立。1952 年,美国考尔德伦(A. P. Calderon)和济格蒙德(A. Zygmund)提出一种特殊的积分变换,也就是将希尔伯特变换推广到高维欧几里得空间。1953 年，法国托姆（R. Thon）创立微分拓扑学中的协边理论。1959 年，美国米尔诺（J. Milmor）发展了托姆的协边理论，探讨了复协边、自旋协边理论。

五十二

1936 年，美国波斯特（E. L. Post）在《有限组合过程——公式化Ⅰ》提出与英国图灵（A. M. Turing）几乎一样的一种理想计算器，即图灵机。同年，图灵在《论可计算数及其对决策问题的应用》中提出一种计算的数学模型——图灵机。1941 年，德国楚泽（K. Zuse）发明计算机 Z-3，这是世界上第一台程序控制通用自动计算机。1944 年，冯诺伊曼和乌拉姆（S. M. Ulam）在研究原子弹的过程中利用计算机模拟中子在裂变物质中随机扩散的某些概率计算问题，这种基于大量的统计试验的数值计算方法被称为蒙特卡罗法。1945 年，冯·诺伊曼提出一种全新的计算机内存储程序概念。

五十三

1941 年，日本角谷静夫（K. Shizuo）把单值映射的布劳威尔（Brouwer）不动点定理推广到多值映射，得出角谷不动点定理，在对策论、泛函分析方法有广泛应用。1942 年，美国范曼（R. P. Feynman）从最小作用量原理出发定义路径积分，给出量子力学另一种等价的表达形式，后来称为范曼路径积分，在量子物理学中有重要影响。

五十四

1943 年，中国陈省身将紧致曲面上的高斯-博内公式推广到高维曲面和紧致黎曼流形上，这是微分几何学上的一大进展。同年，江泽涵研究不可定向流形 M 与它的可定向二叶复迭空间的关系，证明 M 的任何可定向复迭空间也必是 M 的复迭空间，并且 M 有周期为 2 的无不定点的反定向自同胚。1949 年，华罗庚证明了代数中一个定理：体的半自同构必为自同构或反自同构，从而证明了特征不为 2 的体上的一维射影空间的基本定理。

五十五

1944 年，美国扎里斯基（O. Zariski）解决了三维代数千簇的奇点解消问题，发展了他的二维代数簇——代数曲面的奇点解消问题。同年，法国迪厄多内（J. A. Dieudonnne）引入仿紧空间概念；美国惠特尼（H. Whitney）用惠特尼技巧证明任何 n 维流形 M^n 均可嵌入 R^{2n}，并可浸入 R^{2n-1}（$n>1$）；奥地利阿廷

(E. Artin)建立阿廷环理论。1945 年，法国施瓦尔茨提出广义函数论（又称分布论），完全解决了广义函数的傅里叶变换问题。同年，波兰-美国艾伦伯格和麦克莱恩（S. MacLane）引入了群的（系数在任意域中的）上同调群的概念；法国勒雷（J. Leray）建立了谱序列理论，这是同调代数中的一个重要理论和研究同调变换的重要方法。

五十六

1947 年，罗马尼亚-美国瓦尔德（A. Wald）在《序贯分析》中创建了序贯分析这一数理统计学学科；美国丹齐格（G. B Dantzig）发展了线性规划理论，提出线性规划这一概念和一般的线性规划模型，建立了单纯形法，为线性规划学科奠定了基础。1949 年，法国韦伊（A. Weil）提出代数簇 V 的同余函数的四个猜想，称为韦伊猜想。1950 年，美国邓福德（N. Dunford）创立谱算子理论。同年，罗马尼亚-美国 A. 瓦尔德（A. Wald）提出统计决策理论，该理论把数理统计问题看成统计学家和大自然的博弈。1951 年，美国库恩（H. W. Kuhn）和塔克（A. W. Tucker）发表关于最优性条件（后称为库恩-塔克条件）的论文，标志着非线性规划这一学科的形成。1953 年，美国基弗（J. C. Kiefer）提出优选法即最优化方法；美国贝尔曼（R. Bellman）在《动态规划理论导引》中第一次提出"动态规划"概念；美国杜布（J. L. Doob）在《随机过程》中提出随机过程的基本理论，建立了随机函数理论的公理结构。

五十七

1954 年，苏联马尔可夫（A. A. Mapkob）建立了一种以算法概念为基础的构造性数学体系，把其他一切概念都归约为一个基本概念——算法概念。1955 年，法国塞尔（J-P Serre）把代数簇的理论建立在层的概念上，并建立了凝聚层的上同调理论。1957 年，法国 A. 格罗唐迪克把代数函数域理论中的黎曼-罗赫定理加以推广，得出广义的黎曼-罗赫定理。1958 年，日本永田雅宜（N. Masayosi）证明：存在群 r，其不变式所构成的环不具有有限个整基。苏联 л. C. 庞特里亚金提出极大值原理，苏联柯尔莫戈罗夫在遍历理论的保测变换的研究中引进了测度熵的概念。

五十八

1959 年，瑞典赫尔曼德得出变系数线性偏微分方程解的存在性、唯一性和正则性的有关结果。德国克里普克（S. A. Kripke）提出关系语义概念并证明一个模态系统 S5*（带量词的 S5*）对于适应的关系模型概念是完备的，建立了模态逻辑的语义学方法，有力地推动了模态逻辑的发展。

五十九

1960 年，英国亚当斯（J. F. Adams）用拓扑学方法解决了一个著名的代数难题，促进了代数拓扑学的发展。同年，美国斯梅尔（S. Smale）解决了维数不少于 5 的广义彭加勒猜想；美国卡尔曼（R. E. Kalman）引入状态空间分析系统，提出能控制、能观测性、最佳调节器和卡尔曼滤波等概念，奠定了现代控制理论的基础；意大利德乔吉（E. de Giorgi）提出"几何测度论"，其中关键的是紧性定理；美国鲁宾逊（A. Robinson）用模型论的方法给出了包括经典数学分析在内的实数结构 R 的完全理论的非标准模型 ∗R。

六十

1961 年，美国斯坦（E. M. Stein）把 L^p（$p>1$）空间中的傅里叶级数的理论——李特伍尔德-佩利理论中的算子"g"函数推广到高维空间。1961 年美国希格曼（G. Higman）证明：一个群是递归可表示的当且仅当它同构于一有限表示群的子群。1963 年，美国汤普森和菲特（W. Feit）提出"奇数阶群是可解群"的思想，建立了 P 局部子群分析方法，标志着有限单群分类问题的一个重大突破。美国科恩开创力迫法（forcing method）并用此方法证明了连续统假设（CH）相对于 ZF 公理系统的独立性，解决了康托尔连续统基数问题。

六十一

1965 年，美国扎德（L. A. Zadeh）提出"模糊集合"（fuzzy sets）理论，开创了模糊数学这一新的数学分支。美国芒福德（D. B Mrmford）在《几何不变式论》中创立了几何不变式理论，美国艾萨克斯（R. P. Isaacs）提出《微分对策论》思想。1969 年苏联叶戈罗夫证明：当 A 为一个傅里叶积分算子，而 P 和 Q 是使相似关系 $PA=AQ$ 成立的拟微分算子，则 P 和 Q 的象征由位相 $S(x, n)$ 生成的典型变换联系。1966 年，美国穆尔（R. E. Moore）在《区间分析》中第一次系统提出区间运算的理论，创建了一门用区间变量代替点变量进行运算的数学分支——变称区间数学。1967 年，英国阿蒂亚（M. F. Atiyah）和美国博特（R. Bott）把莱夫谢茨的不动点定理（1926 年）推广到包括椭圆形复形的情形，得出阿蒂亚-博特不动点定理。1968 年，阿克斯（J. Ax）证明了有限域的初等理论是可判定的，即关于有限域的初等理论中，存在能行的方法使得对它的每一语句能在有限步内机械地判定它是否真，从而促进了判定问题的理论研究。

第十章 物理学思想简史

一

公元前400年,中国墨家学派主张知识源于闻知、说知和亲知,也就是知识源于五感感觉的直接经验,提出认识自然的三个原则:①以名举实,即名称指的必须是实在的事物;②以辞抒意,即以概念表达判断;③以说出故,即说出所以然来。

二

公元前350年,古希腊亚里士多德提出颜色说、运动论和四因说。他认为颜色是人的主观感觉,所有颜色都是光明与黑暗,黑与白按其比例混合的结果。他将自然界的运动分为两类:一类是天然运动;另一类是强迫运动。天体的运动属于天然运动,地上天然处所的运动,如火焰的升腾也是天然运动;大地是一切由土组成的物体的天然处所,因此物体下落是理所当然的;静止物体在推动作用下的运动就是强迫运动;重的物体比轻的物体下落快。他认为自然界的各种变化有四种原因:形式因、质料因、作用因和目的因。比如,他对蜥蜴皮肤颜色随环境变化的解释是:形式因说明是由于蜥蜴在环境中运动,质料因说明是由于皮肤存在颜色因素,作用因说明是指光线的作用,目的因说明则指力求避免被天敌发现。

三

公元前300年,古希腊的欧几里得著《光学》,提出光的直线传播性,讨论了光的反射定。他认为物体之所以能够被看见,是因为眼睛发出的光线射到物体上的结果。这一认识后来证明是错误的。直到139年,古罗马托勒密在《光学》中论述了光的折射和反射现象,提出光有两种方式改变路径:一是被镜子反射,不能穿透;二是光能穿过介质,但被介质所弯曲。通过实验他发现光的入射角和折射角之比是一常数,并首次测定了入射角和折射角。1030年,阿拉伯的哈增在《光学》中指出,在反射现象中,不仅反射角等于入射角,而且反射光线必定在入射光线与界面法线所确定的平面内,从而完善了反射定律;他提出著名的哈增问题,即给定法光点和眼睛的位置,求出球面镜、圆柱面镜上发生发射的某一点;他还第一次详细叙述了人的眼睛的结构,提出网膜、角膜、玻璃状态等至今仍使用的概念。1090年，中国北宋的沈括在光学研究中作了许多观察和实验，对针孔成像和球面成像问题作了深入研究，提出"碍"即焦距的概念，认为针孔成像和凹面成像均是由于光线通过"碍"的缘故。在《梦溪笔谈》中他还较合理地描述了透光镜的制作工艺和透光原理。1200年，中国宋代的赵友钦在《革象新书》中设计和实施了小孔成像的实验，得出：物距、像距、光源强度和孔窍都会影响像的大小和浓淡；孔大时，所成像与孔形状相同，孔小时，所成像与光源形状相同。直到1615年，荷兰的斯涅耳才提出光的折射定律的数学形式，因此也称此定律为"斯涅耳定律"，即"折射定律"。

四

公元前212年，古希腊阿基米德著《论浮体》，提出浮力定律，即物体在水中减少的重量等于排开水的重量。公元前200年，阿基米德在《论板的平衡》中提出两个公理：①同重的物体放在和支点距离相等的地方，则保持平衡；②同重的物体放在和支点距离不相等的地方，则不保持平衡，离支点远的一端必然下坠。在此基础上提出杠杆原理：在杠杆上的不物体，仅当与悬挂它们的支点相距的臂成反比时，才处于平衡状态。他声称"给我一个可靠的支点，我就能撬动地球"。

五

公元前122年，中国西汉刘安等在《淮南子》中提出自然天道观，认为宇宙万物都是"道"生成的，即"一生二，二生三，三生万物"；"道"是"霞天载地"，"高不可际，深不可测"的东西。这是具有唯物主义的观点，是从自然本身出发解释自然现象。500年，中国南北朝时期道家学派作《关尹子》记叙了道家对热本质的解释，"寒暑温凉之变，如瓦石之类，置之火即热，置之水即寒，呵之即温，吹之即凉，特因外物有来有去，而彼瓦石实无去来"。他们用外物来解释热的变化。

六

1543年，意大利天文学家哥白尼撰成《天体运行论》，提出日心说的基本思想。他运用三角形论证了天体运行的规律，运用数学方法说明地球、月球和行星的运动规律，推翻了盛行的传统地心说，标志着自然科学上的一场革命，史称"哥白尼革命"。1609年，德国开普勒在《关于火星运动》中提出关于行星运动的第一和第二定律。行星绕日运动的轨道是椭圆形曲线，太阳在椭圆的一个焦点上；太阳和行星的连线在相等的时间过相等的面积。1619年他又提出行星运动第三定律：行星公转周期的平方与太阳平均距离的立法成正比。这三个定律奠定了行星运动规律研究的基础。

七

1600年，英国吉尔伯特著《磁石论》。他通过磁性的小地球实验，发现与地球上看到的现象类似，得出地球本身是一个巨大的磁体，两极位于地球的南极和北极附近。他还根据物体摩擦吸引小物体的现象，将物质分为电性物质和非电性物质两类，根据实验得出：①磁是磁体本身所具有的性质，电性是则是通过摩擦才能产生；②磁石只对被磁化的物体有作用，电却能吸引一切轻小物体；③磁的作用可以透过水、木板和石头，而带电物浸在水中电性就会消失；④电可使轻小物体向带电方向移动，而磁力只是在磁极处有明显的吸引作用。

八

1611年，开普勒在《屈光学》中提出光的全反射概念，根据光的可逆性指出，光由玻璃射向空气，当入射角小于42°时，空气中没有相应的折射光线，发生了全反射；折射角由两部分组成，一部分正比于入射角，另一部分正比于入射角的正割。1637年，法国笛卡儿在《屈光学》中首次提出光是机械微粒子的观点，认为光是由大量细小的弹性粒子组成的，以此观点解释了光的反射与折射，第一次提出具有现代形式的折射定律。1657年，法国费尔马提出的光程最小原理：光线在空间两点之间的传播，其路径的光程必取极小、极大或常数值，这一定律的提出为光学的定量研究提供了理论依据。1660年，意大利物理学家格里马耳迪最早提出光的波动说。他认为光与投石击水激起的波相似，只是光的速度更快。光的不同颜色是由它们波动频率的差异引起的。1664年，牛顿做光的色散实验，他用一束光通过三棱镜，观察到七种不同颜色的光，由此他推断七种光是白光分解的结果。同年，英国物理学家胡克提出波动论，认为光必定是一种振动，发光体的每一次脉动和振动都将形成一个球面并不断扩大，提出了波面的概念。1666年，意大利格里马迪通过小孔实验发现光的衍射现；通过双孔实验发现双光束干涉现象。1669年，丹麦巴塞林用一束光线垂直照射冰洲石晶体表面而发现光的双折射现象。1675年，牛顿发现薄膜中的彩色环，说明了光具有波动性和周期性。1676年，丹麦罗默首次利用天文数据测光速，其值为每秒 2.25×10^5 公里，现代利用他的方法测定的值为每秒 2.99×10^5 公里。1678年，惠更斯通过光照射冰洲石观察到双折射现象，提出双折射晶体中的光线具有偏振性。1690年，惠更斯发表《光论》，认为光的传播是某种物质运动的传递，不是物质本身的转移，提出"光线不是纯几何线，光速也不是无限的"，全面阐述了波动理论；他还提出著名的惠更斯原理,即"光波发射时,传播光的每个物质粒子只把运动传给前面的邻近粒子,而且还应传给周围所有其他和自己接触并阻碍自己运动的粒子。因此,在每一个粒子周围就产生以此粒子为中心的波"。1693 年,英国哈雷提出透镜焦距公式,为解决透镜成像奠定了基础。1727 年,英国布拉德雷发现光行差,即星的表观位置在地球轨道速度方向上的位移。1729 年,法国布盖和朗伯特提出光的吸收定律,即光在传播中能为物质所吸收。1748 年,欧拉提出光压概念,即照射在物体表明的光会对物体表明产生压力,也就是存在"光压",这一概念对波动说的发展起着重要的作用。1760 年,德国朗伯特提出关于光源的发光强度、亮度、照度等光度学概念,并提出发光源的照度定律,奠定了光度学的基础。

九

1632 年,意大利伽利略提出力学的相对性原理。他描述了一个在船舱里发生的力学现象,只要船的运动是匀速的,船舱内的现象没有任何变化。这就是著名的相对性原理,它揭示了地心说的虚假性,使人类的认识向前迈进了一大步,成为相对论的起点。1636 年,伽利略在《两门新科学的对话》中设计理想斜面实验,由此推出自由落体定律:一物体从静止开始,作相同加速度的下落运动,它所通过的距离与时间的平分成正比;从静止作匀加速运动的物体,通过某一距离的时间,与同样物体以平均速度通过同样距离所需的时间相同。这一定律打破了两千年来的没有力的作用物体就不能运动的错误观念,首次提出力不是维持物体运动的原因,为惯性定律的提出奠定了实验基础。该书的问世标志着物理学的真正开始,在人类思想史上具有划时代的意义。1673 年,伽利略还发现了单摆运动的等时性。

十

1633 年,帕斯卡在《论液体的平衡》中通过做实验提出流体压强传递定律:加在密闭流体任一部分的压强,必然按其原来的大小由流体向各个方向传递。1644 年他又做了大气压强的实验,得出:如果水银柱能够被空气压力支持住,那么在海拔高的地方这个水银柱应该短一些,证明了大气压强随高度的增加而减小。1738 年,瑞士物理学家伯努力利在《流体动力学》中指出,活力消失时,做功的能力并不消失,只是变成了另一种形式,这就是伯努力利流体守恒原理。伯努力根据活力守恒和质量守恒推导出流体中压力、速度和重力势能之间的比例关系,被称为伯努力定律。这一定律后来被欧拉表述为:密度不变的理想液体在定常流动的情况下,在同一流线上其单位质量流体的压力能、动能和重力势能之和为一常量。1755年，欧拉提出理想流体动力学基本方程———一组非线性偏微分方程；1758年欧拉又提出一组动力学方程。

十一

1644年，笛卡儿提出碰撞现象的两个正确规则：两个相同物体以大小相等方向相反的速度碰撞后，相互交换速度；物体A与静止的B相碰撞，无论A的速度多么小，都将推动B沿着自己的运动方向以同样的速度运动。同年，他明确提出用运动物体的重量与速度的乘积的来表示"运动量"，即动量概念。质量概念提出后，动量$p=mv$。1669年，英国物理学家惠更斯在《论碰撞作用下的物体运动》中提出5个假设和13个命题，其中命题1说明完全弹性碰撞的两个物体，一个所失去的动量，将被另一个物体全部获得，而且在碰撞前后总是朝一个方向作匀速直线运动，表明动量具有方向性。后来他把动量守恒定律描述为：物质系统在外力和为零时，其总动量保持不变。1686年，德国莱布尼兹引入动能概念。他最早提出"活力"概念（mv^2）作为运动的量度，指出宇宙间活力的总和是守恒的，他提出的活力其实就是动能的概念，1807年，英国物理学家T.杨建议将活力概念改为能量，但未引起重视。

十二

1687年，英国牛顿的《自然哲学的数学原理》问世，这是一部划时代意义的书，标志着经典力学理论体系的形成，其中包含了以下思想。①力学运动三定律：每个物体都有继续保持其静止或沿一直线作匀速运动状态的性质，除非有外力加于其上迫使它改变这种状态；运动的改变和所加的动力成正比，且发生在所加的力的那个直线上；每一作用总是有一相等的反作用和它相对抗。②引入绝对时间和空间概念，简单说就是时间、空间与其自身之外的任何事物无关。③他提出四个推理规则：除那些真实而已足够说明其现象者外，不必去寻找自然界事物的其他原因；对于自然界中同一类结果，必须尽可能归之于同一原因；物体的属性，凡既不能增强也不能减弱的，又为实验所能及的范围内的一切物体所具有的，就应视为所有物体的普遍属性；原来认为是正确的东西，在没有出现其他现象足以使之更为正确，仍然予以承认其正确。④提出万有引力定律：任何两个物体之间，由于它们具有质量而产生相互吸引力，胡克也提出这种思想，并首次所有"万有引力"一词，明确提出引力与距离的平分成反比的观点，而牛顿则给出了清晰的数学表达式。

十三

1730年，格雷发现电荷分布的表面效应，即表面积相同的物体所带电荷量相同，与物体的重量无关。1733年，法国迫费发现电荷间作用力——吸引力和排斥力。同年，杜菲为了回答带电体为什么带有两种电荷，提出带电体的双流质假说，即物体带有两种电荷：一种是玻璃电，另一种是树脂电。1757年，英国物理学家辛麦对此作了补充，认为带正电的物体是正电流质含量多于负流质；带负电的物体则是负流质多于正流质；不带电的中性物体是由于所含的两种流质相等。1750年，美国的富兰克林通过风筝实验统一了闪电与静电，提出云层因相对运动而发生摩擦带电的雷电成因说后，又提出正电与负电的概念，认为两种电本质上没有什么差别，摩擦起电过程中形成等量的异种电荷，一方失去的电荷与另一方得到的电荷在数量上相等，从而发现了电荷守恒定律：电荷即不能创生也不能消灭，只不过是从一种带电体转移到另一个带电体，在电荷转移过程中，电荷的总量是不变的。1758年，富兰克林又提出单流质假说解释电的本质，他认为电是一种在平常条件下以一定标准存在于所有物质中的"无重流质"。当玻璃受摩擦时，流质流入玻璃，使其流质的含量超出标准量而带正电；当琥珀受摩擦时，流质从琥珀中流出，使其流质的含量少于标准量而带负电；物体所含电液的数量是标准量时，则物体不带电，呈现中性状态。后来他又补充说流质实际上是一种"无重微粒"。流质说有点类似燃素说，如果将流质换成"电子"，就更接近实际了。1786年，意大利物理学家伽伐尼在对青蛙做解剖时发现了"动物电"，认为电来自蛙的神经，金属只是起传导作用。1800年，意大利伏打发明电堆，证明了伽伐尼发现的不是动物电，而是金属电，于是他通过实验进一步发现了不同金属接触起电效应。这种金属接触起电效应被称为伏打效应。

十四

1745年，俄国的罗蒙诺索夫提出关于分子运动的观点：热现象不需要特殊的物质观念作为对它的解释，热的根源在于运动，热就是物质的运动；由于物质的原子结构，在体系中可能有组成它的粒子的运动，而没有体系的整体运动，热现象就是物体的这种"内运动"的表现，这个物体自身就会变冷，而且运动所给出的能量一定等于所接受的能量；空气的分子运动是混乱交错的、无规则的；内运动的微粒本身的结构是球形的，只有如此，当固体变热时，在膨胀过程中仍然可保持它的外形不变。1779年，克雷洪提出热质说，提出火是一种流动着的物质，这种流动的物质是由微小的火粒子组成的，火粒子之间存在着一种排斥力使它们相互排斥；自然界中几乎所有物质都对火有吸引力，但不同物质对火的吸引力不同，所有热现象都是来自火粒子以排斥力的改变而改变对火的吸引力。他断言："火永远不会凭空创造出来。"热质说与热是分子运动观点相比是一种倒退，因为根本不存在所谓的火粒子。在氧化说提出之前，关于热的本质的探讨仍然在继续。

十五

1767 年，英国卡文迪许做了电的表面效应实验，推断出导体中电荷必然均匀分布在球体表面。在此基础上 1771 年他根据单流质假设解释了电荷在导体上的分布，提出电力的大小与距离的比例关系的假设，即反平方定律。这一定律是库仑定律建立的前提。1784 年，法国库仑通过"扭称实验"得出：两个带有同样类型电荷之间的排斥力与两球中心之间的距离平分成反比。1785 年他在关于电力与磁力相互作用的论文中提出，电荷或磁极之间的作用力与其距离的平分成反比，与两者所带电量的乘积成正比的关系。这就是著名的库仑定律。该定律不仅揭示了电力或磁力相互作用的规律，而且也说明电、磁作用力与万有引力之间存在着内在的统一性。

十六

1784 年，法国的奥伊在《晶体结构理论》中认为，方解石等晶体之所以有明显的解理面，是由于晶体是由内在的一些基本单位即组成分子，依照一定规律在空间排列的实体。也就是说，晶体结构的空间排列必须服从一定的对称规律，不管其组成分子是什么，即晶体的性质是由其内部周期性决定的。这就是奥伊晶体结构理论的基本观点。1830 年，赫塞尔发现晶体的宏观对称性，认为晶体的对称理论应该有宏观对称性与微观对称性之分，晶体的理想外形都是一些对称的多面。这一发现预示了物质的原子论。1850 年，布喇菲根据对晶体对称性的考察，提出 14 种三维空间的晶格点阵：简单三斜晶胞、简单单斜晶胞、底心单斜晶胞、简单正交晶胞、底心正交晶胞、六角晶胞、三角晶胞、体心正交晶胞、面心正交晶胞、简单四方晶胞、体心四方晶胞、简单立方晶胞、体心立方晶胞、面心立方晶胞。这些晶胞也称布喇菲格子。1914 年，英国物理学家达尔文从 X 射线动力学理论出发进行计算，提出晶体的嵌镶结构理论。1916 年德拜-谢乐提出用 X 射线研究晶体结构的方法。1933 年，维格纳和赛茨提出晶体理论的元胞法。

十七

1787 年，法国查理发现气体体积随温度变化的规律，即一切气体的压力和体积都随着温度的升高而增大和膨胀。1802 年，法国盖·吕萨克对各种气体的热膨胀率进行了精确测定，得出一切气体在压强不变的情况下，其体膨胀系数都相等。这就是盖·吕萨克定律。同年，道尔顿提出分压定律：容器中混合气体对容器壁所产生的总压强，等于在同样温度、体积条件下组成混合气体每一单独存在时分压强之和。1805年，道尔顿从气体溶解度的不同发现了不同气体的终极粒子——原子的相对重量也是不同的，而所有同一性质的物体的终极粒子，其重量和形态是完全相同的，物体就是由大量的终极粒子组成的；终极粒子之间既有吸引力，也有排斥力——同类粒子相互排斥，异类粒子相互吸引；物质存在三种状态，即固体、气态和液态，它们由构成物体的终极粒子之间的引力强弱和运动时所受到的妨碍程度所决定。1819年，法国物理学家杜隆和珀通过实验提出关于固态元素的原子热定律：所有由元素结晶形成的固体，在充分高的温度下，其原子热均约等于6卡/度·摩尔原子。1852年，焦耳和汤姆逊在研究气体的内能和体积变化的关系时发现：充分预冷的高压实际气体，通过多孔塞后在低压空间绝热膨胀后，一般要发生温度变化，若温度降低，则是焦耳-汤姆逊正效应，若温度升高，则是焦耳-汤姆逊正效应。

十八

1800年，英国物理学家扬认为光和声都是波，光是以太介质中传播的纵振动，不同颜色的光与不同频率的声音是类似的。他分析了水波叠加现象后，指出声波叠加可以产生加强或减弱的现象，光波也是如此，他将这种现象称为干涉，从而提出干涉概念。依据此概念他解释了牛顿环现象和光的衍射现象：同一束光经过不同的路径后，当再次相遇时有的光波加强，有的光波减弱。1802年，杨做了光的双孔实验来验证干涉现象，导出两束光的干涉条件，提出干涉原理：同一束光的两个不同部分以不同的路径传到眼睛时，由于两光束的路程差不同，就会产生干涉现象。1811年，英国布儒斯特提出光反射起偏的普遍定律：当反射光完偏振时，反射光线与折射光线相互垂直，反射角的正切等于两种媒介的相对折射率。1815年，法国物理学家菲涅尔在惠更斯原理的基础上，用光的干涉理论的波的叠加解决衍射中空间点处的振动问题，补充和发展了惠更斯原理，并用数学公式加以描述，因此称为惠更斯-菲涅尔定律。1859年，德国夫琅和费发明光谱仪，发现了太阳光谱。同年，德国基尔霍夫建立了光谱分析方法，提出吸收光谱定律：所有物质都吸收自己能够发射同样频率的光。1934年，范西特和译尼提出现代光学的重要定律——复相干度定理。

十九

1820年，丹麦奥斯特发现电流磁效应，揭示了电与磁之间的内在关系。同年,法国安培在《电流对电流、地球对磁石的作用》中提出电流相互作用定律:当两导体所通过电流是同方向时,两导体相互靠近;当两导体通过的电流方向相反时,两个通电导体相互排斥。1821年,安培又提出磁性分子电流假说:每个磁体的磁性源于组成磁体的大量分子,而每一个分子的磁性源于分子中的环形电流。同年,法国物理学家毕奥、沙伐尔和拉普拉斯共同完成关于电流周围磁场的分布规律的毕-沙-拉定律:电流元在空间某一点产生的磁场强度的大小,与电流元的大小成正比,与电流元到该点的距离的平分成反比。该定律奠定了电动力学数学理论的基础。1826年,德国物理学家欧姆提出电流强度与电压成正比定律:在电压一定的条件下,电流强度与导线的电阻成正比。1831年,法拉第提出电磁感应定律:二次电路线圈中磁力线发生变化。该定律揭示电与磁的本质联系,为距离电磁理论打下了基础。1832年,德国物理学家楞次提出电磁感应定律能量守恒表述形式:感生电动势所产生的感生电流和机械力的方向,阻碍产生感生电动势的导线的运动或磁通量的改变。1845年,法拉第发现所有物体对磁都有反应,或多或少都有磁性,在磁场中有些物体是顺磁的,有些则是抗磁的,即与磁场方向相反,这就是物体的抗磁性。同年他又发现磁致旋光效应,即通过放在磁场中的各向同性物质中的光的偏振面能够旋转,由实验得出结论:光的偏振面旋转的角度与光通过的物体的厚度成正比,与磁力线的密度成正比,振动面旋转的方向与磁力线成右旋关系,而与光线的前进方向无关。1846年,韦伯提出电作用定律,将库仑的静电力、安培的动电力和法拉第的电磁感应力统一在一个公式中,即韦伯定律。该定律说明,电流之间的相互作用不仅包括静电力,也包括动电力,运动电荷之间的作用力应该是这两种力之和。1847年,德国物理学家诺意曼探求电磁感应的数学规律,提出电动力学势定律,该定律表明:在两个闭合回路之间的作用力可由势 V 导出,从而确认韦伯的理论与事实不符。1869年,韦伯又提出电荷系统的总能量公式,认为在一个电荷系统中,还应包括机械动能和机械势能。

二十

1824年,卡诺提出热机效率仅与两热源的温度差有关的思想:热机必须在两个热源之间工作,其效率仅仅取决于两个热源的温度差,而与工作物质无关;在两个固定热源之间工作的所有热机,以可逆效率最高。这就是热力学第一定律,该定律成为热力学第二定律的先导。1850年,汤姆逊克和劳修斯提出热力学第二定律:热不能从冷的物体传向热的物体,即热只能从热的物体传向冷的物体,如果没有与联系的、同时发生的其他变化的话。1860年,克劳修斯提出可逆性佯谬:热力学的宏观过程的不可逆性与分子的微观过程的可逆性之间存在矛盾。1865年,克劳修斯提出熵的概念和熵增加原理:在所有的自然现象中,熵的的值只能增加而不能减小。这是热力学第二定律的另一种表述，它表明，在没有外界的干预下，一个系统内部的冷和热这一对矛盾的双方只能各自向对立面转化，最后达到平衡，使矛盾得到解决；而绝不能使热的物体更热，冷的物体更冷，即运动变化有确定的方向，而且是不可逆的。1867年，克劳修斯从这一原理推出宇宙热寂说，认为宇宙的能量恒定不变，其熵值趋于一个极大值；当达到这个极大值时，宇宙不再发生变化，而将永远处于一种惰性的死寂状态。他的错误在于把宇宙看成一个孤立系统而不是开放系统，把局部规律推向整个宇宙。1882年，亥姆霍兹提出化学过程的自由能概念。他运用热力学第二定律研究化学反应中等温过程的有效能，指出在等温的化学反应中，平衡条件是自由能最小，而且还得到自由能和熵的关系。1887年，德国物理学家玻尔兹曼提出热力学第二定律的统计解释：在孤立系统中，熵的增加对应于分子运动状态的几率趋向最大值。这一解释为热力学与分子运动论的综合打下了基础。1906年，德国物理学家能斯特提出热力学第三定律：当绝对温度趋于零时，凝聚系的熵在可逆等温过程中的改变趋于零，即绝对零度不可达原理。

二十一

1832年，英国物理学家哈密顿建立正则方程和动力学的一般原理和方法，不仅适用于连续介质力学系统，也可以把力学质点的量子化方法移植于电磁场和基本粒子场，为量子电动力学的建立提供了基础。

二十二

1840年，法国科学家泊肃叶提出粘滞流动时的一般规律：粘滞流体在水平管中做层流时，需要在管的两端维持一定的压力差以克服内摩擦；流体的粘滞系数越大，流速越小，圆管越细，该定律就越准确。1846年，英国斯托克提出粘滞阻力定律：球形物体在粘滞流体中运动时所受的粘滞阻力与流体的粘滞系数、物体的运动速度和物体的半径成正比。1855年，亥姆霍兹提出流体涡旋运动理论的两个定律：若理想流体的密度仅为压力的函数，而且作用在流体上的彻体力具有势，则涡旋强度将不随时间变化；若理想流体的密度仅为压力的函数，而且作用在流体上的彻体力具有势，则在某一时刻处在同一涡旋线上的诸流体质点，在运动的全部过程中仍处于同一涡旋线上。这一理论对于大气动力学、机翼理论、螺旋桨理论有重要作用。1882年，英国物理学家雷诺对粘性液体在很小直径管中的运动做了实验，发现了粘性液体在管中运动的片流和湍流两种不同情形，提出"雷诺数"概念：对于平直圆管中的水流，当雷诺数小于2300时是片流；当雷诺数大于2300时是微湍流。

二十三

1858年，德国物理学家克劳修斯为了解释真实气体分子之间的作用力不能略去比计这个假设，提出分子的自由程概念：分子的自由平均路程与作用球半径之比，等于气体所占整个空间与分子作用球实际充满空间之比。1859年，麦克斯提出气体分子速度分布定律：若有大量相同的球形粒子在完全弹性的容器中运动，则粒子之间将发生碰撞，每次碰撞都会引起粒子速度变化。一定时间后，活力将按照某一有规则的定律在粒子之间分配，尽管每个粒子的速度在每次碰撞时都要改变，但速度在某些限值内的粒子的平均数是可以确定的。这一定律开创了热现象的统计研究方法。

二十四

1862年，麦克斯韦为了表达法拉第的力线和场的思想，弄清传播电磁作用介质的力学结构和运动与所观察到的电磁现象之间的关系，在《论物理的力线》中提出位移电流概念和涡旋电场假说及光的电磁波动学说。他认为因磁场变化而在导线中产生电流应源于电动势，在导线内应该存在着一种激发的电场，即使没有导线也应该存在，而且这种感应的电场也具有涡旋性。于是他假定以环形涡流代表磁，它周围的粒子代表电，前进运动的粒子就是电流。当涡流转速发生变化时，涡陆壁上就存在一种有切向方向旋于粒子的冲力——电动力。也就是说，磁通量的变化将引起感生电动势。位移电流概念和涡旋电场假说的提出，是建立电磁理论的重大突破。麦克斯韦从基本方程导出波动方程，证明电磁波是一种横波，而光是一种电磁波，从而使波动说发展到一个新阶段。在此基础上他于1864年在《电磁场的动力学理论》中建立了电磁场的麦克斯韦方程组（5个方程），该方程组不仅反映了电磁场的规律，也揭示了电磁场的物质性，将电、磁和光现象用动力学统一起来。1873年，麦克斯韦发表《电磁学通论》，标志着经典电磁学理论的形成，成为自牛顿以来物理学上最深刻的一次革命。1890年，赫兹在《关于静止物体中的电动力学的基本方程式》中批判了麦克斯韦方程组中某些含糊不清的地方，认为他的方程组是基于以太力学结构的推测，而人们对以太的结构并不了解，赫兹从这种观点出发，处理了导体，定义了电量和磁量，使其满足能量守恒定律，从而提出电和磁两种紊流，而且可用它们的矢量来表示。这就是赫兹的湍流论。1892年，洛伦兹建立经典电子论公式。1895年，法国居里发现磁导率与绝对温度的关系：抗磁体的磁化率不依赖于磁场强度，而且一般不依赖于温度；顺磁体的磁化率不依赖于磁场强度而与绝对温度成反比；铁在某一温度以上失去其强磁性。

二十五

1871年，玻尔兹曼在《运动质点活力平衡的研究》中指出，研究分子运动必须引入统计学，证明不仅单原子气体分子遵守麦克斯韦速度分布率，而且多原子分子及可看成质点系的分子在平衡状态中都遵守麦克斯韦速度分布律，由此推出分子速度分布律的数学表达式。同年，麦克斯韦为了解决可逆性佯谬这个难题，设想用一个能量控制器与热力学定律相互对抗，提出能量控制器的麦克斯韦妖设想：可制作一个非常灵活的开关，用它来控制盛有气体的容器中间的阀门。每当有快速分子由一侧向阀门飞来时，控制开关就打开阀门让其进入另一侧；而当慢分子飞来时，就关闭阀门。而对另一侧分子而言，则正好相反，只让慢分子通过而不让快分子通过。这样容器中的两则就自动形成温度差，从而将宏观过程与微观过程统一起来。1872年，玻尔兹曼在平衡状态下分子速度分布率的基础上进一步提出 H 定理：若气体不处于平衡状态，它总是有趋于平衡状态的趋势，其符合表达式是 $dH/dt \leq 0$。该定律指明了过程的方向性，与热力学第二定律相当。1873年，荷兰物理学家范德瓦耳斯在《论气态和液态的连续性》中，根据分子体积和分子间吸引力的影响，推出实际气体的物态方程：$(P + a/V^2)(V - b) = RT$。

二十六

1883年，法国物理学家戴维南提出电子线路中一个重要定律——等效应电源定理：任何接有激励源的网络均可用一个二端的等效电压源来代表，它的电势等于网络在这个二端开路时的电压，它的串联内阻抗等于网络内部各电势被短路时从这二端看向网络的阻抗，这个等效应电源在负载阻抗中产生的电流与原来的电流相同。

二十七

1884年，德国物理学家斯特藩和玻尔兹曼在黑体现象研究的基础上，提出黑体辐射公式。早在1859年德国物理学家基尔霍夫就通过实验得出：在相同温度下的同一波长的辐射，其发射率与吸收率之比，等于所有的物体都是相同的。即物体的吸收本领与发射本领成正比，其比值是一个与发射的性质无关的普适常数。1860年他将 $\alpha = 1$ 的理想物体定义为"绝对黑体"，这种黑体在任何温度下能够吸收落在它上面的一切热辐射。1864年，丁铎尔测定了单位表面积和单位时间内黑体辐射的总能量与黑体温度的关系。1879年，斯特藩推出黑体单位表面积在单位时间内发出的热辐射总能量与它的绝对温度的四次方成正比。1884年，玻尔兹曼从光的电磁理论得出：空腔辐射对腔壁的压力等于单位体积辐射能量的三分之一，导出与斯特藩相同的结果，因此，被称为特藩–玻尔兹曼定律。

二十八

1889年，英国物理学家菲兹杰诺为了回答迈克尔逊1887年所做的"以太风"实验的零结果，提出收缩假说：若物质是由带电粒子组成，则一根相对以太静止的量杆的长度，将完全由量杆粒子之间所获得的静电平衡所决定；而量杆相当于以太运动时，组成量杆的带电粒子将产生磁场，从而改变这些粒子之间的平衡，量杆就会收缩，而量杆收缩的程度将取决于物体运动速度与光速之比。之所以是零结果，是因为量杆也随着运动而产生收缩。这就是收缩假说。

二十九

1900年，德国物理学家特鲁德为了解释金属的电特性，在汤姆逊1897年发现金属中存在电子的基础上，提出金属电子气理论，其要点是：①在没有发生碰撞时，电子与电子、电子与离子之间的相互作用完全被忽视；在无外场时每个电子作匀速直线运动，在外场存在时服从牛顿定律；而忽略电子-离子之间的相互作用的近似称为自由电子近似；在独立自由电子近似中，总能量全部是动能，势能可以忽略不计。②碰撞是电子突然改变速度的瞬时事件，它是由于电子碰撞到不可穿透的离子实而反弹回来造成的。与理想气体不同的是，电子气假设忽略了电子之间的碰撞。③单位时间内电子发生碰撞的几率是弛豫时间的倒数，这意味着，在任意时刻选定一个电子在前后两次碰撞之间存在平均的弛豫时间的行程。④假定电子与其周围的环境达到热平衡仅仅是通过碰撞实现的，其速率是和碰撞发生出的温度相适应的。这是运用微观观念计算实验观测量的第一个固体理论模型。

三十

1900年，德国物理学家普朗克根据热力学第二定律导出热辐射公式，在此基础上，打破能量连续性的假设，提出能量量子化假说：空腔辐射的发射和吸收的能量是以量子化的形式进行的，并导出著名的辐射公式。在该公式中有一个常数 h，即普朗克常数，被称为基本作用量子。它是物理学中三个具有时代特征的常数之一（其他两个为 G、C）。G 是引力常数，代表牛顿时代，C 是光速值，代表麦克斯韦时代，h 就是普朗克常数，代表狄拉克时代。

三十一

1902年，美国物理学家吉布斯提出统计理论。该理论的主要思想是：将大量分子当作一个力学系综作为统计对象，求系综处在相空间各处的几率分布，由此研究系综的统计规律，求出相应的微观量。他将系综分为三种类型：一是微正则系综，它由大量独立系统组成，是一种特殊的情况；二是正则系综，它是由与外界仅仅有能量交换的大量体系组成，是一种稳定分布的最简单形式的系综；巨正则系综，它包括与外界有粒子交换的体系，可应用于化学反应问题。他通过对这些系综的研究，提出并发展了统计平均、统计涨落和统计相似三种方法，建立了逻辑自洽、与热力学经验公式相一致的理论，完成了对热力学和分子运动论的理论综合。

三十二

1904年，英国物理学家汤姆逊提出原子的实心带电球模型，其中包括两个假设：一是带正电的部分像流体一样，均匀分布在球形的原子体积内；二是带负电的电子则嵌套在球体的某些固定的位置作振动。1905年，日本的长冈半太郎根据麦克斯韦的土星环理论，提出原子的土星系模型：这个系统由许多质量相同的质点连接成圆，并分布在等间隔角度的位置上。它们相互之间以与距离的平分成反比的力相互排斥着，在圆中有一个质量较大的质点以同样定律的力吸引着它们。这些相互排斥的质点几乎以相同的速度围绕吸引中心旋转，只要吸引力足够大，即使有干扰，系统也能保持稳定。中心质点是带正电的，环上的质点则是带负电的电子，而且环上的粒子在三个方向上作微小振动，而垂直于轨道面的振动对应于带光谱，而平行于轨道的振动则对应于光谱线。

三十三

1905年，爱因斯坦在《动体的电动力学》中，从运动方程出发，经过洛伦兹坐标变换得到电子的质量公式，其中包括的静质量就是电子的表观质量，也就是"视在质量"的概念，从而对考夫曼实验做出科学的解释。同年，他在《关于光的产生和转化的一个启发性观点》中提出光量子假说，认为光是由一些不相关的能量子组成的，当光子与电子相碰撞时，一个光量子就将其能量传给单个电子。在此基础上。他又提出描述光量子能量与电子能量之间的关系式，从而给光电效应以定量的解释，这就是光电效应方程。在《动体的电动力学》中爱因斯坦还提出两个公设：相对性公设和光速不变公设。相对性公设是说，麦克斯韦电动力学应用到运动的物体上时，会引起一些不对称性，而这些不对称性似乎不是现象所固有的。也就是说，这种动体的电动力学中的不对称性并不是电动力学现象固有的。爱因斯坦明确指出，绝对静止概念不仅在力学而且在电动力学都是不符合纤细的特性。凡是对力学方程适用的一切坐标系，对于电动力学和光学定律也同样适用。光速不变公设是指光速在任何坐标系中都是不变的。换句话说，时间不可能绝对有限，时间与信号传递之间有一个不可分割的关系，时间与空间一样也是相对的。在两个公设的基础上，他自然地导出了洛伦兹变换式。他还揭示了空间收缩效应和时间延缓效应，彻底抛弃了绝对时间和空间的传统观念，并提出质能关系式，创立狭义相对论，从而建立了力学、热力学和电磁学相统一的一个崭新的相对时空理论体系。1908年，德国物理学家闵柯夫斯基提出狭义相对论的四维空间表示法，这是对爱因斯坦变换式的集合描述。

三十四

1907年，爱因斯坦运用量子化概念提出比热量子理论，成功地解释了低温下比热下降的事实，揭示出这是一个量子效应。同年，他又提出相对性速度相加定理、质能守恒原理和等效原理（一个均匀力场与一个均匀加速系是完全等价的）。他还根据量子理论提出关于固体热容的第一个固体模型，其主要思想是：固体内原子均以同一特征频率振动；每一个原子有三个振动自由度；可将黑体辐射的普朗克公式用于固体原子中的振动上，而且每一振动自由度的振子作为线性振子而具有平均能量。1912年，德国物理学家德拜在爱因斯坦比热理论的基础上，将晶格看成是各向同性的连续介质，把晶格的振动看成是连续介质中传播的弹性波，创立了比热理论。同年，玻恩和冯卡门建立晶体点振动理论，他们认为爱因斯坦比热公式中应该考虑振子的耦合，晶格点阵上的质点在平衡位置不断做微小振动，由于晶体中原子都是相互联系着运动，这些运动构成了晶体中的波动，晶体质点的热振动造成了比热、热膨胀及热传导现象。这一理论较德拜近似更加完善。

三十五

1911年，英国卢瑟福提出原子的行星核式结构模型，其假设是：原子的全部正电荷集中在原子中心的一个非常小的局域内，而等量的负电荷粒子则像行星一样围绕原子的中心，在半径为R的球体内作椭圆运动。这一假说1913年得到散射实验的证实。1913年，爱因斯坦建立引力场中粒子运动方程，解决了场论中两个最基本的问题之一，即粒子在场中的运动方程。同时，他在《广义相对论和引力论纲要》中提出等效原理：引力场与加速系在物理上完全等价。同年，玻尔在卢瑟福假说的基础上，提出原子定态跃迁量子理论的五个假说：①能量的辐射不是以连续的方式发射或者吸收的，而是在不同定态系统之间有了转移时才会发生。②定态系统的力学平衡的定律对于定态系统之间的转移不适用。③若发生两个定态系统之间的转移时，辐射单色光、辐射的频率 γ 与能量 E 有 $E=h\gamma$ 的关系。④带正电的核与绕着它运动的一个电子，构成了有许多稳定状态的简单系统。在组态之间释放出能量的电子的旋转频率之比为 $h/(2\pi)$ 的整数倍。这一假设的条件是与电子绕核沿圆形轨道运动时，它们的角动量是 $h/(2\pi)$ 的整数倍这一假定是等价的。⑤任何原子系统的永恒状态，即放出能量的最多的状态，将由在某一中心的轨道上运动的电子角动量等条件来决定。1916年，德国索末菲提出空间量子化假设，发展了玻尔的原子理论。他为了描述原子在外磁场作用下的行为，提出了一个新的假设：原子中电子的轨道在空间的取向也是分立的，即量子化的。1925年奥地利泡利提出不相容原理，即原子中同一状态中不可能存在两个或两个以上的具有四个相同量子数的电子，也称为排他律，为电子自旋概念的提出奠定了基础。同年，德国乌伦贝克和哥德斯密特就提出电子自旋概念。1926年，费米和狄拉克提出具有半整数自旋粒子的量子统计方法：每个粒子量子态上至多只能有一个粒子存在。

三十六

1911年，爱因斯坦预言了引力红移现象的存在：太阳表面发射的光的波长要比地球上同类物质所发出的光的波长约长万分之一，后来得到证实；1915年，他运用黎曼曲率张量概念，构造出引力场方程，为建立现代宇宙学奠定了基础；1916年，爱因斯坦从光量子和玻尔原子结构假说出发，用统计学方法，也导出了黑体辐射的普朗克公式，并提出受激辐射的概念，成为激光技术的重要理论依据。1920年，玻尔提出对应原理：系统连续不断地在稳定状态之间转移，所辐射光波的频率在低频范围内应该与电子旋转频率相一致。这是一条纯量子理论的原理，用于计算各种原子的光谱。玻尔因此获得1922年诺贝尔物理学奖。

三十七

1916年，爱因斯坦提出广义相对论的广义协变原理：在广义相对论中，一切坐标系原则上都是平权的，即它们对于哪种代换都是广义协变的。同年，他根据相对论原理预言了光线在引力场中的偏转现象，将相对性原理推广到加速运动系统，建立广义相对论。1917年，爱因斯坦将广义相对论用于宇宙学，提出静态宇宙模型：宇宙在空间上是有限无界的，在时间上是静态非演化的。这一年，德西特也独立地提出一个静态宇宙模型：宇宙不随时间演化，宇宙处处各向同性。这一模型打破了牛顿的静态的、无限的传统宇宙模型。1918年，爱因斯坦又预言引力波的存在。1922年，弗里德曼提出演化宇宙模型，认为宇宙交变类型可设想为：曲率半径从某一值开始，随时间流逝而一直增大，宇宙半径从零开始膨胀，当膨胀到最大值后开始收缩，最后收缩为一点然后再膨胀，周而复始地无限循环下去，曲率半径作周期性变化。该模型将宇宙学向前推进了一大步，为宇宙大爆炸模型的提出创造了条件。1927年，比利时天文学家勒梅特提出膨胀宇宙模型，认为宇宙是一个极端高热、极端压缩状态的原始原子膨胀而产生的，宇宙半径是随时间而变化的，得出宇宙随时间不断膨胀的结论。1956年，莫盖夫给出了宇宙在膨胀的过程中辐射和物质之间的关系，以及将化学元素的形成与整个宇宙演化的动力学联系起来。1960年，苏联的泽尔多和美国的皮伯尔斯分别独立提出热大爆炸宇宙模型。该理论假说认为，宇宙最初是从温度和密度极高的原始原子经过百分之几秒的突然膨胀，温度下降至10^{11}K左右，此时只有质子、中子和电子等粒子形态的物质，随着宇宙的继续膨胀，物质温度与密度继续下降，中子开始失去自由存在的条件而变为质子。宇宙形成约3分钟后，中子约占核子数的14%左右，质子约占86%左右，此时的温度已经下降到10^9K，质子与中子结合成为氦核，一些化学元素此时开始形成。当宇宙温度下降到百万度后，形成化学元素的过程结束。此后，温度继续下降，气体物质开始出现，它们逐渐形成各种星系，太阳系是其中之一。

三十八

  1923年，美国物理学家康普顿提出康普顿效应的量子理论。他将X射线看成光量子，引入量子动量概念，根据能量与动量守恒原理推导出一个完全与实验结果相符的入射波长、散射波长与散射角之间关系的定量式，对康普顿效应做出了量子理论的解释。康普顿因此获得1927年诺贝尔物理学奖。1924年，玻色-爱因斯坦提出具有整数自旋的粒子的量子统计法，根据这种统计法推导出普朗克黑体辐射公式。同年，法国物理学家德布罗意在《量子理论的研究》中，为了解释电子的定态问题，提出一个新概念——相波，进而提出物质波假说，并给出物质波的波长公式：$\lambda = h/mv$。物质波概念的提出，使物理学进入一个新的时期，他因此获得1929年诺贝尔物理学奖。

三十九

  1925年，德国海森堡在《关于运动学与动力学关系的量子论诠释》中提出量子力学的第一种形式——矩阵力学，开创了物理学的新纪元。同年，英国物理学家狄拉克在矩阵力学的基础上，运用玻尔的对应原理，将矩阵力学纳入哈密顿公式体系，得出一种处理量子论中力学量的偏微分方程，这种方法被称为正则量子化方案，并因此获得1932年诺贝尔物理学奖。1926年，奥地利物理学家薛定谔连续发表四篇论文而建立波动力学：定态及含时间的薛定谔方程和定态微扰及含时间的微扰的量子理论。他因此获得 1933 年诺贝尔物理学奖。该理论将能量量子化、本征值理论、哈密顿-雅可比理论、德布罗意理论综合起来，创立了量子力学的第二种形式——波动力学。

四十

1927 年，玻尔提出互补原理，解决了对原子客体一方面要用传统观念波动和粒子来解释，另一方面又不能对其波粒二象性继续机械的分割，将原子客体的波动性和粒子性用互补原理统一起来。同年，狄拉克建立了量子辐射理论，海森堡提出测不准原理，即在微观领域，粒子的速度和物质是不能同时测定的，玻恩提出波函数的统计诠释，说明薛定谔波动力学是决定论的。玻恩因此解释获得 1954 年诺贝尔物理学奖。1928 年，狄拉克又提出相对论性波动方程，也称狄拉克方程，建立了一种对时间坐标和空间坐标都是线性的微分方程。他也因此获得 1933 年诺贝尔物理学奖。1929 年，狄拉克为了解决无限多的负能态问题而提出真空空穴假设：真空中存在"空穴"，而这些空穴又被负能电子占据着，从而形成"负能电子海"。这一假设预言了正电子的存在。1930 年，泡利为了解决 β 谱之谜提出中微子假说，认为这是一种电中性的粒子，具有自旋 1/2，遵从不相容原理，质量是电子质量数量级的，不会大于质子质量的百分之一。1932 年安德森发现了正电子的存在，同年苏联伊凡宁科提出质子-中子假说：原子核是由质子和中子组成的。费米在中微子假设和质子-中子假设的基础上对 β 衰变现象做出解释：质子和中子是组成原子核的核子的两个不同量子态，这两种量子态之间可以相互转变；中子可以放出一个电子和一个中微子变成中子，质子也可以放出一个正电子和一个中微子变成中子；由于中子的质量大于质子和电子的质量和，所以在不稳定的核中中子可以自发地转变为质子而放出电子和中微子，这就是 β 衰变。而质子的质量小于中子与正电子质量之和，因此通常情况下，核内质子不能自发地转变成中子，只有在原子核处于激发状态，质子获得很大能量时，才有可能发生质子放出正电子和中微子变成中子的 $β^+$ 衰变。

四十一

1928 年，斯特拉特提出固体的电子能带模型，其核心思想是：若将价电子看成是相互独立的就可以对价电子在固体内的行为得到一个合理的解释；但是在平均意义上，必须考虑相互作用，这就是单粒子近似；若原子从很远处接近，则分立的原子能态就扩展为属于整个机体的能带。由此可以引进充满整个晶体的电子波。同年，索末菲提出金属的第一个量子理论，以解决经典自由电子模型不能解释为什么实验上观察不到自由电子对比热的贡献的问题。海森堡也提出交换作用模型解释固体铁磁体性和相变问题,提出两个假设:①具有 N 个同样原子的点阵中的每个原子各带一个电子,各原子都处在轨道矩为零的状态。②原子和原子之间的两两成对地相互作用,而且只考虑最邻近原子之间的作用。由于各个原子轨道矩为零,所以所有磁矩只与电子的自旋有关,而且相互作用是最邻近电子自旋的相互作用。布洛赫提出一个定律,即布洛赫定律:晶体中原子的周期性排列形成了对自由电子运动有影响的周期性势场,在周期性势场中,电子占据的可能能级形成能带,能带占据有一定间隙。这一定律为能带论奠定了基础。接着,布里渊提出"布里渊区"的概念,奠定固体能带理论的基础。

四十二

1931 年,夫仑克尔预言了半导体中的分子性激子。他认为在半导体中,发射光谱和吸引光谱中往往在光子能量恰好低于能隙处表现出某些结构;这种结构是由于吸收了一个光子,通过直接过程或间接过程产生一个激子造成的;一个电子和一个空穴可能由于它们之间的静电吸引相互作用而束缚在一起,束缚在一起的电子-空穴系统被称为一个激子;对于一个紧束缚激子来说,激发是局域在一个单原子上或在一个原子附近——空穴和电子一般处于同一个原子上;这个激发从一个原子跳跃到另一个原子上;这种激发波通过晶体运动,并传输激发能量。同年,威尔逊建立了一个把半导体许多性质彼此关联起来的量子理论,提出施主能级和受主能级的概念。该理论认为,当原子聚集而形成固体时,原子中的电子原来分立的能级变宽而成为基本上连续的能带,这些能带被电子不能占据的能量值所构成的能隙分隔开。占满能带中的电子对固体中的电流没有贡献,但未填满的能带中的电子可对电流所有贡献。当被占据的最高能带未填满时,便有大量的电子能对电流有贡献,此时便显示出金属的导电性。额外的能级具有高度的定域性,被称为受主能级;由于晶格缺陷将在导带低部处产生一个能级,称为施主能级,从这些能级上将电子激发到导带上所需的热能是较小的。1932 年,苏联物理学家塔姆提出塔姆能级:在周期势场中断的表面,存在局域的表面电子态;晶体表面存在特殊的电子态被称为塔姆能级。1939 年,肖特基建立势垒理论,认为当半导体与金属接触时,在半导体中形成载流子严重消耗的势垒层,于是金属获得负的表面电荷,半导体则带正电荷。1968 年,凯尔德什对半导体的一种异乎寻常的电导现象做出解释,提出电子-空穴液滴概念,认为复合发光和反常的电导是在强光照射下,本征吸收在锗、硅等半导体内产生高浓度的电子和空穴,由于库仑吸引力,它们迅速形成类似氢原子的束缚态,被称为激子;在足够低的温度下,这种激子可以发生相变,高度简并的电子-空穴等离子气,凝聚为或部分凝聚为电子-空穴的量子液,称为电子-空穴液滴。而发光是由于液滴中电子-空穴的复合而形成的。

四十三

1932年，狄拉克等在《论量子电动力学》中提出量子电动力学基本理论框架：他们认为光子是电磁场的量子，电磁场的场源是电荷，带电粒子是通过交换光子发生电磁相互作用的；而弱相互作用的场源是弱荷，弱相互作用是通过传递中间矢量玻色子而实现的。这一理论为统一场论提供了启示。同年，海森堡为了解决原子核的稳定性是由什么来保证的问题，提出核子间相互作用的交换力假说：电子在自己周围产生电场，这种电场按麦克斯韦方程传播，它可作用于另一个电子，并对其施加一个力；从另一个角度看，一个电子发射一个光子，而这个光子又立即被另一个电子所吸引。这情况概括地说就是：波相——电子产生场，场作用于另一个电子；粒相——电子发射光子，光子为另一个电子所吸收。对于质子和中子的关系也是如此。中子产生一个核场，此核场对质子发生作用，或者说中子发射一个粒子，而此粒子又被另一个质子所吸引。概括地讲，波相——中子产生场，场作用于质子；粒相——中子发射粒子，粒子被质子所吸引。于是，海森堡得出结论：质子与中子之间的相互作用，是通过交换某种粒子来实现的。这种力就是交换力。

四十四

1934年，E. 费米提出 β 衰变量子理论。根据一些实验事实费米认识到 β 衰变是一种新的相互作用，必须建立新的量子理论来描述这种相互作用的基本规律。为此他提出 β 衰变理论的三个假设：①电子总数与中微子总数未必守恒，电子或中微子可以产生或湮灭。②中子和质子这两种重粒子可以作为两个内部量子态来看待。③包含重粒子和轻粒子的哈密顿函数必须满足：中子到质子的每一跃迁要与一个电子和一个中微子的产生相联系；而质子变为中子的过程则必须与一个电子和一个中微子的湮灭相联系。β 衰变量子理论不仅完满解释了原子核 β 衰变现象，也指出了弱相互作用的基本特征，开辟了探索弱相互作用的新领域。1935年，汤川秀树提出核子间相互作用的介子理论。该理论认为核子之间的相互作用是通过一个他称为重光子的粒子来实现的，这种重光子就是介子，它的自旋为零，遵从玻色-爱因斯坦统计；为了获得交换力，介子将带有正电子电荷和负电子电荷。若核子是从质子态转化为中子态，将放出或吸收带有负（正）电荷的介子；若核子是从中子态转化为质子态，将放出或吸收带有正（负）电荷的介子。此理论对离子物理学的发展有重要意义。1949年，费米和杨振宁提出强子结构模型，预言了反中子和反质子的存在。1961年，美国盖尔曼提出八重态模型，解释了强相互作用近似具有在某一抽象的复空间中转动的不变性；无论介子还是重子，都分为若干族，每一族内各粒子自旋和宇称相同；质量不同但有确定的联系，同位旋和奇异数不同但其值完全由族的性质所决定。同年，费曼给予弱相互作用以直观描述。

四十五

1935 年，爱因斯坦、波多尔斯基与罗森在《能认为量子力学对物理实在的描述是完备的吗?》中提出 EPR 论证，他们将正确性或存在性和完备性作为一个理论是否成功的判断标准。根据这两个判据，他们认为现有量子力学的理论是不完备的。同年，玻尔对此结论提出质疑，认为 EPR 的两个判据本身就是含糊不清的，玻尔从互补性和整体性出发指出，任何有关量子力学测量的结果，都不仅仅是关于原子客体的实际状态的，而是关于这个客体在其中的整个环境，这种整体特点保证了量子力学的完备性。这种争论仍然在继续着。

四十六

1936 年，玻尔提出液滴核模型，其基本类比思想是：原子核的平均结合能近乎是常数，即原子核的结合能与核内的核子数近似成正比，表明了核力的饱和性；原子核的体积近似地与核子数成正比，即核物质的密度近乎是常数，表明原子核基本上是不可压缩的，与液滴的不可压缩性相似。根据这种类比，玻尔将原子核看成是一个带正电荷理想液滴，核子近似均匀地分布在原子核中，核子数越多，液滴越大。后来，玻尔根据这一模型提出复合核模型，成功解释了许多核反应现象。该模型的不足在于没有考虑原子核的内部结构，没有考虑核子的运动，不能说明核的自旋等性质。1951 年，玻尔和莫特尔逊提出核结构的综合模型，辩证地综合了液滴模型和壳层模型。他们假设原子核中既有单粒子运动，又有原子核的整体运动，原子核作为一个整体可以改变形状产生振动，还可以绕对称轴作整体运动。这两种运动之间强烈地相互影响。1960 年，日本的坂田昌一在物质无限可分思想的基础上，引入基底粒子概念，提出基本粒子的名古屋模型。

四十七

1937 年，佩尔斯和伦敦为解释超导体的磁性引入了中间态的概念，而郎道对此作了发展，提出中间态理论：中间态是正常区域与超导区域混合而成的状态；贯穿于处于中间态的金属中的磁场，应该与微观的正常区域与超导区域中间的分界面相切，且两个区域的分界面的形状应该遵从自由能最小这个条件。1941 年，朗道提出超流动性量子理论，因此成果获得 1962 年诺贝尔物理学奖。该理论认为液氦是由相互独立又相互渗透的两部分组成的：一部分是正常流体，其熵和粘滞性均不为零，性质与普通流体相同；第二部分是超流体，其熵和粘滞性均为零。超流体部分处于基态，正常部分处于激发态；在绝对零度时，整个体系处于基态，即正常流体密度为零；随着温度增加，正常流体密度增加；正常流体的运动带熵，超流体部分不带熵。1951 年，伦敦兄弟提出能隙概念及其模型。1956 年，库珀提出"库珀对"（电子对）概念，认为电子在超导体中以特殊的方式成对地结合。这种组合状态比正常电子状态在能量上更稳定，库珀对通过彼此的重叠一直扩展到整个导体，从而把库珀对形成紧密的凝聚体，超导电流就是整个凝聚体的整体运动，它不会受晶格振动或杂质的散射，因此电阻为零。1972 年，巴丁、库柏和施里弗提出 BCS 理论，解释了超导现象。1973 年，江崎玲於奈、贾埃弗通过实验发现半导体中的"隧道效应"和超导物质。同年，约瑟夫发现超导电流通过隧道阻挡层的约瑟夫森效应。

四十八

1948 年，日本物理学家朝永振一郎采用重整化方法解决由电子和场的零点涨落的相互作用所引起的电子自能无限大的问题，提出重整化理论。该理论认为在相对论的电子和电磁场的相互作用下，场的反作用有质量型和真空极化型两种类型；实验所观察的电子质量值和电荷值，既不是理论值，也不是自作用值，而是被电磁场反作用修正了的质量值和电荷值，并给出了理论值和实验值的等价关系。他因此理论获得 1965 年诺贝尔物理学奖。

四十九

1953 年，派尼斯和玻姆提出等离子体振荡与等离子振荡与等离激元概念，其核心观点是：由于库仑作用的长程性质，固体中电子气作为一个整体相对于正离子背景发生运动，位移产生的电场的作用如同一个回复力，于是固体中的电子气的密度涨落形成纵向振荡，称为等离子体振荡；金属中的等离子体振荡是传导电子气的一个纵集体激发；一个等离激元是一个等离子体振荡的能量量子。

五十

1954 年，杨振宁和米尔斯提出规范场理论，其理论强调在基本相互作用中守恒律和定域对称性的关系，进一步将规范变换加以推广，使它不仅代表相位因子的变换，也能代表同位旋等更复杂的规范变换；提出同位旋的守恒律与电荷守恒律一样，可由定域对称性产生，而且会伴随着一个和电场相似的矢量场。这一理论为统一弱电场创造了条件。同年，奥地利物理学家泡利在研究了基本粒子存在着空间反演对称性、时间反演不变性、电荷共轭不变性后，提出三个守恒定律，简称 CPT 定理：电荷共轭守恒定律、空间反演守恒定律和时间反演守恒定律。同年，李政道提出量子场论模型，其中包括三种基本粒子，用于检验共振态的质量和半衰期的定义。1955 年，日本的坂田昌一提出复合模型，指出强子是由核子、反核子、Λ 粒子和反 Λ 粒子四种基本粒子组成。1956 年，李政道和杨振宁提出宇称不守恒理论，他们因此获得 1957 年诺贝尔物理学奖。1964 年，英国物理学家希格斯提出规范粒子产生质量的方法。同年，美国盖尔曼在八重态模型的基础上提出夸克模型，认为所有强子都是由更基本的粒子夸克组成的。夸克有三种 u、d、s，它们和反夸克以各种不同方式组合成的复合态，就表现为各种不同的强子。盖尔曼因此获得 1969 年诺贝尔物理学奖。同年，中国科学家提出层子模型，主张基本粒子是由不同层次的更基本的粒子层子和反层子构成的；介子是由一个层子和一个反层子组成，而重子则由三个层子组成。1967 年实现了弱电的统一，导致弱统一场论问世。1968 年，美国科学家提出壳层模型，其基本思想是：将原子核内的核子看成是其他核子共同产生的平均自洽场中作近似独立运动，核子之间的剩余相互作用被视为微扰来处理。不过，该模型没有考虑原子核的整体运动，对原子核的内部运动的描述也不全面。1969 年，盖尔曼发现基本粒子的分类和相互作用。

五十一

1976 年，里克特和丁肇中发现很重的中性介子，促进"夸克假说"的发展。1978 年，彭齐亚斯和威尔逊发现宇宙微波背景辐射。1979 年，格拉肖、温伯格和萨拉姆预言存在弱中性流，提出基本粒子之间的弱作用和电磁作用的统一理论。1982 年，威尔逊提出与相变有关的临界现象理论。1987 年，巴基斯坦阿曼努拉提出了关于万有引力的新理论，该理论克服了牛顿和爱因斯坦理论中的缺陷，被称为"超物理理论"。1999 年，霍夫特和韦尔特曼提出亚原子结构和运动的理论。

第十一章 化学思想简史

古代的化学思想在本书第一篇关于世界本原和物质结构思想中已作了详细论述，这里不再赘述。

一

13世纪，法国吕律认为汞是银的灵气，金属的祖先，而且是万物的本原，提出以汞为中心的理论。现在看来这是一种退步，导致了严重的神秘主义。1330年，波努斯提出"硫是土的脂肪"的燃素说。他认为硫和汞是基本要素，一切金属都是由它们构成的，硫是某种土质的脂肪，经过慢慢煎熬可以稠化和硬化。这一观点是后来燃素说的思想基础。1531年，瑞士的帕拉塞斯提出"三要素"说，认为金属都是由硫、汞和盐按照一定比例构成的，硫代表可燃性，汞代表可熔性和金属性，盐代表可溶性和一切金属的共同特征。这一主张仍然带有神秘主义色彩，却为现代化学的产生奠定了基础。

二

1620年，英国哲学家弗朗西斯·培根提出科学实验方法论，主张在探讨自然的每个阶段，都需要用实验来检验假设、公理的结果，如果不符，就必须重新猜测，形成第二个假设，直到最后得到一个符合实验的假设，此时这个假设才能成为科学理论。他的这一思想对17世纪的英国和18世纪的法国的科学发展产生了重要影响。

三

1648年，比利时海尔蒙特揭示气体的多样性的思想，把气体分为野气、肥气和风气。野气是木炭和硫磺燃烧后所得气体，即二氧化碳和二氧化硫气体；肥气是从大肠和动物排泄物发酵所得可燃性气体；风气是指空气。他首次引入气体概念，以有别于空气，揭示了气体及其变化的物质性。

四

1661年，英国化学家波义耳通过观察燃烧实验得出结论，燃烧必须依赖空气和硝石中所含的某种共同成分，认为火微粒能够穿过玻璃器皿与瓶中的金属结合生成新的物质，即金属加火微粒得到金属煅灰，从而提出火微粒说。这一观点显然受到积极倡导微粒说的伽桑狄的影响。由于波义耳在实验中接触许多与物质结构有关的现象，如气体可压缩、液体蒸发、固体升华、盐可溶解等，这使他相信物体都是由数目众多的、致密的、不可分的微粒构成的，这些微粒结合成各种粒子团，粒子团聚合生成各种物质，各种物质的差别仅仅在于构成它们的共同物质在组织起来的方式上的不同；在结合和聚合中，粒子团作为基本单位参与化学反应，反应是化合过程而不是混合过程。火微粒说虽然并不完全正确，但为探讨燃烧的本质提供了某些依据，而且化合与混合的区分对于认识化学反应的本质提供了重要判据。1717年，牛顿运用微粒学说对化学作用做出力学解释，他认为物体的微粒具有某种能力、效能和力量，依赖这些，微粒对远离它们的物体发生作用，当微粒之间非常接近时，就会发生吸引力，而且这种吸引力不同于重力、磁力和电力。显然，牛顿已经意识到微观世界的作用力。

五

　　1703年，德国化学家施塔尔在1667年贝歇尔提出的"三土质说"的燃烧观点的基础上，把可燃性的代表"油土"改为"燃素"，从而提出燃素说。"三土质说"主张构成各种物质的初始元素是空气、水和土，而动植物和矿物仅由水和土构成；土质又分为石土、油土和汞土，石土是一种固定性和可熔性的土，存在于所有固体物质中；油土是一种可燃性的土，存在于一切可燃的物质中；汞土是一种流动性和挥发性的土。物质燃烧时，油土释放出来，剩下石土和汞土。早在1665年，英国化学家胡克就认为蜡烛在燃烧时释放出油质的"硫素"，并与空气发生"溶解"作用而产生大量的热；空气之所以能够溶解硫素是因为其中含有一种固有成分，这种成分在硝石中也存在。这说明胡克已经模糊意识到氧气的存在。施塔尔的燃素说认为燃素是一种实在物质而不是性质，它是由火微粒构成是元素；燃素充满天地之间，流动于雷电风雨之中；燃素是一种动因，物体失去它就变成灰烬，灰烬获得燃素就复活。或者说，一切与燃烧有关的化学变化都是吸收或释放燃素的过程，燃素是所有化学变化之根本。所有可燃物都含有燃素，但燃素并不能自动分离出来，需要空气将其吸取出来燃烧才能实现。可燃物燃烧时释放出燃素，留下灰渣，灰渣吸收燃素又可以恢复为可燃物，如金属煅烧释放出燃素，留下灰渣，灰渣与含有燃素的木炭共热，又还原为金属。燃素说是化学发展中最早提出的一种统一的反应理论，使得化学"借燃素说从炼金术中解放出来"（恩格斯语）。不过，燃素仅仅是一种假想的、并不真实存在的物质，燃素说也因此并不是科学的假说，它被后来的氧化说推翻并取代就是必然的。

六

　　1741年，俄国罗蒙诺索夫提出化学是关于混合体因其混合而产生变化的科学，只要掌握了混合体的知识，就能够解释其一切可能的变化，其中包括化合与分解。这是首次关于化学的概括性定义。1748年，罗蒙诺索夫首次提出质量守恒的思想，他指出自然界的一切变化都是这样的：一种东西失去多少，另一种东西就获得多少；如果某物体增加了若干物质，则另一种物体就必然有若干物质消失。其实，早在3世纪中国的西晋时期成书的《列子》中已经指出"物损于彼者，盈于此；成于此者，亏于彼"，这是明确的物质守恒思想。1789年，拉瓦锡在《化学纲要》中指出"无论是人工的还是自然的作用都没有创造出什么东西，物质在每一个化学反应前的数量等于反应后的数量"，这可算作是一个公理。这一表述最后确立了质量守恒定律，也为哲学的物质不灭原理作了科学的论证。

七

1757年，英国化学家布拉克提出比热和潜热的概念。他在研究热传导时发现，重量相同温度不同的两种物质混合在一起时，其温度的变化是不同的，因此他将物质在相同温度时的热量变化称为物质的对热的亲和性，提出比热的概念。他在研究冰和水的混合温度时发现，在冰的溶解过程中需要一些为温度计不能察觉的热量，进而发现各种物质在发生物态变化时都有这种效应，由此他提出"潜热"概念，认为这部分热量是与物质内部的微粒发生了某种准化学作用而被隐藏了。另外，他还提出"熔融"和"蒸发"的概念。这些概念的提出为物理化学的发展奠定了基础。

八

1772～1783年，法国化学家拉瓦锡提出"氧化说"，否定了"燃素说"。1772年拉瓦锡开始研究燃烧问题，1774年重做了1674年波义耳的金属煅烧实验，发现金属煅烧后重量有所增加，但密闭容器的总重量在反应前后不变，这说明火粒子并没有进入容器与金属结合，从而否定了波义耳的火粒子增重的解释，萌发燃烧可能是燃烧物与空气结合的观念。1775年，拉瓦锡开始探讨燃烧过程的本质，通过重做普利斯特里所说的"脱燃素空气"实验，发现在煅烧过程中与金属化合的可能是空气的"纯洁部分"，而不是"固定空气"，他已经初步意识到氧气的存在和燃烧的氧化本质。1777年，拉瓦锡通过进行汞的化合和氧化汞的分解实验认识到，汞在煅烧过程中吸收的不是全部的空气，而是空气中有利于呼吸的那部分气体，其余则是不能支持燃烧和呼吸的气体，有利于呼吸的气体他称为"生命空气"（即氧气），不利于呼吸的气体则称为"无生命空气"（即氮气），否定了传统上认为空气是一种元素的错误哲学观念，首次确定了空气的组成。同年，在《煅烧概论》中拉瓦锡综合先前的研究成果，系统地阐释了氧化理论，其要点是：①物质燃烧时发出光和热；②物质在氧化是才能燃烧；③物质在燃烧时吸收空气中的氧，燃烧后增加的重量等于吸收氧的重量；④非金属燃烧后变为酸，金属煅烧后成为金属氧化物。该理论表明：燃烧过程与燃素无关，而与氧有关，燃素成为无用的东西，至此，氧化说得以确立，燃素说被彻底否定，"使过去在燃素说形式上倒立着的全部化学正立过来"（恩格斯语），真正实现了化学上的一场革命。1783 年，拉瓦锡重做了卡文迪许合成水的实验，发现水是由可燃空气与生命空气构成，水的重量等于这两种空气的重量之和。可燃空气就是氢气，生命空气就是氧气，水是化合物而非元素，从而揭示了水的本质，彻底否定了燃素说赖以存在的最后一个论据。

九

1791 年，德国化学家李希特提出当量定律。他在研究酸碱中和反应、金属置换反应和盐复分解反应中发现，发生化合反应时，一定量的一种元素总是需要确定量的另一种元素，元素的性质总是保持不变。比如，两种中性盐溶液彼此混合，如果发生复分解反应，生成的产物也必然是中性的。这说明各种元素之间必然有确定的酸或碱的容量关系。概括地讲，如果与一种已知数量的物质 B 化合的一种物质 A 的重量，如果完全与等重量的物质 C 化合，那么物质 C 也将与同样已知数量的物质 B 化合。这就是物质的当量定律或相比定律。该定律是继质量守恒定律的又一个化学反应物质数量关系的定律，它在人们定量研究化学反应、发现原子论和建立科学原子论过程中发挥了重要作用。其实，早在 1766 年，英国化学家卡文迪许就发现并提出了当量概念，在实验中他发现中和同一重量的同一种酸，需要不同碱的重量并不相同，他将不同碱的这些重量成为当量，也就是合成反应中相当的重量，为后来当量定律的发现创造了条件。

十

1799 年，法国普鲁斯通过分析一些化合物的重量组成，如人造的和天然的孔雀石中的碱式碳酸铜，发现它们完全相同，提出了定组成定律。该定律指出，化合物是一种自然特许的产物，自然规定它们具有固定组成，如氧化铁，世界各地的组成均相同，也就是说世界上只要一种氧化铁，其组成元素数量比例是固定的。这一定律的发现使得人类能够区分化合物与混合物，为后来原子量和原子论的建立奠定了客观基础。

十一

1801 年，英国化学家道尔顿在研究水蒸气压中发现，在干燥的空气中注入水蒸气后，总压按照水蒸气压的增加而增大，由此推知，混合物中每一种气体的压强与混合物中的其他气体所施加的压强无关，总压等于各个气体分压强的和。这就是道尔顿气体分压定律。这为他后来提出科学原子论起了积极作用。1802年，英国化学家亨利在研究各种气体在水中的溶解度时发现，如果气体分压力不太大，而且气体在溶液中不与溶剂发生化学反应，则被溶解气体的重量与其分压力成正比。也就是说，一种气体在不发生化学作用的条件下在水中的溶解度正比于这种气体的分压力。这就是亨利定律。它的发现促进了道尔顿原子量概念和原子论思想的形成。同年，法国化学家盖·吕萨克在研究气体体积与温度关系变化时，发现气体体积随温度改变的规律——当一定质量的气体，当压强不变时，其体积和绝对温度成正比。这虽然还是个近似定律，但是为精确把握气体的性质起到了重要作用。1805年，法国盖·吕萨克重新检验了卡文迪许关于氢气与氧气按照2∶1的整数体积比化合的实验，发现其他气体在化合中也有这种整数体积比关系，因此他在综合实验结果的基础上提出：各种气体在相互发生化学反应时，以简单的整数体积比相结合，这就是气体反应化合体积定律。该定律不仅促进了道尔顿原子论的确立，也对后来阿伏伽德罗提出分子假说产生了重要影响。

十二

1803年，道尔顿发现原子量并提出科学的原子量概念，在此基础上提出近代科学的原子论。他在对气体化合物的均匀扩散性质研究后认识到，原子具有大小和轻重之分，原子量是表征原子的基本性质。他根据当时的实验数据和化学知识，把氢原子量等于1作为基准，测量了21种相对原子量，发表第一张原子量表，从而提出原子量概念。原子量概念的提出，使得自古希腊以来的模糊的哲学原子观念有了定量依据，使得元素概念更加明晰，成为原子存在和原子量确立的重要证据，促进了化学的定量化和系统化发展，为后来元素周期律的建立奠定了基础。恩格斯高度评价说，"在化学中，特别是道尔顿发现了原子量，现已达到的各种结果都具有了秩序和相对的可靠性，已经能够有系统地、差不多是有计划地向没有被征服的领域进攻，就像计划周密地围攻一个堡垒一样"。1789年，爱尔兰化学家希金斯在《燃素说与反燃素说比较》中阐述了自己的原子论思想，他认为各种元素的终极粒子各有一定的重量，在构成化合物后仍然保持不变，这几乎就是原子量定比和倍比定律了。1803年，道尔顿在提出原子量和测量的原子量表的基础上，提出了自己的原子量，其主要观点是：①元素的终极是不可分割的简单原子；②同种元素的原子的质量、形状和性质均相同，不同种类的元素的原子均不相同；③不同元素的原子以简单数目的比例结合成化合物；④原子在所有化学变化中本性不变。科学原子论的确立将化学推进了一个新的阶段，正如恩格斯指出的"化学中的新时代是随着原子论开始的"。1804年，道尔顿依据他的原子论自然推论出倍比定律的思想：AB两种元素相互化合成两种或者两种以上的化合物时，在这些化合物中，与一定质量的A元素相化合的B元素的质量必然互成整数比。这一定律不仅丰富了化学变化中关于物质重量关系的认识，而且证明了原子的存在。1808年，英国化学家汤姆斯和武拉斯顿用确凿证据证明了培比定律的存在。

十三

1806年，英国戴维在研究电解与化学亲和力之间的关系时，提出化学亲和力的电力本质的解释。他认为在氧和氢之间、金属与氧之间、酸与碱之间的化学亲和力实质上是一种电力的吸引，电力也可使它们分离。这一假设和预言不仅预见了电解各种元素的可能性，也导致了1814年贝采里乌斯电化二元学说的诞生。电化二元学说主张所有化合物都可分割成带相反电荷的两部分，即正电荷与负电荷，不存在第三种力，也不必考虑组成化合物的元素的数目。比如，硫酸钠由带正电荷的钠离子与带负电荷的硫酸根离子构成，不是由硫、钠和氧的简单组成。这一理论对于无机物具有部分真理性，成为离子键理论的先驱，但是不能解释有机物。1817年，他试图把电化二元学说推广到有机化学领域，将无机物和有机物统一起来。尽管不能成功，但毕竟是认识有机物结构的一次尝试。

十四

1811年，意大利物理学家阿伏伽德罗在盖·吕萨克化合体积定律的基础上引申出分子概念，首次提出分子假说。他认为包含在一个单位体积内的气体物质并不是简单的粒子，而是由原子构成的复合体。也就是说，任何单质气体，其分子均不是由单个的原子组成的，而是由一定数量的这些原子依靠引力形成单个分子。如果是同种原子，相结合形成的是简单物质的分子；如果是不同种原子，结合后形成的是化合物分子。比如，氢分子由两个氢原子组成，水分子由两个氢原子和一个氧原子组成。这样，阿伏伽德罗就认识到原子与分子的区别，解决了道尔顿原子论与盖·吕萨克化合体积定律之间的矛盾——2体积氢气与1体积氧气化合成2体积水的过程中半个氧原子的问题。只要把原子换成分子，问题就迎刃而解了。根据分子理论阿伏伽德罗将盖·吕萨克化合体积定律修正为：在同温同压下相同体积的任何气体，都含有相同数目的分子。可见，分子概念的提出对于化学的发展有多么重要。1814年，法国电化学家安培也独自提出了分子假说，他认为构成物质的粒子应该与原子区分开，提出分子概念，并主张在相同条件下不同气体的相同体积中含有相同数目的分子，每一个分子由一定数目的原子组成。然而遗憾的是，由于当时盛行的贝采里乌斯电化二元学说认为同种原子不能结合成为双原子分子，致使分子学说遭到了冷遇，被埋没长达半个世纪，直到1858年意大利化学家康尼查罗充分论证了分子假说，并在第一届国际化学会议上散发论文后，才被化学界广泛接受，分子学说才最终得以确立。

十五

1815年，英国化学家普劳特提出原子复合构成的假说。普劳特通过对当时原子量的比较分析发现，如果假定氢原子量为1作为标准，其他原子量均接近整数，于是他推论出"氢是构成万物的元粒子，所有元素的原子都是由氢原子聚结而成的，所有元素的原子量都是氢原子量的整数倍"。这就是著名的普劳特假设。该假设第一次从科学角度提出原子的复合性和结构性，以及元素的亲缘性和可变性思想，打破了长期认为原子不可分和元素不可变的传统观点。

十六

1819年，德国化学家米希尔里希通过酸式硫酸钾等的研究，发现它们具有相同的结晶形状，认为原子的结合状态是决定晶形的最重要因素，提出相同数目的原子如果以相同的结合状态结合，其晶形相同。这就是类质同晶型定律。因此，如果已知化合物所含某一元素的原子数目，那么就可推出另一类似元素在相同晶形混合物中的原子数目。同年，法国化学家杜隆和培蒂在测定各种单质的比热过程中发现，一种元素的原子量和比热的乘积是一个常数，这就是原子热容定律。这一定律虽然只是近似定律，但对于修正不准确的原子量起到了重要作用。

十七

1829年，德国化学家德伯莱纳在已经发现的54种元素的基础上，根据性质相似性和原子量大小提出元素的"三素组"分类法，如锂、钠、钾；钙、锶、钡；氯、溴、碘等，开创了原子量与化学性质之间关系的研究，启迪了后来对元素分类及周期性的研究。1862年，法国化学家尚古多提出元素性质与原子量关系的《螺旋图》，将62种元素按照原子量大小标记在一个绕圆柱体向下的螺旋线上，清楚地表明元素性质与原子量之间的内在联系，提出元素性质具有周期性出现的规律。尽管该图还不能完全反应元素性质随原子量变化的规律性，但从整体上指出了元素性质与其原子量之间的联系。1864年，英国化学家欧德提出以原子量大小排列的《原子量和原子符号》表，部分反映了元素性质随原子量周期性变化的规律，并给未知元素留出位置，比《螺旋图》又进了一步。1865年，英国化学家纽兰兹根据原子量大小排列发现从任意元素起第八个原子与第一个元素的性质相似，他排列出的前两组几乎与现代周期表一致，他将这规律称为"八音律"，这一发现又向元素周期律真理迈进了一步。1868 年，化学家迈耶尔绘制出《原子体积周期性图解》，提出元素性质与元素原子量的函数关系；1869 年，他又绘制出元素周期表，明确阐述了元素性质是其原子量函数的规律，还形成过渡元素族，不过他比较重视元素的物理性质。同年，俄国化学家门捷列夫在前人的基础上，将当时的 63 种元素按照原子量从小到大排列绘制了元素周期表，发现元素周期律，其要点是：①将元素按原子量大小排列，其性质呈现明显的周期性；②原子量大小决定元素的特征；③元素按照原子量形成的族与其化合价相对应；④还有许多未被发现的元素，如类铝和类硅两个元素；⑤依据元素的同类的原子量可以修正该元素的原子量。元素周期律的发现"完成了科学上的一个勋业"（恩格斯）。1871 年，门捷列夫对周期表作了修正，把横轴改为竖排，使同族元素处于同一竖行，突出了化学元素的周期性，使元素周期律更加完善。

十八

  1834 年，法国化学家杜马发现蜡烛燃烧时释放出一种刺激性气体，经过研究认为是氯化氢气体，氯是在漂白蜡烛中取代了其中的氢，这说明氯有一种从有机物中取代氢的能力，因此他提出氯等卤素能够置换有机物中的氢，这过程被称为取代作用，这就是取代说。1836 年，法国化学家 A. 罗朗在取代说的基础上进一步提出一元的"核团学说"。罗朗发现氯取代有机物中的氢而获得的生成物的性质没有发生大的变化，他认为这卤素取代氢之后，这些元素处于氢的位置，在某种程度上起到氢的作用，因而新的生成物与原初物有类似之处。这是把有机物作为一个整体看待，当其中某部分被其他元素取代后，其性质基本不变或者结构类型不变，一切有机化合物都是由基本碳氢核团构成的，这就是一元的"核团学说"。这一理论虽然还没有认识到有机物内部原子之间的关系，却看到了有机物的某些共性，初步认识到有机物的性质不仅取决于原子的性质，也取决于原子所处的位置。1837 年，德国化学家李比希和杜马在旧的基团说的基础上共同提出新的基团学说。他们认为矿物化学包括由一切元素直接结合而形成的全部物质，有机化学包括由化合物形成的全部物质；这些化合物起着元素的作用；无机化学中的基是简单的，有机化学中的基是化合物；化合的规律和反应的规律在这两个化学分支中是完全相同的；有机基团是一系列化合物的不变组分，它在化合过程中被元素置换。这就是新的基团理论，其实质是二元论在有机化学中的应用，并没有完全揭示有机化合物的本质，因为基团是可变的，而根据他们的基团理论，基团是不变的。1838 年，李比希依据基团说建立酸的含氢学说。他认为盐酸中核团可以吸纳一个或几个氧原子，形成多种含氧氯酸而不改变它对氢及盐基的容纳量，酸的酸性依赖于氢而不依赖于氧，而且盐酸中并不含有氧。同年，杜马在基团说的基础上提出类型说。在他看来，在有机化合物中存在某些类型，即使它们所含的氢被等量的氯、溴和碘所置换，这些类型仍然保持不变。1840年，他又将类型分为化学型和机械型。化学型是指含有相同当量的物质以同样方式化合，并表现出相同的基本化学性质，机械型是指组成相似而性质不相似的某些有机物。类型说强调分子整体性与有机物性质的关系，并没有揭示出化学键的本质，但它却从整体上考察分子的结构，促进了化学结构理论的发展。1839年，法国化学家日拉尔发现一种新型的化学反应，即复分解反应，补充了道尔顿的加成和杜马的取代两种化学过程。他发现两个分子在起反应过程中有时每个分子都分离出一部分，相互化合成简单的稳定无机物，如水、氨等。由于分离后余下的两个残基不能独立存在，所以要相互结合形成新的稳定的有机化合物。例如，苯与硝酸作用形成水的同时，生成硝基苯这种有机化合物。这就是"残基"说。这种学说既继承了基团说，又发展了取代说。但是"残基"不同于基团，它没有确定的电性，也不能被游离出来成为独立的原子团。1843年，日拉尔提出有机化合物的"同系列"概念，即有机化合物的每个系列都有自己的代收组成式。

十九

1850年，法国化学家武兹和德国化学家霍夫曼他们在实验中发现了一种新型化合物，"这一类型的化合物乃是氨中一个、两个或三个氢被有机基团所置换而生成的化合物"，这就是"氨类型"的有机物。同年，英国化学家威廉逊在进行醚的合成过程中发现有机物的"水类型"：当水中的一个氢被烷基取代则为醇，两个氢被取代则为醚。这两类有机化合物的发现促进了化学类型学的发展。1852年，日拉尔在此基础上提出有机化合物的四种基本类型：水型、氢型、氯化氢型和氨型。如果这四种基本类型中的氢被其他基所取代，就可以生成各种各样的化合物。日拉尔对基本类型的总结，发展了类型学说，促进了化学结构理论的确立。1857年，德国化学家凯库勒提出沼气型有机化合物，进一步完善了类型学，从而取代了基团说。

二十

1852年，英国化学家弗兰克兰在研究金属与烷基的化合物时，发现每种金属原子只能和一定数目的有机基团结合，表现出一定的结合力，初步提出原子价的基本思想，这是化学键研究的开始。1857年，凯库勒接受原子价的概念，进一步提出原子价学说。在研究中他发现硫和氧均是二原子的，一个硫原子的化合力等于两个氯原子，由此提出原子数和亲和力值概念，他所指的亲和力值相当于原子价概念，这为化学结构理论的建立和元素周期律的发现提供了依据。1858年，凯库勒进一步提出碳四价和碳链学说。他发现碳与四个原子结合，四个氢均可以被其他基所取代,而且碳原子之间可以相互连接成链。同年英国化学家库帕也独立提出碳四价和碳链学说。他们共同奠定了化学结构理论的基础。1861年,俄国化学家布特列洛夫明确提出"化学结构"概念,认为化学原子具有一定的亲和力,借组这种力它们形成化合物,而化合物中的各个原子之间的相互连接就是化学结构。化学结构概念的提出,表明化学性质与化学结构之间存在一定的相互依赖关系。

二十一

1867年,英国化学家罗斯科提出原子和分子的现代定义。他指出,"分子是原子的集合,是化学物质(无论是单质还是化合物)能够分开或能够独立存在的最小部分",这为发展原子分子论创造了条件。

二十二

1874年,荷兰化学家范霍夫和法国化学家勒贝尔分别提出碳原子的正四面体理论。他们在旋光异构体研究的基础上,发现当碳原子的四个原子价被四个不同的基团饱和时,得到两个不同的四面体,它们不能叠合,彼此互为镜像,从而生成两个空间结构异构体,这蕴含了不对称原子的概念、空间结构概念及键价角度的概念,而且指出不对称碳原子有机化合物在溶液中具有旋光性。这一理论解释了许多由于原子在空间的排列不同而引起的立体异构现象,奠定了立体化学的理论基础。同年,范霍夫又提出几何异构体,这种结构异构体发生在含有碳原子双键的有机化合物中,这因为双键的存在阻碍了分子内部的自由旋转,从而导致异构体的产生。几何异构体的提出,进一步发展了有机立体化学。1885年,德国化学家拜耳根据有机化合物的五元环和六元环普遍稳定的事实提出张力学说,认为碳原子的四个价键之间成109°28′角,如果偏离整个角度,就会产生张力,偏离越多,张力越大,分子就越活跃,这一主张进一步支持了碳原子的正四面体理论。1890年,德国化学家萨赫斯提出无张力学说来解释张力说不能说明的六元环的稳定性问题。他认为在环己烷六元环中,如果碳原子不在同一平面,就可以保持109°28′角,形成一个无张力环。这种无张力环有两种:一种是对称的,即椅型;另一种是非对称的,即船型。他进一步发展了有机立体化学。

二十三

1886年,英国化学家克鲁克斯在普劳特假说的基础上提出"亚元素"概念。他认为同一种元素可能有不同的原子量,并把这种不同原子量的物质称为该元素的亚元素,不仅打破了原子不可分的观念,而且也打破了同一元素彼此完全一样的观念，这是同位素学说的思想基础。1910年，英国物理学家F. 索第发现，有些放射性不同的元素其化学性质则完全一样，于是他认为：存在不同原子量和放射性但其他物理化学性质完全一样的化学元素变种，这些变种应该处于周期表的同一位置，互为同位素，从而提出同位素假说。

二十四

1887年，瑞典化学家阿累尼乌斯在《关于溶质在水中的离解》中提出电离和电离度的概念，阐明了电离学说，这是化学史上具有革命性的一种理论，它与原子论、分子论和元素周期律共同奠定了现代化学的基础。从1882年开始，他就研究溶液的导电性，发现氨本身不导电，但其水溶液却导电，而且溶液越稀，导电性越强，于是他假定溶液中的电解质在无外界电流的作用下也可以存在活性态离子。同年，范霍夫关于强电解质渗透压的公式也证明了离子的存在。根据这些实验，阿累尼乌斯从溶液的电导率、渗透压和凝固点降低等方面的精确测定，证明了离子的存在。1889年，阿累尼乌斯又提出活化能和活化分子的概念及反应速度与温度的关系式，特别是活化概念成为后来各种化学动力学理论的基本概念。由于电离理论仅适用于稀溶液，对离子如何带电、强电解质的行为不能做出解释，1923年，荷兰化学家德拜等提出强电解质溶液离子互吸理论。该理论认为在强电解质溶液中，一个中心离子的周围将由正负离子形成一种对称的"离子氛"，在外电场作用下，正负离子向相反方向迁移，离子氛就不对称了。中心离子迁移后，要建立新的离子氛，原来的离子氛就要分散，这样就产生一种阻碍中心离子迁移的"松弛力"。由于正负离子在溶液中发生溶剂化作用，离子在迁移过程中的摩擦力增加，即"电泳力"。这两种力作用的结果是降低离子的迁移速度，减小其电导值。他们根据这个模型导出了电导值的减少量与浓度的平方根成正比，克服了阿累尼乌斯理论的局限。1924年，史特仑提出双电层理论。他认为溶液中的电层由两部分构成：一部分固定在固体表面，其厚度与分子大小相当；另一部分分散至一定距离的溶液深处。该理论较好地解释了各种电动现象及一些界面现象和电毛细管现象。

二十五

1893年，瑞士维尔纳在《论无机化合物的结构》中提出了络合物配位理论。他认为凯库勒关于分子化合物相互黏合的观点是错误的，络合物这种复杂无机物中同样存在原子间的化学键。他引入"副价"概念扩展原子价概念，进而提出"配位数"概念。在他看来，在络合物中起络合作用的是位于中心的、以某种主价存在的某种（金属）元素的离子，环绕着中心离子的分子或离子的总数目是一个常数。这个常数被称为配位数，环绕中心离子的分子或离子则是配位体或络合基。维尔纳的配位理论为络合物的研究奠定了基础。同时增强了这样一种观念，即按照原子的成键的数目来确定其原子价，并把原子价看成是原子在分子中的结构特性。这一观念在现代量子化学的价键理论和分子轨道理论中得到充分体现。

二十六

1899年，德国化学家泰尔提出余价学说，试图解释共轭双键体系的化合物加成反应。他认为某些双键是一种不饱和的价，具有成键的倾向。如果两个双键形成在两个相邻的碳原子上，它们中间的余价就会相互作用而成键，不再显示余价的作用，而外缘的碳原子上余价便显示更强的反应活性，容易接受卤素原子而成键。例如，在苯环中，所有余价都位于相邻碳原子上，双方耦合成键，从而失去余价的活性，只能在强烈化学作用下发生加成反应，这就是苯为什么稳定的原因。这一学说体现了有机结构理论的发展。

二十七

1902年，英国物理学家卢瑟福和索第在研究镭、钍等元素的放射性时发现，它们表面有一种暂时性的放射性的重气体，这种暂时性是由放射性射气附着在周围物质表面造成的，所以提出了元素蜕变学说。该学说主张：放射性元素是不稳定的，它们自发地发射射线和能量，衰变成另一种放射性元素，直至成为一种稳定的原子为止；每一种放射性原子的放射性强度均按照指数关系随时间不断减弱，即在一单位时间有一定的衰变几率，这种几率只与放射性本身的特征有关，而与其他因素无关。元素蜕变学说的提出具有革命性，因为它打破了自古以来人们关于原子不变和不灭的传统观念。

二十八

1904年，德国化学家阿培格为了解决原子之间是如何发送作用的，以及分子结构如何的问题，提出原子价"八数规则"。该规则的要点是：每一种因素可以有一个正价，也可以有一个负价；任何元素的这两种价的最高价数的总和通常是8。这一规则奠定了原子价的电子理论的基础。1902年，美国化学家路易斯初步形成共价键的思想，经过十多年的研究于1916年发表《原子与分子》论文，提出共价键理论，其要点是：①每个原子都有一个核，核在化学反应中不变，核中的正电荷数等于该元素所在周期表中的族数；②原子由核和外壳组成的，外壳由带负电的电子组成；③对于中性原子，外壳的电子数等于核中带的过剩的正电荷数，在化学变化中，原子外壳的电子数从 0 变到 8；④原子趋向于生成由偶数电子组成的外壳，通常是 8 个电子，这些电子对称地分布于正立方体的 8 个顶点上；⑤两个原子的外壳可以相互渗透，从而各自达到"八隅体状态"。这一理论能够解释电价理论不能说明的氢气、氮气的生成问题。

二十九

1916 年，德国化学家柯塞尔认为必须用原子结构理论来解释化学行为，化学中稳定离子的形成是由于原子获得了电子或失去电子的结果，基于这一认识他提出电价键理论，其要点是：①运用玻耳原子模型解释化学行为，特别是用原子结构外层电子的得失说明原子结合成为分子的原因；②原子中的内层电子与原子核结合得十分牢固，一般不参加化学变化，参与化学反应的主要的原子外层的价电子；③原子序数等于原子的核电荷数，核外电子数等于核电荷数；④原子中核外电子依次排列，排满一层再排下一层，稳定的电子层结构是惰性气体的 8 电子结构，每种原子都有达到 8 电子结构的倾向；⑤依据原子的电子层排列，金属元素易失去电子成为带正电的阳离子，非金属易获得电子成为带负电的阴离子；⑥阳离子和阴离子由库仑引力结合成为化合物，正负离子间的静电的库仑引力形成了电价键。这一理论基本能够解释离子型化合物，但不能解释非离子型化合物。

三十

1918 年，美国化学家路易斯在阿伦尼乌斯活化分子和化合能概念的基础上，提出化学反应的双分子碰撞理论。他认为化学物质要发生反应，必须通过反应物的分子碰撞来实现，而且碰撞要足够强烈，否则即使碰撞了也不会发生反应。这种通过碰撞发生的化学反应被称为有效碰撞。这一理论对质量作用定律和阿伦尼乌斯公式做出了一定的解释。1922 年，英国林德曼为了解决单分子反应这种一级反应的活化能的来源问题而提出单分子反应的时滞理论。该理论认为在单分子反应中，分子必须获得起码的能量，即临界能后才能反应，而这个临界能的获得是靠碰撞得来的。而获得能量的分子要完成分解反应，必须将能量在分子内部进行分布，以达到一个利于分解的状态，这中间经过一个时滞。也就是说，分子通过碰撞获得能量，直到开始分解需要一定的时间。1935 年，美国化学家艾林和帕兰尼提出反应速度的过渡态理论。他们认为反应物分子进行有效碰撞后，并不是马上就能够形成产物，而是要经过一些中间环节，形成一个过渡态或活化体。这种过渡态再进一步分解，然后形成产物，它的分解是控制反应速度的决定性一步。过渡态理论的提出，丰富和发展了化学动力学。

三十一

1923年，美国化学家路易斯提出广义酸碱的电子理论。早期的电离理论认为，在水溶液中给出H^+的是酸，给出键OH的是碱；后来发展成的酸碱质子理论认为，给出质子的物质是酸，能接受质子并与质子结合的物质的碱。广义酸碱理论认为，凡能接受一对电子的原子、离子和分子都能称为酸，凡是能提供一对电子的原子、离子和原子团都称为碱。这种理论将酸碱性质与原子结构联系起来，酸与碱反应的结果是碱的电子对填充到酸分子的电子不饱和轨道里，以及产生具有稳定电子层和给予一个接受键的新化合物。

三十二

1925年，美国化学家泰勒提出催化的活性中心理论。该理论认为，催化剂的表面是不均匀的，位于催化剂表面微晶的棱和顶角处的原子，具有不饱和的键而形成活化中心，只有在活化中心处才能进行活化反应，而催化剂其余的表面所吸附的分子并不参加反应。这一理论很好地解释了催化剂的活性及毒物对活性的作用，但不能解释催化剂选择性。1929年，原苏联化学家巴兰金针对这一问题提出催化剂活性中心结构的多位催化理论，以解决活化中心理论本身的许多缺陷。该理论主张催化剂活化中心的结构应当与反应物分子在催化反应过程中发生变化的那部分的结构处于几何对应。也就是说，催化活化是反应物分子中的几个原子，或者反应物分子与催化剂活化中心的几个原子这些多位体相互作用的过程。这一理论很好地解释了催化剂的选择性问题。1948年，道顿和原苏联沃肯斯坦等将金属的催化性质与其电子行为和电子能级联系起来，提出多相催化的电子理论。该理论认为，活化中心是表面上某些类型的晶体的缺陷，它不应该被看作是处于催化剂表面固定的位置上，而是随着激发电子在晶格中的移动而不断地生成和消失的。这一理论丰富和发展了化学动力学的内容。

三十三

1929年，德国化学家贝特和范弗雷克为了克服络合物价键理论的缺陷而提出晶体场理论。该理论认为中心金属离子电子层结构受配位体场的影响，原来5个d轨道的能级在自由离子中本来是相等的，但有配位体时，配位体的负电荷和d轨道上的电子相互排斥，使得5个d轨道变得不同了，能级发生了分裂。这一理论为后来的配位场理论的形成创造了条件。1952年，美国化学家欧格尔将静电场理论与分子轨道理论相结合提出配位场理论。该理论把配位体与过度金属离子间的作用看作是一种配位体的力场与中心离子的相互作用，把d轨道能级分裂的原因看作是静电作用和生成共价键分子轨道共同作用的结果。配位场理论将原子价键理论与分子轨道理论相结合，共同形成了分子结构的三大理论。

三十四

1931年，美国化学家鲍林为了解决原子价键的方向性问题，提出杂化轨道理论。该理论认为中心离子或原子的杂化轨道和配位体形成的化学键可以说明络离子的空间构型和磁性问题，他提出的基本假定是最大重叠原理：如果一个原子的两个轨道都能够与另一个原子的轨道相重叠，那么重叠较多的将与那个原子形成较强的键，而且这个给定轨道所成的键将倾向于分布于这个给定集中的方向上。这个理论很好地解释了甲烷的四面体结构和乙烯的平面结构的事实，对多原子分子结构的研究起了十分重要的作用。1932年，美国化学家密立肯和德国洪特在化学键理论的基础上提出分子轨道理论。他们认为原子结合成分子后其个性就消失了，分子是一个整体，分子中的电子运动规律可以用单电子波函数来描述化学键的本质；能量近似的原子轨道可以组合成分子轨道；分子中的电子总是在一定的分子轨道上运动；电子的运动范围遍及整个分子，而不是局限在两个相邻原子之间的小局域运动；只要不违背一个分子轨道仅容纳两个自旋相反的电子的原则，分子中电子优先占据能量最低的分子轨道，尽可能分占不同轨道而且自旋平行；成键的原子轨道重叠越多，生成的键就越稳定。分子轨道理论已经得到广泛应用，是一种较为完善的分子结构理论。

三十五

1928年，鲍林在解释氢分子的量子力学计算结果时，将共振概念引入化学结构理论，共振是指价电子在成键的两个原子轨道上交换，共振能是指电子的交换积分。1932年，他将共振论概括为三点：①以单电子键、3电子键作为一种新型键来描述NO、O_2这类特殊分子的化学结构，这两种键型又被看作是在两个结构之间的共振；②把共价键看作是纯共价结构和离子结构之间的共振；③将CO、苯之类的分子描述成在价键分布不同的几个结构之间共振。共振理论提出和发展了负电性、部分离子性、键级等概念，极大地推进了人们对分子结构的认识。1952年，日本化学家福井谦一在分子轨道理论的基础上，通过对芳香烃的亲代取代和亲核取代反应的研究，提出最高占据轨道和最低空轨道，并称其为"前线轨道"。他把前线轨道类比为原子最低价电子，分子中所有填充电子的分子轨道中能量最高的占据轨道上的电子最活跃，也最容易失去；所有空分子轨道中，能量最低的空轨道最容易接受电子。因此，分子在反应中其前线轨道处于反应的前沿，最容易与试剂发生作用，在反应中起主导作用。20世纪60年，代福井谦一等将这一理论应用于各种环加成反应，详细说明了立体选择定则和化学反应途径，对奇电子数的游离基、激发态分子、半占轨道起了重要作用。1965年，美国化学家伍德瓦德和霍夫曼运用前线轨道理论解释立体化学中的周环反应，提出关于协同反应的立体化学选择的规则，亦称分子轨道对称守恒原理。该原理将化学反应过程看作分子轨道改组过程的概念，强调分子轨道及其对称性质对于反应进行难易程度的决定作用，是现代化学结构理论从研究静态结构到动态结构，反应理论从宏观到微观发展的一个重要里程碑。

第十二章 天文学思想简史

一

公元前27世纪，埃及第三王朝提出旬星制度和埃及历法。古埃及人将赤道附近的恒星等距离地分为36组，每组1到数颗星不等，分管10天，称为旬星。他们以3旬为1月，4个月为1季，3季为1年，1年360天。公元前19世纪初～公元前16世纪初，古巴比伦人制定了1年12个月，大小月相间，大月30日，小月29日，1年354天的历法；建立一天分为12时的计时制度，每天12时，每时60分，每分60秒；建立周天角度划分法，将周天分为360度，1度60分，1分60秒。这种60进制沿用至今。公元前10世纪～公元前7世纪，印度人创立1年为366日的印度历法，非常接近现在的太阳历。约公元前7世纪，中国出现12次等分周天法和岁星纪年法，将一年分为8节与24节气，大体反映了一年中气温、雨量和日照的规律性，特别是24节气，是中国沿用至今的阴阳历中重要的阳历成分，对农业发展发挥着重要作用。

二

公元前24世纪～公元前20世纪，阿卡德和苏美尔人通过对太阳视运动轨迹的观察，将星空划分为星座，建立黄道面概念，并发现了水星、金星、木星、火星和土星。约公元前13世纪，亚述人建立黄道十二宫概念：白羊宫、金牛宫、双子宫、巨蟹宫、狮子宫、室女宫、天秤宫、天蝎宫、人马宫、摩羯宫、宝瓶宫和双鱼宫。中国开始采用干支法以纪日，分别以十干（甲、乙、丙、丁、戊、己、庚、辛、壬、癸）和十二支（子、丑、寅、卯、辰、巳、午、未、申、酉、戌、亥）相结合，形成甲子、乙丑等60个干支组合，循环往复用于纪日。这些用法沿用至今。约公元前10世纪，中国建立了28宿坐标系统，用于描述日月的运行。公元前8世纪～公元前6世纪，印度人将黄道天分为27个"月站"。公元前7世纪，美索不达米亚确立星期制度，并用天神名称命名：星期日——太阳神；星期一——月亮神；星期二——火星神；星期三——水星神；星期四——木星神；星期五——金星神；星期六——土星神。这一用法沿用至今，可见其影响之大。

三

公元前4世纪上半叶,古希腊欧多克斯提出日、月和诸行星的运动均可用同心球体系来描述。公元前4世纪中叶,古希腊赫拉克利德提出水星和金星围绕太阳运动,太阳又带着它们围绕地球运动的宇宙体系。公元前3世纪,古希腊阿利斯塔克在《论日月大小和距离》中提出了6条假设:①月球的光来自太阳;②月球沿着轨道围绕地球旋转;③月球上下弦时,其明暗分界线与我们的视线在同一平面上;④月球上下弦时,从地球上看月球与太阳的张角比直角小3度;⑤月食时,地球阴影的宽度为月球直径的2倍;⑥月球的视角直径为2度。在这些假设的基础上,他提出了日心地动说,认为太阳位于宇宙中心,地球与其他行星围绕它作圆周运动,恒星位于以太阳为主中心的遥远天球上固定不动,它们离地球的距离远比日地距离大得多,因此我们无法观测到地球围绕太阳转动所产生的恒星视差位移;地球围绕太阳公转的同时,每天还自西向东自转一周,由此产生了所有天体的周日视运动。这一观点走在了他所处时代的前列,当时许多人难以接受。公元前3世纪末~公元前2世纪初,古希腊阿波罗尼提出了本轮均轮说,认为地球位于宇宙的中心,行星沿着本轮作匀速圆周运动,而本轮的中心则沿着均轮围绕地球作匀速圆周运动,二者的合成可以解释行星在天球上复杂视运动。公元前2世纪,古希腊依巴谷提出日、地偏心圆几何模型,定性地研究了太阳周年视运动的不均匀性,他假定太阳本来在围绕地球的圆轨道上作匀速运动,只是由于地球不在这一轨道的中心,而在偏离中心1/24轨道半径处,才产生从地球上看去太阳周年视运动的不均匀性;他还建立了近点月和交点月的概念,前者是指月球连续两次通过同一白道拱点的时间间隔,后者是指月球连续两次通过同一黄白交点的时间间隔。公元前1世纪上半叶,古希腊波西东尼斯提出潮汐与月球有关的思想,认为潮汐不是由于太阳,而仅仅是由于月亮的位置和月相及其搅起的风产生的。

四

约384年,中国姜岌明测算冬至时太阳在恒星间位置的月食冲法,提出大气消光初论。约660年中国李淳风提出彗尾指向背日说,认为彗星自身不发光,借太阳照射才发光,而且彗星尾指向是背日的。724年,中国出现太阳黑子的早期分类法,在《开元占经·卷六》中将太阳黑子分为6类:乌见者,双乌见者,入斗者,乌动者,黑气若一、若二至四五者,有黑气者。它们分别反映了太阳黑子从开始到消失的6个特定阶段。这一分类思想与苏黎世分类法十分相近。

五

公元2世纪，希腊托勒密在《天文学大成》中吸收前人天文学的思想，如引入本轮、均轮、偏心圆概念，创用"均衡点"概念，提出地心说，其要点如下：①地球是球形的，静止不动地位于宇宙中心；②月球和其他行星均在本轮上匀速运动，只有太阳在均轮上围绕地球运动；③地球不在各个均轮的中心，而是略有偏离，诸天体的本轮中心在均轮上的运动相对于地球和均轮中心都是不均匀的，但对于该中心的另一边与地球等距离的均衡点来说是匀角速度的；④水星与金星的本轮中心位于地球与太阳的连线上，这一连线一年中围绕地球转一周；火星、木星和土星与它们各自的本轮中心的连线总是与日地连线相平行，这三颗行星每年围绕各自的本轮中心转一周，但其均轮的运转周期各不相同；⑤恒星天携带所有恒星每天围绕地球自东向西转一周；⑥太阳、月亮和行星除上述运动外，还与恒星天一起每天围绕地球自东向西转一周。1081年，阿拉伯人查尔卡利提出水星按椭圆轨道运行的见解，否定了托勒密用本轮和均轮解释水星的运动。14世纪中叶，阿拉伯伊本·萨蒂尔提出本轮套本轮的行星运动体系。他对托勒密的地心说作了修正，取消了偏心均轮和均衡点的概念，增加了以第一本轮上的点为圆心的第二本轮和以第二本轮上的点为圆心的第三本轮，建立了一种用运动圆周运动的叠加解释行星视运动的理论。该理论的数学处理方法对后来的日心说有一定影响。14世纪下半叶，法国奥里斯姆提出地球自转的冲力说，认为地球每天都在不停地自转，永不停息，这是创世时受到原始冲力的结果；天体的东升西落是一种假象，它实际上是地球自转的反映。15世纪中叶，意大利尼古拉辩证地论证了地球在运动。他认为一切物体都在运动，地球也不例外，只是我们居于地球上，感觉不到这种运动；恒星都是遥远的太阳，数量无限，宇宙是无限大的。这思想对地心说产生了巨大的冲击，为日心说的出现奠定了基础。

六

1502~1514年，波兰哥白尼在《关于天体运动假说的要释》中初步提出日心说的主要假设和思想：①所有天体的轨道不存在一个共同的中心；②地球的中心不是宇宙的中心，仅仅是重力中心和月球轨道中心；③所有天体都围绕太阳旋转，宇宙的中心在太阳附近；④与恒星所在的天穹的高度相比，日地距离是微不足道的；⑤天穹本身并不运动，其周日旋转是地球自转的反映；⑥太阳的各种运动不是太阳本身固有的，而是地球的运动引起的；⑦行星的视顺行与视逆行是地球和行星共同围绕太阳运动的结果。1543年，哥白尼在《天体运行论》中正式建立哥白尼日心体系，其中心思想是：太阳位于宇宙的中心，地球和诸行星以不同的周期围绕太阳运动；地球在围绕太阳公转的同时也每天自转一周，从而造成各个天体的周日视运动。1576年，英国人迪格斯提出恒星天并不存在的观点。1584年，意大利布鲁诺在《论无限宇宙和世界》中提出无限宇宙和宇宙无中心的思想，他认为宇宙是无限的，其中有无数的个世界；恒星均是遥远的太阳，太阳只是其中普通一员；太阳不是宇宙的中心，无限的宇宙根本没有中心。这些思想是对日心说的重要发展。1588年，丹麦第谷提出自己的日地汇合的宇宙体系，认为地球位于宇宙中心固定不动，月球在离地球不太远的轨道上围绕地球运动，水星、木星、火星、金星、木星沿着圆形轨道围绕太阳运行，而太阳又带着这5颗行星围绕地球运动。1604年，德国开普勒正确地解释了月全食时月面灰光的成因，1609年，他提出行星运动第一、第二定律。1609～1610年，意大利伽利略提出恒星数目众多、距离遥远、银河由无数恒星聚成的观点，同时发现太阳自转。1617～1621年，开普勒提出行星运动的开普勒方程，1619年刊布行星运动第三定律。1632年，伽利略在《关于托勒玫和哥白尼两大世界体系的对话》中倡导日心说，反对地心说。1666～1684年，牛顿提出引力平方反比定律，使人们计算天体之间的关系成为现实。1672年，英国霍罗克斯提出月球运动理论，认为月球运动时的出差和二均差均是由太阳引力的影响，而造成月球轨道椭率的变化和拱点运动的不均匀引起的，同年，法国里歇由摆钟周期推断地球为椭球。1687年，牛顿预言月球物理天平动的存在。1691年，英国哈雷提出利用金星凌日测定太阳视差法。1693年，意大利卡西尼提出月球运动的卡西尼定则。1695年，英国哈雷预言月球运动长期加速；1705年，哈雷预言哈雷彗星的回归。1722年，法国J.卡西尼提出地球为长球体说，反对牛顿的地球扁平说。

<h2 style="text-align:center">七</h2>

1644年，法国哲学家笛卡儿提出太阳系起源的漩涡说，认为在最初混沌里，物质微粒逐渐获得了涡流式运动，各种大小不同的涡流逐渐摩擦，使得原始物质匀滑，被挤出的一些物质落入涡流中心，在那里逐渐形成了太阳，较细微的物质向外飞散，形成了透明的天空，较大的物质被俘获在涡流中，形成了地球和诸行星，次级涡流俘获的物质形成了卫星。这一观点现在看来有点幼稚。1698年，惠更斯在《宇宙论》中提出自己的见解，认为恒星是无异于太阳的天体，也有行星围绕它们运转，这些行星与太阳系的行星类似，也可能有生物在上居住。1745年，法国布丰提出太阳系起源的"彗星碰撞说"，认为曾有一颗彗星沿着几乎与太阳表面相切的轨道掠碰过太阳，使得太阳发生自转，同时从太阳上碰出的物质中有一部分围绕太阳运转，逐渐形成行星。这是关于太阳系起源的第一个突变说。1754年，康德提出潮汐摩擦使地球自转变慢说，次年康德又提出太阳系起源的康德星云说，他认为原始星云是一团弥漫的微粒，由于万有引力的作用，

星云内部大的微粒吸引小的微粒，逐渐形成大团块，最后在中心形成凝聚成为太阳；外部的微粒和团块在下落过程中因相互碰撞发生偏离，一部分落得太阳上，推动了太阳自转，另一部分则围绕太阳作圆周运动，集聚成行星。这是第一个关于太阳系演化的科学假说。1767年，英国米歇尔预言存在物理双星，1794年德国克拉尼指出流星来自太空。1795年，赫歇尔提出太阳结构假说，认为太阳内部是寒冷的固体球，其外被两个云层围绕，外层是炽热发光的厚厚的大气，上有耀眼的云彩。1796年，拉普拉斯提出太阳系起源的星云假说，认为太阳是由炽热的气体星云形成的，星云气体因冷却而收缩，自转加快，离心力增大使星云逐渐成为扁平盘状；在星云外缘，离心力超过引力时就分离出一个圆环，其内星云又继续冷却收缩，反复分离出许多环，每个环内的物质又相互吸引，最后形成行星；星云的中心部分形成太阳，较大的原行星在冷却收缩时又重复上述过程形成卫星系。这一假说比康德的假说更加合理，由于二者在某些方面是一致的，通常被称为康德-拉普拉斯星云假说。1854年，德国亥姆霍兹提出太阳引力收缩产能说，认为太阳辐射的能量来自引力收缩，收缩时引力位能转变为热能。这一观点与康德-拉普拉斯星云假说相一致。1900年，美国张伯伦等提出太阳系起源的星子说，他们认为以前有一颗恒星经过太阳附近，恒星的起潮力在太阳表面形成两股螺旋状的气流，之间汇合成围绕太阳运转的气盘，气盘内的气体逐渐凝聚成固态小团块——星子，星子逐渐聚合成行星和卫星。这一假说是一种星云说和灾变说的汇合体。1916年，英国金斯提出太阳系起源的潮汐说，认为约20亿年前，有一个质量比太阳大的恒星运行到太阳附近，使靠近恒星的太阳表面比反面隆起更大的潮，使太阳形如梨状；隆起部分在恒星的吸引下逐渐脱离太阳而变成朝向恒星的雪茄形长条围绕太阳旋转；后来长条内的气体逐渐凝聚成固态质点，再结合成行星；当行星经过近日点时，因太阳的潮汐作用而抛出物质而形成卫星。1935年，美国天文学家罗素通过计算证明潮汐作用拉出的物质不足以形成行星，从而否定了这一假说。1929年，英国杰弗里斯认为曾经有一颗恒星擦碰太阳的边缘，使得太阳自转，而碰出来的物质形成了行星系，这一太阳系起源的碰撞说后来被冷落。1935年，罗素认为太阳曾经是双星的一个子星，另一个子星被一个远处来的恒星拉走，因受到太阳起潮力的作用，走时留下一个长条，这个长条内的物质后来形成了行星系统，他首先提出太阳系起源的双星说。1936年，英国的里特顿发展了这一假说，认为是另一个子星与另一颗外来的恒星发生碰撞，碰撞后反向离开，但拉出一长条物质，后来被太阳俘获，逐渐形成行星。这一假说后来被否定。1942年，瑞典阿尔文提出太阳系起源的电磁说，他认为太阳由一个星际电离气体云的一部分形成，它在形成之初即具有比星际磁场强很多的磁场；电离气体云的另一部分因星际磁场、电离气体云本身的磁场和太阳的磁场的作用而维持在离太阳很近的附近，随着温度的下降，一部分离子和电子合成中性原子，并形成环绕太阳运行的星云。由于原始电离气体云的冷却不均匀，各个部分温度下降不同步，结果演化成行星系统和卫星系统。1944年，前苏联施米特提出太阳系起源的俘获说，认为太阳先形成，几十亿年前太阳在空间运行时，穿入一个气体和尘埃组成的星际云，在其中运行10万年。当太阳从其中走出来时，就俘获了一些物质，形成一个围绕太阳运行的星云盘，然后在盘内形成行星和卫星。这一假说与实际不符合，在科学上难以成立；同年，德国魏茨泽克通过引入湍流概念提出太阳系起源的漩涡说，认为太阳形成后，星云因旋转变成盘，星云盘内出现湍流，逐渐形成规则排列的涡旋，后来又出现次级涡旋，在其中形成行星。这一假说由于没有发现湍流而难以成立；同时，英国霍伊尔提出太阳系起源的超新星说，他认为太阳原是双星的一个子星，后来另一个子星发生爆发而成为超新星。它爆发时朝太阳方向抛出大量物质，由于反冲作用，该子星离开太阳，但它抛出的物质有一部分被太阳俘获，逐渐形成行星。这一假说与灾变说一样被冷落。1949年，美国柯伊伯提出太阳系起源的原行星说，他认为星云盘中发生引力不稳定性，瓦解成一些大的气体球——原星云；原星云中心部分凝聚成固体，离太阳较近类地球原行星的外部气体被太阳辐射蒸发掉，而离太阳较远的类木星原行星因质量大、温度低，能够保留一部分气体，因而造成类地和类木行星的差异。该假说的不能解释太阳系内的角动量的分布。

八

1797年，德国奥伯斯提出彗星轨道简易算法。1812年，德国奥伯斯提出彗星尾形成理论，认为彗星尾是由微小的质点组成，被一种带电的排斥力抛到背离太阳的方向，但没有说明这种排斥力的性质及其作用的方式。1877年，俄国勃列基兴提出一种彗尾理论，认为彗尾中的质点既受太阳引力又受到斥力，并按照这两种力的比值，推出彗尾的各种形态。他将彗尾分为四类：I型彗尾，主要由气体组成，斥力远大于引力，彗尾几乎沿着直线方向背离太阳；II型、III型彗尾主要由尘埃组成，彗尾弯曲，III型彗尾因斥力小于引力，故弯曲程度更大；IV型彗尾为罕见的反常彗尾，斥力远小于引力，彗尾指向太阳方向。1900年，瑞典的阿尔亨斯通用光线在吸收它的物体上的辐射压来解释彗尾质点所受到的斥力，进一步发展了这个理论。1919年，前苏联奥洛夫提出彗头形态分类法，其分类是：N类——彗星内气体丧失殆尽，彗头中只有彗核，没有彗发；C类——彗星中气体已部分散失，彗核被彗发所包围，但彗头是无壳状结构；E类——彗星中气体十分丰富，彗头有很亮的彗发，并具有抛物状壳层结构。1949～1959年，美国F. L. 惠普提出脏雪球彗核说，观测证明了其正确性。1950年，荷兰奥尔行提出彗星云假说，认为太阳附近有总数达$10^7 \sim 10^{11}$彗星组成的云。

九

1734年，瑞典斯维登堡提出初始的银河系概念，认为可观测的恒星世界大多数是银河的成员，它们构成一个完整的动力学系统，而且这种系统在宇宙中不是唯一的，宇宙在空间上是无限的。1750年，英国赖特在《一种新颖的宇宙理论或新的宇宙假设》中首次提出银河系概念，认为恒星和银河共同构成一个庞大的天体体系，形如扁盘，银河位于中心平面上，太阳只是其中一员，而且银河系也只是无限宇宙中的"岛屿"之一。1761年，德国朗伯在《宇宙论书简》中提出一种无穷等级式宇宙模型：太阳系为第一级体系；太阳及其周围许多恒星构成第二级体系；银河系是许多庞大恒星集团的总和，属于第三级体系；许许多多的类似于银河系的星系的总和构成第四级体系；以此类推还有第五、第六级以至更高级的体系。每一级都有各自的大质量中心体，体系内的所有成员都围绕中心运转。这是一个在结构和空间上都无限的宇宙模型。1785年，赫歇尔提出银河系的扁平形结构图，其中太阳居于中心。该图是宇宙发展史上的一个重要里程碑，为人们从整体上把握宇宙提供了一幅较系统的全景图。1786～1802年，赫歇尔又发表了星云及星团图。1847年，斯特鲁维通过恒星的分布研究银河系的结构，发现实际观测倒带恒星数目比赫歇尔图中的恒星数目要少得多，而且对于亮度越暗的恒星差距更大，于是提出星际消光现象，即存在吸光现象，同时指出太阳虽位于银道面上，但太阳不在银河系中心，而是离中心很远。

十

1748～1752年，瑞士欧拉首创行星轨道根数变易法，其基本原理是：在讨论行星的运动时，先考虑太阳的引力作用，而将其他行星的作用当作摄动力来处理；由于摄动力的作用，行星将偏离原来的椭圆，轨道根数将遵循根数变易法导出规律变化，某一时刻对应一瞬时椭圆，其真实轨道将是这一瞬时椭圆族的包络线。1749年，法国达朗贝尔建立岁差和振动的理论，证明章动是由于月球对赤道隆起部分的吸引作用引起的。同年，法国克莱洛推算月球和金星的质量。1756年，德国迈耶导出中星仪测时基本公式。1760年，法国布盖等提出光度学的基本概念如光强、亮度和照度，以及光在介质中传播时的光强指数规律衰减定律。1764年，拉格朗日解释月球天平动现象，认为这是月球和地球都是非均匀球体造成的。1765年，欧拉预言地球极移的存在，他假设地球是一个旋转椭球形刚体，若地球自转轴稍偏离其惯性主轴，则自转轴将在地球本体内围绕惯性主轴作自由摆动，摆动周期为305日。1766年，拉格朗日对根数变易法加以完善和发展。1766年，德国提丢斯提出行星到太阳距离的经验定则。1772年，拉格朗日给出平面圆形限制性三体问题的特解，用于研究三个天体的关系。1774年，英国马斯基林由孤立大山的引力效应推算地球密度，证明地球的密度由表向里逐渐增大。

十一

1776年，法国拉普拉斯提出万有引力的四条原理：①引力与质量成正比，与距离平方成反比；②物体的引力是组成其各个部分引力的合力；③引力瞬时传播，即速度无穷大；④物体在静止时和运动时的引力作用相同。这些原理为计算各种天体的吸引力提供了依据。1784~1789年，拉普拉斯提出轨道计算法、太阳系稳定的拉普拉斯-拉格朗日定理、拉普拉斯方程，并建立木星和土星的运动理论，1798年拉普拉斯预言黑洞的存在，推进了天体力学的发展。1796~1799年，赫歇尔首创变星的比较亮度法。1808年，德国高斯创立测时测纬的多星等高法；次年，高斯又提出天体按圆锥曲线运动的理论。1814~1817年，德国夫琅和费创制分光镜和太阳光谱图。1840~1844年，德国阿格兰德编制变星表及制定变星命名规则。

十二

1826年，德国奥伯斯提出奥伯斯佯谬：按照静止、均匀、无限的宇宙模型，天空中散布无限多个均匀分布的发光恒星，尽管距离越远，单个恒星的亮度越小，但考虑到所有恒星在宇宙中的任一点的光照总和，以及近距离恒星对后面恒星光的掩遮效应，整个天空将处处和太阳一样明亮，而事实上夜空却是黑的。这种理论与实际观测之间的矛盾被称为奥伯斯佯谬。现在可用膨胀宇宙模型来解释这种矛盾。1894年，德国西利格提出引力佯谬：若宇宙无限而且具有欧几里得空间结构，万有引力定律在宇宙中普遍适用，则任一天体在任何方向上都会受到无限大的引力，立刻会被撕得粉碎。但事实并非如此，这就是引力佯谬，它反映了牛顿绝对时空观的内在矛盾。1908年，瑞典的沙利叶发展了1761年德国朗伯的天体逐级成团分布的思想，提出等级式宇宙模型，指出只要$n+1$级天体系统与其中所包含的n级天体系统两者的平均半径的比值足够大，大到超过$n+1$级系统中所包含的n级天体系统的个数的平方根时，光度佯谬就可以消除，只要天体系统之间的距离足够大，引力佯谬也可以消除。

十三

1848年，法国费佐提出可测定光谱线的多普勒位移的观点和方法，他认为由于光源的运动速度与光速相比实在是微不足道，所以很难发现多普勒效应引起的颜色变化，但可观测到光谱线的多普勒位移；当光源朝向观测者运动时，光谱线将紫移；当光源背离观测者运动时，光谱线将红移。1859 年，德国基尔霍夫和本生提出两条分光定律：每一化学元素均有其特殊的光谱；每一元素可以吸收它可能发射的谱线。1861~1862 年，基尔霍夫发现太阳光谱中吸收线是光球辐射的连续光谱被太阳吸收的大气所吸收而形成的，并将这些吸收线和实验室中各种元素的光谱加以比较，证明太阳大气中存在钠、铁、钙等元素，从而建立了光谱分析方法。1862 年，美国拉瑟弗德提出恒星光谱三分类法：具有和太阳光谱类似的谱线和谱带；有谱线但与太阳的不同，主要是白色恒星的光谱；观测不到的谱线的青白色恒星的光谱。1863~1868 年，意大利塞奇提出恒星光谱四分类法：白色恒星；黄色恒星；橙色和淡红色恒星；深红色恒星。他已经认识到光谱分类与恒星温度的关系。1897 年，美国莫里提出恒星光谱分类法，她将恒星光谱分为 22 型，每个型又分为 7 级，并用 a、b、c 表示细节上的差异。1905~1907 年，丹麦赫茨普龙以莫里的恒星光谱分类为基础，将晚型光谱型恒星分为高光度的巨星和低光度的矮星，而且光谱型越晚，同一光谱型中巨星和矮星的光度差越大。1918 年，美国坎农将 1890 年弗莱明的恒星光谱分类法加以改进，发明了以恒星表面温度为参数，从高温到低温划分为 10 种光谱型（O、B、A、F、G、K、M、R、N、S），提出恒星光谱一元分类。1943 年，美国摩根等将恒星光度分为 7 个光度级，建立恒星光谱 MK 二元分类。1952 年，法国沙隆日等将金属丰度作为参数引入光谱分析，建立恒星光谱三元分类。1957 年，美国摩根等建立星系分类法，该分类法以 E、S、B、I 表示形态，以 L 表示表面亮度小，N 表示在微弱背景上有效而亮的核，D 表示没有尘埃。1958 年，美国阿贝尔基于星系团的状态与结构，将星系团分为两类：规则星系团和不规则星系团，从而建立星系团的阿贝尔分类。1959 年，沃库勒将星系四大类：椭圆星系、透镜型星系、漩涡星系和不规则星系。其中，漩涡星系分为三族：纯漩涡星系、纯棒旋星系及介于这两族之间的中介族漩涡星系，从而建立沃库勒星系分类。1960 年，范登堡提出一个哈勃分类参量加上光度型的二维星系分类法。1964 年，阿姆巴楚米扬根据星系活动的长度将其分为五个类型：无核或无明显核中聚度几乎为零；核较平静，其光度比星系总光度小得多；核较平静，但其光度比第二类大；核活动剧烈，光度达星系总光度的一半，发射线多而宽；星系总光度几乎全在核内。1968 年，瑞士的兹维基在《星系和星系团总表》中按照星系和星系团的形态和结构将其分为三类：致密型（一个明显的集聚中心）、中等致密型（一个或几个明显的集聚中心）和疏散型（没有明显的集聚中心）。

十四

1849 年，瑞士沃 J. R. 尔夫引入太阳黑子相对数概念，提出一种统计太阳黑子的多少的计算方法。1851~1852 年，德国拉蒙特等提出太阳黑子活动的周期性与地球气候变化、极光盛衰、磁暴活动等地球物理现象的相关性，也就是日地关系。1938年，瑞士瓦德迈尔根据黑子的相对数建立太阳黑子苏黎士分类法，他按照黑子群的发展过程将其分为9类：A型——无半影的单极黑子群；B型——无半影的双极黑子群；C型——双极群，其中一个主要黑子有半影；D型——双极群，其中两个主要黑子有半影；E型——大的双极群；F型——大而复杂的黑子群，或者比E型更大的双极群；G型——没有小黑子的大双极群；H型——有半影的单极黑子群；J型——有半影的单极黑子群，比H型的直径小。1856~1859年，英国麦克斯韦认为土星环是非整体结构的，运用天体力学证明土星环不可能是固态整体，而是环绕土星运行的无数固态质点。这一推断后来被观测所证实。1894年，德国斯玻勒发现太阳黑子日面分布的斯玻勒定律：黑子大多分布在日面纬度正负45°局域内；每个黑子周期开始时，黑子出现在纬度正负30°附近；黑子周期结束时，赤道带的黑子最先消失；前一个周期的黑子尚未完全消失之际，后一个周期的黑子已开始出现在纬度正负30°附近。1897~1899年，俄国甘斯基发现日冕形状与黑子数的相关性：当黑子数极小时日冕沿太阳赤道面延伸，两极稀少，其总光度只比满月光度稍大一些；当黑子数极大时，日冕布满整个日面四周，其总光度达满月光度的10倍。1919年，美国海尔建立太阳黑子磁环分类法，他将黑子分为单极、双极和复杂极三类，再按照黑子的前导和后随的特征进一步细分为前导单极群、后随单极群、前导双极群、后随双极群、前导和后随的极性相等的双极群、以双极为主的复杂群、极性混杂的复杂群七类。

十五

1860~1867年，法国德洛内采用瞬时椭圆轨道要素为基本变量，并将其改变为正则共轭变量，通过上千次变换，建立了一种纯文字描述的月球运动理论，但精确性差。1862~1864年，德国汉森提出月球运动理论，他以大小和形状不变，并在空间转动的椭圆为中间轨道，然后计算该椭圆平近点角的摄动，以及月球在向径和椭圆平面法线上的坐标差。1878年，美国纽康完善和改进月球运动理论。1878~1897年，美国希尔发展了欧拉的月球运动理论，以直角坐标为基本变量和旋转坐标系的思想，提出自己的月球运动理论。1879年，天文学家达尔文提出新的月球起源说，认为太阳对地球施加的潮汐力引起地球本体不稳定，致使一部分地球物质分离而形成地球。1916年，法国德洛内与德国蔡佩尔提出月球运动理论的正则变换方法，即德洛内-蔡佩尔方法。

十六

1881年，德国哈特维希提出变星命名法，一直沿用至今。1884年，德国西利格确立恒星统计学基本原理，1889 年，德国西利格推导出恒星计数的西利格定理。1891 年，美国钱线德勒提出极移的钱德勒周期：一个是周期为 427 天的自由摆动，另一个是周期为 1 年的受迫摆动，自由摆动的周期被称为钱德勒周期。1902 年，荷兰卡普坦提出绝对星等的概念。1902 年，德国汉森和瑞典波林提出小行星轨道计算的汉森-波林方法，荷兰卡普坦提出求解光度函数和密度函数的数值方法。1906 年，德国史瓦西将辐射平衡的概念引入恒星大气理论，提出在恒星大气的能量转换中，不是对流而是辐射占主导地位，运用数学方法提出局部热动平衡的假设。同年，美国斯特宾斯开创恒星光电测光，英国爱丁顿在卡普坦发现"二星流"现象的基础上引入漂移概念，提出恒星系统的"二漂移"假设，认为"二星流"现象表明恒星相对于太阳有两个不同的系统运动，因此引起"二漂移"，"二漂移"是两个不同方向的单漂移的合成。1907 年，史瓦西根据"二星流"现象提出恒星速度椭球分布之假设，认为恒星本动速度遵从各向异性的正态分布。1910 年，史瓦西等建立恒星统计方程。1912 年，美国罗素提出食双星的测光解轨法。1913～1914 年，美国柯布伦兹提出直接测定行星表现温度的方法。1913～1916 年，英国爱丁顿和金斯建立星系动力学。1916 年，爱丁顿建立恒星内部结构的流体静力学方程组。

十七

1888 年英国洛基尔根据恒星分类提出一个恒星演化假说，认为恒星从冷的星云状态开始收缩，温度逐渐升高，由红逐渐变蓝，当温度达到极大值后便逐渐冷却并收缩，成为体积很小密度很高的红星，以致最后熄灭。1913 年，美国罗素根据光谱-光度图发展了洛基尔的假说，提出改进的恒星演化假说：恒星起源于庞大而低密度的晚型巨星，随着自身引力收缩而日益稠密，温度随之上升，沿着巨星序向左演化而达到主星序上端，此时的密度已使理想气体定律不再适应，星便开始缓慢地冷却而收缩，沿着主星序向下演化，最后成为红矮星，赫罗图上的主星序和巨星序正是恒星演化进程的反映。1917 年，美国勒维特建立第一个测光标准，即北极星序。

十八

1917 年，爱因斯坦根据广义相对论创立第一个有物质无运动的静态宇宙学模型，荷兰的德西特也根据广义相对论建立了一个物质密度为零而有一定的静态宇宙学模型。它们均属于封闭宇宙系统。1918 年，美国沙普利通过分析上百个球状星团的空间分布，确认银河系的中心在人马星座方向，并根据球状星团中天琴 RR 型变星的光度，测定了它们的距离，推算出太阳系到银心的距离，从而提出银河系模型，彻底否定了太阳系是宇宙中心说。根据该模型，银河系是一个直径30万光年、厚3万光年，中心位于人马星座方向距太阳6万光年的巨大星系。1920年，美国沙普利和柯蒂斯关于"宇宙尺度"展开大辩论，内容包括银河系的大小、结构及漩涡星云的真相等。同年，荷兰卡普坦根据恒星的密度分布和不同银纬的密度函数作等密度面得到银河系的圆盘状模型，该模型以中太阳系为中心，以银道面为对称平面，中心恒星密集而边缘稀疏。1922年，他对上述模型作了修正，建立被称为"卡普坦宇宙"的模型，这个修正的模型由10个同心、同轴、形状相似而有各自恒定密度的椭圆球壳层组成的银河系，但该模型忽视了星际消光，与实际银河系不符而遭放弃。同年，苏联弗里德曼认为爱因斯坦引力方程既存在静态解，也存在于两类膨胀节和一类振动解，从而建立"弗里德曼宇宙模型"。1927年，比利时勒梅特通过求解爱因斯坦引力方程提出一个膨胀宇宙模型，认为宇宙大尺度时空将随时间的推移而膨胀。1948年，英国邦迪、戈尔德和霍伊尔认为，宇宙的性质在大尺度时空范围内恒定不变，不仅在空间上是均匀的和各向同性的，而且在不同时刻也完全相同；宇宙虽然在不断膨胀，但物质可以连续不断地从虚空中创造出来，形成新的天体和天体系统，从而保持宇宙中物质密度不变。这一假说被称为稳恒态宇宙模型。1945～1961年，伽莫夫认为宇宙起源于原始火球的大爆炸，今日演化着的动态宇宙是热大爆炸的结果，从而提出大爆炸宇宙学假说。

十九

1918～1919年，英国爱丁顿将辐射平衡理论应用于造父变星，提出造父变星的脉动理论。该理论指出中心引力，气体压力与向外的辐射压不能相互平衡，导致恒星大气的周期性脉动，脉动时表面温度和星的体积均在变化，从而造成造父变星周期性的光变，而其周光关系则是由星的质量越大，光度越大，脉动越慢所致。1918～1922年，美国博斯等发现高速星运动的不对称性，这成为银河系自转假说的重要证据。1924年，瑞典斯特龙贝格提出银河系自转的假说：河外星系、球状星团和高速度星好像是银河系的静止不动的结构架，中心高速度视运动的不对称性实际上是太阳附近恒星围绕银心转动的反映。1927年，瑞典林德布拉德从银河系较差自转导出了太阳附近恒星本动速度的椭圆球分布，求出速度椭圆球与奥尔特常数的关系。1928年，荷兰奥尔特运用动力学的原理和方法成功地解释了星系较差自转现象和高速度行星运动的不对称性，指出高速星的速度下限实际上是太阳附近银河系逃逸速度与圆自转速度之差，因此在自转方向上不可能观测到速度大于此限的恒星。他们共同建立了银河系较差自转的动力学理论。

二十

1920～1921年，印度沙哈建立恒星大气的原子电离理论，认为恒星大气中的原子的电离度和激发度均为恒星大气的温度和压力的函数。1920～1922年，瑞典林德布拉德确定晚型暗星的分光判据——氰基分子的吸收带作为恒星光度大小的判据。1921年，美国邓肯确认蟹状星云正在膨胀。1924年，爱丁顿导出恒星的质光关系：$L = kM^{3.5}$，其中L为恒星光度，M为恒星质量，k为常数，这个关系式不仅是计算恒星质量的重要方法，也是研究恒星内部结构和建立各种理论模型的一个重要判据。1937～1945年，美国门泽尔等提出气体星云的物理理论，探讨了除氧外的原子对行星状星云温度的影响。

二十一

1925年，美国哈勃创建了第一个河外星系分类系统：漩涡（S）、棒旋（SB）、椭圆（E）和不规则（Im），后来又分出中介类型无臂漩涡星系（S0）和无臂棒旋星系（SB0）。同年，美籍瑞士人特南普勒提出银河星团分类。1926年，美国罗素和德国沃格特导出恒星分类和演化的V-R定理，根据该定律一个给定质量和化学组成是星对应于赫罗图上的一个点，有相同化学组成的而在某个质量范围内的一组星呈现一定的序列。同年，瑞典林德布拉德提出银河系次系的概念，认为银河系由不同的次系套叠而成，各次级系在银道面上有相同的半径，但以不同的速度围绕银心运动，并有不同的银面聚度和速度弥漫度；太阳附近的低速星属于最扁平的次系，它围绕银心运动的速度远远大于球状星团次系和高速星次系，因而造成这些高速天体运动的不对称性。同年，荷兰赞斯特拉建立发射星云的发光理论，成功地用炽热恒星的紫外光子的级联辐射解释发射星云光谱中呈现的氢发射线，并根据此设计了一种测定恒星的激发温度的方法。1929年，哈勃根据红移数据和他本人测定的46个星系的距离的质料，发现星系的退行速度与距离成正比，从而建立哈勃定律，其中的常数被称为哈勃常数。现已公认，星系红移现象的发现和哈勃定律的确立是20世纪最重大的科学事件之一。1932～1939年，前苏联朗道等预言存在中子星，并与奥本海默等共同建立第一个中子星模型。1934年，美籍瑞士人兹威基等对超新星的确认和命名，1937年，瑞典霍姆伯格提出本超星系团的概念。1937～1938年，德国魏茨泽克和贝特各自独立建立恒星能源理论，认为恒星的能量来自内部氢聚变的核反应。1939年，丹麦斯特龙根确立发射星云电离氢区范围的斯特龙根半径，美籍印度人钱德拉塞卡提出判断恒星结构和质量的钱德拉塞卡极限，奥本海默提出判断中子星的平衡性和稳定性的奥本海默极限。1942年，瑞典林德布拉德首先提出星系的密度波概念，以此解释星系漩涡结构的存在。1944 年，荷兰范德胡斯特预言星际中性氢射电谱线的存在。1947 年，荷兰范德胡斯特发现黄道光的形成机制。1948 年，美国希特涅等确认星际磁场的存在。1949 年，巴德等发现河外星系的漩涡结构。1950 年，美国斯皮策等预言星际空间中性氢区和电离氢区的温度。1951 年，美国摩根等描绘银河系漩涡结构的宏观图像。同年，美国罗素与梅里尔发明食双星测光解轨的 RM 方法。1952～1958 年，美国史瓦西等出版《恒星的结构域演化》，这标志着现代恒星演化理论的建立。

二十二

1956 年，施密特建立银河系的施密特模型，该模型由四个椭球体组成，分别代表星际气体、普通恒星、高速星和其他物质；每个天体的等密度面是以银心为中心的同心旋转椭球面，利用距银心不同距离处的自转速度数据，可求出银河系内的质量分布。1957 年，美国福勒等共同建立恒星形成的元素合成理论，提出与恒星的不同演化阶段相应的 8 个元素形成过程，能解释宇宙中所有元素及同位素的合成起源。1958 年，美国帕克提出太阳风概念，美国莫里森预言 γ 射线天体的存在，美国布劳威尔创立蔡佩尔-布劳威尔方法。20 世纪 50 年代，前苏联阿姆巴楚米扬提出天体和宇宙起源的超密态假说，认为超密度物质是形成恒星、星系以至于更大宇宙构体的素材，天体的形成和演化均是沿着从密到稀的方向进行，恒星由超密度的星胎形成，星系则是超密度物质爆炸的产物。同时，沃库勒再次提出本超星系团的概念。1961 年，日本林忠四郎建立原恒星演化理论，该理论指出，最初原恒星是完全对流的，以后辐射核心才出现并不断增长，原恒星的准平衡态在赫罗图上只能存在于一定范围内，这个范围取决于原恒星的质量。同年，美国巴布科克提出黑子形成的理论机制：假定在光球层下约 0.05 半径处有一磁偶极场，磁力线被冻结在太阳物质中，它们随着太阳的较差自转而逐渐相互缠绕；当太阳上出现扰动时，缠绕成的磁力线管会扭转，扭转时可能形成结，该处磁场强度骤然增加，磁压力也随之增大；当磁压超过电子压和气体压之和时，磁力线管浮到光球上而形成黑子。1963 年，美国科拉夫特首次提出激变变星的成双性，认为新星、再发新星、矮新星等都是密近双星，其中一个子星是红矮星或红星，另一个星是白矮星一类的致密天体，后者吸收来自红矮星或红星的物质，促使激变爆发。同年，黄绶书提出密近双星的盘状星模型，用围绕恒星的气尘盘解释对密近双星所观测到的光度和光谱线的变化。1964 年，林家翘等在林德布拉德提出的密度波概念的基础上，建立了密度波理论。该理论认为在扁平而旋转着的星系的中央平面内引力势有一螺旋式的扰动成分，形成了引力势分布中数值极小的波谷，当围绕星系中心转动的气体和恒星进入引力势波谷后，速度减慢，导致该处物质的集聚；当它们穿出波谷后，速度增加，形成物质是疏松，于是出现物质密度的波动，螺旋式的引力势波谷局域就是旋臂的所在地。

第十三章 地学思想简史

一

公元前827～公元前720年，中国古人已认识到"百川归海"的规律，出现了第一个海名"南海"（指现在的东海）。公元前6世纪末～公元前5世纪，《考工纪》中提出秦岭、淮河是中国动植物南北分布的重要界线思想。公元前5世纪，《黄帝内经·素问》认为："阴阳四时者，万物之始终也，逆之则灾害生，从之则苛疾不起，是谓得道。""治病不本四时，不知日月，不审逆从……故病未已，新病复起"，表面人们认识到按四时变化作相应调整才能保持健康；还指出，"地气上为云，天气下为雨．雨出地气，云出天气"，认识到水蒸发成云致雨。公元前5世纪～公元前3世纪，《管子·度地》篇第一次明确提出河流的分类思想，将河流分为经水、枝水、谷水、川水和渊水无类；《地园》篇中将土地分为五类，即渎田（平原）、赣延（曼坡地）、丘陵、山林、川泽，然后再细分。

二

公元前6世纪，古希腊泰勒斯在地球表面进行测量和定位，认为世界万物是由不同形式的水组成的，地球是一个漂浮在水上的圆盘；他将天文现象与天气现象相联系，提出春分、秋分、夏至和冬至的区分方法，提出毕宿星座随太阳东升时，则将下雨。古希腊阿那克西曼德用比例尺绘制地图，地图为圆形，被海洋所包围。古希腊阿那克西曼德提出"风乃空气的流动"的思想，认为雷是空气移动撞击云层而产生的。公元前500年，巴门尼德根据太阳热量的多少将南北半球的气候分为无冬区（热带）、中间区（温带）和无夏区（寒带），提出世界上最早的气候分类。公元前5～公元前4世纪，巴门尼德运用天穹投影方法首次将地球分为5个地带（一个热带、两个温带、两个寒带）；古希腊柏拉图提出地球是球形的观点，亚里士多德用地心说证据、重心法则和天文学证据对此观点提出了论证。柏拉图提出地下有一个巨大洞穴，是一切水的来源，初步有了水分循环的思想。约公元前400年，古希腊希波克拉底在《论空气、水与环境》中提出空气、水与环境三者与健康的关系，认为不同气候对人的健康有影响。公元前370年，古希腊欧多克索斯在《恶劣天气的预测》中提出天气现象发生的周期性，认为各种自然现象会规则地出现。约公元前340年，亚里士多德著《气象学》，首次使用"气象学"概念，其中论述了颜色、矿物、地震、海陆变迁的成因等，认为海洋和陆地不是一成不变的，它们可以相互变迁，而且变迁是按照一定的规律在一定时期内发生的，还提出"化石"概念。公元前4世纪下半叶~公元前387年，古希腊席奥佛拉斯塔以造形力说解释化石成因，认为骨骼和牙齿的化石是由潜藏在地球内部的造形力造成的。公元前320年，古希腊皮西亚斯最早提出"潮汐涨退是由月亮引起的"思想。公元前244~公元前194年，古希腊学者埃拉托色尼创用"地理学"（geographica）概念，将世界分为欧洲、亚洲和利比亚（非洲）；5个气候带，还提出印度洋和大西洋的潮汐相似而且是相通的观点。公元前239年，古希腊喜帕恰斯提出"极射投影"和"正射投影"的方法，用经纬网确定地球表面的物地位置，指出赤道是一个大圆环，将地球分为两个相等的半球。

三

公元前3世纪，中国战国末期的《周易·系辞》中指出"仰以观于天文，俯以察于地理"，首次出现"地理"概念，意指山川、陵陆、水泽等自然环境。公元前239年，中国《吕氏春秋》指出，"云气西行，云云然，冬夏不辍；水泉东流，日夜不休。上不竭，下不满，小为大，重为轻，圜道也"，明确提出水分循环的思想；最早记载8种风向的名称，还对云进行了分类。公元前2世纪，中国《淮南子·天文训》记述了二十四节气，中国《逸周书·时训解》记载了七十二候。4年，中国西汉末张戎第一次提出黄河含沙量的概念，指出"河水重浊，号为一石水而六斗泥"。1世纪，中国王充运用元气自然论和同气相求原理解释潮汐成因，第一次明确指出了潮汐与月亮运动的同步性，同时还描述雷电现象之季节性特征。268~271年，中国裴秀制定"制图六体"：分率，即比例尺；准望，即方向；道里，即里程；高下，即高取下；方斜，即方取斜；迂直，即迂取直。304年，中国《南方草木状》提出南岭是中国南北植物分布的另一分界线的观点。515~527年，中国郦道元在《水经注》中确立"因水证地"撰述方法的基础上，开创"因水以证地，即地以存古"的方法。约635年，中国李淳风在《乙巳占》卷十《占风远近法》中首次对风力进行分类，他将风力分为8级：动叶、鸣条、摇枝、坠叶、折小枝、折大枝、折木飞沙或伐木、伐枝或根。640年，中国孔颖达在《礼记正义·月令》中提出，"若云薄漏日，日照雨滴则虹生"，首次合理地解释了虹的成因。709~785年，中国颜真卿科学地解释化石成因，指出螺蚌化石是由于过去生活在海里的腹足纲双壳纲动物随着海洋变成陆地，如今变成了螺蚌壳化石。约758年，中国陆羽在《茶经》中讨论了不同地方水质的差别，提出水质等级的划分标准。805~819年，中国柳宗元把地表水、地下水、土壤水的运动统一联系起来，进一步解释了水循环。

四

1世纪,古罗马维特鲁维提出土壤种类与水质的关系和从各种土壤中可能取得的水量,认识到地下水是降雨下渗形成的,形成较完整的水分循环的观念;古罗马希罗提出河流流量的大小取决于流速和过水断面面积。10世纪,阿拉伯马苏第在《黄金草原与宝石宝藏》中国论述了季风、蒸发与降水的关系,水汽从地面蒸发,在太空中凝聚在云;自然力可使得海洋变为干燥的陆地,陆地也可变成海洋。阿拉伯海桑在《光象理论》中证明太阳在地平线到地平线下19度之间时可见到曙暮光,并推算大气的最大高度约为95公里,首次正确地解释了曙暮光。1021~1023年,阿拉伯阿维森纳在《灾变集》中阐述了他的地质思想:①按石头、可熔体金属、硫的可燃物质、盐这几大类,对岩石和矿物进行了分类;②造山作用是构造因素(强烈地震)和侵蚀作用的结果;③成层岩石是在海水涨落时沉淀下来的成层粘土,而粘土是来自山脉中岩石的分解;④地形的形成需要很长时间,在其中海陆不断更替着。

五

11世纪,中国燕肃在《海潮论》中精确论述了一朔望月中潮时的变化规律,正确指出初一的日月合朔时刻是"四刻一十六刻半";提出潮汐是"随日而应月,依阴而附阳",指出潮汐变化与月亮在时间时的变化关系。沈括在《梦溪笔谈》中提出大量的科学思想,概括起来有:①磁针不是指正南,而是略偏东,地磁子午线与地理子午线不重合,之间有一个磁偏角;②提出分层筑堰的方法;③提出"流水侵蚀""瀑布穴"等概念,用侵蚀作用解释山谷、穴地、地貌、平原形成的成因;④首次提出化石的科学概念,揭示化石的成因,并用化石推论古地理古气候;⑤指出虹是雨中日影,由日光照射而成;⑥提出"石油"一词。这是部被誉为"中国科学史上的里程碑"的著作。约11世纪,中国杜绾在《云林石谱》中认为古代的湖泊、沼泽因山崩堵塞,原来的鱼类被压在下面,时间久之,便凝为石,对鱼化石成因做出比较科学的解释。1276年,中国郭守敬首次以海洋平面为基准,比较不同地点的地势高低,这是关于海拔的初步概念。1535年,中国刘天和经过长期调查研究,从河流的含沙量、河床特点、水情、地形、地质及流域降水特征等方面对黄河迁徙无常的原因做出分析,认为其主因是"河水至浊"。1642年,《徐霞客游记》问世,其中论述了喀斯特地貌学和洞穴学观点。

六

　　1492～1504年，西班牙哥伦布发现"新大陆"，这是西方探讨世界海洋的开端。约1500年，意大利达·芬奇提出以浮示法测流速，首次提出水的连续性原理；1508年达·芬奇通过研究阿尔卑斯山中流水的破坏作用，认为砾石是河流巨大挖掘作用的产物，山是水作用于地表而形成的；1517年，他提出化石是过去生物的遗体与海底堆积物一起石化了的东西，科学地解释了化石的成因，并提出海陆变迁的思想。1546年，德国阿格里柯拉通过对底壳的观察提出矿脉有两种生成方式：加热时，耐熔物质形成岩石，不耐熔物质形成矿脉；水的作用使岩石破裂、分割和软化，这样形成的土与水混合，在热力的作用下形成石化液浆，液浆冷却固结形成金属。这就是矿物生成的石化液浆说，从而开创了矿物学和矿床学。他在《化石的性质》中提出化石大部分是无机物成因的东西。1569年，墨卡托提出正轴等角圆柱投影法，即墨卡托投影法，使绘制世界航海图进入一个新阶段。1592年，意大利柯隆那认为化石是生物遗体变成的，并进行分类。

七

　　1593年，意大利伽利略发明了空气温度表，应用于气象观测实现了气温的定量观测。1600年，英国W. 吉尔伯特《论磁石》提出地球是一个大磁体，地磁场源于地球内部，这是关于地磁成因的首次论述。1644年，法国笛卡儿在《哲学原理》中提出有关地球演化及其内部构造的第一个假说，认为地球和天体是相同物质构成的，地球初始时处于炽热状态，在逐渐冷却构成中形成中心局地核、之间局和外部局；外部局在冷却的过程中形成地层。1648年9月19日，法国B. 帕斯卡与姻弟皮利阿斯在法国帕都姆山通过气压表测定，发现气压强度随高度增加而减少的规律。1654年，德国瓦伦纽斯在《普通地理学》中论述了地理学观点和方法，这是欧洲17世纪地理学的代表作。1680年，德国莱布尼兹在《原始地球》中提出地球形成的冷却说，认为原始地球是发光的熔岩球体，后逐渐冷却形成地壳及表面的褶皱；海洋是由于冷却，蒸发凝聚而形成的；后来原始海洋流入地下空隙，海水水位降低，褶皱山脉显露出来，形成最初的地表形态；原始岩石的成因有两种，即火熔体冷却和水中沉淀。

八

　　1665年，英国胡克反对洪水说，并用化石推论古气候，认为非洲棕榈化石是树木石化而形成的。1753年，瑞典林奈在《自然系统》中提出化石分类法，他将化石分为岩石、矿石、砾石，又将砾石分为土壤、集块岩和化石，进而将化石分为笔石、植物化石、蠕虫化石、昆虫化石、鱼化石、爬行类化石、鸟化石、哺乳动物化石。1762 年，德国福许赛尔第一次提出标准化石概念。1787 年，德国维格纳在《简明岩石分类与描述》中用水成论描述地球发展史，认为结晶岩是原始海洋中物质经过化学结晶而形成的，海水退却形成石灰岩，同时生物出现；海水再度上升，机械沉积形成矿脉；提出"建造"概念来表示组成地壳的一定规模和范围的独立单位——地层，进一步划分了地层层序，即原生层、过渡层、成层岩层、冲积层、最新堆积。1790 年，英国 J. 赫顿在《花岗岩的考察》中提出火成论，用地球内部热来论证岩石成因，将岩石划分为：暗色岩、斑岩、花岗岩，因此地质学中的一句名言"地质作用既没有开始的痕迹，也没有结束的前景"。

九

1667 年，丹麦的史登诺用比较解剖学方法证明鲨鱼牙化石，提出结晶体是由来自外部的沉积作用而形成的，化石是由来自内部的沉淀作用形成的；在层状岩层未经褶皱或断裂的情况下，先形成岩层在下，时代较老；后形成岩层在上，时代较新，从而建立了地层形成的叠加律。1669 年，丹麦的史坦诺在《天然固体中的坚硬物》中提出超时代的地质学思想：①提出晶体面角守恒定律，认为形成结晶物质的速度取决于方向的差异；②强调物质发展史中地壳运动和山脉形成中流水的侵蚀作用；③提出地层层序论，阐明了化石的成因。1681 年，英国波纳特在《地球的神圣理论》用创世说解释地球的自然历史。1687 年，牛顿最早根据万有引力定律用引力潮解释海洋潮汐现象，指出太阳和月球的引力产生了海洋的潮汐和潮差，奠定了潮汐学的基础。1734～1744 年，牛顿提出地球为椭圆形并被证实。1749 年，法国布丰在《地球的理论》中提出地球源于太阳与彗星的碰撞出来的炽热碎块，该碎块在旋转作用下逐渐形成地球。这是一种地球形成的灾变说。1779 年，布丰在《自然世代》中将地球的历史划分为 7 个阶段：地球与其他行星的形成；随着冷却固结，形成地球内部的岩石和地球表面的玻璃状物质；海洋普遍出现，贝壳动物随之出现；海水退却出现植物和鱼类，火山活动频繁；大型兽类出现；大陆塌陷，造成大陆块分离；人类出现。

十

约 1680 年，中国陈潢在治理黄河的过程中，提出河道横断面与水流速度相乘得流量的计算方法，并用浮标法测定流速。17 世纪，《诸葛武侯白猿经风雨占图说》中附有中国现存第一幅水循环图，科学地说明了水汽上升，成云致雨，雨水渗入地下，体现水循环思想。17 世纪后期，中国刘献廷第一个提出地理学要研究"天地之故",即探讨自然规律的思想。1710～1711年,中国为编绘《皇舆全览图》,在世界上首创把长度单位与地球经线每度弧长联系起来的测量方法。17世纪后期至18世纪前期,孙兰在《柳庭舆地隅说》中将流水作用所形成的地形演变概括为三种形式:因时而变、因人而变、因变而变,体现了渐变、突变和人文因素在地形形成中的作用。

十一

  1711年,意大利马尔西格利发现深层海水比表层海水重的现象。1738年,瑞士伯努利发表流体动力学公式,成为水文学的主要计算公式。1775年,法国谢才提出关于明渠中水流断面平均流速与断面形状、水流比降之间的定量关系"谢才公式"。同年,拉普拉斯首创大洋潮汐动力学理论。1826年,俄国楞次最早提出海洋的垂直环流的思想,同时测定各层海水的温度和比重。1871年,法国圣维南提出描述水道和其他具有自由表面的浅水体中渐变不恒定水流运动规律的偏微分方程组,即圣维南方程组,这是河道水流演进计算的重要公式。1889年,英国斯托克斯在流水和静水中试验颗粒沉降速度,提出斯托克斯定律。1899年,丹麦克努曾制作标准海水,确定硝酸银的盐度滴定法。1900年,美国塞登提出天然河道洪水演进计算的塞登定律。1902年,挪威桑德斯特勒姆和海兰-汉森提出简易海流力学计算法。1924年美国福斯特提出皮尔孙Ⅲ型频率曲线的分析方法,把数理统计的理论和方法引入水文学。

十二

  1740年,意大利英罗在《论在山中发现的海洋生物》中提出地下运动力的作用,成为火成论的代表。1756年,德国雷曼最早绘制剖面图表示地层秩序,认为矿床所赋存的地层不是无一定结构的,而是有一定的秩序,基于这一思想他将山脉分为原生山脉、第二纪山脉和第三纪山脉。1757年,俄国罗蒙诺索夫在《震生成金属论》中阐述了地球发展的思想,主张地面上所看到的一切物体和整个世界并不是形成以来就是这个样子,它们曾经发生过巨大变化。1763年,罗蒙诺索夫在《论地层》中提出沉积岩形成的五种方式:粘土的硬结;液态胶质物的渗入;增迭和静置;结核作用;成粒作用。他还将地质作用分为外力和内力两种,并将地表的形成的决定性作用归因于内部的地心火。1768～1774年,德国的帕拉斯对西伯利亚进行地质考察后发表《山脉构造的讨论》,其中将山脉划分为了原生带(花岗岩组成)、钙质带(灰岩为主)和丘陵带(大理石为主),认为山脉是由地心扰动轴部隆起形成的,1777年帕拉斯正式提出"山脉构造论"。

十三

1759年，德国沃尔弗提出"物源说"，强烈冲击了物种不变说。1785～1799年，英国赫顿提出"均变论"的三条原理：①在科学中一切自然现象必然表现出它是在构成上不受超自然力影响的自我控制系统，即没有必要借助任何超自然力量来说明地球的历史；②自然界存在着"夷平—沉积—隆起—夷平"的循环；③沉积在海底松散物质固结并使固化物质从海底升起的能量来自地下热、火山喷发；④我们看到的自然现象一定在过去发生过，过去地球的性质与现在相似，过去的一切变化都是由现在作用的活动形成的。很显然，他的"均变论"倡导将今论古的方法。1796年，法国居维叶首次提出生物"绝灭"概念，认为在地质近期曾经有一次革命，它是地球上低凹地区被海水迅速和长期淹没，造成猛犸象的灭绝。灭绝说与灾变说联系起来，为生物演化提供了新思路；1812年居维叶正式提出"灾变论"，强调生物由于突发海水进退而灭绝。1809年，德国布赫提出"隆起火山口"说，认为地内热和熔岩物质的作用是海底地壳隆起为陆地和山脉的原因，据此提出地下热使岩石熔化，若在到达地表之前就固结了，就形成没有火山口的山；若有爆发，顶部塌陷，就会形成有火山口的火山。1799～1804年，德国供堡和法国邦普朗测绘出第一幅地域宽广的磁强图，提出火山地震成因论。1805年，英国霍尔开创实验岩石学来论证火成说。1853年，德国本森采用冰岛的岩石讨论火成岩的生成关系，提出各种岩石是由酸性岩浆和基性岩浆混合而成的新成因。

十四

1802年，英国道尔顿通过蒸发实验，首次认识到蒸发量与水气之间的关系，建立了道尔顿定理，成为水文计算和预测的依据。1803年，英国霍华德在《关于云的种类》中提出云的7个分类：卷云、积云、层云、卷积云、卷层云、积层云和雨云，为云的形态分类奠定了基础。1805年，法国拉普拉斯用数学方法导出气压测高公式。同年，德国洪堡和法国邦普朗提出"植物地理学"概念，认为植物形态随着高度而变化。1805～1834年洪堡在《新大陆热带地区旅行记》中首创世界年平均温度等直线图，指出气候不仅受纬度影响，也与海拔高度、离海远近、风向等因素有关，提出大陆性气候和海洋性气候的概念，研究了气候带分布、大陆东西岸温度差异、地形对气候的形成作用；他还发现植物纬向水平地带性学说、植物垂直分布分异规律，指出火山分布与地形裂隙的关系，认识到地层越深温度越高，为自然地理学、植物地理学的发展奠定了科学基础。

十五

  1815 年，匈牙利魏斯提出结晶轴思想，成为地质分类的基础。1816 年，英国史密斯在《用生物化石鉴定地层》中认为，在未受到断层或褶皱变化的地区，化石动物群和植物群按照明确的、有次序的和可预测的顺序排列，演化程度高的物种见于上部地层，演化程度低的物种见于下部地层，从而确定了化石层序律，解决了地质学中长期存在的一个难题。1820 年，德国斯腾堡在《史前植物的地质学上植物学的解释》中按照植物化石将远古植物分为三类：古代岛屿期植物群、赤铁植物期植物群和双子叶植物群，奠定了古植物性基础。1825 年，英国布林威尔通过植物化石研究提出"古生物学"概念。

十六

  1820 年，莫斯提出测定矿物硬度的莫氏硬度标准，提出 10 种不同刻画硬度的矿物：滑石、石膏、方解石、萤石、磷灰石、正长石、石英、黄玉、刚玉、金刚石。1893 年，奥地利贝克发明鉴定矿物的折光率的油浸法，折光率不同的两种物质交界面上的光亮带被称为贝克带。1907 年，芬兰塞德霍姆观察到花岗岩侵入片麻岩时，二者逐渐改变关系，到处都是残留的片麻岩构造，于是提出"在变质过程中，物质可以渗透到原来的岩石中"的假设，而且将这种花岗岩浆以后的溢浆渗透到先存岩石所形成的岩石称为"混合岩"。1933 年，苏联查瓦里茨基提出岩石化学分析分类法。

十七

  1829 年，法国波蒙提出地球的地壳和褶皱形成的冷缩论，认为由于冷缩，岩石受到极大的侧压力，坚硬的部分被压碎，柔软的地层弯曲了，并被压缩在狭小的空间内，只有向上的方向才有出路，这样就形成了褶皱的山脉；山脉的形成是突发式的，每一次突发运动隆起的山脉具有相同的方向、相互平行；在地球演化过程中，有较平静期，此时沉积物连续做有规则的堆积，而在短期的爆发性突变期，沉积物的堆积发生间断。1830～1833 年，英国赖尔出版划时代的《地质学原理》，提出地质渐进发展的均变论、统计稳态模型和将今论古的现实主义方法，其中著名的均变论主张地球在时间和空间上都是出于平衡状态的，以不变的速度进行循环运动。这一观点后来接受了达尔文进化论而有所修正。1831～1836 年，英国达尔文根据赖尔《地质学原理》中的思想和方法论，提出珊瑚礁沉降成因说。1832 年，惠威尔将居维叶等强调地球历史上突发的灾害性事件的思想称之为"灾变论"，将赖尔等地质渐进发展的思想称之为"均变论"。1845～1862 年，德国洪堡在《宇宙：物质世界概要》中提出研究地理学的三个原理：地球是一个统一整体，人类是自然的一部分；地表各区域中间具有关联性和差异性；地理学研究不能脱离整体，不能脱离环境。这些原理为近代地理学的建立奠定思想基础。

十八

1841年，瑞士埃希尔发现了一种较古老的古生代暗色砂石，他称之为"推覆体"，认为这是由于地壳水平运动的力使得较老岩石层逆掩到较年轻的岩石层之上而形成的一种新构造。1842年，英国欧文首次提出"恐龙"（Dinosaurian）一词，指古爬行动物的三个属，现指蜥龙类和鸟龙类两大类古爬行动物。

十九

1850年，法国贝尔格朗用相应水位法作洪水预报。1851年，爱尔兰莫万尼提出用于计算小流域洪水和城市排水量的公式，最早建立确定性水文模型，认为最大流量是降水和流域特性的组合结果。1855年，英国拉姆齐根据发现有两次冰期的痕迹，提出气候变化的同期性观点。1856年，法国达西通过测定自来水从上向下渗过砂柱的流量和上下过水断面的压力水头的试验，建立水在均质孔隙介质中的渗透公式，即达西定律，为地下水的定量计算奠定了基础。同年，美国费雷尔将科里奥利力引入大气运动的研究中，提出中纬度的逆环境（或称间接环流、费雷尔环流）的概念。1857年，荷兰白贝罗提出风向与气压分布关系的经验规律，即在北半球背风而立，高压在右，低压在左；在南半球则相反。1860年，英国华莱士确立动物地理的重要分界线"华莱士线"，后改为"华莱士区"——一个东洋界动物与大洋洲界动物之间的一个狭长过渡区。1863年，英国菲茨罗伊提出极地气流与赤道气流的气旋模式。1872年，德国李斯汀提出"大地水准面"概念，认为大地水准面是不受潮汐影响、气压变化和波涛扰动的，与重力水准面相重合的自由开阔的海水面。

二十

1862年，英国汤姆逊在《论地球的长期冷却》中从地球原始状态从炽热的液体后来冷却的观点出发，根据现在地壳的温度、地壳物质的熔点及热传导率推算地壳固结的时间在2000万~4亿年。1865年，美国恒特提出石油有机成因说，认为含油层有机物的堆积，这些有机物在石灰岩中分解，变成石油。后来人们进一步将石油的有机物成因分为植物成因与动物成因。1866年，法国贝德洛提出石油成因的第一个无机说，认为在高温下，二氧化碳与游离的金属钾、钠等作用形成碳化物，碳化物与水反应生成乙炔后聚合成高级碳氢化合物（石油）。1873

年，美国纽伯瑞提出石油构造概念，认为石油构造的基本要素是母源层、储油层和盖层。1885 年，美国怀特提出控制石油聚集的背斜说，认为背斜的穹窿要相当大，便于油和气的活动，并可储存其中的粗砂岩或裂隙较多的细砂岩，以及有巨厚沥青页岩的地区有可能发现大油气藏。

二十一

1866～1931 年，美国庞德勒首先在地质学上提出"震旦"概念，意指造山运动是震旦抬升系统。1871 年，德国李希霍芬在中国考察时，将该词专指北京西山南口灰岩至奥陶纪灰岩；1922 年，来中国工作的葛利普将"震旦"确定为系级地层单位，规定"震旦系"指寒武纪以下、五台群或泰山群之上的一个沉积单位；1924 年，李四光在湖北宜昌一带建立南方震旦系剖面，1931 年，高振西建立北方震旦系剖面，1987 年，中国地层委员会规定震旦系一词限用于湖北长江三峡东部剖面为代表的一段晚前寒武纪地层，其所代表的一段地质时期为震旦纪。

二十二

1873 年，美国的丹纳提出冷缩说解释地槽的形成与演化，他认为地球冷缩是从大陆腹地开始的，地球继续冷却导致大洋收缩；由于洋壳、陆壳收缩速度不一，导致在洋、陆边界处产生侧压力，而正是这种侧压力造成了大陆边缘的裂隙和褶皱。后来他进一步阐述了地向斜、地背斜、复向斜、复背斜的形成过程，认为地向斜、地背斜的演化是一个渐进过程，复向斜、复背斜的演化是一个激变过程，激变之后，地层趋于稳定，从而扩大了陆地面积。这一学说奠定了大地构造理论的基础。1883～1909 年，奥地利休斯在《地球的面貌》中提出北美、欧洲、北非山系受力来自南方，山系弧形向北凸；亚洲受力来自北方，山系呈现向南凸的弧形；全球山系的有规律排列是受构造方向控制的结果。

二十三

1866 年，德国黑克尔最早提出"重演律"——个体发育是系统发生的简短重演的思想。1875 年，俄国科瓦列夫斯基发现，在适应一定的生活条件的过程中，躯体的构造可以通过各种方法达到相对的适应；在一些场合躯体发生不太大的变化，在另一些场合发生显著的变化；在发生显著变化的场合，器官的变化具有较固定的性质，产生一种更完善的、更好地适应生活条件的动物类型。这个对于所有动植物群都是正确的原理被称为科瓦列夫斯基定律。1876 年，英国华莱士的《动物的地理分布》探讨了动物在地球上的分布，成为现代陆栖动物地理区划的基础，创立了物种的产生和变化在时空上相互关联一致的理论，奠定了动物地理学的基础。1876~1894年，法国雷克吕在《新世界地理》创立以区域为基础的描述全球的方法。1877年，德国默比乌斯提出生物群落的概念——居住在一个特定区域内的生物组合。1880年，美国柯普研究了哺乳动物化石后，认为进化的主因不是自然淘汰，而至于躯体的使用和不使用，气候条件对动物的机械影响很重要，某些物种演化中有躯体增大的趋向，从而提出非特殊化法则。1887年，德国亨森提出"浮游生物"的概念。

二十四

1877~1912年，德国李希霍芬对中国地理进行了全面考察，对地层作了划分，提出震旦、南口、泰山系、五台系等概念，创立中国黄土风成理论。1878年，瑞士海姆通过绘制阿尔卑斯剖面图，说明了大气冷缩使地壳切向缩短而产生侧向运动在造山作用中的重要性，提出山脉形成机制。1879年，法国迪布瓦提出河流推移质运动的施曳力理论。1880年，俄国卡尔宾斯基将陆台分为结晶基底和沉积盖层，通过对陆台的震荡运动研究提出陆台理论。1881年，英国默里提出海沟是海洋最深处，大陆与海洋以大陆坡为界的观点。1883年，法国泰斯朗·德·博尔首先提出大气活动中心的概念。1883~1889年，俄国道库恰耶夫在《俄国的黑钙土》中提出"土因说"，指出土壤是历史自然体的概念，是自然成土因素的函数，提出土壤剖面研究法和土壤制图方法，建立了土壤发生学派。1886年，奥地利福希海默尔运用导热原理提出地下水渗流的非线性公式。1926年，美国的鲍恩阐明对流热量损失与蒸发量损失之间的关系，导出了由能量平衡推求水面蒸发的计算公式。

二十五

1887年，法国的贝特朗提出"造山旋回"的概念，是岩相历史分析法在地槽学说中的运用，发展了大地构造理论。1889~1890年，美国的戴维斯运用发生学观点解释地貌的形成与演化，创立了侵蚀轮回学说，认为地貌是构造、过程与阶段的函数。因为构造运动由海底抬升的陆地由于侵蚀，形成高山、深谷、陡坡，到构造运动处于长期稳定，高山被侵蚀而变低，河谷变宽浅，陡坡变缓坡，最终整个地形成为微小起伏的平原地形，这是一个侵蚀轮回，也称地貌或地理轮回，在这个轮回中有幼年期、壮年期和老年期三个阶段。该学说是地貌学发展的一个重要阶段。1890年，英国吉尔伯特将大地构造分为造山运动和造陆运动，推动了地貌学的发展。1894年，德国彭克的《地表形态学》系统地探讨了地表形态的起源、形成过程，以及各种区域内各相似形态的地理位置和组合情况，成为地貌学建立的标志。1896年，英国哈克将全球岩石划分为两大区。1900年，美国地质学家克罗斯、伊丁斯、泊森和华盛顿提出火成岩的化学—矿物定量分类体系。同年，法国的E.奥格在《地槽系和大陆区及对海退、海进的研究》中将地壳构造单元分为较活动的、柔软地带的地槽系和较稳定的、坚硬地带的大陆区两个对立的构造单元，讨论了古生代、第二纪、第三纪海水进退的规律，提出了地槽内沉积物最初褶皱与海侵的同时，造山运动与海退同时的"奥格原则"。1910年，美国泰勒在《从第三纪山带论地球面貌指起源》中，从全球山系的布局探讨大地构造问题，提出大陆水平滑动思想，认为全球普遍存在着东西向第三纪弧形山脉，这是地壳壳层向西和向赤道水平滑动、局部受阻的结果；在北半球大陆块向南移动的同时，引起其背后撕拉造成的断裂，形成东西向裂谷带；白垩纪海侵是地球自转加速引起的，白垩纪海水的离极运动是第三纪地壳层离极滑动的先声；阿尔卑斯山脉和喜马拉雅山脉都是第三纪隆起的。1913年，匈牙利姚特佛斯提出离极漂移力思想，认为大陆块的重力与壳下被它排开的流体的重心位置要高，因此漂浮的物体受到两种不同方向的力的作用，其合力就是从极地指向赤道，所以大陆产生了向赤道移动的倾向。

二十六

  1904~1919年，英国麦金德提出地理学的"陆心说"，他将欧亚非大陆合称为"世界岛"，将世界岛的最偏远部分称为腹地，这一学说具有政治色彩。1905年，英国赫伯森首次提出世界大自然区的划分，强调地理学的重点应该是综合地研究地球表面各种现象之间的空间联系，基于这一思想，他将世界分为6大自然区和12个副区，其中6大自然区分别是：极地区、寒温带区、暖温带区、热带区、热带或副热带高山区（西藏）、湿热赤道低地区（亚马孙区）。1906年，德国施吕特尔提出文化景观形态学，主张把文化景观形态学和景观作为地理学研究的主题。所谓文化景观形态学是指从严格的形态及其分类基础上精确地描述和研究作为一种文化的景观。1917年，瑞典谢伦提出"地缘政治学"一词。1919—1930年，德国帕萨尔格提出全球景观分类、分级的原理和方法，并提了城市要素、城市空间、城市景观等概念。1923年，美国巴罗斯在《人类生态学》中提出生态调节论。1925年，美国索尔在《景观的形态》中提出文化景观论，认为文化景观是人类活动添加在自然景观上的形态，人文地理学的核心是解释文化景观，主张从文化景观角度研究人地关系。1930年，美国罗士培提出关于人地关系的适应论，也称协调论，它主张从各个侧面论述人类活动对环境的适应能力，既包括自然环境对人类活动的限制，也包括人类社会对自然环境的利用及其利用的可能性和现实性。1931年，苏联的贝尔格提出景观地带学说，认为自然地带及其景观是由相互联系、相互作用的自然因素组成的自然综合体。1939年，德国特罗尔提出景观生态学，这是地理学与生态学的交叉学科，是开发利用景观和自然保护、资源管理的基础。1933年，德国克里斯塔勒提出关于城市区位理论的中心地学说。

二十七

1905年，瑞典埃克曼提出埃克曼漂流理论，它是指在理想化的无边界、无限深和密度均匀的海洋，因海面受稳定风的长时间吹刮，出现铅直湍流而产生的水平湍流摩擦力，与地转偏向力平衡出现的海陆的理论。1911年，美国蒂森提出计算面平均雨量的蒂森多边形法，并得到广泛应用。同年，挪威哥德斯密特把吉布斯的相律引入岩石学，提出"同时相互保持稳定而存在的矿物的最大数目，与矿物所含的成分的数目相等"的思想。1914年，美国古登堡发现在地球2900公里深处有一个液态地核与固态地幔间的重要界面。同年，美国巴列尔按照地球内部强度提出"岩石圈"和"软流圈"的概念。

二十八

1914年，芬兰埃斯克拉在探讨矿物成分与化学变化的关系时提出"矿物相"概念：对各种岩石来说，相同的化学成分表示着相同的矿物组成；当化学成分改变时，则那些矿物的组成也按照一定的规律而改变，那些岩石就属于一定的相。据此，他划分了区域变质岩的绿片岩相、闪岩相、麻粒岩相、榴辉岩相；接触变质岩的透长；高压变质岩的兰闪石片岩相等。1930年，奥地利桑德尔通过观察岩石构造与岩浆运动的关系，提出"岩组学"概念，认为晶体在岩石中成长时，结晶成长最快的方向是物质扩散移动的最快方向，这一方向就是最大剪切运动的方向，即组构对称与运动对称之间存在一定的关系。1932年，英国哈克在《变质作用》中认为在变质岩的研究中，强调热质变和接触质变，提出"应力矿物"概念，这一观念有助于阐明地壳变化的条件和历史。

二十九

1915年，德国魏格纳在《海陆的起源》中在批判冷缩说、陆桥说和大洋永存说的基础上，基于地壳均衡说而提出大陆漂移说：大陆系由较轻的刚性的硅铝质组成，它漂浮在较重的粘性的硅镁质之上；全世界大陆在古生代石炭纪以前是一个单一的大陆，称为泛大陆，由于潮汐力和地球自转离心力的影响，自中生代开始，泛大陆崩解并彼此之间逐渐漂移分离；南、北美洲在西漂移的过程中，大陆前缘受到挤压，褶皱形成科迪勒拉山系，印度洋裂开活动主要在白垩纪，它使得印度向北漂移，继而紧紧地嵌入亚洲，使其北部埋入西藏高原下。大陆漂移的结果，造成了今日世界大陆和大洋的格局。1953年，中国马廷英修正了大陆漂移说，提出地壳滑动说。1919年，美国葛利普首次提出"地槽迁移"思想，论证了自古生代以来，喜马拉雅—系瓦里克—印度河和恒河地槽依次形成，表明地槽向南方冈瓦纳大陆迁移的趋向。1936年，德国史蒂勒将地槽分为正地槽和准地槽两大类，1940年，史蒂勒又将正地槽划分为优地槽和冒地槽。

三十

1920年前后，挪威皮耶克尼斯和皮耶克尼斯发现大气不连续面，并将其分为冷锋、暖锋和锢囚锋等，创立温带气旋风暴理论"极峰学说"，成为天气分析和气象预报的依据。1920年，德国鲍尔首创"大型天气"的概念，并进行长期天气预报。同年，美国亨廷顿在《人生地理学原理》中提出"气候决定论"，认为气候不仅影响人类的衣食住行，影响人类的健康，还决定国家强弱兴衰；热带气候单调，人们懒惰，故而贫困，英、美法等国家处于气候活跃地带，富于刺激，因而是人类文明最发达地区。这种观点过分夸大气候的作用。1928年瑞典伯杰龙首创关于天气变化的气团学说和峰区、峰生等概念，对天气学的发展起到重要作用。

三十一

1922~1937年，李四光在《华北挽近冰川作用的遗迹》中提出并证明中国存在冰川期，否定了中国无冰川期的论断。1926~1962年，李四光将力学理论引入地质学的研究中，创立地质力学，该理论认为地球表层的各种构造现象都是地壳运动的产物，导致地壳运动的力是地应力；各种不同性质的岩石在地应力的作用下，产生的构造行迹不同；按照构造行迹的力学特征和组合形式，可以追溯地应力的作用方向和方式，从而获得地壳运动的方向和起源。1927年，翁文灏提出"燕山运动"概念，指出燕山运动是侏罗纪和白垩纪期间发育在中国的重要造山运动，以褶皱裂断、岩浆喷发和侵入、地带变质为地壳活动为主要特征，而且具有长期性和多幕性。

三十二

1924年，德国史蒂勒提出比较构造论，认为一切造山运动都是在比较短的时间内具有全世界的意义，而且造山运动在各个区域同时发生，即造山运动的同时性；在此基础上，他进一步提出"构造旋回说"，认为一个构造旋回经历了地槽期、造山期、半克拉通期、克拉通期，激变的造山期为长期宁静的构造阶段所分开。同年，德国彭克在《地貌分析》中提出地貌演化说，首次提出山坡平行后退理论，即认为坡面不是自上而下进行的，而是平行后退，后退过程中坡度不变。1927年，英国霍姆斯首次提出地质年代表，提出地球年龄为45.5亿年，被人们普遍接受。1928年，英国霍姆斯提出地球的地幔对流说，认为固体地幔可以发生热对流，陆块底下的地幔热由于热对流的作用而上升，遇到大陆屏障就向侧方运动，其运动造成的引张力将陆块扯裂，并随地幔流漂移而去；当两股相向的地幔流在壳下相遇时，就汇合起来，其挤压力和向下拉力造成海沟、地槽和山脉。这一学说启迪人们从地球内部物质运动规律去寻找地壳运动的原因。

三十三

1928年，德国里希特提出"实证古生物学"概念，开创了实证古生物学方向，主要研究生物的生活、死亡及尸体的埋葬规律，实地观察生物的行为习性及生物死亡后骨骼如何保存，同时观察现代海洋的沉积作用、侵蚀作用，以及分选和搬运作用对生物遗体的影响。1940年，苏联叶菲列莫夫提出"埋葬学"的概念，它是关于埋葬规律的科学，是古生物学与地质学联系的科学；它不仅包括生物残体的单纯埋葬，也包括生物死后影响生物残体的许多环境现象的研究。1954年，阿拜尔森首次运用纸上色层分析方法从各种化石标本中分析出7种氨基酸，提出古生物化学（Paleobiochemistry）概念，开创了化学研究化石的时代，为揭开生命起源、生物进化的奥秘提供了可能性。

三十四

1931年，苏联韦利卡诺夫提出"等流时线"的概念，这是对流域汇流现象的早期认识。中国竺可桢提出《中国气候区划论》，将中国气候分为中国南部、中部或长江流域、北部、满洲、云南高原、草原、西藏、蒙古8个区域，至今仍然被广泛采用。1932年，美国谢尔曼在《用单位线方法从雨量推算径流》中首创"流域单位线"的概念和方法，可以用于从净雨推算径流过程线。1933年，美国霍顿创立径流形成的下渗理论，提出下渗曲线的经验公式，即霍顿下渗公式。1935年，美国泰斯利用地下水的非稳定流和热传导之间的相似性，导出了井的非平衡水力学计算公式，即泰斯公式。1936年，美国霍伊特提出随机水文过程移动平均模型，将随机过程理论引入水文计算，形成随机水文学。1937年，中国马廷英提出"比较与研究现代与过去造礁珊瑚的生长率是研究古气候的一个极可靠的工具"的思想，因为他发现古生代珊瑚化石的内部构造和现代造礁珊瑚的内部组织都带有类似植物年轮的季候生长与年生长的构造；各种造礁珊瑚外形的环形带与内部组织上的季候生长的周期一致；各种造礁珊瑚的生长率受海水温度的支配力极大。

三十五

1933年，美国布契尔提出地球形成的脉动说。他认为地球的发展是收缩和膨胀的周期性的交替，地球膨胀时呈球形，在膨胀期地壳受引张力作用，产生大规模的隆起和坳陷，大型裂谷随之产生，岩浆大量喷溢；在收缩时，地球呈四面体形状，同时地壳在挤压作用下产生褶皱山系，并伴有岩浆活动。同时美国的葛利普也提出脉动说，他将古生代和中生代分别分为14个和5个脉动，在每个脉动周期末，生物界会发生重大变化。脉动说能够解释构造运动的周期性，但不能说明地壳运动的定向性。1933~1939年，苏联费尔斯曼在对地球化学的研究中提出化学元素运移观点，认为元素的运移是所有迁移现象的总和，这些现象引起或正在引起作为物质原始集聚形态特征的那种状态、那种环境，以及其他元素的那种数量关系的变化。1935年，丹麦列哈曼提出在液态地核中可能存在一个固态的内核，这一假设被布伦根据地球密度和弹性系统发布研究所证实。

三十六

1941年，中国潘钟祥提出"石油不仅来自海相地层，也能够来自淡水沉积物"，这是一种陆相生油的观点。1943年，黄汲提出陆相侏罗纪地层生油和多期、多层生油、储油论。同年，孙健初提出中国广大内陆盆地可能有石油。1945年，谢家荣提出冀东奥陶系石灰岩中发现油苗，1949年，他又从产油理论论证中国广大地区产油可能性，提出寻找华北古生界油藏。1954年，李四光从地质力学观点提出构造体系控制含油气盆地中油气的生成、迁移、聚散等找油的理论与方法。

三十七

1941年，奥地利安波弗尔提出海底扩张说，认为地幔的水平运动是褶皱山脉的成因，海洋的形成不是由于大陆的分离，而是洋壳的运动导致了大陆的漂移；壳下强大的上升流使得大陆分裂并迫使其运动，壳下物质从破裂带涌出形成洋脊；之后，大陆的漂移以洋脊为对称中心，向着相反方向运动，南北美洲向西运动，欧洲、非洲向东运动。1945年，中国黄汲清在《中国地质构造单元》中提出多旋回构造运动学说，该学说认为，地槽系的发生、发展到结束，要经历多次造山运动才能逐步转为褶皱系；褶皱系形成后，地壳也仍然有剧烈活动；特提斯-喜马拉雅型、滨太平洋型和古亚洲型这三种类型的构造系的形成是由于大陆与大陆、大陆与大洋相互强烈作用的结果。1979年，他对多旋回构造运动学说作了进一步完善和发展，指出地槽褶皱带的多旋回发展中包括沉积建造、岩浆活动、褶皱运动、断裂运动、变质作用，乃至成矿作用都是多次发生的，从而形成了多旋回构造运动与多旋回成矿理论。1945年，美国里尔首次总结出大西洋西部的东风波模型，并出版《热带气象学》。同年，苏联裴伟提出深大断裂的概念，认为这是一种区域性切割各种大地构造单元的断裂，其规模可以达几百甚至几千公里，宽几公里到几十公里，深可达几十公里到上百公里，并将其划分为地台区深断裂、地槽区深断裂、边缘深断裂等。这些学说对于地壳形成与构造发展有最大意义。

三十八

1946年，中国赵九章最早提出斜压大气中等星波的动力不稳定的概念。1948年，华裔美籍人郭晓岚在《正压大气二维无辐散流的动力不稳定性》中给出"正压不稳定判据"；1965年，郭晓岚又提出动力气象学中的"郭氏参数化方案"。1946年，斯韦尔德鲁普和蒙克提出斯韦尔德鲁普-蒙克波浪预报理论，为波浪学发展奠定了基础。1948年，美国施托梅尔提出大洋环流西向强化理论，指出β-效应是其基本成因，即认为在大洋的低、中纬度的副热带海流中，西边界处的海流流幅变窄，必然导致流层的加厚和流速增大的现象，进而指出大洋环流西向强化的现象是科里奥利参量随纬度发生变化造成的，即β-效应的结果。1949年，美国李比提出放射性碳-14年龄测定法，瑞典哈格斯特朗最先开展新技术的时空扩散过程和时空地理学研究。1950年，德国亨尼希提出分支系统学（支序系统学），试图用物种两个分支发生的先后顺序，建立单一起源的生物谱系分类方案。同年，美国贝尔彻、凯肯多尔和萨克提出用中子散射法测定土壤的含水量，把核技术引入水文测验。1951年，美国柯勒和林斯雷依据非线性多元回归图解分析法，提出暴雨径流多变数合轴相关图，即API模型。1958年，中国钱宁提出泥沙沉降速变公式。20世纪50年代中期，中国叶笃正和顾震潮从动力和热力作用两方面，研究青藏高原对东亚大气环流和中国天气系统的形成和发展的影响，首次提出青藏高原在夏季是热源的论点。1960年，中国窦国仁提出泥沙起动流速公式。1961年，中国曾庆存提出半隐式差分格式求解大气运动原始方程组。1962年，德国霍兰德等提出大气中的氧变化的观点。1962年，中国巢纪平提出描述中、小尺度天气系统的基本动力学方程组，中国顾震潮等首次提出暖云降水形成的起伏理论。1965年，法国特里卡尔和凯勒建立气候地貌学，认为一些河流阶地是由第四纪气候变迁引起的，他根据气候地貌过程系统第一次将全球划分为4个区：寒冷区、中纬度森林区、干旱区和湿热区。

三十九

  1948年，苏联奥勃鲁契夫在《新大地构造学的塑造与动力学的基本特征》中提出新大地构造学，认为在第四纪地质期，地壳产生了新的活动带，地壳发展的陆台阶段不是地壳演化的结束，陆台可重新活动。1950年，苏联裴伟和西尼村提出"泛地台说"，认为在寒武纪末期，地球表面存在一个泛地台，古生代地槽的形成是由于泛地台的崩解，他进一步将地槽分为原生地槽、次生地槽和残余地槽。1954年，苏联别洛乌索夫、西尼村、巴甫洛夫斯基等提出地台活化思想，用以说明中亚、天山在中生代以来地台不是稳定的，而是相当活动的，对此现象的理解有三种：地台活化；地台转化为地槽；是新型活动区。1961年，法国奥勃因划分了地槽演化的各个阶段：造山阶段、磨拉石阶段和后地槽阶段。

四十

  1956年，中国陈国达提出关于地壳演化的地洼说，这是一种地槽区、地台区之后的第三种基本构造单元理论。他认为地壳的发展是多阶段的，地台之后有地洼阶段，还可能有其他阶段，而地洼阶段是地壳发展中的一个重要成矿阶段，它是目前所知道的一个最新活动区；关于地壳运动与演化的力源机制，他认为在地幔蠕动热能聚散交替作用下和地幔应力场影响下，地壳各块体相对运动，就会产生各种方向相应的构造，产生大地构造分区与属性差异现象。1956~1958年，澳大利亚凯利用地球膨胀说解释海陆分布，认为只有在直径比现在更小的地球上（晚古生代地球的直径是现在的3/4）才能得到合理的大陆拼合。1961年，日本都城秋穗提出在日本岛弧存在着一对时代相近而性质不同的变质代，认为大洋板块俯冲初期，构造沉降导致低的温梯和高压力，引起了以蓝闪片岩为典型的变质岩石带；当大洋板块下降到一定深度，在上冲板块一侧，由于俯冲带的熔化消失，引起挥发物和岩浆活动，常常有火山喷发和侵入岩的形成。这一假设为古板块碰撞带提供了岩石学的重要依据。

四十一

  1929年，德国的伦什提出"地理人种"、"地域人种"概念。1961年，美国加恩在《人类的种族》中创建"地理人种"分类系统，第一级单位是地理人种，全世界分为9大地理人种；第二级单位是地域人种；第三级单位是小人种，指小区域内人口稠密且习俗不同而形成的单独遗传人群。该分类已得到世界公认，极大地推动了地理人种学的发展。

四十二

1962年，美国赫斯正式提出海底扩张说，他认为大陆是永恒的，而大洋不是永恒的单元；大洋脊的起源与发展是因为在壳下5公里深处500℃临界温度使得地幔橄榄岩发生蛇纹岩化，形成均一厚度的蛇纹岩化橄榄岩，它随着对流环向侧方，新泽底运动到海沟处时，依附在对流环的下降支便沉入到地幔中去，当新泽壳降到500℃临界温度以下时，就会发生去蛇纹岩化作用，这样，泽壳不断地生成、减灭，其结果是泽壳永远是年轻的。同年，美国的迪茨提出类似假说，并明确提出海底扩张的概念。海底扩张说的提出，使地质构造活动论发展到一个新的阶段。1963年，美国的考克斯、杜伊尔、戴尔利普提出第一个地磁反向年表，建立了磁地层系统的概念，成为海底地质填图的有力工具。英国的凡因和马休斯提出有关海底磁异常条带假说，认为岩浆不断沿着大洋中脊被推上来，冷却时获得了与当时磁场方向一致的磁性；新的岩浆不断涌出，凝固的岩石不断远离泽中脊而去。在这个过程中，地磁场多次倒转，从而在泽底形成磁异常条带，也就是说，磁异常条带是海底扩张和磁极倒转联合作用的结果。

四十三

1962～1980年，张伯声在《镶嵌的地壳》中提出波浪状镶嵌构造说，他认为整个地壳的构造是由不同级别的剧烈运动着的构造带和被构造带所分割的不同级别的相对稳定的地壳块体结合而成的一级套一级的镶嵌构造；同一地应力场作用下所形成的构造带或构造面有规律地定向排列，构造带和夹在中间的地块相间分布，形成地壳波浪。这种格局称为波浪状镶嵌构造。张伯声在《镶嵌构造观点说明中国大地构造的基本特征》中指出，中国地壳的镶嵌格局是太平洋和地中海两个波系斜向相交的构造网。1980年，他在《中国地壳的波浪状镶嵌构造》中总结了他的理论，指出波浪状镶嵌构造在地壳演化的历史中是发展变化的，造成地壳的镶嵌格局和运动的原因是地球基于收缩和碰撞相互结合，而以收缩为主要趋势的脉动。

四十四

1965年，加拿大的威尔逊根据20世纪50年代在太平洋发现的规模巨大的横向断裂带，运用力学分析提出新的断层类型——转换断层概念。他认为断层两端的断块都是从泽脊向外扩张，由于扩张速度不一而发生了相对移动；由于不同地段有左行与右行错动的转换，以及应力性质的转换，这类断层被称为"转换断层"；转换断层是剪切性地块的边界，它的错动方向也是海底扩张的方向。1966

年,苏联别洛乌索夫提出深层分异说,认为辐射元素在地球上层分布不均匀和放射性热聚集使得软流圈熔化,所引起上地幔物质的分异作用是决定构造运动发育的原因。

四十五

1967~1968年,美国麦肯齐、帕克、摩根和法国的勒比雄分别提出"板块构造说"。他们认为板块的边界是构造运动最活跃的地方,板块之间的相对运动是全球构造的基本原因。他们将板块应力状态分为三种:①汇聚性,板块两侧相对运动,如海沟及年轻的造山带;②发散性,板块两侧相背而去,如全球裂谷系;③剪切性,板块两侧相互滑过,如转换断层。板块是位于软流带上的刚性板块,板块运动的动力来自地幔对流和海底扩张的作用,板块运动也可能受到地球的旋转极和旋转角速度的制约。这样一来,经过大陆漂移说、海底扩张说和板块构造说这三个发展阶段,活动论的地球观已经形成,成为地质科学史上的一场革命。

第十四章　生物学思想简史

一

公元前600年，古希腊泰勒斯首次提出"水是万物之源，生命来源于水"的自然发生观。中国《管子》中对水与生物关系，以及植物生态分布的论述，认为水对生命过程有重要作用，提出水是"万物之本源，诸生之宗室"的思想。这一思想与泰勒斯的观点十分相似。

二

公元前5世纪，古希腊的恩培多克勒提出自然界及各种生物由火、空气、水和土四种元素按照不同比例，通过爱憎的分离或者结合而形成的学说；恩培多克勒还提出最早的呼吸学说，认为心脏是人体的中心，人的思想源于流入和流出心脏的血液运动。这一观点首次把呼吸与血液循环联系起来。被誉为西方医学鼻祖的古希腊的希波克拉底提出四体液说，认为人体由气、土、水、火四种元素构成，每种元素分别对应于干、湿、冷、热四种物质，它们构成体内的血液、粘液、黄疸汁、黑疸汁四种体液。体内的四种元素、四种物质和四种体液配合构成人的四种气质：多血质、粘液质、疸汁质和忧郁质。这是用物质原因解释生理现象的尝试。

三

公元前5~公元前1世纪，在《灵枢·经水》中提出"夫死可解剖"的观点，这是中国古人首次提及的"解剖"术语。

四

公元前4世纪，古希腊形成原始的生物有机体新陈代谢概念、创建动物学、形成早期动物分类观点和早期动物繁殖理论。阿那克萨戈拉认为，生物有机体的基本元素的数量和种类是无限的，骨头、肉、树木等是这种基本元素的产物，它们是以某种隐蔽的方式存在于事物中，通过消化过程被有机体内的"精神"挑选出来，集中后构成有机体的各个部分。亚里士多德编写的《动物志》《动物解剖》《动物繁殖》等，不仅创立动物学、动物分类学和形态学，还提出动物的分类应该根据性状——结构、习性、繁殖方式等来进行，据此，他将动物分为有血动物和无血动物，这相当于现代动物分类学的脊椎动物和无脊椎动物的分类；提出动物繁殖的三种方式——自然发生、无性繁殖和有性繁殖；提出形态学的三个具有深远影响的观点，即设计方案一致原则（即同一类动物具有相同结构）、结构相关原则或补偿原则和自然阶梯原则（自然形态是一个等级系列）。

五

公元前3世纪，古希腊的泰奥弗拉斯特在《植物志》和《植物研究》中将植物分类为乔木、灌木、草本植物，这是植物学的萌芽。中国庄子在《庄子·山木篇》中提出"物固相累，二类相召也"的观点，意思是人食鸟、鸟吃螳螂、螳螂吃蝉的食物链观念。荀匡在《荀子·王制》中指出"水火有气而无生；草木有生而无知；禽兽有知而无义；人有气，有生，有知亦且有义，故为天下贵也"。这句话指出了区别生物与非生物、植物与动物、动物与人的基本要素，提出了一个从无生命的水、火到有生命的植物、动物和人的发展变化的生物系统。这种观点与亚里士多德的观点非常相似。亚里士多德认为，植物只有植物灵魂，动物有植物灵魂和动物灵魂，人除了有植物灵魂和动物灵魂，还有理想灵魂。

六

公元前2世纪，中国《尔雅》记录了近600种动植物，不仅指出了它们的名称，还根据它们的形态特征，初步形成古代动植物分类系统，如将植物分为草本、木本两大类，将动物分为虫、鱼、鸟、兽四类。1世纪，中国汉代王充在《论衡》中说"龟生龟，龙生龙，形、色、大小不异于前"。意思是，任何种类的生物，亲代和后代总是相似的，也就是"物生自类本种"，这是现代"种"的观念。王充还提出"万物自然"的观点，反对儒家天有意志的目的论，主张"夫天地合气，人偶自生也"，"故天生人，此言妄也"。

七

4世纪，希腊解剖学家埃拉西斯特拉图斯开始研究循环系统，他描述了心脏瓣膜及会厌的结构，并把心脏比作水泵，认为心脏瓣膜是防止血液逆流的阀门。其实早在2世纪，古罗马的解剖学家盖仑已经通过实验证明心脏中流动的是血液而不是空气，心脏跳动与刺激无关，并指出神经起源于脑与脊椎，纠正了亚里士多德关于神经源于心脏的错误看法。

八

5世纪，中国陶弘景通过观察发现细腰蜂有许多种类，其中一种黑色细腰蜂含泥做巢产卵，捕青蜘蛛作为后代的食物，这是昆虫生活史的早期发现。6世纪，中国贾思勰撰《齐民要术》，它是世界上最早一部农业百科全书，内容包括种植、畜牧业、加工业等，通过实地考察贾思勰发现土地条件和气候环境的不同，对遗传性状有很大影响，这是农业生态对遗传影响的早期结论。7世纪，中国唐代孙思邈在《千金要方》和《千金翼方》中认识到夜盲症、脚气病等可能是由于饮食缺乏某种营养所致，主张食用富含营养的食物来治疗，这是对营养缺乏症的最早认为。

九

8世纪，阿拉伯人贾希兹在《论动物》中提出生命起源于矿物质后逐渐变成植物，再由植物变成动物，动物再变成人的进化观。这是亚里士多德"自然阶梯"观的反映。1282～1296年，阿拉伯人伊本安纳菲斯提出肺循环观点。他发现肺室间隔实质上无孔，指出血液必须经过肺脏才能从右心进入左心，纠正了盖仑认为右心直接到左心的错误。遗憾的是，这一正确观点当时并没有得到重视。

十

1049年，中国陈翥著《桐谱》，从形态学、生物学等方面对桐树作了详细描述，对不同桐树种类的分类相当于现代植物学的分类。1088～1093年，中国沈括在《梦溪笔谈》中根据山石中有螺蚌化石和地下有竹子化石这些现象，推测水陆变迁及气候变化，认为生物的变异、生长发育与其环境有关，体现了较深刻的生物学思想。

十一

1553年，西班牙人塞尔维特通过解剖观察发现，心脏中隔膜并没有小孔，血液流入肺是为了"通风"也是为了排泄废物，而且血液通过肺后颜色发生变化，由此提出肺循环。后来不久，欧洲人哥伦布通过临床观察和实验，阐明了肺循环理论。

十二

1520年，中国王廷相在《慎言、道华篇》中提出"气种说"，他指出"人有人之种，物有物之种，各个具足，不相凌犯，不相假借"。还说"通千古而不变者，气种之有定也"。这里的"气种"应该是指不同生物性状的遗传稳定现象的物质基础，很接近现在所讲的遗传物质了。对于人类遗传过程中出现的"人有不肖其父，则肖其母，数世之后，比有与祖同其体貌者"现象，王廷相认为是"气种之复其本也"。1578 年，中国李时珍经过 27 年艰苦努力写出举世闻名的巨著《本草纲目》。该书不仅系统总结了中国 16 世纪以前的药学成就，而且论述了动植物的分类、生理、生态和遗传方面的观点，特别是对生物之间的复杂关系有较深刻的理解，对动物新品种的人工选择原理也有所论及，这对于后世的生物学有深远影响。1670 年，中国王夫之以肌肉为例提出"肌肉之日生而旧者消也。人见形之不变而不知其质之已迁"，这说明形态虽然没有变，但物质组成已经发生了变化；说明物质更新代谢是不断进行的，这应该是生物体新陈代谢概念的雏形。

十三

1583 年，意大利人切萨皮诺在《植物》中对 1500 多种植物进行了系统分类，他是从哲学上和理论上自上而下地进行分类的，从而使得植物学成为一门独立学科，影响了后来林耐的植物分类系统。1604～1621 年，意大利人法布里奇乌斯在《论胚胎的发育》和《卵和幼雏的生成》中总结了动物与人的胚胎发育，首次详细描述了胚胎的结构，形成胚胎学的雏形。特别是他发现并描述的静脉的半月瓣，为 1628 年英国哈维提出血液循环理论提供了重要依据。哈维在《动物心脏和血液运动的研究》中，首次提出正确的血液循环理论。该理论指出心脏收缩时将血液挤出，左心室的血液流向四肢和内脏，右心室的血液流向肺部；血液不能通过室间隔，心脏瓣膜和静脉瓣的作用是阻止血液倒流；动脉搏动是心脏收缩时血管内充血被动形成的。1865 年，法国生理学家贝尔纳提出生物有机体的内环境概念（主要指血液循环），指出内环境的恒定是自由和独立的生命赖以维持的条件。

十四

1605 年，瑞士人鲍欣在《人体解剖》中根据机体最明显的特征，按照二名法给机体各个部分命名，纠正了对肌肉、脉管和神经命名的混乱。在《植物图鉴》中运用整体相似性将 6000 多种植物按照属和种分类，创立了解剖学和植物性的二名法，对 1735～1753 年瑞典生物学家林耐建立植物的分类系统和双名命名制产生了重要影响。1813～1839 年，瑞士植物性家康多尔在其《植物学基本原理》中首次提出分类学概念，指出应以植物的解剖结构作为植物分类的唯一标准，在后来的《植物界自然分类》和《植物界自然体系序论》中明确指出林耐分类法的不足，建立了科学的植物分类系统。

十五

1750 年，法国人莫泊兑在《宇宙学论文中》提出"突变成种"假说，认为父母双方的遗传因子与后代的特征有关,驳斥了卵源说和精源说,为进化论的提出奠定了思想基础。1759 年,德国胚胎学家沃尔弗在其《发生论》中阐明了鸡血管是逐渐发生的,肠子由简单的平板状结构逐渐形成的为逐成论提供了依据。1761~1766 年,德国植物学家克尔罗伊特系统地进行植物杂交育种实验,指出不同种类植物杂交产生的杂种并不是固定不变的新种,通过"回交"很容易恢复为原来的亲种,为后来的遗传学和分类学产生了重要影响。1779 年,法国生物学家布丰在《自然世纪》中首次将生物的发展历史与地球的发展历史结合起来,将生物与其生存环境联系起来,提出生物物种是可变的观点,这是初步的进化思想,对其后进化论的形成产生了极大影响。1809 年,法国博物学家拉马克在《动物学原理》中首次提出生物进化学说,认为地球非常古老,其上的环境条件又不断发生变化,生物为了适应不断变化的环境,它们本身就必须通过进化改变自己。拉马克通过环境的直接影响、器官用进废退和获得性状遗传来解释进化的机制,这种观点被称为拉马克主义。1858 年,英国博物学家华莱士在《关于变种永远与原种分离的趋势》中提出生存竞争、自然选择是物种形成的重要机制的观点,被认为与达尔文一起提出进化论。1859 年,达尔文《物种起源》出版,它不仅是生物学发展史上的一个里程碑,也是人类对大自然认识上的一次巨大飞跃,形成了系统的、科学的进化论世界观。进化论以一个进化发展的世界取代一个静止不变的世界,证明神创论和目的论是错误的,被誉为是 19 世纪自然科学的三大发现之一(其余两个是能量守恒定律和细胞学说)。

十六

1805 年,法国博物学家居维叶在其《比较解剖学讲义》中首次提出两条形态学规律:器官相互关联规律和性状隶属规律,并根据这两条规律将动物分为脊椎动物、软体动物、关节动物和辐射动物四大类,奠定了形态学的基础;后来他还提出灾变论,主张地球表面由于陆地升降、洪水泛滥等原因曾经发生过多次巨大变化,使旧的生物群体消失,灾变后新的类群又产生,这就是地层中出现动物化石轮替现象的原因,由此反对进化论。1818~1822 年,法国博物学家杰弗莱在《解剖学原理》中首先提出动物先天性畸形的原因、发育于分类问题,不久他又提出动物器官关系原则和补偿原则作为判断同源现象的依据。随后其子 I. 杰弗莱出版《人及动物的结构异常通志及专志》,共同建立动物畸形学。

十七

1827~1837 年,德国胚胎学家冯贝尔在《哺乳动物的卵和人类的起源》中首次提出动物卵的概念,指出哺乳动物包括人类均是由受精卵发育而成,器官均由胚层分化而来。在《论动物的发育》中提出冯贝尔法则，该法则认为某种动物的胚胎需经历与其他动物的胚胎所经历的相似发育阶段，而且不同物种的胚胎发育过程起初都经历相似阶段，以后才越来越不相同，所有脊椎动物的胚胎都有一点程度的相似，分类上亲缘关系越近，其胚胎越相似；在发育过程中，门的特征首先形成，目、科、属、种的特征随后循序出现。这就是胚胎学中著名的"冯贝尔法则"，为达尔文进化论提供了有力的证据。

十八

1838~1839年，德国植物学家施莱登在《植物发生论》中提出植物各个部分均由细胞或者细胞衍生物构成，1839年，德国动物学家施旺将这一观点扩展到动物，即动物也是由细胞构成的。由此他们二人共同创立细胞学说，其意义不亚于原子论，因为细胞就是类似于构成所有生物的"原子"，对其后的细胞病理学的形成产生了影响。1858年，德国病理学家微尔和（或魏尔啸）在《细胞病理学》中提出细胞是生命的基本单位，细胞来自细胞再生细胞，疾病不是在整个器官和组织内，而是在细胞内发生的，这是细胞病理学的核心，标志着细胞病理学的诞生。

十九

1865年，奥地利遗传学家孟德尔通过豌豆杂交实验提出遗传单位（基因）概念，揭示了遗传学的两个基本规律：分离规律和自由组合规律。分离规律是说，细胞中有成对的基本遗传单位，在杂种的生殖细胞中，成对的遗传单位一个来自父本，一个来自母本，形成配子时这些遗传单位彼此分离，并在不同的个体中表现出来。自由组合规律是说，在后代中不同对的对立性状随机组合，性状决定于遗传单位，而遗传单位的出现符合统计学规律，这就是著名的孟德尔遗传定律。1890年，荷兰植物学家德弗里斯、德国植物学家科灵斯和奥地利植物学家邱歇马克分别独立发现该定律，在科学史上被称为孟德尔定律的再发现。它不仅对遗传学，而且对整个生物学中都有重要影响。比如，1876年，英国生物学家高尔顿在《一个遗传学说》中通过数量性状的比较，发现某一种群中这些性状的平均值总体上各个时代都相同。也就是说，最高的男人的子女身高要矮于这些男人及其配偶身高的平均值，或者说他们的后代回归到种群平均值。相反，最矮男人是后代则向上回归到种群平均值。每个人从其父母那里分别获得一半遗传基因，从其祖父和祖母那里分别承袭四分之一遗传基因，从曾祖父母那里分别接受八分之一的遗传基因。这就是高尔顿祖先遗传定律或子代退行定律。由于该定律没有提供任何原因的解释，并且它把遗传模型作为一个整体用于个别性状的遗传模式上，所以，该定律只是部分正确。1883年，高尔顿又在《人类能力研究》中主张运用科学方法和选择配偶可以提高人口质量，在遗传学方面首次提出"优生学"概念，对提高人口质量起到重要作用。

二十

1866年，德国生物学家海克尔首次提出"生态学"一词，它是研究生物之间以及生物与非生物环境之间相互关系的学科；他还提出生物发生律，认为生物的个体发育过程重演其祖先的系统发生过程，为进化论提供了有力证据。

二十一

1871年，德国生理学家路德维希与美国生理学家鲍迪奇共同提出心肌活动的"全或无"定律。他们指出当刺激心肌时，刺激强度未达到刺激阈不引起反应，达到阈值则引起最大反应。这是神经生理学的一个重要规律。

二十二

1883~1892年，德国生物学家魏斯曼在《论遗传》中提出种质论，即种质遗传学说。该学说认为生物有机体由种质和体质组成，种质是生殖细胞的一部分，具有稳定的分子结构；遗传就是将种质从一代遗传给下一代，通过代代相传而实现的，体质是种质的表现，与遗传无关。魏斯曼的种质其实就是后来的基因，他强调颗粒遗传和先成论，首次区分了遗传型种质和表现型体质的概念。根据他的理论，他成功预测了卵和精子的成熟过程中必然有一个减数分裂过程使得染色体数目减少一半。1883年，德国动物学家茹在《核分离的重要意义》中提出细胞分离时，如果把所有细胞核物质的颗粒串联起来，然后再将这个颗粒串纵向劈开，这样就能够使细胞核按其质量和个别性质进行均等分离。这一分离过程保证了两个子细胞在定量和定性方面都完全相同。1888年，德国植物学家施特拉斯布格和动物学家博维里分别在植物和动物中发现了细胞的减数分裂过程，证实了魏斯曼的推测和茹的推测。可以说这一理论是唯物主义原子论在遗传学中的具体运用和表现。1894年，英国遗传学家贝特森提出非连续变异观点，认为物种所表现的不连续性并不是来自环境，也不是源于任何适应现象而是在于生物的内在本性，表现在变异原来的不连续性上，这说明物种的不连续性源于变异的不连续性。这一观点虽然引起了争论，但是争论反而促进了遗传学的发展。1902年，英国医生伽罗德发现尿黑酸尿病例似乎与代谢过程发生改变有关。1908年，在"代谢缺损"的报告中，他进一步提出代谢缺损症状似乎像孟德尔遗传的隐性基因那样进行遗传，后来证明这是由于患者的苯丙氨酸的正常代谢因尿黑酸氧化酶缺损以致尿黑酸不能进一步分解，从而大量由尿排出的结果。这一发现的意义在于：孟德尔遗传定律同样适用于人类，酶与基因之间存在某种关系，为生化遗传学的建立创造了条件。1902~1904年，美国遗传学家萨顿与德国细胞学家博韦里研究染色体在细胞分裂过程中的行为，以及染色体的个体性与连续性，他们通过实验证明染色体是遗传因子的载体，染色体组由成对的又彼此不同的同源染色体组成，其中一个来自父本，一个来自母本；父本和母本染色体结合成对，以及随后在减数分裂时分离，可能构成孟德尔定律的物质基础；每个染色体各有自己的特性决定特定的遗传特性；染色体在减数分裂中的行为是随机的。这就是染色体遗传学说，也被称为"萨顿-博韦里遗传学说"。1908年，英国数学家哈代和德国医生温博格分别提出群体遗传平衡概念，并用数学方程表示，即哈代-温伯格定律。该定律解决了关于显性与隐性遗传性状在大量混合群体中以何种比例遗传的争论。1909年，丹麦遗传学家约翰逊在《科学遗传学要义》中创用"基因""基因型""表现型"概念，规范了遗传学中的术语。1926年，美国遗传学家及其研究小组用果蝇做实验，发现了性连锁、交换和不分离等现象，证明基因在染色体上呈现直线排列，每个基因在其上有特定位置，并可以绘制成与染色体相对应的基因图，这在孟德尔遗传定律的基础上建立了基因学说，并因此成果获得1933年诺贝尔生理学奖。1931年，美国遗传学家赖特在《进化的统计学说》中提出遗传漂变概念，它是指在一个小的隔离种群中世代之间基因频率随机波动情况，强调个体之间的自然选择主要作用于具体的基因群体效应。1941年，美国遗传学家比德尔和塔特姆在《链孢酶属生化反应的遗传控制》中提出"一个基因一个酶"假说，开辟了生化遗传学这个新的研究领域。该假说有五点内容：①所有生物体内的一切生物化学过程最终都由基因支配；②所有这些生化过程都可分为连续的代谢反应途径；③每一步反应都以某种方式受单个基因的控制；④单个基因的突变只能改变进行某一步化学反应的能力；⑤基因以某种方式决定酶的结构。1946年，美国遗传学家德博格和塔特姆在《大肠杆菌的基因重组》中证明了基因重组现象。比德尔、塔特姆和德博格因此成就共同获得1958年诺贝尔生理学奖。1944年，遗传学家斯内尔研究小鼠组织移植时发现移植能否成功与遗传因素有关；如果移植物与被移植的小鼠同属于一个品种，移植就被接受，能够存活；如果不属于同一品种，就被排斥。他还进一步证明有与组织相容性有关的特殊基因、H-2基因复合体。他因此成就获得1980年诺贝尔生理学奖。1944~1951年，美国女遗传学家麦克林托克在研究玉米色素的遗传规律时发现了可移动的基因，在《染色体结构与基因表征》中提出活动基因学说。该学说指出基因是可移动的，不仅可以从染色体的一个位置移到另一个位置，而且能够从一条染色体跳到另一个染色体，从而影响被控制基因的表征。这一学说当时受到非议，但是后来被证明是正确的，她也因此成就获得1983年诺贝尔生理学奖。

二十三

1875~1884年，德国细菌学家和医生科赫在长期研究细菌的过程中，为了准确判断疾病与某种微生物之间的因果关系，在《结核病的病因学》中提出四条准则：①应在感病寄主体内找到微生物，且它们在体内的分布应与观察到的病组织一致；②必须自原寄主体内分离出该微生物，并在寄主体外培养成纯培养物，且能够继续传代；③将这种纯培养的微生物接种到健全但易感的原寄主上应该能够引起同样的疾病；④必须从人工接种的寄主体内重新分离出同一微生物而且能够在寄主体外培养出同一纯培养物。科赫准则成为病原微生物研究的一个重要规范。他也因分离出结核杆菌获得1905年诺贝尔生理学奖。而在此之前的1865~1885年，法国微生物学家巴斯德在研究蚕病的病因过程中提出细菌致病说，探讨微生物、寄主和环境之间的相互关系，奠定了微生物学、细菌学和免疫学的基础。

二十四

1890年，德国微生物学家埃尔利希提出免疫机制的侧链理论。该理论从分子结构的角度阐释免疫机制，认为细胞的蛋白质含有由特异分子基团构成的侧链（即受体），可以吸附某些毒素，有机体受到感染后能够产生大量侧链，与毒素结合后被白血球吞噬，从而对有机体起到保护作用。这一成就使埃尔利希获得1908年诺贝尔生理学奖。1890~1892年，德国细菌学家贝林在给动物注射细菌毒素时发现动物血液具有中和毒素的能力，这等于使动物获得了对毒素的免疫力，即抗毒免疫，运用这项发现和技术他预防和治疗白喉病获得成功，并因此获得1901年诺贝尔生理学奖。1895年，比利时免疫学家博尔德发现在人和动物的血清中有两种成分能够使细菌细胞壁破裂，即溶菌现象：一种是耐热的抗体，只存在于对该种类细菌有免疫力的动物体内；另一种是不耐热的物质，存在于所有动物体内，即补体。1989年，他又发现异体红细胞在血清中也会分裂，被称为血清现象。他的这些发现加深了人们对免疫系统的认识，奠定了免疫学的基础，他也因此获得1919年诺贝尔生理学奖。1901年，俄国微生物学家梅奇尼可夫在研究海星幼体消化器官的发生时，发现某些与消化作用无关的细胞能够包围并吞噬注入的青蓝染料的颗粒，他称为吞噬细胞，而吞噬细胞是大多数动物包括人（人类的吞噬细胞的白血球）抵制急性感染的第一道防线，由此提出免疫机制的细胞理论，对免疫学做出重要贡献而获得1908年诺贝尔生理学奖。同年，奥地利免疫学家兰德斯太纳根据红细胞膜所含糖蛋白的不同将人类血型分为A、B、O三种类型，并给出检验方法，1902年又发现AB型，1927年与人合作发现MN型，1940年发现Rh型，为Rh血型系统的建立奠定了基础，也对遗传学、免疫学有最大意义，他因此获得 1930 年诺贝尔生理学奖。

二十五

1879～1930 年，苏联的巴甫洛夫在研究消化生理机制时发现条件反射现象。他发现给狗喂食后，食物虽然由瘘管流出未与消化管道接触，但仍有消化液分泌，如果将相应的神经切断后，有关消化液停止分泌，他认为消化腺的分泌机制是神经反射的结果，他因此成果获得 1904 年诺贝尔生理学奖。在给狗喂食过程中，他还发现若喂食时伴以铃声，经过一段时间后仅有铃声也能够引起狗分泌唾液。他认为狗已经把铃声与食物出现联系起来，铃声引起的听觉刺激与看见食物的视觉刺激重复多次，就会从耳鼓膜的神经末梢到唾液传出途径之间形成一条神经通道。在这种条件下，狗听见铃声便分泌唾液的反射活动就是条件反射。条件反射是动物在其生活过程中经过训练而形成的，受大脑调节；动物和人类的行为是条件反射和非条件反射共同整合集成的结果。巴甫洛夫的条件反射理论对心理学、神经生理学乃至教育学均有深远影响。

二十六

1909～1910 年，美国病理学家劳斯发现将鸡肉瘤细胞移植到健康鸡身体中，导致健康鸡产生了肉瘤，他认为这是鸡肉瘤病毒引起的，由此提出病毒致癌说，这是细菌致病说的进一步发展。这一结论后来得到证实，他也因此获得 1966 年诺贝尔生理学奖。1912 年，英国生物化学家霍普金斯在实验中发现大鼠被喂以人造乳便停止生长，而在人造乳中加入少量牛奶则迅速生长，由此他认识到如果饲料中仅仅含有蛋白质、脂肪、糖和矿物质，动物并不能生长，他将饲料中所缺乏的物质称为"附属物质"即维生素，维生素学说因此诞生。该学说强调维生素是生物生长发育所必需的微量有机物，他也因此项成果获得 1929 年诺贝尔生理学奖。

二十七

1922 年，德国生物化学家维兰德提出细胞呼吸的氢激活学说，该学说认为细胞中底物分子的氢在专一性脱氢酶催化下被激活，使得底物分子脱氢而氧化，被激活的氢在有氧情况下可以与氧结合成水，在无氧情况下可以与其他物质结合。也就是说，细胞中的氧化作用是脱氢而不是加氧，使得人们对细胞呼吸概念有了新的认识，这是细胞内的氧化还原过程。同年，苏联生物学家奥巴林提出生命起源的化学进化学说，该学说认为原始生命是由原始地球上的非生命物质通过化学作用，经过漫长的自然演化过程，由简单的有机物和无机物结合成复杂的有机化合物而后逐渐形成的；最早的生物是异养生物，它必须从外部吸取物质和能量；生物体是开放系统，不受热力学第二定律约束。1927年，德国生物化学家瓦尔堡提出细胞呼吸的氧激活学说，他在实验中发现极少量的氰化物能够完全抑制细胞对氧分子的利用而不能抑制脱氢酶，他因此提出细胞呼吸需要一种"呼吸酶"即氧化酶，这种酶中的铁卟啉可以与氧结合而激活氧，被激活的氧具有氧化代谢的能力，因此氧的激活是细胞呼吸的重要步骤，后来证明生物氧化的基本构成既包括氢的激活，也包括氧的激活，以及细胞色素的参与以便传递电子。

二十八

1929年，中国生物化学家吴宪提出蛋白质变性学说，该学说认为蛋白质分子除氨基酸的肽键，还有另外形式使链间横向相连的键，这些键是不稳定的，蛋白质变性就是这些不稳定键的断裂而使得紧密的蛋白质变为松散结构的结果。该学说对于进一步研究蛋白质大分子的高级结构有重要价值。同年，美国生理学家坎农新创"自稳态"（或"体内平衡""内环境稳定"）概念，以维持体内环境稳定的自我调节过程，他认为自稳态的保持不是依赖于使生物与其环境隔离，而是依靠不断自动调节体内各种生理过程来实现，这是一种动态平衡；神经系统、内分泌腺、各种肌肉群的功能活动均是整合集成的，每个部分的功能状态都影响其他部分的功能状态。自稳态这一概念既强调事物的物质性，又重视系统中各个部分之间的相互联系，并通过这些联系实现自动调节与整合，对后来生物学和生态学的研究产生了重要影响。

二十九

1936~1947年，综合进化论即现代达尔文主义形成。在自然选择学说和群体遗传学理论的基础上，结合细胞学、生态学、遗传学、分类学和古生物学研究的新成果，进化论已然发展成为综合进化论。该理论认为进化是渐进的、基因突变和染色体畸变是进化的契机；由于环境的变化、突变率的高低、群体大小、杂种优势等因素的相互作用，地理隔离中的生物种群逐渐分化，表现出不同形式的生殖隔离，逐次形成亚种，并最终形成新种。

三十

1945~1952年，英国生物学家霍奇金和赫希黎在运用微电极研究神经纤维传递冲动现象时发现，当神经处于静止状态时，膜内呈负电位，活动时则呈正电位；当膜电压降低到一定值时，膜的渗透性发生变化，钠离子进入轴突而钾离子流出。这样产生的生物电现象的变化，就是神经脉冲的实质。不久澳大利亚生理学家埃克尔斯实验证明，冲动使神经细胞兴奋时，触突向邻近细胞释放乙酰胆碱，使神经膜的孔径增大，钠离子能够进入自由进入邻近神经细胞，并逆转其电荷的极性，产生神经冲动在神经细胞之间传导；而神经细胞兴奋后会向邻近细胞释放一种促进钾离子透过膜外流的物质，强化了已有的极性并抑制冲动的传导。这一成就使他们共同获得1963年诺贝尔生理学奖。1949年，英国生理学家卡茨发现并证实神经冲动传递的化学机制。当电脉冲由神经向肌肉传递的一瞬间，神经细胞和肌肉细胞中的钾离子和钠离子向相反的方向扩散，从而在神经与肌肉之间相邻处建立或者消除电位差，这为后来霍奇金和赫希黎提出"钠泵说"奠定了基础，卡茨也因此获得1970年诺贝尔生理学奖。"钠泵说"是论点是：为了维持细胞内液中钾离子浓度大大高于细胞外液、钠离子浓度大大低于细胞外液，细胞膜必须有一种机制促使这两种离子逆着浓度梯度在细胞内运转，从膜的一侧向另一侧运动。现在已知钠泵就是结合于细胞膜上的ATP酶，该酶利用代谢所产生的能量将钠离子泵出细胞而将钾离子泵入细胞。这表明：神经冲动传递的生物电现象取决于钠泵维持的钠离子和钾离子浓度的稳态差异。

三十一

1949～1953年，澳大利亚免疫学家伯内特在研究组织移植时提出获得性免疫耐受性学说。该学说认为机体对异物的免疫性是后天逐渐获得的，在胚胎期或初生时，机体细胞逐渐获得识别自身的组织物质、异体细胞和不需要的细胞的能力。1953年，英国动物学家梅达沃用小鼠实验证实：小鼠初生时注射异体细胞，成年后移植原细胞供者的皮肤就获得了免疫耐受性（即不发生排斥反应）。这一研究使得免疫学的重点由充分发育的免疫系统转移到如何改变免疫系统本身的结构上，也就是如何抑制机体对移植器官的排斥反应上。这一成就在免疫学理论和实践上均有最大意义，他们因此一起获得1960年诺贝尔生理学奖。

三十二

1953年，美国遗传学家沃森与英国生物学家克里克通过分析DNA的X射线衍射图提出DNA分子结构的双螺旋模型，该模型表明：DNA是相互缠绕的两条螺旋状的糖与磷酸组成的长链，中间由嘌呤与嘧啶连接而成的双螺旋结构。这一模型很好地说明了基因即DNA的遗传功能，沃森与克里克因此获得1962年诺贝尔生理学奖。1954年，美国物理学家盖莫夫受"一个基因一个酶"假说的启发，根据推理提出"遗传信息的三联码"假设，认为核酸在酶的形成中起遗传密码的作用，而且这个密码是由连续的三个核苷酸（三联玛）构成，这一假设后来被证明是正确的。1957年，美国生物化学家科恩博格将放射性同位素C-14标示的核苷酸加入大肠杆菌提取物中培养，发现有少量的 DNA 生成，他从大肠杆菌中分离并纯化了一种能够催化小分子 DNA 聚合物的 DNA 聚合酶，然后将四种脱氧核苷三磷酸、DNA 聚合酶和作为模板的 DNA 放在一起培养，发现有大量的 DNA 生成，这表明 DNA 能够在体外复制。同年，美国遗传学家英格拉姆发现，镰刀贫血症患者血细胞中的血红蛋白是一条多肽链中的一个氨基酸与正常人中的谷氨酸不同，他认为这是由于多肽链的基因发生了突变的结果，所以提出"一个基因一个多肽"假说。由于许多酶是由一个以上的多肽链构成，而一次突变也只影响一个多肽链，所以该假说修正了"一个基因一个酶"假说，并成为分子生物学的一个中心法则的重要依据。1958 年，克里克在《论蛋白质合成》中提出生物细胞中遗传信息流动的方向为 DNA→RNA→蛋白质，成为分子遗传学的"中心法则"，这一法则在 1970 年发现逆向转录酶发现之前一直是分子遗传学的指导思想。该法则说明：DNA 是遗传信息的载体，以亲代 DNA 为模板合成子代 DNA 时，便将遗传信息准确地传递给子代；当以 DNA 为模板合成相对应的 RNA 时，遗传信息就传递到 RNA 分子，然后接收到遗传信息的 RNA 分子指导蛋白质的合成，从而使遗传型成为表现型。1958～1961 年，法国生物化学家莫诺和雅格布在做大肠杆菌的乳糖水解酶的生物合成时发现由几个基因组成的 DNA 区段，他们称其为操纵子，提出操纵子对 mRNA 的合成起操纵作用；如果 mRNA 能够合成就能够顺利转录以合成乳糖水解酶，这一酶合成的操纵子学说从分子水平阐明了代谢调节机制的一个重要方面，他们也因此获得 1965 年诺贝尔生理学奖。1961 年，英国生物化学家米切尔提出生物能量产生的化学渗透学说，以解释生物细胞通过氧化磷酸化或者光合磷酸化产生生物能量载体腺核苷三磷酸（ATP）的机制，该学说认为在电子流或者光量子的推动下，质子定向地通过某些生物膜，从而在这些膜的内外两侧建立质子梯度；在化学势的作用下，质子反向回流，膜上的腺核苷三磷酸酶逆向运转，促使腺核苷二磷酸（ADP）与磷酸缩合成腺核苷三磷酸，以供应细胞活动所需的能量。米切尔因此获得 1978 年诺贝尔化学奖。1961～1965 年，美国生物化学家尼伦博格在研究 DNA 所携带的遗传信息通过何种形式指导蛋白质合成时发现，将大肠杆菌无细胞体系的标示氨基酸混合液与多聚嘧啶核苷酸一起培养，合成产物是一种多肽——多聚苯丙氨酸，由此证明多聚嘧啶核苷酸指导苯丙氨酸的合成，或者说，多聚苯丙氨酸的遗传密码是多聚嘧啶核苷酸，从而破译了天然氨基酸的遗传密码，也称密码子。后来证明病毒、原核生物和真核生物的遗传密码都是同源的，这为后来人类基因序列的破译奠定了基础。

第十五章 农学思想简史

一

公元前 1066～公元前 771 年，中国《夏小正》收录物候达 60 条；中国已将害虫分类螟（食心）、螣（食叶）、蟊（食根）、贼（食节）四类；中国已有良种的概念，当时称为"嘉种"，并出现了品种和品种类型的名称。公元前 770～公元前 221 年，中国的《周礼》中提出了"土"与"壤"的概念，"以万物自生焉，则言土"，"以人所耕而树艺焉，则言壤"。公元前 475～公元前 221 年，中国形成农事历二十四节气，至今仍然在使用；中国出现土壤二分类法：按土壤质地和色泽分类；按土壤肥力分类。公元前 4 世纪，中国创造应用杠杆原理的提水工具桔槔。公元前 239 年，我国现存最古老的农业著作《吕氏春秋》中上农、任地、辩土、审时四篇，包含了一定农业政策、土壤耕种原理和方法。公元前 124～公元前 44 年，中国已开始认识到滥伐林木是造成水旱灾害的重要原因，指出"斩伐林木，亡有时禁，水旱之灾，未必不由此也"。公元前 32 年～公元前 7 世纪，最初见于《氾胜之书》记载中国出现了溲种法，即一种用雪汁或骨汁、蚕屎、羊屎及附子等材料处理种子的方法，实际上是在种子外面包一层以蚕屎为主要材料的粪壳，骨胶起粘结作用，蚕屎或羊屎起粪的作用，附子有毒起驱虫作用。

二

公元前 8～公元前 6 世纪，希腊出现最早的农书《田历农时》，强调及时耕作，指出了平原与近海地区农业有不同的规律。约公元前 500 年，印度已掌握榨取甘蔗汁加热熬糖的方法。1964 年，麦克尼什在墨西哥南部特瓦坎山谷史前人类居住过的洞穴中，发现了一些保存完好的野生玉米穗轴，据判断为公元前 5000 年有稃爆粒种玉米的残存物，现代的栽培种系由此进化而来。公元前 36 年，古罗马瓦罗作《论农业》，指出了水、土、空气和阳光对于农业生产的重要性，将农业科学地划分为土壤、农业生产质料、耕作、农时季节和作业安排等。

三

公元 6 世纪 30 年代，中国北魏贾思勰写成农学名著《齐民要术》，其中提出

"顺天时，量地利，则用力少而成功多，任情返道，劳而无获"的农业生产基本原则。1149年，中国陈甫《农书》中提出"地力常新壮"的土壤肥力说，即土壤肥力可以保持旺而不衰；提出合理施肥思想"粪药说"，也就是说要因土施肥，施肥量要适中，有机肥要腐熟，不然会烧死苗。1273年，中国元代的农书《农桑辑要》对环境条件和作物生长的关系作了正确的阐述，指出引入种棉不成不是"土壤不宜"，而是"技艺不得法"，从而奠定了我国"风土论"的基础。1313年，中国已将水稻分为灿、粳、糯三类；中国王祯作《农书》，创用农具图谱法。16世纪中期，中国马一尤在《农说》中提出将阴阳对立互补因素用于农业生产，主张"知时为上，知土次之，知其所宜，用其不可弃，知其所宜，避其不可为"，正确认识了人与客观条件的关系。1636年，中国徐光启作《农政全书》，首次将数理统计方法引入传统农业研究。17世纪前期，中国《国脉民田》中提出"亲田轮作法"，即"将地偏爱偏种，一切惧偏"的思想，这种轮作耕作方法对于地广人稀地区改良土壤有重要作用；17世纪中期，中国创造嘌蛋法，是一种保护种蛋的方法。

四

1605年，比利时的海尔蒙特通过实验提出"水是植物唯一养料"的观点。1697~1707年，法国布阿吉尔贝尔提出"一切财富都是源于土地的耕种"的思想。1699年，英国伍德沃德提出"土是植物唯一养分说"。1733年，英国特尔提出植物营养中的"土壤微粒说"，认为土是植物的真正的营养物，其他成分仅起辅助作用，强调多翻耕土地，使土壤中出现大量微细颗粒，以便于植物根部吸收，就可以获得丰产。1734年，法国德列奥米尔将草蛉的卵引入温室可以保持那里无蚜虫危害，提出"害虫生物抑制"的思想。1735年，法国德列奥米尔首次提出积温概念，即作物在其一生育期内或全部生活周期内需要的温度总和是一定的，这个和值称为积温。1759年，德国贝克曼提出"贝克曼分配法"，即把森林经营类型现有蓄积量及达到轮伐期时预期生长量的总和，分配到轮伐期各年。1760年，瑞典林耐提出"自然平衡"假设：若植食性昆虫种群量发展过多，它们就分配给捕食它们的昆虫为食，这样就形成了种群对抗的竞争状态。同年，英国贝克韦尔开始在家畜良种中采用同质选配和近亲交配等方法。

五

1795年，德国哈尔蒂希提出材积平分法，后又提出面积平分法、折中平分法、价值平方法等木材收获调整的方法。1805年，德国洪堡第一个强调群落外貌与景观之间的关系，并把植被划分为19个类型。1809年，法国拉马克在《动物哲学》中提出著名的环境对生物的影响说，认为动物在发育过程中经常使用的器官就会发达，不用的就会退化的用进废退和获得性遗传的观点；同时提出生物按照等级向上发子弹学说，主张由于不断加强及改良适应性状，一个物种可以逐渐变成一个新种，获得性状可以代代相传。同年，德国泰伊尔提出饲草营养的干草等价标准、阐发植物营养学中的腐殖质说。1823 年，英国奈特提出杂交是获得许多性状新组合的方法。1826 年，德国洪德斯哈根在森林经理中提出法正林理论，已经成为森林经理学的基础。同年，德国杜能提出"杜能圈"的设想：他假定有一个与外部世界完全隔离的独立之国，全国都是土地肥沃地力均匀的平原，中央有一个城市，是农民出售农业产品和购买工业产品的唯一市场，以城市为中心全国各地由近及远形成：自由式农业、造林、轮载式农业、谷草式农业、三圃式农业、畜牧业等。这是一个具有"乌托邦"理想的设想。

六

1835 年，意大利巴兹首次证明蚕病可能由微生物引起。1836 年，巴兹首次提出用微生物抑制害虫的设想。1876 年，德国医生柯赫分离出家畜炭疽杆菌，首次证明一种特定微生物是引起一种特定疾病的原因。1892 年，美国沙门首次阐明昆虫可以作为哺乳动物疾病的带菌（毒）的传播者。同年，俄国伊万诺夫斯基首次提到植物病毒。

七

1837 年，法国布森戈首创农业田小区试验方法，提出最好的轮作是那些除了加入的有机肥料外，能够产生最大量有机质的作物种植安排。同年，德国李比希提出恢复土壤肥力的施肥化学原理：植物灰中所含的钾、磷酸盐等来自土壤本身，再给土壤施以这些成分有利于土壤恢复肥力。1840 年，李比希提出植物矿质营养学说和植物营养元素归还说，也就是说，植物原始的营养成分是矿物质，植物以不同方式从土壤中吸取矿质养分，为了保持土壤肥力，就必须把植物取走的矿质养分和氮素以肥料的形式还给土壤。同年，法国布森戈首创砂培法，即将植物栽培于砂、石渣、焦炭之中，供给一定成分比例的营养溶液。1843 年，李比希提出最小养分律：认为作物产量是受数量最少的养分所控制，产量高低随着这种养分的多少而变化。1845 年，德国迈耶尔首次提出光合作用过程中的能量转换问题，指出绿色植物通过光合作用可以把太阳能转变为化学能并加以储存。1905 年，德国密希利施提出"收获渐减律"，即投入要素量与产量的关系是对数曲线。

八

1854年，美国布洛杰提出农业气候相似论，根据该理论，将植物从一地移植到另一地，需要考虑地区的气候条件是否相似。例如，热带植物只能在热带地区移植。1856年，法国德维尔莫兰首先提出作物育种中的后裔鉴定方法，也称"维尔莫兰分离原则"。1860年，哈利特将德维尔莫兰所创立的维氏分离原则和后裔测定法运用于杂交育种，此法即现行系谱法的基础。同年，德国萨克斯和诺普首次提出植物营养液栽培法：①可以用来研究植物，测定植物生长所必需的各种元素；②可用以判断植物缺乏某种元素时呈现的状况；③可以测定各元素的最适宜的浓度和各元素的最适合比例；④可以研究植物生长素对作物生长的关系；⑤可用以测定作物不同生长发育阶段对营养成分比例的不同要求。

九

1868年，德国萨德卡斯特把畜牧学划分为繁殖学和饲养学。1869年，德国海克尔首次提出生物与其生活环境间相互关系的生态学概念，对农业生态学、森林生态学和草原生态学提供了生态学依据。1874年，德国沃尔夫最早提出动物营养中的蛋白比，指出日粮中蛋白质的比例大小影响其本身的消化率。1875年，英国威尔逊第一次提出了以小麦为母本，黑麦为父本进行杂交而得到真正杂种的结果。1876年，英国达尔文在《植物界花受精和自花受精的效应》一书中，阐明选择、杂交等与进化的关系，提出异花受精一般对后代是有益的，而自花受精时常对后代是有害的。1882年，日本横井时敬提出水稻盐水选种法。877年，意大利博内利提出气体环境下储存新鲜水果的方法。1881年，动物学家塞默珀表述了食物链和数量金字塔的思想，并提出营养级间10%转移的假设。

十

1897年，布里格斯给出以毛细管假说为基础的土壤水状况的定义，认为土壤粒子被一层连续而紧密的水膜包围着，水膜的坚固程度是水可供植物利用的标度。1902年，德国哈布兰特提出植物组织细胞在培养条件下能够生长分化的思想，这是植物细胞具有全能性的假设。1906年，英国贝特森等发现连锁遗传现象；英国霍普金斯首次阐释动物组织中除蛋白质、碳水化合物、脂肪等主要成分外，还含有无数的其他物质，其中数种与主要成分同等重要的理论，并将这些物质称为附属要素；他进一步认为这些附属要素是有机体生命活动所必需的，缺乏它们将导致各种疾病的发生，甚至导致死亡。

十一

1907年，美国沙尔首次提出"杂种优势"概念。1908年，瑞典尼尔松-埃赫勒首先提倡混合选种法：在杂交育种过程中，连续多代混合种植杂种后代群体，一般不加选择，直到其中个体的纯合程度达到要求时，再进行一次个体选择。同年，瑞典尼尔松-埃赫勒首先提出解释数量性状遗传的多基因假说，认为数量性状由许多独立的传递基因组成—多基因组，形成一个累加性状，但每一个单独的基因的效果非常有限。1909年，丹麦约翰逊把孟德尔提出的遗传因子改称为基因，提出由许多纯系组成的种群内选择是有效的，这种效果在于纯系的分离；而在完全自花受精的纯合子的一个个体所生后代内进行选择是无效的。1910年，布鲁斯提出遗传学的显性假说，认为显性基因对个体的生长是有利的，而隐性基因则是不利的。杂合体进行近交或自交导致后代等位基因的纯合，使一些隐性基因控制的性状得以表现，于是会造成营养器官、生活力、繁殖力、产量等性状的衰退；如果两个不同纯合基因型的父本杂交，在杂种第一代个体内，来自一个亲本的隐性基因的有害作用会被另一个亲本的等位显性基因锁抑制或掩盖，因而杂种优势。同年，美国摩尔根等根据果蝇实验结果，形成连锁遗传学说，其主要思想是：同一染色体上载有许多基因，呈直线排列，相互连锁构成一个连锁群；某个生物有多少对染色体就有多少个连锁群；位于不同染色体上的具有所控制的性状之间表现独立遗传的关系；连锁遗传的基因可以通过非姊妹染色单体之间的交换而重组。1917年，美国琼斯在显性假说基础上提出了连锁遗传的概念，认为杂种优势是许多有益基因共同作用的结果；有益的显性基因与不利的隐性基因可能载在同一染色体上，呈连锁遗传的关系，因而不可能通过交换各个有益的显性基因都集中到一个配子，使之在子代个体中处于纯合状态。因此，杂交优势的形成主要是由于双亲的有益显性基因通过杂交积累于杂种个体，在杂合状态下消除各自等位隐性有害基因的不利影响，起到相互补充的作用。20世纪20~30年代，苏联瓦维洛夫在栽培植物起源研究中创用地理微分法，即采用在地图上把所搜集的植物变种类型作点标记的方法，他认为凡是集中分布一个物种的大多数变种的地区，就是该物种的大多数变种的地区和起源中心；在中心的各变种中，会有大量显性基因，而隐性基因则分布在起源中心的边缘或隔离地区。1927年，美国缪勒用果蝇做实验发现X射线能引起生物遗传性的变异，开辟了人工诱发突变的新途径。1937年，美国杜布赞斯基在《遗传学与物质起源》中提出了综合进化论，他将群体遗传学引入进化论，并将物种或种群的形成与环境及环境压力紧密联系起来，阐明了生物进化过程中生物的遗传变异与选择的辩证关系，指出分子水平上的进化大多数并非由于自然选择，而是由于基因的不断突变，并通过随机漂变而在群体中消失或被固定，所以物种的出现是偶然性的。1950年，美籍华裔生殖生物学家张明觉成功地移植了兔的受精卵,并提出卵龄和子宫内膜发育必须"同步化"的概念;1951年张明觉通过兔受精研究,发现"精子获能"的生理现象。

十二

1912年,俄国伯罗乌诺夫提出作物需水临界期的概念,各种作物所需水临界期不同;美国布里泽斯等提出永久凋萎含水率(PWP)概念,广泛应用于土壤生态学的临界指标。1913年,德国人克莱布斯试图通过调节光温因子,探索对植物生长发育的控制,提出植物发育的三个阶段。1916年,美国生态学家克莱门茨提出单元演替顶极说,认为在任何气候区内,群落的发展经过若干阶段最后要达到与该气候区完全相适应的最稳定的状态,即气候演替顶极;而在同一气候区,所有植物群落若任其长期自然发展,最后将出现同一的顶极群落。这就是单元演替顶极。1917年,美国斯塔克曼提出关于小麦秆锈菌的生理小种分化学说;丹麦温格提出杂交后进行染色体加倍是物种形成的一个途径;美国阿姆斯拜提出了一种依据饲料的净能值评价饲料营养价值的方法。1918年,苏联巴拉若夫揭示了鱼类群体受到捕捞和自然死亡影响而发生数量变动的规律。1926年,美国琼斯在威斯康星州研究后提出土壤温度、湿度和其他环境因素对植物病害流行有影响。

十三

1920年,美国生物学家加纳等研究烟草光周期现象提出光照周期理论,认为影响烟草开花的主要因素是日照光度,将植物分为断日照植物、长日照植物和中性植物,这对植物引种、杂交育种有重要意义。同年,苏联莫洛佐夫创建林分类型学说,提出森林是地理和历史现象,森林中生物和非生物成分构成统一的、有着复杂相互联系的自然综合体;瑞士毕奥利针对恒续林的择伐作业,提出一个新的森林经理方法——检查法。1922年,瑞典生态学家杜尔松提出植物生态型概念,这是指同种植物或作物因发生可遗传变异而形成适应不同生态环境的个体群或品种群;同一生态型的个体或品种具有相对稳定的形态、生理和生态性状,且在遗传性上被固定下来;自然杂交、基因型缓慢转变的积累、染色体改变,以及栽培和人工选育等都可以产生新的生态型。1923年,意大利育种学家恩格里都首先利用分析产量构成要素来研究作物产量,提出产量=单位面积株数×每株穗数×每穗粒数×每粒重量;英国著名统计学家费希尔首先运用随机排列概念创立"方差分析法"。1925年,英国基德等首先探讨苹果呼吸规律,匈牙利赫维西首先把同位素应用于植物研究。20世纪20年代中期,芬兰魏尔塔南发明通过酸化途径储藏新鲜饲料不变质的方法，即 AIV 饲料储藏法。

十四

1926 年，美国布莱克在《农业生产经济学导论》中第一次提出"农业生产经济学"概念。同年，芬兰的卡扬德提出森林类型的"植被——立地评价"理论，即以林下指示性强的植物及其所反映的有代表性的森林类型划分立地的条件，并用来估测林地的生产能力。1927 年，苏联特烈季亚科夫为阐释较复杂林分的结构规律，提出"森林分子学说"，森林分子是指在同一立地条件下生长发育的同一树种、同一年龄世代和同一起源的森林；当把复杂林分为森林分子后，在其内部均存在着与同龄纯林相似的结构规律。1956 年，丹麦拉尔森的《森林培育遗传学》问世，为人工植树造林奠定论遗传学基础。1958 年，德国维尔德在《森林土壤学》中指出，森林土壤是森林植被的营养介质，它受到三个因素的影响：森林凋落物层、树根及存在于森林植被下的特殊生物群。

十五

1927 年，英国生态学家埃尔顿在《动物生态学》中将生态学定义为"科学的自然历史"，提出食物链和食物网、食物体积、生态位和数量金字塔四原则，指出所有动物依赖于植物作为能量来源。1935 年，英国坦斯利提出"生态系统"概念，用以概括生物群落与环境共同组成的有机整体，提出生物因素与非生物因素同样重要，生物系统中各个要素之间相互联系、相互制约和相互依存，一个生物系统是由一个气候综合体、土壤综合体和生物综合体组成的，气候综合体和土壤综合体称为生物群落的生境，气候综合体是一般生态系统的决定性因素。1937 年，苏联谢利亚尼诺夫根据作物有机体与环境统一的原理，首次对世界农业气候区做出划分。1938 年，美国霍普金斯提出生物气候定律，认为在其他因素相同的条件下，北美洲温度带范围内纬度每向北移动 1 度，经度每向东移动 5 度或海拔上升 122 米，植物的发育期在春天和初夏将各延期 4 天，在晚夏和秋季则相反，即向北 1 度，向东 5 度，向上 122 米，就要提前 4 天。该定律推动了物候学的发展。1939 年，英国坦斯利提出生态学的多元演替顶极说，认为在一个气候区可以出现几个极顶，即除了气候演替极顶，还有土壤演替极顶、地形演替极顶、火、风、动物等因素形成的演替极顶，人为活动形成的演替极顶。这些演替极顶都是稳定的，它们并不趋于气候极顶。

十六

1927年，苏联学者扎哈罗夫根据结构体形态提出了土壤结构的分类方案。1929年，苏联李森科提出"春化作用"概念，并给出小麦冬春性品种的植物阶段发育的原则：①生长和发育是植物的两个不同生命现象，生长是植物体的大小、体积、重量的增加，发育是一系列内部质的转化；②一年生种子植物的个体发育过程包括许多独立的循序进行的阶段——春化阶段和光照阶段；③发育阶段是有顺序性、不可逆的，它所发生的质变仅限于茎端分生组织内；④阶段发育是植物器官形态建成和性状形成的基础；⑤阶段发育是植物系统发育在个体发育上的反映；⑥有机体与生存条件的统一是个体发育、遗传变异的基础。1933年，苏联果树育种学家米丘林总结了定向培育、远缘杂交、风土驯化、无性杂交等改变植物遗传性的原则和方法，提出用嫁接方法将具有不同遗传性的生物体结合在一起，使其发生密切的生理联系，通过双方的物质交换可改变嫁接成分的遗传性，而无性杂种的遗传性是在改变新陈代谢的基础上形成的。

十七

1937年，苏联柴拉希扬根据嫁接方法提出激素假说，指出植物的开花是由两种激素——形成茎所必需的赤霉素和形成花所必需的成花素两组具有活性的物质控制。1945年，美国比利尔、塔特姆、莱德伯格提出"一个基因一个酶"的假说用以解释基因在发育中的作用；同年，美国卡尔文等首次证明三碳植物的循环途径。1954年，西尔斯建立了小麦非整倍体系统和随后发现的部分同源染色体配体机理，为导入外源有利基因提供了便利。同年，弗洛尔提出基因对基因学说，也就是说对应于寄主方面的每一个决定抗病性基因，病菌方面也存在一个决定致病性的基因；在寄主-寄主生物体系中，任何一方的每个基因，都只有在另一方相对应的基因的作用下，才能被鉴定出来。1967年，日本科学家发现许多过去被认为是病毒引起的黄化、丛枝、粗缩等症状的植物病害，并不是由病毒引起的，而是由类菌原体的生物引起的。

十八

1938年，奥地利库比纳在《微土壤学》中提出土壤是处于转变中的有生物寄居的固态地球表层，在生命和生命栖息的特别环境条件影响下，经历着特别的年度变化和一种独特的发展，也就是说，土壤是一种处于不断变化中的物体。1939年，美国贝内特在《水土保持学》中提出保持土壤的永续生产力的思想，标志着水土保持科学的诞生。1940年，英国霍华德著《农业圣约》，提倡有机农业，主张使用堆肥，把作物残留体全部归还土壤。1951年，美国农部提出土壤结构分类表，它按照土壤结构体的形态将其分为四个类型，根据结构体的大小每种类型又分为五级，根据结构体自身和结构体之间粘合力的大小每级又分为四个发育程度。

十九

1941年，加拿大戈尔丹提出"单粒传"的育种方法，即主要采取适当密植，控制原始分离群体，每株只取一两粒种子混合组成下一代群体，先加速纯化过程，后进行个体选择的杂种后代处理方法。同年，美国詹尼将土壤与植被作为耦合系统，提出"土壤形成因素函数"概念。1942年，美国的林德曼发表"食物链"和"金字塔营养基"的研究报告，创立了生态系统物质循环和能量流动的"十分之一"定律；美国斯普拉赖格等首次提出"配合力"概念，并将其分为一般配合力和特殊配合力。

二十

1947年，苏联苏卡乔夫在《生物地理群落学的理论基础》中提出研究植物群落不能忽略动物区系。同年，沃森首先提出作物群体的总绿色叶面积与该群体所占土地面积的比值的叶面积指数概念，它是反映叶面积大小和空间光合规格的主要指标。1948年，英国彭曼提出计算蒸发的"彭曼公式"，美国桑斯韦特提出"桑斯韦特定律，美国生物学家麦克林托克在玉米遗传研究中发现可移动遗传因子，获得1983年诺贝尔生理学和医学奖。

二十一

1953年，德国第坦利希提出林业为国民经济和社会福利服务的理论。同年，美国奥德姆在《生态学基础》中认为生物与非生物环境彼此相互联系、相互作用，提出生态系统就是包括特定地段中的全部生物和物理环境相互作用的任何统一体，且在系统内能量的流动导致形成一定的营养结构、生物多样性和物质循环。特别指出，人们过于征服自然。1954年，美国经济学家刘易斯提出城乡二元经济结构；苏联尼奇波罗维奇提出生物产量和经济产量概念。1955年，马尔采夫在苏联种植业中首次提出"免耕法"。1956年，意大利阿齐的《农业生态学》问世，标志着生态学的发展进入一个新的发展阶段。1959年，中国提出农业发展的"土、肥、水、种、密、保、工、管"八字宪法的思想。1964年，美国舒尔兹在《改造传统农业》中提出：①建立一套适合传统农业改造的制度；②从供给和需求两方面为引进现代生产要素创造条件；③对农民进行人力资本投资，通过引进现代生产要素来改造传统农业。

二十二

20世纪50年代，贝弗顿、霍尔特和里克发展了1918年巴拉诺夫理论，进一步研究了捕捞死亡和开捕年龄对渔获量的影响，以及亲体和补充量之间的关系，并建立了数学模型。1960年，施勒特尔等根据大气涡流理论提出植物病害孢子可能飞行路线的抛物线方案。同年，美国莱蒙第一次提出农田边界层的概念，并应用到玉米地边界层的生成上。1961年，美国贾寿等首次提出有害生物综合防治的新概念。1962年，美国卡尔逊《寂静的春天》问世，引起人们对农药污染、环境保护问题的极大关注。1963年，罗威尔等最先提出"四分格检验法"（或四角制约检验法）的试验设计模型，用于抗病性生理机制的研究；范德普兰克首次于作物抗病育种中提出垂直抗性和水平抗性的概念。1968年，美国威廉提出"绿色革命"概念；澳大利亚唐纳德提出理想株形的概念；澳大利亚莫尔乐和英国斯佩丁提出"农业系统"概念。1969年，莱蒙首次提出为有效利用自然资源而综合处理土壤-植物-大气系统的概念，主张应该研究：①改善植物的生理机制、遗传特性及光合作用效率；②改变植物群体结构、植物层次组成和土壤环境，将不利气象因子的影响减少到最低程度，使光合作用能量与蒸发潜热之比达到最大值；③把土壤-植物-大气系统作为一个系统来研究。

第十六章 医学思想简史

一

约 170 万年前，中国"元谋猿人"有用火痕迹；约 50 万年前"北京猿人"已知用火和保存火种。约 1 万年前～公元前 21 世纪，中国用砭石于医疗。约公元前 4000 年，中国已知酿酒。约公元前 16 世纪，中国商代伊尹制汤液，认识到它能够减少药物的副作用，提高药效。约公元前 14 世纪，中国殷墟甲骨文记载的医药概念和内容，如心、血等，沿用至今；中国人广泛用酒于医疗，知其少量可活血助药势，起麻痹作用；商代已知药物对人体的作用。约公元前 14～公元前 13 世纪，中国人用砭镰作医疗手术。公元前 11 世纪，中国西周已知传染病和四季多发病；西周已有早期诊断疾病的方法和治疗措施，能够根据不同疾病采取不同的措施，如内科病以药疗和食疗为主，外科病以外敷为主；西周《周礼》中有对药物的初步归类和药性的早期认识，将其分为草、木、虫、石、谷五类，认识到药物的酸、咸、甘、苦、滑等性味。公元前 656 年，中国人已知使用毒药乌头治疗疾病。公元前 597 年，中国人用麦曲治疗胃肠病。公元前 585 年，中国人已知某些疾病与居住环境有密切关系。公元前 549 年，中国人认识到精神病是幻想症。公元前 541 年，中国医生提出六气致病说，即阴、阳、风、雨、晦、明六气可能致病，这是最早的病因说。

二

公元前 500 年，中国医巫决裂。约公元前 5 世纪，中国形成最早的人体经络学著作，已知生命必须运动。约公元前 4 世纪，《黄帝内经》问世，标志着中国医学理论体系形成，其中包含了整体观、辩证观、阴阳平衡、邪正斗争、预防为主的医疗思想，还对血液循环、内脏解剖、精神和社会因素致病、医风医德有论述。约公元前 2 世纪前期，中国出现完整的病历。公元前 2 世纪中期，中国出现最早的医疗体操性专著和图谱；中国出现疾病症候节脱位整复术。公元前 117 年，中国已有对糖尿病的描述与认识。公元前 113 年，中国使用金、银制医针。公元前 90～公元前 49 年，中国人开始饮茶，具有"以茶养生"的观念。公元前 31 年，中国出现药学专用名词"本草"。

三

公元前4000年，美索不达米亚出现医生，他们认为血是生活机能的输送者，藏血器官肝脏是生命的重要所在，生命的延续是由于血液借营养而再生。公元前2000年，巴比伦的医学诞生，将人体称为"小宇宙"，认为一切自然现象都会影响人体。公元前1553～公元前1550年，古埃及埃柏斯纸草文记载在生理方面，古埃及人认识到心是全身血液中枢，有许多条血管连通全身。公元前9～公元前8世纪，荷马史诗《伊里亚特》记载了医药知识，认为生命寄托于呼吸，而呼吸是每种活动和情感的传输者；横隔是生命之所在，灵魂在人停止呼吸时离身而去，但仍在冥间，疾病是神的惩罚。

四

约公元前1500年，印度《梨俱吠陀》记载上千种药物，认为水有万能疗效。公元前7世纪，印度医学理论基本形成，指出人体有三种基本元素，即气、胆、痰，遍布于人体组织、分泌物和排泄物内；三元素又构成身体的7种成分，即血、肉、脂、骨、髓、精及消化之事物；若三元素平衡和配合协调，则人体健康，失调则患病。约公元前7世纪，印度《阿闼婆吠陀》成书，提及妇女病和保健术。公元前600～公元前556年，印度古代外科著作《妙闻集》中有对做医生的要求：医生要有一切必要知识，要洁身自好，要使患者信赖，尽一切力量为患者服务，甚至牺牲自己的生命也在所不惜。对医德的规定是：正确的知识、广博的经验、聪敏的知觉和对患者的同情。这些要求和医德至今仍然有用。

五

公元前6世纪，古希腊阿尔克梅翁否认心是各种感觉的共同中心和思想所在地的观点，将感觉和思想功能归之于脑，认为人体内有一些通道将在感觉器官中产生的变化传到大脑；感觉是人和动物共有的，而感觉之上的理智则是人独有的；死亡是血液倒流，特别是脑血管中的血倒流；健康是一些两两相对的性质的均衡和按比例的混合，如干湿、冷热、甜苦；疾病则是某一对性质中有一方占绝对优势，其次是受到周围环境条件的影响，如天气变化、食物不均匀、水土性质等。公元前483～公元前432年，古希腊恩培多克里提出土水风火四元素说，认为人体内四元素平衡人体就健康，失调就会患病，这是希波克拉底的四体液说的思想基础。公元前460～公元前370年，希波克拉底提出四体液说，认为人体有四种液体——血液、粘液、黄胆汁、黑胆汁，它们冷热干湿的程度各不相同，它们的平衡适当是人体是否健康的关键。公元前384～公元前322年，亚里士多德认为生物层次之间的不同在于抑制器官的大小或者位置，或者在于体素或体液的质的属性，但都有共同处，即与全体保持着功能上的联系，开创比较解剖学的先河。希罗菲卢斯提出人体器官的四种功能：肝和消化器官的营养功能、心脏的温暖和加热功能、神经的感觉功能和脑的思维功能，认为脑是神经系统的中心。公元前310～公元前250年，古希腊爱拉西斯特拉特提出灵气学说，并设计了新陈代谢实验，描述了心血管，他认为空气中含有灵气，灵气进入肺和心脏，在心脏中形成生命灵，然后运送到身体各个部分；疾病的病因主要是组织和血管的改变；心脏犹如唧筒，它的收缩和舒张是由其内在力量所致，血液是由静脉经过极小的相交通的脉管进入动脉的，这已接近血液循环概念。公元前300年左右，古希腊希洛菲最早发现脑、脊髓和神经的联系，认为脑是神经系统的中心器官，并区分了大脑与小脑、感觉神经和运动神经等，还利用水钟（滴漏）计脉搏，称为"山羊跳脉"。公元前124～公元前56年，古希腊医生阿斯克莱皮亚德信奉原子量，认为是原子的移动和再分裂构成了一切机体，而构成灵魂的原子更为完善。公元前25～公元35年，塞尔萨斯首用拉丁文著《医学论》八卷，其中提出骨断结合后要多运动，通过运动恢复。

六

约1世纪，中国医简《治百病方》中记载了病名、症状、药物剂量、制约方法、服药时间及各种不同的用药方法。1～200年，中国最早的药物学专著《神农本草经》中根据养命、养性、治病三种功效将药物分为上、中、下三品的分类方法，最早使用蜡疗法。25年，中医理论著作《难经》首次提出以寸口脉诊断全身疾病的原理，改变了《黄帝内经》的三部九候珍脉法。89年，中国郭玉提出治贵族病有四难的观点：自作主张、不服医嘱、摄养不慎、筋骨不强。127年，中国用升华法炼制外科用药，这是炼丹术与医学的结合。

七

公元98～117年，古罗马的鲁费斯撰成《论身体各部名称》《论脉》《论肾和膀胱疾病》，其中提出脉搏与心跳同步，脉搏是由心脏收缩引起的。150年，古罗马安提洛斯描述动脉瘤、论矿泉治病、发明吸杯法和瘘管探查术。他提出有两种动脉瘤：一种是因动脉局部扩张引起的，呈圆柱形；另一种是因血管受到损伤而发生，呈圆形，从而区分了动脉的病理性扩张和因外伤导致的动脉瘤；他认识到天然矿泉浴比人工水浴更有疗效，因为矿泉含有盐、明矾、硫、铁等元素，矿泉对于慢性病特别是寒冷、湿潮引起的疾病有一定疗效。166～200年，古罗马盖仑开创实验生理学和解剖学，发现肌肉的收缩力、大脑的大静脉、硬脑膜和软脑膜，区分了脑神经和脊神经，知道脑是神经中心；将骨分为长骨与平骨，发现心脏由肌肉组成，创用收缩期和舒张期概念；将脉分为27种，并将不整脉再分为27种。盖仑这些医学观和医疗技术支配西方医学长达1400多年。2~3世纪，古罗马医生索兰纳斯在《论妇女病》中提出难产的原因归结为产妇、生殖器与胎儿三方面，采用产钳、碎胎术及足式转向等方法处理；古罗马医生阿勒特斯认识到大脑损伤引起交叉性麻痹，与脊髓损伤引起的麻痹不同。约5世纪，罗马奥瑞利安纳斯在《论急性病和慢性病》中对病名、病源、症状、病理、诊断、治疗有详细的论述。525~605年，拜占庭帝国的医生亚历山多罗研究内科疾病的治疗，提出谵妄是大脑疾病，应用镇静疗法，抑郁症可能转化为狂躁症，痨病要疗养休息。

八

约2世纪，中国华佗首次成功施行全身麻醉手术，创用"麻沸散"，发明医疗体操"五禽戏"，提出人体需要运动才能保证血脉流通、饮食消化、不生病。约3世纪初，中国张仲景在《伤寒杂病论》中首次将病因分为三类：内经络脏腑受病；外肌肤血脉所中；房室金刃虫兽所伤，后来南宋医生陈言将其概括为内因、外因和不内外因的"三因"说。223年，三国魏代嵇康在《养生论》中提出"齿居晋而黄"，认识到这是因为山西人的饮水中含氟量较高所致。259年，皇甫谧在《针灸甲乙经》中提出穴位排列方法，将人体躯干按头、背、面、颈、肩、胸、腹等部位排列，四肢分为三阴三阳经排列穴位，确立了针灸穴位基本排列规则。265~316年，中国西晋《崔氏方》中已知水银霜制法——白降丹的制法。266~282年，中国王叔和《脉经》中首次将脉象归纳为浮、洪、滑、数、促等24种，区分了相似的脉象，并对每种脉象进行了详细的描述便于后世医生了解和掌握。310~341年，东晋医生葛洪在《肘后急备方》中首次提出用狂犬脑组织治疗狂犬病，被认为是中国免疫思想的萌芽；他还明确提出取"脐下二寸"的安全部位，"入腹数分令水出"的排放腹水的方法；利用磁石吸引铁的原理巧取喉咙中的针。420~479年，中国医生胡洽在《白病方》中提出使用汞剂水银丸利尿、治疗大腹水肿；中国已有系统的中药炮制理论和方法，如雷公炮制17法等。424~453年，中国施行金针拨白内障术。公元约5世纪中叶，中国绘制经络图谱。454~473年，中国对地方性甲状腺肿的认识；中国已有检验深井毒气（一氧化碳）的方法。483年前，中国医生重视社会、心理、风土、环境诸因素对身体健康的影响。499年，《刘涓子鬼遗方》中提出内治为主、外治为辅、内外结合的原则，为后世外科"消、托、补"三大治疗原则的确立奠定了基础；还提出用颠簸疗法治疗外伤性肠管脱出。

九

5~6世纪，中国《中藏经》首次结合临床经验进行系统归纳，提出以诊脉为中心，分述五脏六腑寒热虚实病症，极大地发展了《黄帝内经》的脏腑辩证理论。500年，中国陶弘景在《本草经集注》中记载了730种药物，首次按照药物的自然属性分类，分为玉石、草木、虫兽、果菜、米食、有名无实等。约540年，中国医生许胤宗使用熏蒸疗法，即用黄芪防风汤数十剂置于床下，使药气侵入肌肤，从而达到治疗的效果。6世纪，中国医生徐之才在《逐月养胎方》中提出早期关于胚胎发育及妊娠护理的方法，"妊娠一月始胚，二月始膏，三月始胞，四月形体成，五月能动，六月筋骨立，七月毛发生，八月藏腑具，九月谷气入胃，十月诸神备，日满即产矣"。6世纪后期，智凯创"止观法"，提出调身、调息、调心、止法和观法，止观治病的原则和方法，对后世气功有很大影响。581~618年，中国人已知食糖损齿的原理。

十

610年，《诸病源候论》分为67门1739论，分别论述了内、外、妇、儿、五官、口齿、骨伤等各科疾病病源和症候，是中国第一部大型病因症候学专著，对后世中医病因症候学有极大影响；已行肠吻合术、大结扎切除术、血管结扎术；对良性肿瘤已有明确的认识；对骨折采用内固定术。公元7世纪前期，王超在《仙人水镜图诀》中提出儿科采用察指纹诊法，为后世"虎口三关"脉纹形色辨别疾病症候的先声。652年，孙思邈在《备急千金要方》中形成最早的医德专论：博极医源，精勤不倦，普同一等，一心赴救，仪表端正，举止得体，自知之明，尊重同仁，有社会责任感；提出预防传染病的水、气消毒方法；已知不孕与男女皆有关；提出"阿是穴"概念，即以病痛点为穴的观点。约7世纪，中国医生崔知悌在《骨蒸病灸方》中指出结核病具有传染性，患病时有夜卧盗汗、四肢无力、上气少食、消瘦等症状和程缠绵的特点。

十一

711年，中国最早的古代藏医学著作《月王药诊》中论述了藏医学的有关生理解剖、病因病理、诊断治疗的思想和方法。约713年，中国孟诜撰成《食疗本草》提出妊娠产妇、小儿的饮食宜忌，指出由于过食、久食某些食物所产生的不良作用，重视事物卫生。739年，中国陈藏器在《本草拾遗》中按药物功用分成"十剂"：宣、通、补、泄、轻、重、滑、涩、燥、湿。这是已知最早的中药方剂分类法；使用蜞针疗法于临床，即用水蛭吸脓血的外疗法。750~762年，中国王冰整理《黄帝内经》时提出用"益火法"治疗阳虚、"壮水法"治疗阴虚的理论。752年,《外台秘要》中确定尿甜为糖尿诊断认定依据,用白帛浸染法诊断黄疸的方法。

十二

841～846年,中国最早的伤科专著《理伤续断方》中提出治疗骨折与关节脱位的原则与方法,包括局部冲洗、诊断、手法复位、局部敷药、夹缚固定以及内服损伤药等;对于开放性损伤,主张填塞、缝合、净绢包扎,不让使伤口"见风着说",以免感染,这是早期的无菌概念。747～860年,中国第一部产科专著《产宝》中指出妊娠期以养胎保胎为要,产科病治疗重视调理气血、补益脾肾,主张产后按摩子宫,帮助子宫缩复。

十三

865～925年,阿拉伯人阿尔·拉兹首次鉴别天花和麻疹,如不安、恶心、焦虑在麻疹中较天花中多见,背痛则在天花中更为多见。980～1037年,阿拉伯阿维森纳在《医典》这部百科全书式的典籍中有许多创见和思想,如提出传染病是由肉眼看不见的病原体所致,通过土壤、水等传播;用疟疾治疗精神病等,其中许多观点与方法与中医极为相似,说明中国与阿拉伯世界在医学方面有较广泛交流。

十四

11世纪初,中国峨眉山医生接种人痘预防天花。1026年,中国医生王惟一著成《新铸铜人腧穴针灸图经》,次年将其内容碑刻立石于汴梁,同时还铸造铜人作为教学模型,标志着中国针灸学发展到一个新阶段。1075年沈括在《苏沈良方》中提取和应用性激素"秋石"的阴炼法和阳炼法,此方法有一定的科学道理。1082年,中国唐慎微在《经史证类备急本草》中提出全兔脑制作催生丹的方法,并应用兔脑催产,其制作方法是腊月取兔脑髓涂于纸上,令风吹干,加入乳香末研为细末,以猪肉作赋形剂做出丸药。1098年,中国杨子健在《十产论》中论述了各种分娩现象和助产方法,创用异常胎位助产手法。1099年,中国医学运气学形成。

十五

1106年,中国编绘人体解剖图谱《存真图》。1119年,中国医生钱乙提出儿童在生理上五脏六腑成而未全,全而未壮;在病理上易虚易实、易寒易热;治疗上主张柔润调补；诊断上"面上证，目内证"，标志着中医儿科体系的形成。1146年，中国应用曼陀罗花进行麻醉，指出儿童和成人的不同用量和用药效果指标。1150年，中国确定虎口三关（风、气、命）指纹诊断法。1153年，中国医生何若愚创用子午流注针法，按时取穴。1158年，中国医生认识到小儿脐风和成人破伤风是同一种疾病，创用烧烙断脐法来治疗。1174年，中国医生陈言在《三因极一并证方论》中将传统的三因致病说发展成为中医的病因说，明确指出喜、怒、忧、思、悲、恐、惊内伤七情为内因，风、寒、暑、湿、燥、热六淫和瘟疫之气为外因，饮食饥饱、虫兽所伤、金仓跌损等致病因素为不内外因。1182年，中国医生刘完素将《内径》理论与五运六气说相结合，提出火热学说，认为风寒暑湿燥均能化火生热，是导致多种疾病的原因；在治疗上突破了《伤寒论》温病解表，先表后里，下不厌迟的常规，主张因时、因地、因人制宜，善用寒凉药物，提出辛凉解表、表里双解清热养阴等方法。12世纪末，中国医学家张元素在《脏腑标本寒热虚实用药式》中，以脏腑、经络理论为基础，以阴阳五行说为指导，根据药物的气味、功能，结合五脏的苦欲，从临床疗效出发，研究药物的分经补泻作用，建立药物归经学说。这一学说不仅成为脏腑辩证处方用药的一种规律，也给临床用药提供了依据。

十六

1217年，中国医生张从正受刘完素火热说的影响，创立攻邪理论，他在病因上强调疾病的发生是由于邪气伤正，病性以热证、实证为多，所以在治疗上以攻病除邪为主，提倡祛邪扶正；他按照风寒暑湿燥火将多种疾病的致病因分为六门，善用汗、吐、下三法攻邪，被称为攻下派。"六门三法"是张从正医学思想的核心。1220年，针灸学家王执中发明标准同身寸取穴法，即以病人中指第二节作为标准同身寸，给针灸取穴带来很大方便。1237年，医生陈自明在《妇人大全良方》中提倡妊娠期的饮食营养、起居劳逸和情志调摄，倡导男必30而娶，女必20而嫁的晚婚思想。1249年，中国医生李杲运用脏腑辩证理论创立脾胃论，他认为诸病皆由脾胃生，疾病的原因，无论是外伤还是内伤，均可伤及脾胃，引起多种疾病；临床上善用补中、益胃、升阳等温补之法，创用甘温之剂补中益气除大热之法。13世纪末，中国医生王好古总结前人的理论，结合自己的临床实践，创立阴证学说，他认为伤寒阴证具有严重性和复杂性，指出阴虚的病因是脾肾两虚，提出治疗上重在保肾，增强体质，以温养脾肾为原则。

十七

1316年，意大利蒙地诺在《解剖学》中描述了他的解剖方法：自胃达耻骨垂直切开腹部,再由脐上横形切开;提出胃壁由两层组织组成,内层司感觉,外层司消化的观点。1363年,法国乔利阿克著成《大外科学》,提出用悬吊加重力牵引治疗骨折,主张癌症早期手术治疗,骨溃疡、痈用烧灼术治疗。1450年,罗马天主教教士卡萨努斯提出脉搏、血液、尿量等比较测定法。1452~1519年,意大利达芬奇在解剖学方面具有与其艺术方面相媲美的成就,他创造性地用腊液注入血管、脑室、心脏及身体各部位体腔,从而了解血管的走向和体腔的形状,证明了血管的根源在心脏,还发现空气不能直接进心脏,从而否定了盖仑关于心脏与肺相通的错误观点。1516年,意大利阿基利尼的《解剖学》出版,除了发现中耳内的结构,还最早认识第一对脑神经,发现第四对脑神经。1531~1555年,解剖学家希尔维厄斯在解剖学方面有许多发现,以他的名字命名的有希尔沟、希尔中脑动脉、希尔大脑导水管等。1543年,比利时维萨里通过解剖对人体结构有了详细的描述,出版《人体之构造》,纠正了盖仑医学中的一些错误,奠定了近代解剖学的基础。1546年,意大利医学家伏拉卡斯托罗在《论传染、传染病及其治疗》中提出"病芽说",他将传染病的病因归于一种察觉不到的微粒,即病芽,认为病芽具有繁殖能力,而毒物的微粒没有繁殖能力,因而中毒患者不会传染给他人,从病源学区分了两种疾病的性质;提出病芽有特异性,各种病芽对不同物种、个体、器官有特殊亲和力,而且年龄不同的个体对基本也有不同的感染性;随着环境的变化,病芽也可改变其性质。病芽说基本描述了病毒的特性,奠定了近代微生物学、免疫学的基础。1553年,西班牙塞尔维特提出肺循环说,他认为进入肺内的血液与灵气混合后,通过肺静脉返回心脏,而不是通过心脏中隔的小孔。1559年,意大利的柯伦波在《论解剖学》中描述了肺循环,指出血液是由动脉样的静脉(肺动脉)输送到肺,在那里与空气一起再由静脉样的动脉(肺静脉)送入左心室,心室中隔膜上并不存在任何微孔,突破了盖仑的血液运动观点。1593年,意大利切塞宾诺在《医学问题》中提出循环说,认为当心脏收缩时,输送血液至主动脉和肺动脉,在心室舒张时,接受从腔静脉、肺静脉流回的血液,心脏是循环的中心,动静脉是心脏的延续,从而否认了长期沿袭的肝脏是血液运动中心的说法。

十八

　　1331年,中国医生李仲南发明治疗颈椎骨折的牵引手法,即令患者平卧并固定其头部,然后医生从相反方向用足蹬患者双肩,同时牵引头部。1335年,骨科医生齐德之在《外科精义》中提出骨科医生要辨证施治,内外结合的治疗方法。1337年,医生危亦林在《世医得效方》中创用脊柱骨折悬吊复位术,开辟了治疗脊柱骨折的新方法。1347年,元代医生朱震亨创立相火学说,他认为人的生命力源于相火的运动,相火为肝肾两脏所专司;相火有常和变的规律,相火之常为生理，人非此火不能生；相火之变为病理，煎熬真阴为元气之贼；人体精血难成易亏，阳常有余，阴常不足；治疗上倡导滋阴降火，反对滥用温燥和攻伐之剂，被称为滋阴派。1370年，元代医生倪维德国在眼科专著《原机启微》中提出"生于物，死于物，机在目"的观点，并将眼内外各个部分病症按病因分为18类，并阐明其机理。1439年，针灸学家徐凤在《针灸大全》中描述了10余种针刺手法，提出针灸经穴、经脉宜忌的治疗原则，强调进针宜慢，出针应缓，提出"三才"补泻法等。1442年，冷谦著成中国气功养生著作《修龄要旨》，提出四时调摄、起居调摄、四季却病、延年长生十六段锦、八段锦导引法、导引却病法等。1477年，明代医生王执中在《东垣先生伤寒正脉》中第一次明确提出治病八字：虚实、阴阳、表里、寒热，即八纲辨证理论。1550年，明代医生沈之问从病因、流行病学、证候、治疗等方面阐明了麻风病的传染性和治疗方法，是中国最早治疗麻风病的论述。1572年，中国医药家李时珍完善奇经八脉理论，他将阴维脉和阳维脉作为奇经八脉的总纲，详细描述了任、督、冲、带、阳维、阴维、阳硚、硚阴的循环。1578年，李时珍的中国药物学百科全书《本草纲目》成书，载药物1892种，以来源和数学为纲，分为16部，每部下以近似类为目，列出60个类目，条分缕析，纲目分明，提出当时最先进的药物分类法。此外，他还发明蒸气消毒灭菌法。

十九

1614年，意大利的塞克托留斯通过30年的观察与研究写成《静态医学》，其中发现人体排泄物的总量总是小于摄入量，认为这是不自觉出汗造成的，是保持人体健康的一组重要机制，他称之为外呼吸，并给出人体体液出入的三个变量：食物与饮料为可见摄入，大小便为可见排出，不可见的损失即不自觉的出汗。1616年，英国医生哈维发现前人对于心脏及血液循环没有一个明确的概念，经过20多年的观察与解剖研究，于1628年发表的《论动物的心脏与血液运动的解剖学研究》中正式提出血液循环：①心脏是生命之源，由于心脏的功能与搏动，血液才能循环流动；②左右心室在一瞬间同时收缩和舒张，左心室的血液并非由右心室经中隔小孔流入，而是经肺静脉流入心脏，即血液不断从肺动脉自右心室输送至肺脏，同样的，自肺脏吸收血液流入左心室；③血液是一种循环运动，自心脏出发至身体各个部分，又自身体各个部分返回心脏。这一发现奠定了生理学的基础。1649年，笛卡儿提出"反射"概念，认为这是由于感觉器官受到刺激后，由神经轴索将振动传到大脑，再由大脑通过"生物动气"支配有关的肌肉运动所致，并认为知觉、观念位于脑内一定的部位。1660年，意大利马尔皮基在《肺的解剖观察》中证明血液由动脉毛细血管流入静脉血管，并通过肺的毛细血管进行物质交换，从而证实了哈维血液循环学说。1663年，荷兰希尔维厄斯提出生命活动的"发酵"说，他认为人体的生命活动包括消化、呼吸、新陈代谢等都是化学活动，都是发酵过程；唾液、胰液是酸性的，胆汁是碱性的，这些不同性质的分泌液相混合就引起发酵；当酸性与碱性液体在血中适度混合能使人体保持健康；当体内某种腺体分泌过多、不足或者变性会导致酸碱平衡失调，体内化学过程紊乱，人就生病。此学说是对盖仑体液说的发展。1752年，瑞士哈勒提出神经组织的应激学说，认为肌肉是容易兴奋的，一个轻微的刺激就可使肌肉产生收缩，而刺激神经可使此神经支配的肌肉产生收缩，由此得出结论：组织本身没有感觉，感觉来自神经传递的冲动。1765年，日本吉益东洞提出"万病一毒论"，认为一切疾病的实质都是由后天产生的一种毒素引起的，这种毒素在体内的不同位置停留，就会产生不同症状，因而应用以毒攻毒法治疗。这一观点由于与许多事实不符，不为大多数人所接受。

二十

1617年，中国医生陈实功基于40多年的外科经验完成《外科正宗》，论述了百种外科疾病的病因、病理、症状等，主张内外兼治，调理脾胃，采用托、补方法，而且善于手术治疗。1624年，明代医生张景岳提出阴阳原同一体和阴阳一分为二的理论，认为脏腑精气统归于命门，为人体生命的根本，具有生生不息的功能，主张补真阴真阳，创立了命门温补学说。1632年，明代医生陈司成在《霉疮秘录》中创用砷、汞剂治疗梅毒，是世界上最早的梅毒治疗方法。1637年，宋应星在《天工开物》中论述了应用"丹曲"（红曲霉黄素）微生物治疗疾病，这是对微生物的最早认识。1642年，吴有性在《瘟疫论》中创立戾气学说，指出疫病是由戾气引起的，戾气的一种物质，通过人的口鼻侵入机体，具有传染性，可以散发，也可以引起大流行，但可以用药物控制；戾气的种类不同，对人畜有特异性，引起的疾病也不相同。戾气学说概括了传染病的主要特点，突破了中医病因学原有的框架，创立了治疗温热病的新学说。1746年，中国医生叶桂将温病的整个病理过程分为卫、气、营、血四个过程，以此表示温病由浅入深的不同层次，并作为温病的辩证治疗纲领，确定了卫汗、清气、凉血、散血的治疗原则，从而提出卫气营血辨证理论。1798年，中国医生吴瑭在《温病条辩》中提出三焦辨证理论，他按照温热病的传变情况，将人体分为上焦、中焦和下焦三个阶段，作为辩证纲领，揭示了温病过程中脏腑相互影响的关系和传变规律。1840年，中国医生江考卿提出检查骨摩擦音以鉴别骨折的方法。1852年，中国王孟英在《温热经纬》中提出关于温热病的随症论治的原则。1884年，唐宗海著《中西汇通医书五种》，首次提出"中西汇通"一词，认为中医和西医各有所长，主张用西医的解剖和生理学知识来印证中医理论。

二十一

1800年，比沙在《论一般组织与特殊组织》中，创用"组织"一词，指出每一个器官是由不同类型的组织构成的，而不同的器官又可以有一些相同的组织，并通过动物实验的进一步观察分析，提出了组织学上的数种概念，他将人体组织分为21种，如血管、神经、肌肉等，同时还将粘膜分为三种：粘膜、浆膜、纤维膜，指出粘膜的抗感染的能力强于浆膜，在患病的情况下，某一组织可以发生相应的病理改变，从而确立了组织病理学；次年，比沙出版《普通解剖学》，确定了活体特性学说。1801年，皮尼尔提倡以人道主义治疗精神病患者，主张把精神病患者看成是精神上有病的病人，对待他们要与对待身体上有病的人一样。1822年，法国生理学家马根迪明确提出脊髓前根司运动，后根主司感觉的不同功能，由于此前的1811年柏尔发现横断脊髓后根不能引起运动，而刺激前根立即引起肌肉收缩的现象，故而称为柏-马定律。1831年，德国穆勒在实验中发现了脊髓后根中有传入纤维，前根有传出纤维，从而证实了该定律。1826年，穆勒发现，同一感觉器官在不同类型的刺激下都产生相同的感觉，而同一刺激在不同器官却产生不同的感觉，因而认为每种感觉器官本身都有一种特殊的能量，感觉的性质就是由这种特殊能量决定的，从而提出感觉器官特殊能量定律。1833年，英国霍尔对爬行动物做了一系列解剖实验后认为，神经系统由一系列分节的反射弧组成，刺激沿着感觉神经进入脊髓后，不仅引起本节段效应器的反应，而且在神经系统中发生广泛影响；反射活动虽然可以在脊髓水平完成，但受意志影响去脑后发射性反应加强。这就是脊髓反射弧学说。1842年，英国鲍曼经过仔细观察发现肾动脉的血液进入马尔皮基小体（肾小体）的毛细血管丛，流经输尿管的毛细血管，最后达到肾静脉的分支小血管。在此过程中，血液中的水分从马尔皮基小体溢出，大的动脉直接分成许多小的分支，然后每一个分支再聚集到一个比其自身大的血管腔中，此腔只有一个狭小的出口，在此每一个分支的血液流速变慢，从而提出尿形成学说。1843年，德国路德维希根据尿形成学说，从生理学角度首次用肾小球流体动力理论解释尿形成，指出血液经过肾小球毛细血管时，水分和晶体物被过滤出，而蛋白质和胶体物不能滤过，过滤出的液体又大部分在肾小管处被重吸收，回流到血液，浓缩的过滤血液尿形成，从而提出尿滤过和重吸收机理。1846年，法国生理学家伯尔纳通过动物实验发现胃中的消化活动，仅仅是消化过程的准备阶段，当食物进入肠内后胰液及其他消化液以一种特有的方式消化食物中的中性脂肪，然后通过乳糜管吸收，首次提出并证实胰腺的消化功能。1847年，匈牙利医生塞麦尔维斯发现产褥热的原因是"腐坏的动物有机毒素"被带入产妇的创口产生交叉感染所致,提出要采用消毒法预防。

二十二

1850年,赫尔姆霍兹首次测定了神经传导速度,否定了穆勒认为神经传导不能测定的说法。1851年,德国路德维希发现支配颌下腺的分泌神经及其分泌压力可以高于血压,证明腺体活动时有热量产生,提出腺体分泌液不是简单地从血液过滤出来,而是腺体细胞主动活动的结果,从而证明腺细胞能主动活动。1852年,法国伯尔纳发现小动脉的收缩与交感神经有关;同年德国赫尔霍姆兹发展并修正了1801年杨提出的色觉三原色学说,他认为视网膜中含有分别对红、绿和蓝光敏感的三种感光物质,当这三种感光物质分别受到不同程度的刺激时,就可以引起不同颜色的感觉,这就是视觉三原色说。1858年,德国魏尔啸在《细胞病理学》中提出细胞学也适用于疾病组织,指出疾病组织细胞是由正常组织细胞演变而来的,建立了细胞病理学。1863年,赫尔霍姆兹提出听觉共鸣论,认为耳蜗基底膜是由若干横纤维组成,每一根横纤维对一定频率发生共振,而每一纤维又刺激一条不同的神经纤维。1871年,德国生理学家魏格特提出卡红染色法,1873年意大利生理学家高尔基发明神经细胞硝酸银染色法,后来卡哈发展改进了此法,通过系统中枢和周围神经,创立了神经元学说。1882年,科赫发现结核菌,并提出结核菌抗酸性染色法。1884年,丹麦细菌学家革兰发明鉴别细菌的革兰氏染色法,指出许多球菌,尤其是肺炎球菌、脓毒血症球菌等着色性很强,而其他细菌,如伤寒杆菌则容易脱色。

二十三

1900年,奥地利精神病学家弗洛伊德在《释梦》中认为梦境可以泄露无意识的心理内容,这在清醒时、在有意识的高度警戒时是无法达到的,创立精神分析学派。1910年,丹麦克罗格研究呼吸气体交换机理过程中发现,呼气末了时肺泡气的氧气张力要高于动脉血液的氧气张力,正好与鲍尔推测的肺像腺体一样把氧气从氧张力较低的肺泡分泌到氧张力较高的动脉血液中的结论相反,从而用肺泡氧气弥散论代替分泌论。1911年,瑞士·布鲁勒尔提出精神分裂症的病名,取代莫莱提出的"早发痴呆",为世界精神病学界所接受。1911~1914年,英国生理学家希尔用他研制的测热计研究肌肉收缩的生理学机制,发现肌肉颤热搐时快速产生,称为初发热;肌肉活动停止后的恢复期,肌肉仍然缓慢长时地产生热,称为迟发热,其产热量是初发热的1~1.5倍;当肌肉在纯氮中收缩,初发热不受影响,但肌肉容易疲劳,不能恢复,而迟发热则不出现,说明产生初发热时氧不是必须的,而迟发热的产生则需要氧。他因此项研究获得1922年诺贝尔生理学和医学奖。1912~1920年,比利时生理学家海门斯设计孤立的颈动脉窦区和主动脉弓区的交叉灌流设备,证实了颈动脉窦和主动脉弓的内壁有压力感受器,颈动脉体和主动脉体有化学感受器,它们分别能够感受血压与血液中化学成分的变化,在血液中的氧分压、二氧化碳分压和血压发生变化时,信息经由主动脉神经传入呼吸中枢,能够反射地调节呼吸,从而提出颈动脉窦和主动脉弓调节呼吸机制。1914~1936年,戴尔及其学派经过20多年的研究,提出并证实乙酰胆碱作为神经冲动的化学递质的机制,丰富了人类对神经活动过程的认识,他们因此与1921年发现神经兴奋的化学传递的洛伊共获1936年诺贝尔生理学和医学奖。1916~1918年,丹麦克罗格等发现肌肉做功时血流量增加,据此他们推测静息时肌肉中大部分毛细血管是关闭的,做功时随着肌肉对氧气需求量的增加,其中大部分的毛细血管呈开放状态,使更多的血液运来的氧气弥散到肌肉去,后来的进一步实验观察证实了他们的推断,从而阐明毛细血管运动调节机理。他因此获得1920年诺贝尔生理学和医学奖。1918年,迈耶霍夫研究肌肉收缩机制时发现,在无氧环境中,肌肉也能收缩,此时肌肉中的糖元转变为乳酸;在无氧环境中疲劳的肌肉,休息不能使其收缩功能恢复;而若让肌肉在有氧环境中休息,则乳酸逆向转化为糖元,肌肉功能也得到恢复,从而阐明了肌肉组织的氧消耗与乳酸代谢的关系。他因此项研究获得1922年诺贝尔生理学和医学奖。

二十四

1920年,瑞士生理学家赫斯用直径仅为0.2毫米的电极刺激动物脑的一定区域,发现丘脑前部控制副交感神经,中、后部控制交感神经,探明了下丘脑对内脏器官的调节动能。因此获得1949年诺贝尔生理学和医学奖。1922年,班廷与麦克劳德发现治疗糖尿病的胰岛素。1924年,阿根廷的胡塞提出垂体激素对糖代谢有影响的假设,他通过做切除患糖尿病动物的垂体前叶实验,推测垂体前叶分泌一种激素,通过控制胰岛素的生成而影响糖的代谢,由于这一成果他获得1947年诺贝尔生理学和医学奖;同年,德国动物学家施佩曼与格尔曼用蝾螈做实验提出胚胎的特定部位有决定各胚胎组织分化或特定构造的作用,此特定部位叫作组织导体或机化中心,此胚胎诱导现象被外推到包括人在内的所有脊椎动物。他们因此项成果获得1935年诺贝尔生理学和医学奖。1925年,英国生理学家谢灵顿运用定量动物实验发现肌肉中的神经束是由运动神经和感觉神经纤维组成,探明了脊髓后根的皮肤的分布情况,通过刺激肌肉产生的效应发现:兴奋与抑制有协同作用,反射配合是由反射共同通道周围的反射弧的活动建立的,支配反射是靠神经细胞之间的联系，称之为"突触"；提出交互神经支配是一种协作形式，即抑制性髓反射与许多兴奋性髓反射常同时发生，当一对抗肌的一条肌肉主动收缩时，另一条对抗肌就松弛，确立了神经系统整合作用的观念。谢灵顿由于这一项研究与研制成测定神经冲动电位差仪器的英国艾德里共同获得1932年诺贝尔生理学和医学奖。同年，德国瓦尔堡发现呼吸酶的作用方式和性质，获得1931年诺贝尔生理学和医学奖。1926年，美国生物学家缪勒发现X线照射能够使基因突变和染色体变化，获得1946年诺贝尔生理学与医学奖。1928年，美国秦思尔与中国余贺合作研究风湿热的病因，揭示病人的血液中有溶血性链球菌，也有非溶血性链球菌，而且同一病人可检出不同抗原型菌的奥秘，提出"风湿热的细菌学及变态反应学说"。

二十五

1932年，中国生理学家蔡翘发现并阐明了肝脏的糖元异生机制。1934年，中国朱宪彝阐明软骨病与佝偻病发病机制中钙磷与维生素D的变化规律，证实钙缺乏、维生素D缺乏是软骨病与佝偻病的基本病因。1935年，瑞典西奥雷尔提纯和鉴定了黄素梅，发现其经过透析后分成两部分，各自并无酶的活性，放在一起才能够全部恢复其活性，指出进入许多氧化酶的铁原子，是构成酶的功能中心，提出氧化酶的本质和作用方式。他因此获得1955年诺贝尔生理学与医学奖。1936年，中国徐丰彦提出哺乳动物整个动脉系统的管壁均有压力感受器的分布，阐明了血管张力反射作为循环的自我调节的普遍性。同年，葡萄牙莫尼兹创立脑白质切断术治疗精神病，获得1949年诺贝尔生理学和医学奖。1937年，中国钟惠澜提出并倡导用骨髓穿刺法检查黑热病病原体，提供了一种新的诊断方法；同年，厄兰格等发现神经纤维的粗细决定其传导速度，传导速度与纤维的粗细成正比，从而发现神经纤维的不同功能，获得1944年诺贝尔生理学和医学奖。1938年，美国沃尔德发现在暗光中起作用的视网膜杆状细胞含有一种色素（视紫红质），并证实这种色素是一种蛋白质与称为视醛的化合物组合而成；视醛是由体内维生素A转化而成，如果食物中长期缺乏维生素A就会视醛缺乏，而视醛的缺乏最终会导致出现夜盲。他因此获得1967年诺贝尔生理学和医学奖。1939年，中国医生吴瑞萍提出有关百日咳自动免疫的新观点；中国徐丰彦提出大肠神经支配研究中的迷走神经中有胆碱能和肾上腺素能两种节后纤维的假设，后来被证实。同年，匈牙利圣乔从兔子骨骼中提取两种蛋白质——肌球蛋白和肌动蛋白，发现它们在受到三磷酸腺苷作用后，会产生类似于肌肉收缩的现象，于是提出肌肉收缩的基本过程是肌球蛋白、肌动蛋白、三磷酸腺苷及若干金属离子之间的相互作用。

二十六

1940年，中国陈心陶提出关于肺吸虫的形态学和实验生态学的特征；林兆耆创用骨髓培养法诊断伤寒等；同年，德国迈耶霍夫研究肌肉的糖酵解过程，指出磷酸参与糖元形成乳酸的过程，糖元是能量的主要来源，而三磷酸腺苷的转化是供给肌肉收缩所需能量的原始过程之一。1941年，美国哈金斯指出前列腺癌和乳腺癌的发病均与血液中含有某种一定量的内分泌激素有关，提出注射雌激素的方法控制和治疗前列腺癌，注射肾上腺皮质类固醇控制前列腺癌和乳腺癌。他因此获得1966年诺贝尔生理学与医学奖。1946年，美国莱德伯格与塔特姆合作发现细菌的"接合"作用，指出原养型菌落是某种基因的重组体，即两种细菌在混合培养时实现了杂交而导致基因重组，这种重组以细菌细胞直接接触为条件，因此称为细菌的接合作用，正是通过接合使得遗传物质在细菌直接得到传递。1947年，柯里夫妇发现糖元的酶促转变过程，获得1947年诺贝尔生理学与医学奖；同年，李普曼发现辅酶A及其在中间代谢中的作用，获得1953年诺贝尔生理学与医学奖。1949年，病毒学家朱既明在试管中将流感病毒裂解为有生物学活性的亚单位；美国恩德斯成功地在人的胚胎组织上培养出脊髓灰质炎病毒，获得1954年诺贝尔生理学和医学奖。

二十七

1950年，中国林文秉提出新的沙眼分期法及其治疗方法；美国耶洛创立放射免疫测定法，用以测定用其他方法无法测定的体内微量生物活性物质，获得1977年诺贝尔生理学与医学奖。1951年，中国学者戴自英提出用小剂量氯霉素治疗寒和副伤寒；德国吕南发现脂肪酸代谢机理，获得1964年诺贝尔生理学与医学奖。1952年，莱德伯格等发现细菌的"转导"作用，促进了绘制细菌染色体的遗传图谱，获得1958年诺贝尔生理学与医学奖；同年，澳大利亚艾克尔斯等发现神经元兴奋与抑制的离子机制，获得1963年诺贝尔生理学与医学奖；美国斯佩里建立裂脑动物意识分离的双重脑系统模型，发现大多数人的语言功能、逻辑思维和分析能力是由大脑左半球起决定作用的，而右半球是音乐、美术、几何空间和知觉辨认系统，在认识空间和三维结构方面较左半球优越，他因此项成果获得1981年诺贝尔生理学与医学奖。1953年，中国学者吴阶平提出肾结核患者对侧肾积水的概念。1954年，钟惠澜提出华支睾吸虫病的诊断采用新的虫卵计数法；王季午制定出治疗肺吸虫病合并疗法；中国学者提出高山（高原）病又一临床类型。1955年，中国学者证明猪是乙脑的主要扩散宿主。1957年，吴阶平提出绝育新方法；方先之提出治疗骨与并节结核病的规程。1958年，郑麟蕃提出早期龋的破坏机制和修复机制；方先之与尚天裕等提出中西医结合治疗骨折的新理论和方法。1959年，英国波特阐明抗体三片断结构，1961年又阐明免疫球蛋白化学结构，因此项成果获得1972年诺贝尔生理学与医学奖。

二十八

1960年，中国王志均等阐明迷走-胰岛系统中交感神经对胰高血糖素的释放作用；人工肝脏具有降氨作用得到证明；创用自动控制压力结肠注气肠套叠整复术。1961年，中国第三军医大学研制出烧伤面积的"中国九分法"；梁伯强提出"肝炎→肝硬化→肝癌"的病因学及发病学的模式；脑复苏采用"头部重点降温和脱水等综合疗法"。同年，法国雅格布和莫诺合作发现调节基因及其功能，共获得1965年诺贝尔生理学和医学奖；瑞士阿尔伯阐明内切核酸酶，找到基因探查方法，获得1978年诺贝尔生理学和医学奖。1962年，中国医学科学院学者提出再生障碍性贫血的急慢性分型；美国霍利等合成核酸，揭开了遗传密码的奥秘，获得1968年诺贝尔生理学和医学奖；法国医生密勒证明胸腺在免疫系统方面的重要性。1963年，中国张遵英运用计算机估计二尖瓣口直径的回归方程式和判别分析法；苏德隆首次阐述钉螺分布规律；王淑贞提出妊娠中毒症的分类方法。1964年，中国医生发现并命名"低血钾软病"。1965年，法国杜塞确定人类白细胞抗原HLA，获得1980年诺贝尔生理学和医学奖；中国修瑞娟描绘流脑患者微血管自律运动的类型和规律。1968年，美国医生伽杜塞克发现库鲁病的病原体，获得1976年诺贝尔生理学与医学奖。1969年，意大利杜尔贝科发现肿瘤病毒和细胞基因之间的关系，获得1975年诺贝尔生理学和医学奖；美国埃德尔曼发现免疫球蛋白的全部氨基酸顺序，获得1972年诺贝尔生理学和医学奖；美国萨瑟兰发现环磷酸腺苷，提出第二信使学说，获得1971年诺贝尔生理学和医学奖。

二十九

1970年，卡茨、奥伊勒和阿克塞尔罗德发现神经末梢部位的传递物质，以及该物质的储藏、释放、受抑制机理。1971年，萨瑟兰发现激素的作用机理。1972年，埃德尔曼和波特从事抗体的化学结构和机能的研究。1973年，弗里施、劳伦滋和廷伯根发现个体及社会性行为模式——比较行为动物学。1977年，吉尔曼和沙里发现下丘脑激素；雅洛提出放射免疫分析法。1978年，阿尔伯、史密斯和内森斯发现限制性内切酶及其在分子遗传学方面的应用。1979年，科马克和蒙斯菲尔德发明了用电子计算机操纵的X射线断层扫描仪（简称CT扫描仪）。

三十

1984年，杰尼、克勒和米尔斯坦确立有关免疫抑制机理的理论，研制出了单克隆抗体。1987年，利根川进阐明与抗体生成有关的遗传性原理。1989年，毕晓普和瓦慕斯发现了动物肿瘤病毒的致癌基因源出于细胞基因，所谓原癌基因。1992年，费希尔和克雷布斯发现蛋白质可逆磷酸化作用。1993年，夏普和罗伯茨发现断裂基因。1994年，吉尔曼和罗德贝尔发现G蛋白及其在细胞中转导信息的作用。1995年，刘易斯、维绍斯和福尔哈德发现了控制早期胚胎发育的重要遗传机理，利用果蝇作为实验系统，发现了同样适用于高等有机体（包括人）的遗传机理。1996年，多尔蒂和青克纳格尔发现细胞的中介免疫保护特征。1997年，普鲁西纳发现了一种全新的蛋白致病因子朊蛋白（PRION）并阐明其致病机理。

三十一

2002年，英国悉尼·布雷内、美国罗伯特·霍维茨和英国约翰·苏尔斯顿研究提出器官发育和程序性细胞死亡过程中的基因调节作用。布雷内为研究器官发育和程序性细胞死亡的基因调节作用创立了一个全新的实验模式；苏尔斯找到了可以对细胞每一个分裂和分化过程进行跟踪的细胞图谱；霍维茨找到了控制细胞死亡的主要基因。2003年，美国保罗·劳特博尔和英国彼德·曼斯菲尔德在20世纪70年代同时发现了应用核磁共振现象显示人体内部结构的方法。2004年，美国理查德·阿克塞尔和琳达·巴克在气味受体和嗅觉系统组织方式研究中发现人类辨认和记忆大约1万种不同气味的基本原理。

第四篇　语境论科学思想典型案例

从语境论的视角看，任何一项科学发现和科学理论的产生都与其历史背景密不可分，任何一个科学家包括天才的牛顿和爱因斯坦，都不可能脱离他们生活的时代和科学发展的大背景而做出重大科学发现。也就是说，科学发现和科学理论的建立是与其历史和社会文化因素密切相关的，脱离历史和社会文化的发现是难以想象的。这里之所以选择了巴斯德和李四光作为语境论科学思想史的案例，不是因为他们比其他科学家的成就更突出，而是他们的发现和理论的形成更凸显了语境因素的影响。如果说牛顿和爱因斯坦的发现主要是科学内部的因素（内语境），如科学教育、科学共同体的交流与争论、个人的天赋等起作用的话，那么巴斯德和李四光除这些内在因素外，社会文化的外在因素有时起到了决定性影响。因此，这一部分我们将比较详细地考察历史和社会文化因素（外语境）对他们的思想形成的影响①。

---

① 关于内语境和外语境的划分及其论述，详见：魏屹东：《广义语境中的科学》，北京：科学出版社，2004年，第21~24页；关于社会语境对巴斯德和李四光的影响模型，见该书的第108~112页。

第十七章 巴斯德的微生物学思想

自17世纪荷兰显微镜制造家列文虎克（1632—1723）用自制的显微镜发现纤毛虫和各种"肮脏的小动物"到19世纪中期，人们对微生物（germs）几乎一无所知，对这些"小得难以相信"的动物感到难以理解，称为"奇怪之谜"。就连大名鼎鼎、给几乎所有物种命名的分类学家林耐也将这些"看不见的小运动"扔进一个混乱（chaos）的纲。正是法国著名有机化学家和微生物学家巴斯德用他的勤奋加天才，照亮了微生物学的每一个分支，奠定了微生物学的基础，为拯救和造福人类做出了巨大贡献，赢得了全人类的最大赞扬和爱戴，被称为是"科学王国里一位最完美的人物"。正如他所讲，"当今，似乎有两条相反的规律正在相互搏斗着：一条流血与死亡的规律，总是在设想着破坏性和强迫各民族不断地投入战场的新手段；另一条和平、工作和健康的规律，则总在发展着把人类从围困着它的灾难中解救出来的新方法"。为了这第二条规律，巴斯德贡献了他的整个生命①。

一、科学生涯及科学成就

巴斯德于1822年12月27日生于法国汝拉省多尔的阿尔布瓦小镇。父亲是一个制革匠，曾是拿破仑军队的军士长。这位退伍军人很有思想，尽管家庭生活困难，他却希望儿子将来成为教授或科学家，于是尽力让儿子受到正规教育。巴斯德没有辜负父亲的期望，从小很懂事，他在阿尔布瓦小学和中学读书时，学习十分刻苦，是一个并非天才但最用功的学生，各门功课都成绩优良。同时，他也非常喜欢绘画和文学，常为家人和朋友画像，阅读了大量的文学书籍。随着年龄的增长，他对科学越来越感兴趣，以至于在贝藏松高中读书时放弃了绘画，全身心地投入到自然科学的学习中。

1843年，巴斯德以优异的成绩考入著名的巴黎高等师范学院。当时大化学家杜马正在该学校任教，杜马很赏识巴斯德的科学研究才能。在杜马的指导下，巴斯德不仅学到化学知识，而且掌握了实验的技巧。他认为科学实验在解决科学问题、生产及生活中的问题中具有举足轻重的作用，因而他把大部分时间都用在了实验上。1847年，他获该校物理化学博士学位。一毕业，他便投入到结晶学的研究中，1848年3月他完成了《双晶现象研究》的论文，发现了分子结构的不对称性，即分子的手性，从而开创了立体化学研究之先河。从分子结构的不对

---

① ［美］洛伊斯·N.玛格纳：《生命科学史》，武汉：华中工学院出版社，1985年，第350页。

称他天才地推想宇宙是不对称的整体，宇宙的不对称影响存在于宇宙的一切方面，分子结构的不对称就是宇宙不对称产生的结果。他进一步认为，宇宙的不对称是宇宙运动、演化的根本原因，也是生命产生的原因[①]。这是巴斯德从有机化学研究转向具有生命现象的发酵研究、有机物变质研究、各种传染性疾病的研究的一个深刻的思想根源。

在广泛和长期的研究中，巴斯德一再表现出超人的才能。对酒石酸结晶的研究，揭示了旋光性的本质，解开了外消旋酒石酸不旋光之谜；对发酵现象的研究，基本扭转了"生命自然发生"的看法，证明有机物发酵是空气中的微生物胚芽引起的，从而在观念上产生了一场革命。

在发酵研究中，他深刻地认识到，空气中的某种微生物可引起有机物发酵，有机物只是微生物赖以活动的营养体，动物和人体也是有机体，同样也可由某种微生物引起"发酵"，即致病。他认为，由于特殊的微生物可造成的特殊的疾病，只要控制住致病的微生物（细菌或病毒），就可防止动物和人体患某些疾病。正是基于这一思想和认识，巴斯德很快由发酵研究转向了应用医学的研究。

此后，他一直致力于他的这一理论的应用研究。1850年，他开始酒变质及乳酸变质的研究，经过八年的潜心探索，于1857年完成《乳酸发酵》和《酒精发酵》两篇论文，得出糖分解的酒精和二氧化碳与生命现象有关，即发酵是一种生命活动现象。他还发明了"巴斯德灭菌法"，从而挽救了法国的制酒业和牛奶业。不仅如此，这一成果给人类带来的最大福利体现在外科手术的改革上，因为手术后伤口总是腐烂或感染，从而使病人因血液中毒而死亡，"巴斯德灭菌法"改变了这一切，拯救了千万人的生命，在医学史上写下了光辉的一页。

随着研究的深入，巴斯德坚信，发酵、腐败和传染病之间有共同之处，即都是由微生物引起的，他决心认识这隐藏在背后的真正原因。蚕病研究是巴斯德由有机物的发酵、变质研究，转向动物的传染病研究的开端。蚕病几乎毁灭了法国的养蚕业，从而也几乎毁灭了法国的丝绸工业。1865年，法国农业部派巴斯德去解决蚕病问题，经过五年的努力，终于弄清了蚕病的致病微生物，并找到了防止蚕病的方法。1870年，他出版了《蚕病研究》一书。这一成果复苏了法国濒于倒闭的丝绸工业，他的声望也因这项研究成果而大为提高。在这项研究中，他将化学实验方法应用于生物问题，为化学与生物的结合开创了先例。

1878年，巴斯德开始对牛羊群危害极大的急性传染病——炭疽病进行研究。1881他从死于这种病的动物血液中成功地分离并培养出一种无活性的炭疽病疫

---

① ［法］R. 瓦莱里-拉多：《微生物学奠基人巴斯德》，北京：科学出版社，1985年，第76页。

苗。将这种疫苗大量用于牛羊群,有效地防止了这种急性传染病,拯救了因牛羊大批死亡而垂死的法国畜牧业。英国生理学家赫胥黎赞扬说:"仅巴斯德的发明带来的经济利益,远超过1870年普法战争法国付给德国的五亿法郎赔款。"①

不久,巴斯德又研究了产褥热。这种疾病使许多生产后的妇女死亡。为了使得做母亲的生命不再被死神从其新生婴儿的摇篮边夺走,巴斯德做了一系列实验,证明了产褥热是由一种呈链状或念珠状的微生物引起的。病原找到了,征服这种病也就不难了。

拯救生命使其免遭微生物之害的思想与热情激励巴斯德如火如荼地工作。一项研究刚结束,便又投入到另一项研究中,这就是鸡霍乱的研究。1880年2月,他在《论病毒性疾病,特别是通常称为鸡霍乱的病毒性疾病》的研究报告中指出,这种病是由一种可称为鸡霍乱菌的微生物引起的,这种微生物的形状纤细,毒性很大,繁殖力惊人,鸡染上这种病很快便死亡。他还制出了这种病的疫苗,使大批家禽免遭这种微生物的侵袭。

1882年,他又投入到一种给养猪业带来巨大破坏的疾病——猪霍乱或猪丹毒的研究中。运用娴熟的"机体外培养法",他很快分离并培养出猪霍乱菌,接着将这种微生物作减毒处理而获得疫苗。这一切均是按照他的设想进行的,而且全得到了试验的证实。

在进行霍乱病研究的同时,有一个问题一直萦绕在巴斯德的心头,而且认为是最为重要的一个问题,这就是狂犬病。当时欧洲盛行养狗,狂犬病例不断出现,对动物和人类造成了极大的危害。1881年,他就对狂犬病开始进行了研究,几年的苦心研究,终于使他于1885年获得了惊人的成功——制出了狂犬病疫苗。这种疫苗不仅有效地用于动物对这种病的防治和治疗,而且破天荒地用于人类对这种病的防治和治疗。1885年7月6日,一个9岁的小孩被疯狗咬伤,巴斯德给他打了314针疫苗,终于奇迹般地从死神手中夺回了孩子的生命。这是人类战胜这种可怕疾病的首次胜利。狂犬病的征服,使成千上万的狂犬病人得救了,巴斯德的名字也更加为世人所熟悉和尊敬。人们纷纷捐款,资助建立巴斯德研究所,兼作大型的狂犬病治疗门诊部及病毒性、传染性疾病研究中心和教学中心。1888年,巴斯德研究所建成使用,它成为世界治疗狂犬病和病毒研究中心,成为进行科学交流的学术中心。如今,巴斯德研究所已拥有研究人员2000多名,在巴黎和其他地方建立了分所,已成为世界艾滋病(AiDs)研究的中心。到1965年获诺贝尔奖的就有5人②。这一切成就都应归功于它的创立人巴斯德。

巨大的科学成就,使巴斯德得到许多赞扬、奖励和荣誉。1892年是巴斯德

---

① [法]R,瓦莱里-拉多:《微生物学奠基人巴斯德》,北京:科学出版社,1985年,第394页。
② R. Dubos. Pasteur and Modern Science. New york:Doubleday, 1960:148.

的 70 寿辰，为感谢他对人类做出的巨大贡献，瑞典、挪威和法国等国的科学家联合组成了一个委员会，筹备庆祝巴斯德 70 寿辰。法国科学院和医学院组成募捐委员会，为巴斯德铸造了一枚纪念奖章，上面雕刻有巴斯德的半身侧像和"献给巴斯德 70 寿辰，法兰西和全人类敬献"的字样，以表达人们对他的深深敬意。12 月 27 日那天，在索邦大剧院举行了隆重的庆祝仪式，剧场座无虚席，人人都怀着崇敬的心情为巴斯德祝福，衷心感谢他为法兰西和全人类所做出的巨大贡献。加拿大政府决定以巴斯德的名字为与美国缅因州交界的一个地区命名，阿尔及利亚政府也决定以巴斯德的名字为一个村庄命名。世界各地的人们以不同方式表达他们对巴斯德的热爱和感激。

巴斯德 1862 年当选为科学院院士，1869 年当选为伦敦皇家学会会员，1873 年当选为医学科学院院士，1882 年当选为法兰西科学院院士，1888 年任该院常务秘书。这是对他取得科学成就的最好报答。

由于他做出的科学成就，1853 年法国政府授予他一枚勋章，巴黎医学院给予他大奖；1857 年荣获英国皇家学会卢瑟福奖章；1860 年获科学院实验生理学奖；1866 年获法国政府大奖及奖章；1873～1882 年获多种奖及奖章。他的成就受到国际学术界的极大关注，1878 年意大利米兰国际养蚕大会组委会，1881 年伦敦国际医学大会组委会，1882 年日内瓦国际卫生大会和 1884 年哥本哈根国际医学大会组委会全都热情邀请巴斯德参加大会，在会上他受到各国代表的热烈欢迎和高度赞扬。

在巨大的成绩和荣誉面前，巴斯德谦虚谨慎，说他所取得的成绩首先归功于他亲爱的祖国，其次归功于他的合作者和他本人，显示了一个伟大科学家高尚的品质。他留给世人的名言是："在观察的领域，机遇偏爱那些有准备的头脑。"

巴斯德是一位伟大的科学家，同时也是一位心地善良、感情丰富、充满爱心的普通人。作为科学家他是探索事物奥秘的勇士，作为普通人他是把人类从可怕的细菌中拯救出来的救星。在他身上体现了人类智慧和人类爱心的结合，科学的伟力与人道精神的结合，化学与生物及医学的结合，忠诚、孝顺、慷慨豁达和勇于自我牺牲与罕见的爱国热忱的结合。正如威廉·奥斯勒（W·Osier）爵士给《巴斯德传》一书所作序中评价的那样，"他（巴斯德）是进入科学王国的最完美的人物"。

二、同"自然发生说"论战

"自然发生说"是一个古老而颇有争议的假说。它认为生命可以不从其亲代生殖而来，而是从无结构的有机或无机材料自然而然产生。在对乳酸和酒精发酵的研究中，巴斯德就认识到自然发生说是错误的。1860 年，他决定研究"自然发生"这个著名的问题，并向科学院报告了他的初步实验。由于这一研究事关重大,他的老师、老化学家毕奥(J. B. Biot)极力劝他放弃这一研究,说他"永远也找不到问题的答案"。巴斯德不顾毕奥的反对,执意要"试试看"。他之所以选择这一课题,是因为他敏锐地看到,只有自然发生的思想被完全击败后,微生物学和医学才能够得到发展。

然而,战胜"自然发生说"谈何容易,连毕奥这样的大科学家也不敢越雷池一步。巴斯德深知"自然发生说"在人们心中根深蒂固,大名鼎鼎的亚里士多德、海尔蒙特、甚至牛顿、布丰都支持这种观点。他面对的主要对手是他的同胞、著名的动物和植物学家普歇(F. A. Pouchet)和英国著名的生物学家巴斯蒂恩(H. C. Buastian)。普歇在1858年向巴黎科学院提交的《人造空气和空气中自然发生的植物和动物原生体小论》和1859年出版的巨著《自然发生说》中,对自然发生的观点作了实验证明,认为自然发生是生物繁殖的一种方法,发生条件是有机物、水、空气和适当的浓度,只要条件满足就可以自然而然地产生出生物。他还宣称,动物和植物能在绝无空气的媒介中产生,因此空气中不含有机物胚芽①。巴斯蒂恩是一位有韧性、思想丰富的人。他在其1000多页的巨著《生命的起源》中充分论述了自然发生的观点和实验,他的论述胜过其他的自然发生论者。他还写了大量的论文和另外6本书,几乎都是关于"自然发生说"的。他的这些巨大成就使他在科学界享有盛名,是巴斯德最强有力的对手②。巴斯德决心用实验进行反驳,用实验证明:空气中浮游的微生物才是问题的关键。

他最为著名的实验是"曲颈瓶"实验。他特制了一个细长而弯曲的管状玻璃脖子烧瓶(即曲颈瓶),在瓶中放一定量的加糖的酵母浸液,液体经过煮沸杀死其中的所有微生物,然后静置在温室中。室内空气通过细长弯曲的玻璃管进入瓶中,但空气中所含的微生物只能落在管子的弯曲处或粘附在管壁上,而不是直接落入液体中。这样酵母浸液可以长期保持无菌,澄清的液体不会变混浊。但如果折断曲颈或倾斜与瓶颈中的尘埃接触,浸液很快变混浊,长满微生物。这一实验表明:在通入空气而没有空气中微生物进入的情况下,酵母浸液也不会变质,不会长出低级生命的微生物。也就是说,酵母浸液尽管有着"自然发生"所需的一切条件,却并没有自发地产出任何生物来。这一实验给了"自然发生说"致命一击。

巴斯德用一系列精确的实验,使"自然发生说"遭到毁灭性打击。他也因此得到巴黎科学院的赞扬。1862年,他将他的试验结果写在论文《存在于大气中的有结构的小体》中,科学院对之评价甚高,说他利用最精确的实验扫清了自然发生问题上的疑云,并向他颁发了几年前为此而特设的奖金,同年12月,他

---

① [美]洛伊斯·N. 玛格纳:《生命科学史》,武汉:华中工学院出版社,1985年,第328页。
② [美]洛伊斯·N. 玛格纳:《生命科学史》,武汉:华中工学院出版社,1985年,第333页。

被选为科学院院士。

三、同李比希对垒

关于发酵的本质是什么，巴斯德同德国化学家李比希进行了长期的论战。李比希是德国著名有机化学家，在化学界享有崇高威望。他认为发酵是一个纯粹的化学过程，微生物只是发酵的产物，而不是发酵的原因，这就是有名的"化学说"。由于李比希在化学界的权威地位，又有许多著名化学家如维勒（F. Wohler）和贝采里乌斯的支持，加之发酵从表面看有一个明显的发泡起沫现象，"化学说"一度占据统治地位。

巴斯德早在1849年在研究结晶体的旋光性时就意识到，发酵可能与微生物活动有关，因而对"化学说"产生了怀疑。1856年起，他集中精力于发酵问题的研究，先后对乳酸发酵和酒精发酵等作了深入研究，得出了这样一个著名的结论：发酵是微生物生命活动的结果。这就是发酵的"生命说"。而在此之前，法国科学家拉图尔和法国生物学家施旺（T. Schwann）就认为酵母是一种微生物，具有细胞结构，能以发芽方式增殖，发酵与生命现象有关。对此，巴斯德非常赞同。由于巴斯德出色的研究工作加之他据理力争，"生命说"逐渐占了上风。

不仅如此，巴斯德对发酵的进一步研究，使他首次发现了厌氧菌，即在没有空气的状况下生存的微生物，而且氧气的存在对其生存有害。这样，巴斯德就将微生物分为需氧菌和厌氧菌。深入的研究又使他发现了酵母菌的"巴斯德效应"，即当酵母菌生活在无氧状态下时，生长非常缓慢，对糖的利用率很低，大量生成酒精；若生活在有氧情况下，则没有或只有少量的酒精产生，而酵母菌迅速繁殖。根据这一效应他得出了又一著名的论断：发酵是没有空气状况下的生命。巴斯德的这两项新发现，一下子使"化学说"处于不利地位。

不过，此时巴斯德还从未与李比希见过面，当面进行争论。1870年7月，巴斯德前往慕尼黑会晤了李比希。这两位争论了十几年却从来见过面的伟大科学家都彼此急于见到对方，李比希对巴斯德的工作给予了极高评价，对自己原先的观点作了修正，加之巴斯德刚刚征服了蚕病，而这无可争议地是由微生物引起的，李比希对此无任何异议。李比希在这一问题上的让步，使巴斯德取得了阶段性胜利。但争议并未结束，因为当涉及发酵的本质时，李比希和颜悦色，推说身体不适而婉言拒绝了。

四、机体外培养法与病菌学

从发酵研究转向疾病的研究后，巴斯德将化学方法巧妙地应用到微生物学，创造了机体外培养细菌的新方法。所谓机体外培养法就是在适当的人工培养液中培育病菌,而不是在活体动物身上培养病菌的方法。这一方法的确立,为病菌学的发展奠定了方法论的基础。

众所周知,要找到传染性疾病的病因,首先要从死于某传染病的动物身上分离出这种病菌。分离病菌并不难,难的是分离出后如何培养并保持其毒性。巴斯德在研究炭疽病时创造并运用了这种方法。他先将一滴死于炭疽病的动物的血液在保证其纯净(不受其他细菌感染)的条件下,小心谨慎地接种到一个无菌的小瓶中,瓶里盛有中性的或带有碱性的尿作为培养基(也可用钾中和过的家常肉汁或啤酒酵母水)。过几小时待病菌繁殖好后,取其中一滴液体接种到第二个同样的瓶子里,培养好后又从第二个瓶子取一滴接种到第三个瓶子里。这样一一接种直到第四十个(还可接种下去)。最后一个瓶中的培养液的毒性证明与原始血液的毒性相同。这说明经过这样一个连续培养过程,炭疽病菌的毒力并没有减弱,尽管巴斯德将原始血液稀释到难以想象的程度。

对于这一前所未有的细菌培养法,法国细菌学家尚贝朗评价道:"巴斯德以其令人钦佩的机体外培养法,证明了存在于血液中的杆菌是生物,这种生物在合适的液体中无限繁殖,很像由连续插枝繁殖的植物那样,杆状菌不仅作丝状繁殖,而且也通过胚芽或孢子繁殖,很像许多植物可用两种办法,即插枝法和播种法繁殖一样。"[①] 有了这一方法,凡是可分离出的细菌,只要选择合适的培养基,均可用此法进行培养,以便研制出防止和治疗的方法。有了这一方法,病菌学便大踏步前进了。

五、祖国高于一切

巴斯德热爱科学,但更热爱他的祖国。他在任何时候都将祖国的利益放在首位。在1848年的法国大革命中,作为青年科学家,他为这场革命兴奋激动,国旗和祖国激励着他的灵魂,激发了他的热情和信心,他与高等师范学院的学生们一道参加了国民自卫军,为共和国的神圣事业而战。他还将他仅有的150法郎捐献给了共和国。

当1870年普鲁士军队入侵法国时,整个法国一片恐慌,巴斯德的情绪降到了一生的最低点,黯淡、阴郁,为祖国的不幸悲痛不已,同时又为祖国遭受蹂躏而愤怒。他想参军为祖国而战,可他身患半身不遂,卧病在床,于是让18岁的儿子参了军。1871年,愤怒的巴斯德将1868年德国波恩大学授予他的医学博士学位证书退了回去,以怒退学位证书的方式表达了他对祖国的爱,对敌人的恨。

在巴黎被占期间,不少法国的科学家和艺术家去了国外。他同样可以身居异国为祖国出力,可他不愿在他的祖国遭不幸时弃她而去。意大利政府一再邀请他

---

① [法] R. 瓦莱里-拉多:《微生物学奠基人巴斯德》,北京:科学出版社,1985年,第273页。

去意大利工作,答应提供他所需的一切便利及实验室全部经费,他都拒绝了,他回信说,"假如我贪图比祖国所能给予我的更好的一些的物质上的需要,而把我灾难中的祖国丢在一旁不管,我应该感觉到我应受到一个逃兵的惩罚"①。

巴斯德将祖国摆在首位,自己所做的一切都应归于祖国,都是为祖国争光。1881年8月巴斯德应邀代表法国参加伦敦国际医学大会,他感到责任重大,在他身上要体现一个科学家和一个爱国者的统一。他说他首先是一个爱国者,其次才是一个科学家,科学家应该以自己的成就为祖国增光添彩。他在大会上受到各国与会科学家的热烈欢迎,他把这一切荣誉都归于法兰西。在以后的几次国际大会上,他一再表现出既是科学家又是爱国者。1884年在哥本哈根召开的国际医学大会,他精彩地阐述了科学与爱国的关系,他说"科学不分国界,但科学家却应该记住,要尽一切努力为祖国争光。在每一个伟大的科学家身上都可以同时看到他是一个伟大的爱国者。为了增进祖国的伟大这种想法推动科学家进行长期不懈的努力。这种想法使科学家投身于艰巨而又光荣的科学事业中,而这些事业会带来真正的、不朽的业绩。于是,人类就从各个方面做出的劳绩中获得益处"②。在1888年4月"巴斯德研究所"大楼落成的典礼上,巴斯德再一次阐明了科学与爱国的关系:"如果说科学没有国界,那么科学家却应该有祖国。如果你的工作在世界上产生了影响,那么应该把这种影响归功于祖国"③。

六、献身科学、百折不挠

热爱科学,献身科学,为真理而奋斗是巴斯德一生追求的目标。不论遇到什么样的困难、挫折和不幸,都不会改变他的信念和决心。

巴斯德一生坎坷,不幸和打击一次接着一次。母亲于1848年得病去世,1859年大女儿患伤寒而夭折,1865年6月他的父亲去世,同年9月二女儿得病夭折,次年5月小女儿又得伤寒死去。13年中他先后失去了5位亲人,每一次对他都是一个巨大的打击,而每一次他都不在他们身边。作为儿子他为没能照料父母而悲伤、内疚,一再自责;作为父亲他为没能照顾女儿们感到惭愧,悲痛不已。但在失去亲人的巨大痛苦面前,他没有被痛苦压倒,因为献身科学和真理的信念支撑着他。他把痛苦一次又一次埋在心底,化悲痛为力量,投入到他热爱的科学研究之中。这需要多么大的毅力和多么坚强的意志呀!

失去亲人的精神打击和过度的研究操劳,巴斯德病倒了。1868年10月19日,他患了脑出血而昏迷不醒,而且左半身全部瘫痪。这对他这个热爱科学胜于

---

① [法] R. 瓦莱里-拉多:《微生物学奠基人巴斯德》,北京:科学出版社,1985年,第210页。
② [法] R. 瓦莱里-拉多:《微生物学奠基人巴斯德》,北京:科学出版社,1985年,第421页。
③ [法] R. 瓦莱里-拉多:《微生物学奠基人巴斯德》,北京:科学出版社,1985年,第469页。

爱自己生命的人来说，无疑是一次最大的打击。他醒来后的第一句话不是询问自己的病情，而是问他的研究进展情况。他说他不甘心死去，还要为祖国做更多的工作。在医护人员和家人的精心照料下，他奇迹般地恢复了，只是左腿有点跛。一恢复健康，他又立即回到了实验室。

就工作条件而言，巴斯德最初没有实验室，更没有助手。在巴黎高等师范学院时，他自己在学校废弃的两间阁楼里建起了自己的实验室，简陋的程度就像工棚，仪器少得可怜，更谈不上物质和经费了。在这些困难面前，他的勇气不是那种一遭到困难就烟消云散的。对于他钟爱的科学，困难算不了什么。他很满足，只要有一席之地让他做实验就行，不计较生活、工作和实验条件的好坏。

不仅如此，巴斯德还要经受冷嘲热讽的打击。每当巴斯德在研究上有重大发现时，总有一些人不知是嫉妒眼红，还是别有用心，总要在背后进行中伤、诽谤。他们不能容忍一个人总是什么时候都对，总受到人们的赞扬和爱戴。譬如，巴斯德征服蚕病、炭疽病和狂犬病后，有的人冷嘲热讽，造谣中伤，有的则公开反对。巴斯德对这一切不屑一顾，勇敢地站出来同他们论战，用确凿的实验事实给他们狠狠一击，捍卫科学与真理的尊严。

七、倡导科学为祖国和人类服务

以科学报效祖国，为人类造福是巴斯德毕生的目标。他夜以继日地、不知疲倦地工作，不是为了个人的名利，而是为了祖国富强和人类的幸福。在巴黎被占期间，巴斯德清楚地意识到，敌人固然可恶，但自己的祖国不强大也可悲。他情绪激昂地给政府写了一份《法国为什么在危急关头没有杰出人物》的报告，指出政府犯的种种错误，其中一个使他念念不忘、认为最严重的错误是法国忘记了甚至轻视伟大的知识分子，特别是精密科学方面的人才。他说法国之所以能在1789~1792年的大革命中建立法兰西共和国，并能应付各方面的危险，是因为那时有化学家拉瓦锡和富克鲁瓦（Foureroy）等发明了提取硝石制造火药的新方法，有数学家蒙日（G. Mony）发明了高速铸造大炮的方法，有化学家克卢埃发明了快速铸钢法。由于科学为祖国服务，一个动乱的民族变成了无往而不胜的强大民族。他还进一步指出，当时的法兰西临时国民政府由于采取了重用科学家（化学家富克鲁瓦任火药制造局局长、蒙日任海军部长）、发展科学教育和改革旧的皇家科学院等应急措施，新的共和国站稳了脚跟。可见，重视科学及其教育，重用知识分子对一个民族、国家的发展有多么重要。相反就会落后挨打。巴斯德呼吁政府重视科学教育和科学人才，像德国那样增设大学，建立宽敞的实验室，配置最好的科学仪器和设备等，通过科学而重新进入世界第一流国家的行列。

他进一步认为，科学为祖国服务，但并不应该为战争服务，科学的力量必须和人道主义相结合，以科学为人类造福为最高目标。如果发展科学仅是为了战争的需要，就等于在毁灭科学，在亵渎科学。巴斯德的一项项研究成果应用于工农业的发展和人类的健康就是最好的明证。

八、崇尚伟人，更崇尚批判精神

巴斯德对伟大的科学家个个敬仰，伟人成了他的崇拜的偶像和学习的榜样。崇尚伟人最终使他成了伟人。

在巴黎高等师范学院读书时，他非常崇拜杜马，决心成为杜马式的人物，这激励着他奋发学习。巴黎高等师范学院的青年化学家巴拉尔（Balard）以发现元素溴而闻名，42岁便当了院士，巴斯德为这位青年教师的独创性研究和崭新的见解深深吸引着，巴拉尔成了他学习的楷模。

他不仅对他视为良师的人个个尊重，而且对他们献身科学的精神怀着一种崇敬。当巴斯德成功地解决了外消旋酒石酸不旋光之谜后，老科学家毕奥带着几分怀疑，不大相信一个青年人竟解决了连米切尔利希和他都解决不了的难题，要求巴斯德到他的实验室当场演示。尽管巴斯德还从未见过毕奥，但对他非常熟悉，很敬仰这位老科学家。巴斯德蛮有把握地当着毕奥的面重做了实验，毕奥看后激动地说："亲爱的孩子，我一生非常热爱科学，这一发现使我非常激动。"从此，毕奥成了巴斯德的老师及朋友，时刻关心着巴斯德的成长。而巴斯德对毕奥则更加敬重，敬重他对科学的献身精神，对辛勤工作人的善意，对把科学当作经济上和政治上飞黄腾达的手段的人的无情抨击。

巴斯德视崇拜伟人作为国民教育的一大原则，而崇尚过世的伟人则是他性格的主要特点。拉瓦锡是他崇尚的已故伟人之一，他认为拉瓦锡可能是法国最伟大的科学家，虽然日积月累的化学知识使他的理论不免有点陈旧，后人的发明总是胜过前人的发明，但他仍像牛顿和少数稀世奇才的业绩一样永葆青春，其思想和方法永远构成了人类精神财富一个伟大的方面，值得后人学习。他当选科学院院士后，仍念念不忘毕奥，常去公墓为毕奥献花。当杜马逝世后，他悲痛异常，为这位敬爱的师长表示深切的哀悼。他曾多次对学生讲"不管从事什么事业，眼望崇高的目标，崇拜伟人和伟大的事业"①。

巴斯德崇尚伟人，但更崇尚批判精神，对伟人的错误理论或观点他会毫不留情地去批判。也就是说，他尊重权威，但不盲从权威。他同自然发生说的支持者和保卫者普歇和巴斯蒂恩进行了长期的论战，但同时很敬重他们。他很崇尚李比希、维勒、贝采里乌斯等大化学家，但在发酵本质的争论中却从不让步。

巴斯德崇尚批判精神不仅表现在对别人观点的批判上，而且还表现在对自己

---

① [法] R. 瓦莱里-拉多：《微生物学奠基人巴斯德》，北京：科学出版社，1985年，第409页。

的错误毫不客气的批评上。他有一种勇于承认和改正错误的精神。譬如，他在《啤酒研究》一书中就叙述了他犯的错误和纠正错误的情况，他说"我在研究纯粹状态的微小植物过程中，曾相信一种生物可以转变成另一生物，即葡萄酒菌膜可以转变为酵母，当时可能是由于没有进行严格的实验而轻易接受了物种转变的看法，回想起来这一点倒是很有意思的，当时我是错误的，我当时没有避免引起幻想的原因，对胚芽说深信不疑常常促使我在别人的观察所得中发现这种幻想"①。巴斯德给人的印象是：当他掌握了充分证据时，据理必争，坚持不屈；而他探索证据时，小心翼翼，极为谨慎；当他发现自己犯了错误时，勇于知错改错；当在科学真理受到承认和尊重时，绝不接受对他个人的颂扬。

他常告诫他的学生"要崇尚批判精神。光是批评本身并不能启发新的想法，并不能激发伟大的事物。但没有批评，任何事业都可能出现失误；批判、争论总会得出结论……要和自己进行争论，设法推翻自己的实验，而只有在穷尽了各种假说后才宣布自己的发现，这确实是不容易做到的"②。巴斯德对自己的观点和做的实验非常苛刻，从不草率从事，从不轻易下结论，这是他成功的一个内在原因。

九、人生的价值在于有益于人类

以科学造福人类是巴斯德一生的最高目标，也是他的人生价值观。巴斯德一生征服了蚕病、霍乱病、炭疽病、产褥热和狂犬病，其中任何一项都足以使他名垂千古，每一项都足以使他致富，但他全都毫无保留地奉献给全人类。他发明的

"巴斯德灭菌法"已获专利，可他放弃了能够给他带来巨大利益的机会。他将实验获得的全部成果全部应用于工农业和医学的实际应用中。

当皇帝拿破仑三世和皇后欧仁妮问他为什么不利用自己的发现和发明及其应用生财时，他回答道："在法国，科学家认为这样做贬低了自己。"巴斯德的信条是：如果一个从事纯科学的人以自己的发现谋利，就会使自己的生活变得复杂，扰乱自己的思绪，会有使自己的发明精神变得麻痹不灵的危险。他常说，"人生无益于人类，便是无价值的"，"人生最重要的不在于提高地位，乃在于善用自己的才能，用到最高的限度。"③

当有人谈到研究传染性疾病有被传染的危险时，他回答说，"那又有什么关系？在危险中生活才是生活，才是真正的生活，才是富于自我牺牲、富有表率、卓有成效的生活"④。为了人类的幸福，巴斯德将自己的生命置之度外，表现出

---

① [法] R. 瓦莱里-拉多：《微生物学奠基人巴斯德》，北京：科学出版社，1985年，第231页。
② [法] R. 瓦莱里-拉多：《微生物学奠基人巴斯德》，北京：科学出版社，1985年，第469页。
③ Rene Vallery-Radot：《巴斯德传》，丁柱中译，北京：中华书局，1936年，第2页。
④ [法] R. 瓦莱里-拉多：《微生物学奠基人巴斯德》，北京：科学出版社，1985年，第354页。

一个伟大科学家对人类的伟大爱心。

科学家从纯科学的角度敬佩这位把理论和实践很好结合而取得辉煌成就的人。企业家、蚕业主和农业主把自己的幸福全归功于这位把自己所发现的一切都归于公有的人。传染性和感染性病人及伤病员，将自己的再生归于这位把自己的理论和方法应用于临床的人。而巴斯德却把这一切成就归于整个法兰西。他给法国及整个人类带来的经济利益，他拯救的人类的生命已无法用金钱来衡量。

十、一些重要思想

1. 纯理论研究是发明创造之源

巴斯德对纯科学理论研究非常感兴趣，他善于思考理论问题。他说，"没有理论，实践只是由习惯产生的老一套做法而已。但是单有理论就能够产生和发展出发明精神"①。当有人问他纯科学理论研究有什么用时，他喜欢引用富兰克林的一句名言"新生的孩子又有什么用呢？"巴斯德认为纯科学理论研究是一切发明创造的源头，不重视理论研究，人类的发明创造力就会枯竭；没有纯理论研究，技术科学和应用科学就成了无源之水，无本之木。他举例说，现代科学最奇妙的应用之一的电报难道不是源于1882年丹麦物理学家奥斯特对于电磁感应现象的发现吗？电报的发明和应用对通信将产生超乎寻常的影响，难道我们还敢小瞧理论科学吗？

2. 理论的价值在于预见新的事实

巴斯德在同"自然发生说"的长期论战中，形成了"科学理论的价值在于预见新的事实"的思想。他认为科学的、正确的理论是确定的事实的表现，其特点是能够预言新的事实，即那些已阐明的事实的自然结果。一句话，正确的理论的特点是它能够结出累累硕果②。而错误的理论的特点是它永远也不能够预言出新的事实，即便发现了新的事实，它就不得不在这些理论上接上新的假说，以便能自圆其说。这种在发现新的事实后才接上去的理论是一种不得已的"权宜之计"的理论，它无法与在发现新事实之前就预见到其存在或发生的理论相提并论，能预见新事实的理论才是科学理论，才是有价值的理论。

他对传染性和感染性疾病病原的研究很能说明他的这一思想在他的研究中的运用和体现。巴斯德由他的"有机物的发酵是由某种微生物引起"的理论，类比到"动物和人体的致病也可能是由微生物引起的"，从而提出"只有微生物才

---

① ［美］洛伊斯.N. 玛格纳：《生命科学史》，武汉：华中工学院出版社，1985年，第321页。
② Gerald L. Geison and Jemes. A. Secord. Pasteur and the proccss of discovery. ISIS, 1988, (70): 36.

是传染性和感染性疾病的根源"的病菌学理论。依据这一理论,巴斯德分别发现了蚕病、炭疽病、霍乱病等疾病的致病细菌,并制出了它们的预防疫苗。

3. 科学是国籍的最高体现

经历和目睹了法兰西遭受劫难的巴斯德,对以科学教育救国强国有深刻的理解。1878 年他在意大利米兰举行的国际养蚕业大会上说出了耐人寻味的一段话:"我觉得有两点给我留下了非常深刻的印象。第一点是科学不分国界;第二点是表面上与第一点矛盾,即科学是国籍的最高体现,但这种矛盾只是表面的。科学之所以不分国界,是因为知识是全人类的财富,是照耀全世界的火炬。科学之所以是国籍的最高体现,是因为以精神方面和智力方面的辛勤劳动成为最先进的国家将名列世界各国之首。"① 在巴斯德看来,科学是一个国家在精神和智力上的最高体现,谁拥有了科学,谁就可以立足于世界之首。今天看来,巴斯德的这一观点仍有积极意义。

4. 教育科研要面向地方经济

巴斯德重视理论研究,更重视理论与实践的结合,重视理论成果向生产实际的应用,注重教育面向地方经济。他在任里尔学院教务长时,对里尔学院进行了两项改革:一是学生交纳少量费用可进实验室做实验;二是创立新学历,即学生经过二年理论与实践学习后,有意进工业界的学生,可取得这一特别学历。这一改革措施一下子给里尔学院带来了生机,吸引了大量青年来学院学习,为里尔地区培养了一批工业界急需的人才。里尔学院的这一教育模式成了法国高校的一种模式。教育部长评价道:"里尔学院已经可以与最出色的学院媲美,这要归功于那位高明的教授所进行的既扎实又卓越的教改工作"②。

在注重教育面向地方经济的同时,巴斯德也主张科研面向地方经济,科研为经济服务。他一方面进行着理论研究,一方面进行着理论成果的推广应用。致力于研究适合本地区真正需要的特殊的应用问题。例如,蚕病、酒变质、鸡霍乱等的研究均是工农业中急需研究的问题。事实上,巴斯德在教育上走了一条教育与生产相结合的路子,在科研上走了一条科研与工农业实际相结合的路子。巴斯德所走教育、科研面向经济的路子,值得我们借鉴。

十一、问题与启示

巴斯德是伟大的,但并不是十全十美的。同所有伟大的科学家的理论不是绝

---

① [法] R. 瓦莱里-拉多:《微生物学奠基人巴斯德》,北京:科学出版社,1985 年,第 264 页。
② [法] R. 瓦莱里-拉多:《微生物学奠基人巴斯德》,北京:科学出版社,1985 年,第 81 页。

对真理一样，他的一些理论或观点也不是绝对正确的。

在同"自然发生说"的长期论战中，他的"生源说"虽取得了阶段性胜利，但并没有彻底摧毁"自然发生说"，当有人问他"第一个原种"从何而来时，他说这是个最大的神秘，是科学之外的事情，这无疑给生命的起源问题蒙上了一层神秘的色彩。他的一系列实验使"自然发生说"处于劣势，但并没有使对方完全信赖，因为他只是用实验证明了有机体在纯净空气中不变质腐败，并没有证明有机体在无空气情况下能否变质，并没有证明有机物本身不能产生出生命来。对于巴斯德这一工作，恩格斯给予了中肯的评价"巴斯德的实验在这方面是无用的、对那些相信自然发生的可能性的人来说，他绝不能单用这些实验来证明它的不可能性；但是这些实验是很重要的，因为这些实验把这些机体、它们的生命、它们的胚种等都弄得相当清楚了"[①]。巴斯德之所以不能彻底解决自然发生问题：一是一个人的认识总是有限的，总要受到他所处历史条件的制约；二是他对这一问题缺乏哲学和理论兴趣，认为生命的发生起源与科学毫不相干；三是他过于自信，低估和轻视了对手，说对手不懂得怎样做实验。从科学史的角度看，这值得我们深思，并引以为戒。

在发酵本质问题上，巴斯德同李比希争论了十几年。他以"发酵的生命说"反对李比希的"发酵的化学说"。在这个问题上，李比希完全否认发酵过程中的生命现象是不正确的，巴斯德一概否认发酵过程中的化学作用也同样是以偏概全。尽管巴斯德的研究一再证明发酵是由微生物引起的，但他并没有证明发酵化学过程的不可能。后来李比希和巴斯德都认识到"生命说"和"化学说"并非水火不相容，都试图将两种观点综合起来，可惜都没能实现。在二人去世后不久，毕希纳于1897年提出了发酵的"酶学说"，认为发酵是一种由活细胞产生的酶作催化剂的化学过程。这样，"化学说"和"生命说"被统一起来了，就像光的"微粒说"和"波动说"被"波粒二象性说"统一起来一样。可见，巴斯德的"生命说"只是认识了发酵现象的一个方面，并没有将发酵的本质"一览无余"。

从这两场争论中，我们可以得到这样的启示：每一个科学理论或观点都是在一定阶段、一定范围内对特定发展阶段和特定层次的研究对象的认识，都是一个相对真理，都有自己的局限性，因而在科学研究中既不能将自己的观点绝对化，也不能将对立的观点贬得一无是处，应通过争论，从对立的观点吸取合理的东西，不断深化、完善自己的观点，从而不断逼近客观真理。

---

① 恩格斯：《自然辩证法》，北京：人民出版社，1971年，第273页。

第十八章 李四光的地质力学思想

在 20 世纪的中国地质学界，涌现出一批卓越的地质学家。章鸿钊、丁文江、翁文灏、李四光是其中的佼佼者。他们的业绩中都曾经闪耀过光辉。但这种光辉显现最强、历时最久、辐照最广的，还得首推李四光。

一、祖国建设中的一面旗帜

李四光的一生经历了中国这块古老土地上发生的几次大的社会变革。辛亥革命时期，他追随孙中山，抱着"科学救国"的理想投身于现实的科学学活动，痛苦的经历使他深刻地认识到：仅靠科学难以救国，只有中国共产党领导的新民主主义革命和社会主义革命才能救中国。这是超越他已知的自然科学真理之外的另一个真理。找到这条真理他是颇费艰辛的，也是极为可贵的。所以，一旦受祖国和人民的召唤，便立即投身到祖国的建设事业之中。

在极困难的条件下，李四光坚持野外地质考察，在古生物学、冰川学、地质力学、地震地质等方面取得了惊人的成就，赢得了国际声誉。他将地质理论与实践紧密结合，为我国的石油工业和地震预报事业做出了开创性贡献。

李四光热爱祖国、热爱科学、坚持真理、大胆创新、治学严谨，一丝不苟。他不仅是一位成就卓著的科学家和桃李满园的导师，更是一位满腔热忱的爱国者和有杰出组织才能的科学活动的组织者和管理者。周总理曾高度赞扬他，"李四光同志是一面旗帜，对社会主义建设做出了很大贡献，我们要学习他"。

李四光的学生杨钟健对他的治学经验和治学精神作了最好的概括。他把李四光的治学经验概括为三点：博、精、约。博是说李四光在岩石、构造、地层、地球物理、古生物学及冰川学等方面研究领域广泛，无人望及其项背；精是说李四光的各项研究彻底、深刻；约是说李四光的研究成果不仅可供青年人学习、同行参考之用，也可使我国地质研究成果立于国际。而李四光的治学能够达到如此程度的原因，杨钟健则归纳为三种精神：有恒、崇信、能苦。李四光几十年如一日，潜心于地质学研究，崇信真理，追求真理，力排异议，不思年高体弱，长年坚持野外考察。这三种精神除他之外难有第二人。李四光不愧为世界第一流的科学家，是我国科学界"又红又专"的榜样。

二、旧中国时期的李四光

1889 年 10 月 26 日，李四光（原名李仲揆），出生于湖北黄冈回龙山街镇的下张家湾村。他的祖父库里是蒙古族人，和一位汉族姑娘结婚后改姓李，以开设私塾教村里的儿童读书为生。父亲李卓候继承父业，为人耿直，终生从事塾师职业。母亲龚氏是一位朴实的农村妇女，心地善良，勤劳一生。他兄弟姐妹六人，人多地少，一家人主要靠私塾微薄的收入生活，家境不太富裕。

家庭所受的种种苦难深深埋在李四光幼小的心灵，使他从小养成了吃苦耐劳的习惯。他性情温和，意志坚强，乐于助人，受到邻里乡亲的赞许。

李四光五岁开始读私塾，读书很用功。他善于动脑筋，独立完成功课，对不懂的问题总爱追根问底。有件事很能说明他爱动脑和对自然奥秘的好奇心。村边有一块巨石，他和同伴们常在石边玩。他曾不止一次地产生这样的疑问：为什么周围都没有这种石头？这块巨石从何而来？当然孩童的李四光无法得到答案。直到1933年他在《扬子江流域之第四纪冰期》一文中还提到这件事，解释说它可能是一块冰川漂砾[①]。

1902年冬，他考入武昌第二高小学堂，改名李四光。他对西方科学技术知识非常感兴趣，学习成绩名列前茅。1904年，李四光被破格选派日本留学。先在弘文学院普通科学习三年日语和初等数理化。1907年，他又考入大阪高等工业学校，学习高等数学、物理学、无机化学、冶金学、造船学、水力学等。他决心学成后回国，报效祖国。

在日本，李四光结识了宋教仁、马君武等民主革命者，开始走上革命道路。1905年，他见到了久仰的孙中山，加入孙中山领导的"中国同盟会"，成为第一批会员。孙中山赞扬他说，"年龄这样小就要革命，有志气"，鼓励他"努力向学，蔚为国用"。

1910年7月，李四光从大阪高等工业学校毕业，返回湖北中等工业学堂任教。次年10月，武昌起义爆发，他联络青年学生共同参加起义，并被任命为湖北军政府财部参议，结识了董必武。

1913年，宋教仁在上海被刺，李四光看清了袁世凯的反动面目，决心再次离开祖国去英国寻找"科学救国"之路。

根据自己的志向，李四光去伯明翰大学学采矿。他感到采矿离不开地质，于是决定先学地质。他师从地质学家包尔顿（W. S. Boulton），包尔顿很欣赏他的才干。当时，留英学生经费少，生活困难，李四光利用假期到矿山找活干，一是赚点生活费，二是可增长地质实际知识。

1917年，李四光获学士学位。利用暑假，他查阅了大量地质资料，编制出一幅中国若干地区情况的路线踏勘图，包尔顿看后大加赞赏，认为这一工作很有意义。强烈的爱国心和责任感，促使李四光立即着手更广泛地收集有关中国地质

---

① 李四光：扬子江流域之第四纪冰期，《中国地质学会志》，1933年，第13卷，第1期，第15~62页。

的文献资料。1918年他写出《中国之地质》的长篇论文,并通过硕士学位答辩。在论文中他呼吁炎黄子孙努力学习科学知识,用所学知识来振兴祖国的工业。

李四光的才干引起了人们的注意,伯明翰大学的一位老师介绍他去印度一矿山作地质工程师,他婉言谢绝了。他要回国为祖国找矿。1919年,丁文江去欧洲考察,特意找到李四光,希望他回国。不久,北京大学校长蔡元培发来聘书,请他回国任北京大学地质系教授。李四光非常高兴,决心回国。他属于中国。

1920年5月,李四光回到北京,任北京大学地质系教授,开始了他教学与研究生涯。当时的北京大学在蔡元培的主持下,成为"囊括大典,网罗众家",提倡"民主与科学"的高等学府,李四光为能在这样的大学执教而感到欣慰。他认真备课,一丝不苟地讲授,主讲的岩石学和高等岩石学深受学生欢迎。更为可贵的是,他认为地质学是一门实践性学科,因而常带学生去野外观测地质情况,进行实地教学。

这一时期是李四光在科学研究上最辉煌的时期,一生最主要的成就,如古生物蜓科的鉴定、中国第四纪冰川的发现和地质力学的创立都是这期间开始的。1922年,他在英国《地质杂志》发表《华北挽近冰川作川的遗迹》,引起国内外地质、地理学界的广泛关注和争论。这是对"中国无第四纪冰川"观点的第一次挑战。1927年,李四光的第一部专著《中国北部之蜓科》出版,伯明翰大学因他这一成果特授予他自然科学博士学位。

1927年,李四光应蔡元培之邀到南京组建和主持地质研究所。1928年地质研究所成立,李四光任所长。在这一岗位上,李四光度过了20多个年头。此时,李四光正进行着地壳运动基本问题的研究。1929年,他完成《东亚一些构造型式及其对大陆运动问题的意义》一文,创造性地提出"构造体系"概念,特别指出"山字型"构造最有用①。这一概念的提出标志着构造地质学的一个新的开端。对于这一贡献,李四光谦逊地说山字型构造并不是他首先提出的,采用的实验方法也是受别人启发的,功劳应归于他们。这反映了李四光对待科学研究继承性问题的严肃态度,他认为"科学是老老实实的东西,它要靠许许多多的人的努力积累起来的"②。

1931~1932年,李四光带领一些研究人员及学生两次赴庐山考察,发现了第四纪冰川的重要证据。中外一些地质学家对此持怀疑态度。李四光感到,要使"科学怀疑派"信服,还需找到更多的证据。

1936年,李四光考察了黄山,发现了非常明显的U型山谷,山壁上留有明显的冰磨条痕,方向朝下,反映了冰层移动方向。这是第四纪冰川的有力的确凿

---

① 李四光:《地质力学方法》,北京:科学出版社,1976年,第85页。
② 雨华:中国地质学人——李四光,《科学时代》,1947年,第5期,第20页。

证据。他将这一发现以《安徽黄山之第四纪冰川现象》发表在 1936 年第 3 期的《中国地质学会会志》上,并附有八张照片。这篇文章再次引起中外地质学家的极大关注。在中国教书的德国冰川学家魏斯曼(H. V. Wissmann)看后大为吃惊,两次去黄山看冰川遗迹。回来后高度赞扬"这是一个翻天覆地的发现",并立即给德国的土壤冰川杂志写了报导①。这是外国科学家对李四光第四纪冰川研究的第一次承认。李四光并未满足,1936 年 8 月第四次上庐山考察,在白石嘴附近又发现了冰川遗迹。他将几次庐山考察所得著成《冰期之庐山》一书,全面系统地论述了庐山地区的第四纪冰川遗迹,划分了冰期和间冰期,并与欧洲阿尔卑斯地区作了对比,为中国第四纪冰川地质研究作了典范。

1934 年 12 月至 1936 年 4 月,李四光偕夫人和女儿赴英国讲学。他为伦敦、剑桥、伯明翰等地的八所大学讲了《中国地质学》,并整理成书稿,交由伦敦杜马·摩尔第出版公司出版。1939 年该书出版,这是中国人自己的第一部中国地质学,在国内外影响很大。

从英国讲学回南京不久,李四光去黄山、庐山考察,并在庐山住了下来。期间,他见到了在日本认识的汪精卫。两人就抗战问题争论起来。汪精卫说:"你是书呆子,懂什么?"李四光气愤地说:"看谁看得对"。事后李四光对朋友说,汪精卫可杀。

1937 年 6 月,蒋介石、汪精卫邀请全国各大学教授及各界领袖来庐山谈话,李四光是首批被邀之人。李四光看透了蒋介石和汪精卫所为,虽在庐山,却断然拒绝了这次谈话。这在当时的蒋管区还是少见的。这表现了他强烈的爱国主义思想和刚正不阿的性格。

1937 年 12 月,南京失陷,李四光的地质研究所迁到桂林。在极困难的情况下,李四光带领研究人员在广西进行了广泛的地质调查,建立了广西山字型构造体系。还对桂北及大瑶山地区的第四纪冰川遗迹进行了详细的考察,取得了一系列成果。

动荡的战争年月并没有使李四光放松科学研究工作。1941 年秋,他带着学生对南岭东段进行了一次地质考察,发现这里有过第四纪冰川活动,并找到许多遗迹证据。正当他潜心于地质研究时,突然有一天得到消息说蒋介石要抓他,他知道这是他一贯不与蒋介石合作的结果,蒋介石曾许他高官厚禄拉拢他,都被他拒绝了。他和夫人在一个环境幽静的乡村"隐居"下来。在那段日子里,他草拟了《山字型构造之实验和理论研究》等著作。他写的"泉石且抒涓滴意,风尘莫叹客程颠"的诗句是他当时心情的写真。

1944 年,日军重兵南侵,桂林不保。李四光率领地质研究所同事,携带轻

---

① 陈群等:《李四光传》,北京:人民出版社,1984 年,第 102 页。

便物品向重庆转移。一路颠沛、奔波、苦不堪言，但在沿途李四光仍然不忘记地质考察，这是地质学家的天职使然。此时他身染痢疾，身体虚弱，仍坚持考察了贵阳一带的地质和第四纪冰川遗迹。他献身科学的精神，令身边的同事和学生十分感动。

到达重庆后，夫人许淑彬由于一路奔波操劳而病倒了，女儿许熙芝又不在身边，李四光一边照顾夫人，一边进行地质力学研究。对当局的愤慨和生活的困苦交织在一起，一向坚强的李四光有时也禁不住心酸流泪。但研究没有因此中断。在李四光心中，科学研究是第一位的。

在重庆的日子里，他应文化教育界同仁之邀在蔡元培诞辰纪念大会上作了"从地质力学观点看中国山脉之形成"的学术演讲。他认为中国众多山脉之形成不仅是中国的问题，更是一个世界的问题，要弄清这个问题需要地质学和其他学科的联合，在世界范围内进行考察研究。这里李四光已看到地质学的整体性和多学科的综合性。

不久，他的《地质力学之基础与方法》由重庆大学地质系印发，1947年由中华书局出版发行。这本书系统地阐述了地质力学的基础和方法，对建立地质力学这一新学科具有里程碑意义。

1945年8月14日，日本宣布无条件投降。李四光兴奋得彻夜未眠，但同时又为祖国的前途命运担忧，因为蒋介石准备打内战。他将祖国的前途和民族的命运寄托在中国共产党人身上，为毛泽东不顾个人安危赴重庆谈判的壮举深表钦佩，决心有一日去解放区工作。

1947年，李四光夫妇来到杭州，为杭州一带的独特地质现象深深吸引。李四光邀请浙江大学校长竺可桢夫妇、化学系教授丁绪贤夫妇及地质研究所的吴磊伯等一同游览了杭州的名胜。同时指导吴磊伯等发现了杭州地区的山字型构造。吴磊伯最初提议将这一构造命名为"杭州山字"，李四光结合当前形势，改为"临安山字型"，隐指蒋家王朝如南宋一样即将覆灭。

1948年2月，李四光夫妇赴英国参加第18届国际地质学地会。如同前两次一样，他把这看作是为国争光的好机会。1933年他参加了在华盛顿举行的第16届国际地质学大会，1937年参加了在莫斯科举行的第17届国际地质学大会，两次大会上他都宣读了论文，为中国地质学赢得了声誉。这一次他宣读了《新华夏海的起源》，又一次为国际地质学界所敬仰。

三、新中国时期的李四光

1949年，新中国成立了。颠沛流离大半生的李四光兴奋不已，他感到祖国和自己的前途一片光明。此时，他身在异国，心系祖国，接到郭沫若请他回国的信后，立即订好开往香港的船票，办好签证。与此同时，台湾国民党正在策划着一个阻碍李四光回国的阴谋。在周总理的亲自关怀下，李四光几经周折，摆脱国民党特务的纠缠，终于于 1950 年 4 月回到祖国，跨入了一个新的时代。

新中国刚成立，百业待举。地质研究工作是其中一个。周总理亲自同李四光畅谈，希望他把全国的地质工作者组织起来，为新中国的建设服务。毛泽东主席也接见李四光，鼓励他担负起建设祖国的重任。党和国家领导人的关怀和信任，给李四光增添了巨大力量，60 岁的老人焕发了青春，担任中国科学院副院长和中华全国自然科学专门学会联合会（简称全国科联）主席。

1952 年，地质部成立，李四光被任命为部长。他感到责任重大。当时，随着国家经济建设的发展，地质工作显得越来越重要，陈云在同年召开的全国地质工作计划会议上讲，"地质事业在国家经济建设中已成为一项最重要的事业了"①。很显然，地质必须服务于国家经济建设。

在百忙之中，64 岁高龄的李四光挤时间写出他在新中国成立后的第一篇论文《关于地质构造的二重基本概念》。文章第一次把构造地质学研究与宇宙观联系起来。这表明他的思想进入了一个新的高度，是将唯物辩证法引入地质学的结果。

第一个五年计划期间，石油资源的勘探工作显得格外重要。毛泽东和周恩来等中央领导为中国的石油前景多次同李四光谈话，征求意见。李四光收集大量的地质勘探资料，并根据几十年的考察所得，系统地分析了我国大地构造方面的许多问题，写成《旋卷构造及其他有关中国西北部大地构造体系复合问题》一文，指出柴达木盆地具有发现大量石油的可能性。1956 年的实地勘探不仅证实了他的预见，而且储油构造轴向的排列方式与李四光论文中指出的旋钮运动相符合。理论的指导作用再次得到证实。

由于过度的操劳，李四光心脏病发作。1955 年夏，中央让他去大连休养。他是一刻也闲不住的人，利用休养时间对大连白云山庄附近的地形进行考察，结果发现了发育在震旦纪石英岩中的一种旋卷构造，他形象地称之为"莲花状构造"②。可以看出，作为地质学家，他不论走到哪里，都不放过任何一个考察的机会，终有所发现。这是他几十年养成的一个习惯。

1958 年 12 月 29 日，李四光光荣地加入了中国共产党。他多年的心愿实现了，正像他所说，"他像是一个刚出生的婴儿，生命的新起点才开始"。70 岁高龄的李四光仍奋斗在地质战线上，他恨不能把全部智慧和力量全献给祖国和人民。1959 年，他曾对一位外国朋友说，"我个人能够逢这样伟人的时代，我深深

---

① 陈群等：《李四光传》，北京：人民出版社，1984 年，第 221 页。
② 李四光：莲花状构造，《地质学报》，1957 年，第 2 卷，第 4 期，第 361~372 页。

感到生活真有意义，生命值得珍贵"①。尽管年高体弱，病魔缠身，他决心总结几十年的地质力学成果，撰写《地质力学概论》，作为中华人民共和国成立十周年大庆的献礼。

国庆十周年之际，李四光写出《地质学概论》初稿，还写了《建国十年来中国地质工作的发展》《地质学的现在与未来》《看看我们的地球》等11篇论著，内容十分广泛。这是新中国成立以来他写作最多的一年。这对一个70岁高龄又多病的人来说需要多么大的毅力。

为祖国找到石油是李四光晚年的最大贡献。1953年毛主席接见他时曾说，"要进行建设，石油是不可缺少的，天上飞的，地下跑的，没有石油都转不动"。他当时就充满信心地说中国辽阔的疆土内蕴藏丰富的石油资源，"中国贫油论"站不住脚。从1954年起，我国开始了全面大规模的石油普查勘探工作，经过几年的努力，1959年发现了大庆油田。

李四光对我国石油工业的巨大贡献，党和政府给予高度评价。1961年10月，地质部党委在给周总理的报告中说，"党组织同意李四光同志的理论"。"地质部几年来的石油地质工作就是按照李四光同志的意见布置进行的"。事实证明，"李四光同志的理论是符合中国油田分布规律的客观实际的"。

1964年元旦，毛主席请李四光晚上到怀仁堂一起观看现代豫剧《朝阳沟》，李四光十分激动。开演时，李四光坐在毛主席身边，毛主席亲切地说："你们两家（指地质部和石油工业部）都有很大的功劳！"同年12月，周总理在第三届全国人民代表人会上所作的政府工作报告中指出："第一个五年计划建设起来的大庆油田，是根据我国地质专家独创的石油地质理论进行勘探而发现的。"李四光听到这里，激动得热泪盈眶，这是党和政府对他的崇高评价。

这次会议期间，毛主席亲切接见了李四光，风趣地对他说："老李，你的太极拳（指找石油）打得不错嘛！"此后，毛主席还多次接见李四光。李四光的贡献得到了党和政府的充分肯定。而他并没有因此而自满，总感到还有许多工作要做。

1965年，李四光又患了动脉瘤。国务院决定减少他的工作，周总理特意让邓颖超多次探望李四光。李四光感到留给自己的时间不多了，但还有几件事要做：地震预报、地热资源开发利用和地质力学的补充完善等。此时，他考虑的不是治病休养，而是如何抓紧时间完成要做的一切。一位76岁疾病缠身的人，在生命遇到挑战时，想的仍是工作、研究和事业，唯独不考虑自己。

地震预报工作是他晚年最放心不下的一件大事。我国是地震多发区，开展地震、地质预报工作刻不容缓。1962年广东东新丰江水库地震和1966年邢台大地

---

① 陈群等：《李四光传》，北京：人民出版社，1984年，第251页。

震强烈地震撼了李四光，他下决心要做好地震预报工作。

邢台地震后，李四光不顾年高体弱，亲自出席周总理主持召开的会议，并亲赴邢台震区考察，准确地预测了地震再次发生的可能性及发展趋势。1967年，河北河间发生6.3级地震证实了李四光的推测。1968年的一天深夜，李四光接到周总理紧急通知，商讨有关方面报告说清晨七时北京将发生7级地震之事。李四光在了解了各方面情况后，果断地说今晚不会发生大震，不要发警报。他的判断又一次得到了证实。

开发利用地热资源是李四光晚年常挂在心上的一件大事。他认为煤炭资源是有限的，煤炭应当用作工业原料全面利用，烧掉太可惜。1956年他在世界科学协会成立十周年纪念大会上曾经大声疾呼："用不着想入非非就可以预料到，将来我们的子孙会责怪我们的科学家，为什么眼看成像煤这样贵重的物质被随便当作燃料烧掉而默不作声①"。从那时起，李四光就让地质力学研究所开展地热学研究，还派人去苏联学习。1970年9月，当他在武汉听说沙市南面打油井时，打出一口热卤水井时，立即派人去考察，并说热卤水的价值很高。不久，他又听说天津打出了地下热水，很高兴，81岁高龄的他，不顾别人的劝告，亲自去天津考察。他曾对女儿说："要把地热充分利用起来，我们可以节省多少燃料！可以给人民的生活造很大的福利。"他去世后，家人在他常用的一个笔记本里找到一张纸条，上面写着：在我们这样一个伟大的社会主义国家里，我们中国人民有志气，有力量，克服一切科学技术的困难，去打开这个无比庞大的热库，让它为人民所利用②。

完善地质力学是李四光晚年又一大心事。自从发现自己患动脉瘤后，他就抓紧时间修订《地质力学的方法与实践》的提纲。这份提纲共有四篇：地质力学概论；中国典型构造体系分论；岩引力学与构造应力场的分析；地壳运动问题。每篇都列出详细的分提纲。那天，李四光紧张工作了一天，夫人许淑彬心痛而风趣地说："你是在写遗嘱吧！"

1969年5的一天，毛主席找李四光谈话，他们从天体起源谈到生命起源。临别时毛主席说他很想看李四光写的书，能否送他几本。李四光很受感动。为此，他花了近一年的时间写成《天文、地质、读生物资料摘要》，送给毛主席、周总理和中央其他领导人。毛主席和周总理很满意。

在李四光生命的最后几年，正是"文化大革命"期间，他也受到冲击和干扰。在十分困难的条件下，他仍坚持工作和研究。1971年4月，李四光病情加重。同年4月29日11时，这位新中国的卓越科学家走完了人生的旅程。他鞠躬

---

① 李四光：《天文、地质、古生物资料摘要》，北京：科学出版社，1972年，第90页。
② 陈群等：《李四光传》，北京：人民出版社，1984年，第339页。

尽瘁，死而后已的精神，永远激励着后人。

四、科学成就与科学思想

在科学研究领域，李四光是一位高产多能的地质学家。1920~1971年，他发表各种论文157篇，专著18部。主要有：《地球表面形象变迁之主因》《中国北部的䗴科》《中国地质学》《冰期的庐山》《地质力学概论》《地质力学方法》《地震地质》等。按研究内容可分为四大类：

（1）古生物䗴科研究。1920年，李四光在山西、河北等地进行科学考察时，开始古生物学研究。他发现石炭二迭纪地层中含有许多微体古生物䗴科化石，他想，通过䗴科种属的鉴定和对比，就可以较为准确地划分含煤的石炭二迭纪地层的先后顺序，从而为寻找和开发煤炭资源提供依据。

从1922年写出《䗴蜗鉴定法》到1942年写出《朱森䗴：䗴科之一新属》，李四光20年共发表论著9篇（部），在这一研究领域，李四光创用"䗴科"一词，被我国古生物学家沿用至今。通过大量䗴科化石的鉴定，李四光创立了䗴科鉴定十条标准①，将䗴的主要特性用若干曲线表示出来，使之既有定性概念，又有定量概念，提高了鉴定的准确性和科学性。这十条标准为中外学者所采用。

运用十条标准，李四光对中国北部的䗴科化石进行了系统研究，定出新属20多个，如第一个新属命名为包尔顿属；最后两个属命名为丁文江属和翁文灏属。以人名命名是表示对他的老师与前辈的尊重。20世纪30~40年代，他又对南方的䗴科进行了研究，发现了一种新䗴科，为纪念他已故的学生朱森而将它命名为朱森䗴科。李四光对䗴科的研究开创了我国在这方面的先河。

（2）第四纪冰川研究。这一领域的研究始于1921年。这一年李四光在河北太行山麓和山西大同进行地质考察时发现了冰川遗迹。1922年他用英文写成《华北挽近冰川作用的遗迹》发表在英国《地质杂志》上，以确凿的证据证明中国曾发生过第四纪冰川，从而揭开了我国第四纪地质研究的新局面。

20世纪30~40年代，李四光为进一步论证中国第四纪冰川的存在，先后对扬子江流域、长江下游、黄山、鄂西川东湘西桂地区、贵州高原和庐山等地进行了十分广泛的地质调查，在所考察地区均发现了第四纪冰川的证据，撰写了《扬子江流域之第四纪冰期》《安徽黄山之第四纪冰川现象》《庐山之冰期》等8篇论著。李四光对冰川学的研究，有力地证明了我国大范围存在第四纪冰川。

他认为，中国第四纪冰川主要是山谷冰川，庐山是中国第四纪冰川的典型地区，它在第四纪地质时期至少经过两次冰期，还可能有过第三次冰期。最老的一次冰期，历史最长，随后有一个气候温暖而比较干燥的较长的间冰期；第二次冰

---

① 李四光：䗴蜗鉴定法，《中国地质学会志》，1923年，第3/4期，第51~97页。

期和间冰期都比第一次短；最后一次冰期虽然高山气候酷寒，但仅有少数冰川下到平地，历史也很短暂，可能只有数千年；此后，气温和雨量虽仍有波动，但没有再发生过冰期。他还根据野外测得的一些侵蚀数据，估算最后一次冰期结束距今已达13 600年，因此，庐山最后一次冰川活动时期，同欧洲阿尔卑斯的伏尔姆冰期似乎可以相比①。

（3）地质力学研究。这是李四光一生最主要的研究领域。1921~1970年，他在这方面写了大量的论著，粗略统计约有135篇左右。

1918年的硕士论文《中国之地质》是李四光地质学研究的开端。20年代初，他通过石炭二迭纪地层的研究，发现我国北方主要是陆相地层构成，南方是海相地层构成。为什么南北地层构造差距这么大？从这一问题出发，他走向了地质力学的研究。

经过20多年的研究，1944年他在《南岭东段地质力学之研究》一文中，第一次提出"地质力学"概念，这标志着他的地质力学研究走向成熟。1945年李四光的《地质力学的基础和方法》出版，这是对他前期研究成果的一次总结。他在书中开宗明义地提出："地质力学之意义，在从地表岩体所经过各种变形或破坏之方式，根据力学原则，探求各地域内发生的运动之原因。"②

新中国成立后，李四光进一步对地质力学进行了研究，发表了一系列论著，如1951年的《受了歪曲的非洲大陆》、1953年的《地质构造的三重基本概念》、1954年的《旋卷构造与中国北部大地体系及其他构造体系复合问题》、1955年的《地壳运动问题》、1957年的《莲花状构造》、1959年的《东西复杂构造带和南北构造带》等，大大丰富和发展了地质力学的内容。1962年，李四光完成《地质力学概论》，对40年的地质力学研究作了全面而系统的总结。该书是他的地质力学方面的代表作，也是地质力学研究史的一个里程碑。他在书中提出了一套独特的工作方法：鉴定每一种构造形迹或构造单元的力学性质；辨别构造形迹的序次，按序次查明同一断裂面力学性质可能转变的过程；确定构造体系的存在和它们的范围；划分巨型构造带、鉴定构造形式；分析联合和复合的构造体系；探讨岩石力学性质和各种类别的构造体系中应力活动方式；模型实验。这套方法为构造地质学研究开辟了一条崭新的途径。而在此之前，其他构造学派都没有提出系统研究方法。

他还首次提出"构造体系"概念，并第一次将其分为三大类：一是横亘东西的复杂构造带，即纬向构造体系；二是走向南北的构造带，即经向构造体系；三是各种扭动的构造体系。这是对大地构造学的一大发展，是其他大地构造派的

---

① 李四光：《中国第四纪冰川》，北京：科学出版社，1975年，第18~20页。
② 李四光：《地质力学方法》，北京：科学出版社，1976年，第131页。

巨著所没有的。

在他看来，由于地壳是不断运动着的，既有长期的缓慢运动，又有急促的剧烈运动，而现今我们所见到的地球表面所表现出来的各种构造形迹，乃是历次地壳运动加在一起的综合现象。而各种构造形迹是地应力活动的结果。他认为现今地球表面所表现的各种构造形迹，不管它们的形态多么不同，规模大小怎样悬殊，都不是各自孤立的，而是相互关联的，不是杂乱无章的，而是有规律地构成各种形式的构造体系。1965年，他列出了《地质力学的方法和实践》的详细提纲，内容更加丰富，可惜他没能完成，但指出了地质力学的研究方向。

（4）石油普查与地震预报研究。这是李四光地质力学理论的应用研究。根据地质力学理论，李四光分析得出选定油区的四个条件：一是在沉积岩层厚度大，岩相不单一，有机物质多，挽近地质时代长期下沉而且幅度较大，对生油、储油有利的地区；二是在褶皱不强烈，有扭动和旋扭运动造成的构造，对油气集中有利的地区；三是储油岩层和它们形成的构造埋伏在较浅的地下，对油气保存有利的地区；四是在我国首先着重中生代、新生代地层分布的地区。具备这四个条件的地区可能找到石油，并指出最有可能找到大油田的三个地区：一是青、康、滇、缅大地槽；二是阿拉善-陕北盆地；三是东北平原-华北平原。后来他又提出七个更具体的石油勘探地区，如东北松辽平原北部、柴达木盆地、离海岸不远的海洋区域等。他还提出石油普查勘探程序：指出油区→选定油区→开展物探→地质钻探→预测油田→圈定油田→评价油田。依据李四光的理论和方法，我国在石油勘探上取得了重大胜利。

在地震预报方面，李四光认为地震是，地质构造运动引起的，应着重监测地应力的变化及其规律。具体程序是：一是对有关地区进行详尽的地层构造调查工作，特别要查明出露地表的具有活动性的断裂带的性质、分布规律和延伸范围；二是围绕现今还在活动的断裂带，进行精密大地测量和微量位移测量，并设置地震观测网，进行微观和宏观的地震观测工作；三是加强构造应力场研究，观测和分析现今地应力分布的情况、活动的方式和变化规律，从而明确它们与当地地震的关系，并确定地震源的所在地和分布的范围；四是对受力作用的岩石的各种性质作认真研究[①]。对上述四点作综合分析，有可能推测地震的发展趋势。在这一理论指导下，我国的地震预报工作取得了可喜的成绩。

五、科学哲学思想与科学方法

李四光是一位颇有哲学头脑的科学家。他的科学成就的取得与他重视马克思主义哲学和自然辩证法的学习有很大关系。

---

① 李四光：关于地震地质工作问题，《中国地质》，1965年，第12期，第5页。

在英国讲学时,他就开始阅读恩格斯的《自然辩证法》,恩格斯关于自然科学诸学科诸多问题的精辟论述,深深吸引了李四光,对他研究地壳运动、海水进退、地球自转速率及冰期更替问题有很大启迪。

回国后,他又读了毛泽东的《实践论》《矛盾论》、恩格斯的《反杜林论》和列宁的《唯物主义和经验主义批判》等哲学著作。临终前枕下还放着《毛主席的五篇哲学著作》。他是中国自然辩证法研究的先驱,同于光远一起开展自然辩证法研究,建立自然辩证法研究会①。

更重要的是,李四光在研究和工作中自觉运用唯物辩证法,写出了《用辩证唯物主义指导我们的工作》《学习毛泽东思想,发展自然科学,建设祖国》《科学的中心思想怎样转变》等20多篇哲学文章,给我们留下了宝贵的精神财富。他的各种论著中都包含了丰富的哲学思想,归纳起来主要有以下三个方面。

(1) 地球系统进化观。在研究地层中的古生物蜒科的过程中,李四光逐渐形成了这一思想。在地质力学中这一思想表现得更加明显。李四光对地层古生物化石进行广泛而深入的考察,认识到地层古生物是存在于两个属的中间态的生物,这是极为罕见的,达尔文的生物进化论和赖尔的均变论都忽视了这一点,忽视了突变。他认为进化不仅仅是渐变,也包含突变,是渐变与突变的统一、量变与质变的统一。从自然发展到人类社会,都符合一个由简单到复杂、由渐变到突变、由量变到质变的辩证发展过程。这是一个经过一系列否定之否定的物质进化过程。

在地质力学中,他主张地质构造体系的普遍联系与发展,既反对传统构造地质学的"单纯形态论",又反对"大陆固定论",而是将力学原理和方法用于地质学,形成"构造体系论",并将"大陆漂移说"融于其中。他的"构造体系论"认为,地层上的各种构造现象不是各自孤立的、不相关的,而是相互联系、协调进化的;地壳运动也是如此,不论其形态、性质、序次、大小如何,都形成一个构造统一体。而每一构造统一体又各自发展、演化为新的构造体系,新的构造体系复合叠加在原有构造体系上,从而形成整个地球地壳的运动。在《科学的中心思想在怎样转变》一文中,李四光对这一思想作了深刻论述,不过,我们也应看到他将进化推广到人类社会,即将进化概念广义化,容易导致社会达尔文主义。

(2) 地质实践观。李四光一贯认为,地质学是一门实践性学科,但并不排斥理论研究。他指出,要弄清大地构造、地壳运动的实质,必须进行广泛的地质考察,在实践的基础上才能产生正确的理论。他一生大部分时间和精力都用在了世界范围的地质考察上,无论在国内还是国外,都把通过野外地质观察所得作为

---

① 李四光:关于地震地质工作问题,《中国地质》,1965年,第12期,第6页。

自然提供的第一手资料。在大量第一手资料的基础上,建构地质力学。

一方面,他把实践作为地质研究的首要的基本原则。他认为实践是创造理论、检验理论和发展理论的基础和标准,要揭示自然现象的本质及规律,就必须把观察与假说、实践与理论统一起来。他把脱离实践的理论形象地比作"在空中翻筋斗",把忽视理论指导的实践比作"盲人骑瞎马"。他指出,理论和实践是不能分开的,单讲实际不讲理论那是没有指导原则;单讲理论不讲实际是空中楼阁,不能踏踏实实前进①。另一方面,他强调理论的应用。他说,"我们的科学发展主要是为国家建设服务,目前国家建设中的问题,如不能得到解决,国家就站不起来"②。正是基于这样一种思想,他把地质力学用于找石油、地震预报、地热资源开发利用及农业生产上。

（3）科学协调发展观。长期的科学研究、新旧社会的亲身经历和东西文化、社会制度的对比,使李四光对科学的性质、功能、发展方式等有了深刻的认识。晚年他在许多文章中论述了科学与传统文化、生产方式、社会制度、意识形态等的相互关系,提示出科学的社会性、统一性,以及科学发展的生产方式变革模式。

李四光在《二十年经验之回顾》一文中谈到了科学发展与传统历史遗产的关系。他认为我们缺乏传统的地质科学遗产对我们研究地质学是不利的,但也有有利的一面,即容易接受新思想,免受传统思想约束。他看到了传统文化对科学的促进和阻碍两个方面。

在《科学的中心思想在怎样转变?》一文中,他认为科学是一种思想意识形态,不是政治意识形态,即科学不具有阶级性。他批驳了西方近代科学产生的"环境决定论"和"民族优秀论"的荒谬观点,指出"生产力方式对于科学发展,是具有决定性的客观条件,同时也不要忽略科学思想运动的形态是一种主观的指导力量"。在他看来,科学一方面受生产方式和社会形态的制约,另一方面也受到哲学思想的影响;反过来,科学的发展也促进生产力的发展、社会制度和意识形态的变革。

在《地质工作者在科学战线上做了些什么?》一文中,他专门探讨了科学的社会性问题。他把科学的社会性分为政治性和哲学性。他说,"谈到科学工作我想总不免涉及科学的政治性、科学的哲学性和科学技术三个方面。也许这个提法不妥,可是事实是,一般所谓科学工作,大都是指解决科学技术问题的工作而言,有时也牵连到科学的思想意识性,也就是科学的哲学性,但是由于政治控制一切这一重要的事实,在旧社会有意或无意被人抹杀了"③。这里科学的政治性

---

① 刘则渊:李四光的科学哲学思想初探,《科学技术与辩证法》,1989年,第5期,第20~24页。
② 陈群等:《李四光传》,北京:人民出版社,1984年,第243页。
③ 李四光:地质工作在科学战线上做了一些什么?,《地质评论》,1950年,第16卷,第3-6期,第1~13页。

和哲学性是指科学受政治的控制和哲学的支配，以及科学的政治职能和哲学职能。李四光看到科学不是价值中立的，它要受到它之外的社会各种因素的影响。正是基于这一观点，他在《党能领导科学工作》一文中，将党对科学的领导概括为两点：一是保证科研工作服务于社会主义建设的需要；二是保证科研工作在辩证唯物主义世界观指导下进行。前者是科学的政治经济功能，后者是科学的哲学功能。

李四光还通过对科学自身历史的考察，分析了科学自身发展的内在逻辑性。他认为科学的发展，要能够达到某种程度，很清楚，专业化是不可避免的，也是必要的。但是超过了某种程度，便不免使许多科目孤立起来。因此，便损失了在那种程度下知识应有的统一性。知识损失了统一性，便意味着减少了科学进展的可能性①。这里，李四光指出了科学知识的分化与综合的辩证统一发展关系。

依据对科学与社会诸因素互动关系的认识和科学自身的自组织发展的认识，李四光提出了科学发展的模式：近代科学发展的程式，有它自己的逻辑，那就是以生产方式的基础展开的。这样，很清楚，科学是活的东西，而不是机械的东西。经常总有一些课目乃至于科目，完成了它的任务以后，它们自己也就完结了。同时，新的科目跟着新发现的问题和方法也不断出现。这正是科学的活跃。在他看来，科学是在生产方式基础上，在科学内部矛盾驱动下动态地发展的。也就是说，科学是在同社会各种因素的协调互动而发展的。这是一种科学的自组织协同发展观，是科学的内部与外部统一、社会性与逻辑性统一的协调发展模式。

李四光的哲学思想还反映在科学方法论上。他在科学研究中形成的一套独特方法都有一般方法论的意义。这些方法概括起来有以下六种。

（1）系统方法。李四光在建构地壳运动的"构造体系"概念时运用了系统方法，从而形成他的"地球系统进化观"。在《科学的中心思想在怎样转变》一文中，他运用唯物辩证法分析了机械唯物主义对科学方法的限制，指出机械论方法是把物质系统进行分割的分解-还原方法，只有孤立性和加合性；而系统方法则是从研究对象的整体出发，把握其层次性、关联性和动态性，既看到系统的内部结构的相互作用，它关注一部分的变化引起其他部分的"连带相关"变化。他在《地质力学概论》中总结的七步骤工作方法就是系统方法。他研究的总原则是：第一，一定要联系实际；第二，一定要看到全面。

（2）质疑法。质疑是对所研究对象表现出现象的诘难、怀疑、求真的探索性方法。李四光认为规律是不容易找到的，必须就观察所得一切现象，即客观事实，一步步穷追，问个究竟，不应仅仅停留在观察和现象描述阶段。问题是研究的起点，提出问题本身就是对研究现象的思考，通过问题及其解决探知事物的深

---

① 李四光：让我们自己检查，《自然科学》，1951年，第1卷，第1期，第3~5页。

层本质。他曾举地槽问题为例来说明质疑法。地槽究竟是不是地球表面上发生的一条简单的大型槽子？如果是，那么就要问为什么恰恰在它们所在的地带发生了那条槽子？为什么它们各自都有一定的伸展方向？这些问题弄清了，地槽问题就容易解决了。地质力学的创立就是从我国南北地层的巨大差异问题开始的。在运用这一方法时，他特别提醒，不管你如何提出问题，怎样企图解决问题，必须做到从实际出发，把握整体。

（3）反序法。反序法是一种逆向思维或推理法，也是一种溯因法。它是按与事物发展序列相反的程式探求事物的本质。李四光在地质力学研究中运用了这种方式。他认为地球上各种构造现象都是地壳运动的结果。地壳在运动中必然有地应力在起作用。岩石在地应力作用下就会变形，留下波浪起伏、纵横交错的各种构造形迹。反过来，依据构造形迹的力学特征，就可以追溯力的作用方式，进而探索地壳运动的方向和起源。李四光将这种方法称为"反其道而行之法"，即反序法。这一方法克服了传统地质学"将今论古"等方法的缺陷，发展了地质学方法论。

（4）移植法。这是把一门学科的方法引入另一门学科的研究方法。它是学科渗透、交叉的必然结果。地质力学便是移植法的杰作。李四光在运用传统的"将今论古法""化石对比法""地层对比法""物理化学综合法"的基础上，将力学方法引入地质学，创立了地质力学；将工程模拟方法引入地质学，建立地质模拟实验方法。利用"他山之石"，攻别山之玉，李四光在这方面是行家里手。

（5）主要矛盾分析法。李四光在分析解决地质学中的一些重要问题时运用了这一方法。在《地球表面形象变迁之主因》一文中，李四光依据力学分析和计算，提出决定地壳运动方向的主要原因是地球自转速度的变化，而不是月球对地球所产生的潮汐作用。他解释说，地壳运动方向的主因来自地球内部，而非地球外部，地球内部较重的物质由浅部向深部集中时，地球的转速就由慢变快；随着自转加快，地球内部较重的物质又由深部向浅部移动，转速由快变慢。在地震预报的探索中，李四光从地质构造原理进行分析，认为地震是地下岩层的波动向上下四周传播，直至达到地表各点。简单地说，地震是地质构造运动引起的。地震发生时尽管伴随着电场、磁场、重力场的变化，以及地壳变形位移、地下水温、水位的变化等等，但地应力的变化是最主要的。只要抓住这一主要矛盾，地震预报就是可能的了。

（6）历史分析法。任何事物都有一个发生、发展及演化的历史过程。分析事物演变的历史，有助于弄清其本质和规律。李四光在研究每一个问题前，都要对其历史作深入考察，通过历史分析找到突破点。譬如，他通过对地层古生物化石的演变历史分析，找到了地下煤层划分的依据；通过对构造体系发生、发展及演化历史的分析，研究地壳运动的方式和方向，从而弄清地球自转速度的变化是决定地壳运动方向的主因。

六、李四光的科学精神

自李四光从事科学研究以来,他一直是科学活动的组织者、管理者和领导者。他不仅有出色的组织管理才能,而且具有高尚的思想情操和高尚的科学道德。

早在辛亥革命时期,年轻的李四光就担任南京临时政府的实业部部长,一上任便进行整顿,改组机构,使实业部出现生机。袁世凯上台后,他愤然辞去部长之职。

在北大期间,他先后担任全校的庶务、财务和仪器委员会长职务,后又任评议会评议员,积极协助蔡元培工作。他主张改革"只满足于对古籍中只言片语的解释"的消极学风,倡导读"自然之书"。他说,"真正的变革,必然是通过科学研究,不断适应现代思想发展的趋势"[1]。李四光这一主张将青年从胡适主张的"整理国政"的学风引向新学风起了一定作用。

任地质研究所所长后,他对研究人员和研究方向作了大幅度调整,明确提出:"本所的研究工作,应特别注重讨论地质学上之重要理论,……目的在解决地质学上之专门问题,而不以获得及鉴别资料为满足。"[2] 在经费极困难情况下,购置图书资料和必要的仪器;根据研究人员的特长分配研究方向,发挥他们的聪明才智;将过去的签到制改为工作日记制,奖罚分明,调动了研究人员的积极性。在他的主持下,地质研究所取得了一系列的令人注目的成果。

在广西桂林的日子里,地质研究所因经费短缺几乎关门。李四光果断采取三项措施:一是将一些研究人员分散到其他大学;二是与地方有关部门加强合作;三是尽量争取广西当局的支持。这三项措施果然奏效,基本解决了燃眉之急。

1938年,李四光与当时的广西大学校长马君武共同筹划建立了桂林科学实验馆,李四光任馆长。该馆在李四光主持下,在应用研究、收集科学材料、开展科研合作及发展广西科学教育方面取得了可喜的成绩。

新中国成立后,李四光被任命为中国科学院副院长,协助郭沫若院长工作。每当郭沫若因外事外出时,总是向中国科学院宣布由李四光主持工作。郭沫若说李四光是"国宝",应当重用。1950年,他在《新中国的科学研究》的报告中,提出了中国科学院应随科学的进展和社会生产方式变化而改进工作方式,划分新的研究领域,培养适合国家经济建设的专门人才,促进整个社会结构的合理化。李四光强调了生产、教育、科学研究的协调发展不能脱离社会发展,强调科学为

---

[1] 陈群等:《李四光传》,北京:人民出版社,1984年,第59页。
[2] 陈群等:《李四光传》,北京:人民出版社,1984年,第82页。

第十八章 李四光的地质力学思想

生产服务,为人类造福的功能。这是极有远见的观点。

1950年,从英国回国不久的李四光接受了周总理交托的组织全国地质工作者的任务。他在广泛征求全国各地地质工作人员意见的基础上,提出成立"一会、二所、一局"的方案。"一会"指地质工作计划调配委员会,"二所"指中国科学院地质研究所和古生物研究所,"一局"指财政经济委员会矿产地质勘探局。这一方案得到周总理的同意并在政务院第47次会议上通过,奠定了我国地质工作的组织机构基础。

李四光担任地质部长后,立即召开了全国地质工作计划会议,当时的政务院副总理陈云在会上指出:"地质事业在国家经济建设中已成了一项最重要的事业了,但任务大,力量小。"要克服这两个困难,要"按国家的需要,力争完成国家的计划,力量不够,就研究增加力量的办法"[①]。李四光也明确提出:1953年的地质工作"必须是转变的一年",必须迎头赶上,服从国家需要。到第一个五年计划末,全国已有地质工作人员20多万人,地质部对71种矿产进行了勘探,成绩巨大。

在用人方面,李四光十分珍惜人才,他很赞赏居里的女婿曾讲过的一句话,"科学界如果能在社会上说话,是因为科学上的成就"。李四光认为这是一个原理,他建议人事部门把科学界人物的政治思想和学术专长记载下来,以便有计划地使用,发挥他们的更大作用。他曾亲自调动和安排一些科学家的工作,使他们在自己的专长上发挥才干。

李四光的组织和管理才能在石油之战中表现得更加突出。周总理在一个报告中说:"石油在我们的工业是最薄弱的一个环节,……首先是勘探情况不明。地质部长很乐观,对我们说,地下蕴藏量很大,很有希望。我们拥护他的意见。现在需要去做工作,所以要有一个单独的石油工业部。"[②] 1956年,国务院成立了以李四光为主任委员的全国石油地质委员会,加强石油普查勘探的咨询工作。李四光在这方面所起的作用主要表现在:①从理论上科学地指出中国有丰富的油气资源;②预测出松辽、华北等面积辽阔的地区有含油远景;③在突破松辽盆地后,又及时地指出到那些与松辽盆地处于同一大地构造体系的不同段落的地区找油的正确方向。

实践证明,李四光对找石油的前瞻性和战略性指导是正确的,对地质勘探工作的组织领导是卓有成效的。不仅如此,在一生的科学活动中,李四光处处表现出高尚的情操和道德风范。以科学报国是李四光终生的理想。在外国人面前更要为国争光争气。1922年北大25周年校庆之际,一位自以为是"大教育家"的外

---

① 见《新华日报》1953年1月,第111~113页。
② 见1956年5月3日周总理在国务院司局长干部会议动员一切力量为社会主义服务》的报告。

国人参观北大二院，李四光有礼貌地接待他，但此人态度傲慢，在实验室抽雪茄，颇有看不起中国最高学府之神气。李四光非常气愤，当场进行了斥责，捍卫了国家和学校的尊严，也表现了李四光对外国人不卑不亢的态度和一个中国人的骨气。

1934年，他在英国讲学时，为回敬一些外国学者对我国主权的挑衅，在讲中国地质学时，他首先从西藏高原讲起，因为当时西欧人总认为西藏不完全是中国的一部分。为纠正这一错误认识，他有意把西藏高原列入中国自然区域的首位，在外国同行面前表现出一个中国学者的民族尊严和气概。

在英国地质学界，提起中国学者"J. S. Lee"不少人都称他是一位非常了不起的人。1929年，李四光被选为伦敦地质学会的国外会员。1947年，挪威奥斯陆大学授予李四光哲学博士学位。1958年，苏联科学院全体大会上一致选举李四光为苏联科学院院士。1959年，苏联科学院主席团决定授予李四光卡尔宾斯基金质奖章。克鲁泡特金教授在《自然》杂志上专门撰文介绍李四光在地质学上的成就。

在科学活动中，创新是李四光的一个显著特点。要创新就要敢于打破已成之见。第四纪冰川研究打破"中国无第四纪冰川"之陈见；应用地质力学预见到我国蕴藏大量石油冲破了"中国贫油论"的迷雾；古生物化石研究确定煤层划分问题开这方面的先例。1960年，中苏关系破裂，苏联撤走专家，李四光对这种背信弃义的行为十分气愤。他说，这没有什么了不得，相反可以激发我们自力更生，走自己的路，破除迷信外国的思想，自己的创造是第一位的，学习借鉴是第二位的。1965年，他在第一届全国构造地质学学术会议上说："一些陈旧的、不结合实际的东西，不管那些东西是洋框框，还是土框框，都要大力地把它们打破，大胆地创造新方法、新理论，来解决我们的问题。"[①] 要打破陈见，就要敢于怀疑，"不怀疑不能见真理，所以我希望大家都取一种怀疑的态度，不要为已成的学说压倒"，因为"科学的存在全靠它的新发现，如果没有新发现，科学便死了"。所以，"我们的方针还是要回到那两句话上去：虚心地学习，批判地学习，大胆创造"[②]。他告诫青年科学技术工作者，抱定为社会主义祖国富强、为人类造福的崇高目的，在工作中，不断攻破自然奥秘，发现新世界，创造新东西，开辟人类浩荡无际、光明灿烂的前景。

李四光一贯倡导科研合作，开展学术批评。他认为"分科的知识现在已发展

---

① 李四光：关于改进构造地质工作的几点意见，《地质评论》，1957年，第23卷，第4期，第250页。

② 李四光研究会组，地质学会地质力学专业委员会：《李四光纪念文集》，北京：地质出版社，1981年，第126页。

到这样一个阶段，我们必须面对成群的问题，而这些问题的解决需要联合的努力"①。"在这种需要之下，只有打破科学割据的旧习，作一种彻底联合的努力，方才有解决这类问题的希望。"他常对年轻人讲，"任何专业都不是孤立的，它和周围的其他专业总是有一定的关系的。解决一个科学技术问题，完成一项任务，往往是主要要求某一专业做出它的贡献，同时也往往需要其他专业的协作"②。因此，他要青年科技工作者，既专又博，不专光博，一无着落；不博光专，钻牛角尖。应当在博的基础上求专，在专的要求下求博。

李四光的大半生是在科学学争论中度过的。他认为学术上的争论是必要的，这是科学发展不可缺少的一个条件。不论是善意的争论还是带有偏见的争论，都对科学理论的成长有好处。他说，"关于科学上的问题，根据科学的事实，作严格的讨论，尖锐的批评，甚至于较长期的斗争，是常有的事，并且不一定是坏事"。因为"真正的科学精神，是要从正确的批评和自我批评发展出来的。真正的科学成果，是经得起事实考验的。有了这样双重的保障，我们就可以放心大胆地做去，不会自掘妄自尊大的陷阱。"③

---

① 李四光：二十年经验之回顾，《中国地质学会志》，1942年，第27卷，第1/2期，第32页。
② 陈群等：《李四光传》，北京：人民出版社，1984年，第289页。
③ 李四光：地质工作在科学战线上做了一些什么?，《地质评论》，1950年，第16卷，第3-6期，第10页。

参 考 文 献

安东尼·M. 阿里奥托. 2011. 西方科学史. 2版. 鲁旭东等译. 北京：商务印书馆
M. 艾根，P. 舒斯特尔. 1990. 超循环论. 曾国屏/沈小峰译. 上海：上海译文出版社
W. 袍利. 1979. 相对论. 凌德洪，周万生译. 上海：上海科学技术出版社
贝朗塔菲. 1987. 一般系统论. 秋同，袁嘉新译. 北京：社会科学文献出版社
陈熙谋，陈秉乾. 1992. 电磁场定律和电磁场理论的建立与发展. 北京：高等教育出版社
陈方正. 2011. 继承与叛逆——现代科学为何出现于西方（上、下）. 北京：生活·读书·新知三联书店
程守洙. 1998. 普通物理学. 北京：高等教育出版社
邹海林，徐建培. 2005. 科学技术史概论. 北京：科学出版社
陈建礼. 2001. 科学的丰碑——20世纪重大科学成就纵览. 济南：山东科学技术出版社
W. C. 丹皮尔. 2001. 科学史及其与哲学和宗教的关系. 李珩译. 桂林：广西师范大学出版社
W. C. 丹皮尔. 2001. 科学史及其与哲学和宗教的关系（上、下册）. 李珩译. 北京：商务印书馆
姜振环. 1994. 软科学方法. 哈尔滨：黑龙江教育出版社
姜璐，王德胜. 1990. 系统科学新论. 北京：华夏出版社
弗·卡约里. 2002. 物理学史. 戴念祖译. 桂林：广西师范大学出版社
科恩. 1999. 科学中的革命. 鲁旭东等译. 北京：商务印书馆
[美] M. 克莱. 2009. 因古今数学思想（一、二、三、四）. 张理京译，上海：上海科学技术出版社
弗里得里希·克拉克默. 2002. 混沌与秩序——生物系统的复杂结构. 柯志阳，吴彤译，上海：上海科技教育出版社
詹姆斯·格莱克. 1990. 混沌：开创新科学. 张淑誉译. 上海：上海译文出版社
柯瓦雷. 2003. 从封闭世界到无限宇宙. 邬波涛，张华译. 北京：北京大学出版社
柯瓦雷. 2003. 牛顿研究. 张卜天译. 北京：北京大学出版社
柯瓦雷. 2002. 伽利略研究. 李艳平等译. 南昌：江西教育出版社
拉卡托斯，1986. 科学研究纲领方法论. 兰征译. 上海：上海译文出版社
林德宏，肖玲. 1995. 科学认识思想史. 南京：江苏教育出版社
林夏水. 1999. 分形的哲学漫步. 北京：首都师范大学出版社
卢嘉锡. 1994. 自然科学发展大事记（八卷）. 沈阳：辽宁教育出版社
[法] R. 瓦莱里-拉多. 1985. 微生物学奠基人巴斯德. 陶亢德，董元骥译. 北京：科学出版社
李文博. 1986. 狭义相对论导引. 哈尔滨：东北林业大学出版社

李佩珊, 许良英. 1999. 20世纪科学技术简史. 北京: 科学出版社

刘辽. 1990. 广义相对论. 北京: 高等教育出版社

李啸虎, 田廷彦, 马丁玲. 2005. 力量: 改变人类文明的50大定律. 上海: 上海文化出版社

刘大椿, 何立松. 1998. 现代科技悖论. 北京: 中国人民大学出版社

刘秉正. 1994. 非线性动力学与混沌基础. 长春: 东北师范大学出版社

罗素. 1977. 西方哲学史. 何兆武, 李约瑟译. 北京: 商务印书馆

E. N. 洛伦兹. 1997. 混沌的本质. 刘式达等译. 北京: 气象出版社

欧文·拉兹洛. 1998. 系统哲学引论———一种当代思想的新范式. 钱兆华等译. 北京: 商务印书馆

洛伊斯·N. 玛格纳. 1985. 生命科学史. 李难等译. 武汉: 华中工学院出版社

苗东升. 1990. 系统科学原理. 北京: 中国人民大学出版社

苗东升, 刘华杰. 1993. 混沌学纵横论. 北京: 中国人民大学出版社

马丽杨, 1987. 系统论信息论控制论通俗讲话. 石家庄: 河北人民出版社

帕特丽西雅·法拉. 2011. 四千年科学史. 黄欣荣译. 北京: 中央编译出版社

钱俊生, 孙伟, 卢大振. 2000. 生命是什么. 北京: 中共中央党校出版社

Rene Vallery-Radot. 1963. 巴斯德传. 丁柱中译. 北京: 中华书局

舒惠国. 2003. 基因和基因工程. 北京: 科学出版社

梯利, 伍德（增补）. 1995. 西方哲学史. 北京: 商务印书馆

童鹰. 1990. 世界近现代科学技术史. 上海: 上海人民出版社

王维. 1996. 地学哲学对谈录. 北京: 地质出版社

王玉仓. 2004. 科学技术史. 北京: 中国人民大学出版社

邹海林, 徐建培. 2004. 科学技术史概论. 北京: 科学出版社

湛垦华, 沈小峰. 1982. 普里高津与耗散结构理论. 西安: 陕西科学技术出版社

叶峻. 1987. 系统科学纵横. 成都: 四川省社会科学院出版社

宋健. 1998. 现代科学技术基础知识. 北京: 科学出版社

E. 詹奇. 1991. 生命的循环过程. 何国祥, 吴彤译. 国外自然科学哲学问题, （1）: 200-215

沈小峰, 曾国屏. 1989. 超循环论的哲学问题. 中国社会科学, （4）: 185-194

沈小峰, 吴彤, 曾国屏. 1993. 自组织的哲学———一种新的自然观和科学观. 北京: 中共中央党校出版社

伊恩·斯图尔特. 1995. 上帝掷骰子吗: 混沌之数学. 潘涛译. 上海: 上海远东出版社

亚·沃尔夫. 1984. 十六、十七世纪科学、技术和哲学史. 周昌忠, 苗以顺, 毛荣运等译. 周昌忠校, 北京: 商务印书馆

亚·沃尔夫. 1984. 十八世纪科学、技术和哲学史. 周昌忠, 苗以顺, 毛荣运译, 周昌忠校. 北京: 商务印书馆

吴国盛. 1997. 科学的历程. 长沙: 湖南科学技术出版社

吴彤. 2001. 自组织方法论研究. 北京: 清华大学出版社

魏格纳. 1997. 大陆和海洋的形成. 张翼翼译. 北京: 商务印书馆

魏屹东. 1997. 爱西斯与科学史. 北京：中国科学技术出版社
魏屹东. 2005. 科学技术哲学与科学技术史英语分类文献. 太原：山西科学技术出版社
魏屹东. 2004. 广义语境中的科学. 北京：科学出版社
魏宏森. 1988. 系统理论及其哲学思考. 北京：清华大学出版社
笑乐. 1993. 工程热力学. 北京：水利电力出版社
杨汝德. 2003. 基因工程. 北京：科学出版社
俞允强. 1998. 广义相对论引论. 北京：北京大学出版社
阎康年. 1989. 牛顿的科学发现与科学思想. 长沙：湖南教育出版社
阎康年. 1989. 热力学史. 济南：山东科学技术出版社
颜泽贤，陈忠，胡皓. 1993. 复杂系统演化论. 北京：人民出版社
赵敦华. 2000. 西方哲学简史. 北京：北京大学出版社
赵显明，王建吉. 1977. 科技五千年. 北京：红旗出版社
张岱年. 2010. 中国哲学史. 北京：中国大百科全书出版社
郑春顺. 2002. 混沌与和谐——现实世界的创造. 北京：商务印书馆

Adriaans P W. 2007. Learning as data compression//Cooper S B, Löwe B, Sorbi A. Computation and Logic in the Real World (Lecture Notes in Computer Science：Volume 449), Berlin：Springer：11-24

Adriaans P W. 2008. Between order and chaos：the quest for meaningful information. Theory of Computing Systems (Special Issue：Computation and Logic in the Real World; Guest Editors：S. Barry Cooper, Elvira Mayordomo and Andrea Sorbi), (45)：650-674.

Adriaans P W, van Benthem J F A K. 2008. Handbook of Philosophy of Information. Amsterdam：Elsevier Science Publishers

Bar-Hillel Y, Carnap R. 1953. Semantic information. The British Journal for the Philosophy of Science. 4 (14)：147-157.

Berthold F. 1969. The Future of Empirical Theology. Chicago：University of Chicago Press

Bovens L, Hartmann S. 2003. Bayesian Epistemology. Oxford：Oxford University Press

Breck A D, Yourgrau W. 1972. Biology, History, and Natural Philosophy. New York：Plenum Press

Brier S. 1997. What is a possible ontological and epistemological framework for a true universal "information science"? The suggestion of a cybersemiotics. World Futures, 49 (3)：287-308

Capurro R, Hjørland B. 2003. The concept of information. Annual Review of Information Science and Technology (ARIST) 37 (8)：343-411

Carnap R. 1945. The two concepts of probability：the problem of probability. Philosophy and Phenomenological Research, 5 (4)：513-532

Chaitin G J. 1982. Gödel's theorem and information. International Journal of Theoretical Physics, 22：941-954

Chalmers DJ. 1996. The Conscious Mind：In Search of a Fundamental Theory. New York：Oxford University Press.

Crawford J M, Auton LD. 1993. Experimental results on the cross over point in satisfiability problems//New York: AAAI Press: 21-27.

Crutchfield JP, Young K. 1989. Inferring statistical complexity. physical Review Letters, (63): 105

Dampier-WhethamW C D, Dampier-Whetham M. 1924. Cambridge Readings in the Literature of Science: Being Extracts from the Writings of Men of Science to Illustrate the Developments of Scientific Thought: Cambridge: Cambridge University Press

De Santillana G. 1961. The Origins of Scientific Thought: from Anaximander to Proclus, 600 B. C. to 300 A. D. Chicago: University of Chicago Press

Dickson F P. 1968. The Bowl of Night: The Physical Universes and Scientific Thought. Eindhoven: Centrex

Dretske F. 1981. Knowledge and the Flow of Information. Cambridge: The MIT Press

Dunn J M. 2001. The concept of information and the development of modern logic// Stelzner W. Non-classical Approaches in the Transition from Traditional to Modern Logic. Berlin, New York: Waler de Gruyter: 423-427.

Edwards P. 1967. The Encyclopedia of Philosophy. London: Macmillan Publishing Company

ElkanaY. 1974. The Interaction between Science and Philosophy. Atlantic Highlands: Humanities Press

ElliottJ H, Koenigsberger H G. 1970. The Diversity of History: Essays in Honour of Sir Herbert Butterfield. London: Routledge and K. Paul

Englewood N J C. 1974. Philosophical Essays: from Ancient Creed to Technological Man. Upper Saddle River: Prentice-Hall

Feigl H. 1949. Readings in Philosophical Analysis. New York: Appleton-Century-Crofts

Fisher R A. 1925. Theory of statistical estimation. Proceedings of Cambridge Philosophical Society, 22 (5): 700-725

Floridi L. 1999. Information ethics: on the theoretical foundations of computer ethics. Ethics and Information Technology, 1 (1): 37-56

Floridi L. 2002. What is the philosophy of information? Metaphilosophy, 33 (1/2): 123-145

Floridi L. 2003. The Blackwell Guide to the Philosophy of Computing and Information. Oxford: Blackwell

Gell-Mann M. 1994. The Quark and the Jaguar: Adventures in the Simple and the Complex. New York: W. H. Freeman

Gillispie C C. 1951. Genesis and Geology, a Study in the Relations of Scientific Thought, Natural Theology, and Social Opinion in Great Britain, 1790-1850. Cambridge: Harvard University Press

Grandy R E. 1973. Theories and Observation in Science. Englewood Cliffs N J: Prentice-Hall

Grünwald P D. 2007. The Minimum Description Length Principle. Cambridge, Massachusetts: MIT Press

Harwood J. 1993. Styles of Scientific Thought: the German Genetics Community: 1900-1933. Chicago, London: University of Chicago Press

Hintikka J. 1962. Knowledge and Belief. Ithaca: Cornel University Press

Hintikka J. 1973. Logic, Language Games, and Information. Oxford: Clarendon

Holton G. 1988. Thematic Origins of Scientific Thought: Kepler to Einstein. Cambridge, London: Harvard University Press

Hutcheon P D. 1996. Leaving the Cave: Evolutionary Naturalism in Social-scientific Thought. Waterloo: Wilfrid Laurier University Press

Johnson F R. 1937. Astronomical Thought in Renaissance England: a Study of the English Scientific Writing from 1500 to 1645. Baltimore: The Johns Hopkins Press

Kiefer HE, Munitz M K. 1970. Mind, Science, and History. Albany: State University of New York Press

Kolmogorov A N. 1965. Three approaches to the quantitative definition of information. Problems Inform. Transmission, 1 (1): 1-7

Kuipers A F. 2007. General Philosophy of Science. Amsterdam: Elsevier Science Publishers

Langton C G. 1990. Computation at the edge of chaos: phase transitions and emergent computation. Physica D, 42 (1/3): 12 – 37

Lenski W. 2010. Information: a conceptual investigation. Information, 1 (2): 74-118

Levin L A. 1974. Laws of information conservation (non-growth) and aspects of the foundation of probability theory. Problems Information Transmission, 10 (3): 206 – 210

Marrone S P. 1985. Truth and Scientific Knowledge in the Thought of Henry of Ghent. Cambridge. : Medieval Academy of America

Mason S F. 1953. A History of the Sciences; Main Currents of Scientific Thought. London: Routledge & Paul.

Mead G H. 1936. Movements of Thought in the Nineteenth Century. Chicago: The University of Chicago press

Miller A I. 1986. Imagery in Scientific Thought: Creating 20th-century Physics. Cambridge. : MIT Press

Mulhauser G R. 1997. Mind Out of Matter: Topics in the Physical Foundations of Consciousness and Cognition. Dordrecht: Kluwer Academic

Needham J. 1956. Science and Civilisation in China. Vol. 2, History of Scientific Thought. Cambridge: Cambridge University Press

Newton-Smith W H. 1980. The Structure of Time. London: Routlege & Kegan Paul

Parikh R, Ramanujam R. 2003. A knowledge based semantics of messages. Journal of Logic, Language and Information, (12): 453-467

PopperK. 1977. The Logic of Scientific Discovery (1934). London: Hutchison

Putnam H. 1988. Representation and Reality. Cambridge: The MIT Press

Quine W V O. 1951. Two dogmas of empiricism. The Philosophical Review, (60): 20-43

Robin L. 1998. Greek Thought: And the Origins of the Scientific Spirit. London: Routledge

Schlagel R H. 1985. From Myth to the Modern Mind: A Study of the Origins and Growth of Scientific Thought. New York: P. Lang.

Schlagel RH. 1996. From Myth to Modern Mind: a Study of the Origins and Growth of Scientific

Thought. Vol. 2, Copernicus Through Quantum Mechanics. New York: P. Lang

Schnelle H. 1976. Information. // Ritter J. Historisches Wörterbuch der Philosophie, IV (Historical Dictionary of Philosophy, IV), Stuttgart: Schwabe: 116-117

Searle J R. 1990. Is the brain a digital computer? Proceedings and Addresses of the American Philosophical Association, (64): 21-37

Serres M. 1995. A History of Scientific Thought: Elements of a History of Science. Oxford, Cambridge, Blackwell Reference

Shannon C A. 1948. Mathematical theory of communication. Bell System Technical Journal, (27): 379-423, 623-656

Solomonoff R J A. 1960. Preliminary report on a general theory of inductive inference. Techical Report ZTB-138, Zator

Taylor F. S. 1949. Science, Past and Present. London: Heinemann

van Benthem J F A K, van Rooij R. 2003. Connecting the different faces of information. Journal of Logic, Language and Information, 12 (4): 375-379

van Peursen C A. 1987. Christian wolff's philosophy of contingent reality. Journal of the History of Philosophy, 25 (1): 69-82

Vitányi P M B. 2006. Meaningful information. IEEE Transactions on Information Theory, 52 (10): 4617-4626

Wheeler J A. 1990. Information, physics, quantum: the search for links // Zurek W. Complexity, Entropy, and the Physics of Information. Redwood City: Addison-Wesley

Wiener P P, Noland A. 1958. Roots of Scientific Thought: a Cultural Perspective. New York: Basic Books